地球物理电磁理论

李　貅　周建美　戚志鹏　编

科学出版社
北　京

内 容 简 介

本书内容包括：电磁场基本方程、原理和定理，分离变量法，格林函数，矢量方程与并矢格林函数，各向同性水平层状介质中的电磁场，瞬变电磁场。全书从麦克斯韦方程出发，涵盖电磁场的各个方面，内容丰富，概念清楚，重点突出，由浅入深，循序渐进，便于阅读。

本书可作为地球物理学专业研究生的教材，也可供相关专业科研人员和工程技术人员阅读参考。

图书在版编目(CIP)数据

地球物理电磁理论/李貅，周建美，戚志鹏编. —北京：科学出版社，2021.6

ISBN 978-7-03-067340-4

Ⅰ.①地… Ⅱ.①李… ②周… ③戚… Ⅲ.①地球物理学-电磁理论-研究 Ⅳ.①O441

中国版本图书馆 CIP 数据核字(2020) 第 272353 号

责任编辑：杨 丹／责任校对：杨 赛
责任印制：张 伟／封面设计：陈 敬

科学出版社 出版
北京东黄城根北街 16 号
邮政编码：100717
http://www.sciencep.com

北京九州迅驰传媒文化有限公司 印刷
科学出版社发行 各地新华书店经销
*
2021 年 6 月第 一 版 开本：720×1000 1/16
2022 年 1 月第二次印刷 印张：17 1/4
字数：345 000

定价：145.00 元

(如有印装质量问题，我社负责调换)

前　言

在过去二十年，地球物理中的电磁法取得了长足的进步。时代的发展，迫切需要一部系统介绍地球物理电磁场理论的教科书，帮助地球物理学专业研究生打牢电磁理论基础。基于此，编者在长安大学研究生课程“电磁场理论”讲义基础上编写了本书。

地球物理电磁理论的内容十分丰富，本书仅介绍电磁场的宏观规律及基本计算方法，在内容上力求遵循如下原则：

(1) 基本定理、原理的完整性；

(2) 常用解法的适用性；

(3) 章节间的连贯性；

全书共 7 章，第 1 ~ 4 章是电磁场理论的基础部分，介绍电磁场基础、电磁场基本原理和定理、分离变量法、格林函数；第 5 章介绍矢量方程与并矢格林函数，讨论矢量本征函数、常见正交坐标系中的矢量波函数、并矢格林函数及其解法以及基于等效源原理和并矢格林函数的电磁场问题；第 6 章介绍各向同性水平层状介质中的电磁场，是电磁场理论在地球物理中应用的核心内容，重点介绍平面波场在均匀半空间和层状介质中的传播及表达式，磁偶极子、电偶极子场在均匀半空间和层状介质中的电磁场表达式；第 7 章详细介绍瞬变电磁场，重点讨论瞬变电磁场的结构特点，频率域电磁场与时间域电磁场间的变换关系，各向同性水平层状介质上方垂直磁偶源和水平电偶源激励的瞬变电磁场以及瞬变电磁场的数值计算方法。为了便于读者理解电磁场的基本原理和解题方法，在部分章节设置了练习题，并给出了解题方法和步骤，供读者练习和参考。

本书的前言及第 1、2、4 ~ 6 章由李貅执笔，第 3 章和全部练习题由周建美执笔，第 7 章由戚志鹏执笔，李貅统稿。

本书的编写和出版得到了国家自然科学基金项目 (41174108、41830101) 的资助，研究生岳鑫、胡伟明、曹华科、程旺盛、马劼、周光裕、商天新和白旸等参与了图的绘制工作，在此一并表示感谢。

限于作者水平，书中不当和疏漏之处在所难免，希望读者批评指正。

目 录

第 1 章　电磁场基础

深入理解地球物理中的电磁法的基本原理和解释方法，掌握电磁理论是首要的一环。学习电磁理论的目的是培养求解边值问题的能力。所有的电磁现象都可以用麦克斯韦方程来描述，麦克斯韦方程有着极其丰富的内容，不仅概括了地球物理电磁现象中已发现的所有规律，而且可以通过一系列逻辑推导出实验所证实的新的结果。因此，麦克斯韦方程是电磁场基本方程，也是分析计算电磁问题的出发点。

1.1　麦克斯韦方程

麦克斯韦方程是英国科学家麦克斯韦根据法拉第等关于电磁现象的实验定律创建的电磁学基本定律，反映了宏观电磁现象的普遍规律，是电磁理论的基本方程。基本麦克斯韦方程是与时间有关的电磁场量所满足的方程，可分为积分、微分两种形式。时间域麦克斯韦方程的积分形式为

$$\oint_l \boldsymbol{H}\cdot \mathrm{d}l = \iint\limits_S \left(\boldsymbol{J} + \frac{\partial \boldsymbol{D}}{\partial t}\right)\cdot \mathrm{d}\boldsymbol{S} \tag{1.1.1}$$

$$\oint_l \boldsymbol{E}\cdot \mathrm{d}l = -\iint\limits_S \left(\frac{\partial \boldsymbol{B}}{\partial t}\right)\cdot \mathrm{d}\boldsymbol{S} \tag{1.1.2}$$

$$\oiint\limits_S \boldsymbol{D}\cdot \mathrm{d}\boldsymbol{S} = \iiint\limits_V \rho \mathrm{d}V \tag{1.1.3}$$

$$\oiint\limits_S \boldsymbol{B}\cdot \mathrm{d}\boldsymbol{S} = 0 \tag{1.1.4}$$

式中，$\boldsymbol{E}$ 为电场强度 (V/m)；$\boldsymbol{H}$ 为磁场强度 (A/m)；$\boldsymbol{D}$ 为电位移矢量 ($\mathrm{C/m^2}$)；$\boldsymbol{B}$ 为磁感应强度 ($\mathrm{Wb/m^2}$)；$\boldsymbol{J}$ 为电流密度 ($\mathrm{A/m^2}$)；ρ 为电荷密度 ($\mathrm{C/m^3}$)。式 (1.1.1) 为全电流安培定律,表示传导电流和位移电流都可以产生磁场;式 (1.1.2) 为法拉第电磁感应定律，表示变化的电场可以产生磁场；式 (1.1.3) 为电场高斯定理，表示电荷可以产生电场；式 (1.1.4) 为磁场高斯定理，也称为磁通连续原理。这组方程描述了任意空间区域 (体积中或曲面上) 的场源与该空间区域的边界 (封闭曲面或闭合曲线) 上场的关系。

时间域麦克斯韦方程的微分形式为

$$\nabla \times \boldsymbol{H} = \boldsymbol{J} + \frac{\partial \boldsymbol{D}}{\partial t} \tag{1.1.5}$$

$$\nabla \times \boldsymbol{E} = -\frac{\partial \boldsymbol{B}}{\partial t} \tag{1.1.6}$$

$$\nabla \cdot \boldsymbol{B} = 0 \tag{1.1.7}$$

$$\nabla \cdot \boldsymbol{D} = \rho \tag{1.1.8}$$

式 (1.1.5) 表示传导电流密度和位移电流密度是磁场的旋度源；式 (1.1.6) 表示变化的磁场是电场的旋度源；式 (1.1.7) 表示磁场是无散场；式 (1.1.8) 表示电荷密度是电场的散度源。微分形式的麦克斯韦方程组描述了空间任意点上场与场源的时空变化关系。

式 (1.1.5) ~ 式 (1.1.8) 这四个微分方程之间具有一定的关系，并不是完全独立的。引入电流连续性方程，其微分形式为

$$\nabla \cdot \boldsymbol{J} = -\frac{\partial \rho}{\partial t} \tag{1.1.9}$$

其积分形式为

$$\oiint_S \boldsymbol{J} \cdot \mathrm{d}\boldsymbol{S} = -\iiint_V \frac{\partial \rho}{\partial t} \mathrm{d}V \tag{1.1.10}$$

可以证明，通过两个旋度方程 [式 (1.1.5) 和式 (1.1.6)] 及电流连续性方程 [式 (1.1.9)]，可以导出另外两个散度方程 [式 (1.1.7) 和式 (1.1.8)]。

1.2　物质的电磁特性

1.1 节中 $\boldsymbol{B}$ 与 $\boldsymbol{H}$、$\boldsymbol{D}$ 和 $\boldsymbol{E}$ 等场量的关系，实际反映介质极化对场的影响，称为本构关系或物质方程。物质受场的作用时，极化电荷或电流产生的二次场将与一次场叠加，形成总场，介质的影响宏观上由本构关系描述 (纪英楠等，1993)。

1.2.1　各向同性介质

1. 电极化与介电常数

极化过程由极化强度矢量 $\boldsymbol{P}$ 描述：

$$\boldsymbol{P} = \lim_{\Delta v \to 0} \frac{\sum\limits_{\Delta v} \boldsymbol{P}}{\Delta v} = \varepsilon_0 \chi \boldsymbol{E} \tag{1.2.1}$$

式中，Δv 为在介质中任意点所取的小体积；$\sum\limits_{\Delta v}\boldsymbol{P}$ 为 Δv 内所有偶极距之和，因此极化强度是单位体积的偶极矩；χ 为 (电) 极化率；ε_0 为真空介电常数。体极化电荷

$$\rho' = -\nabla \cdot \boldsymbol{P} \tag{1.2.2}$$

在介质 1 和 2 的界面上，由于两种介质中极化强度不同会出现面感应电荷

$$\sigma' = -(\boldsymbol{P}_2 - \boldsymbol{P}_1) \cdot \boldsymbol{n} \tag{1.2.3}$$

式中，$\boldsymbol{n}$ 是界面上由介质 1 指向介质 2 的单位法线矢量。

利用高斯定理

$$\nabla \cdot \boldsymbol{E} = (\rho + \rho')/\varepsilon_0 \tag{1.2.4}$$

得

$$\nabla \cdot (\varepsilon_0 \boldsymbol{E}) = \rho + (-\nabla \cdot \boldsymbol{P}) = \rho - \nabla \cdot (\varepsilon_0 \chi \boldsymbol{E}) \tag{1.2.5}$$

$$\nabla \cdot (\varepsilon_0 \boldsymbol{E} + \varepsilon_0 \chi \boldsymbol{E}) = \nabla \cdot [\varepsilon_0 (1+\chi) \boldsymbol{E}] = \rho \tag{1.2.6}$$

令

$$\varepsilon_0 (1+\chi) \boldsymbol{E} = \boldsymbol{D} \tag{1.2.7}$$

$$1 + \chi = \varepsilon_{\mathrm{r}} \tag{1.2.8}$$

$$\varepsilon_0 (1+\chi) = \varepsilon_0 \varepsilon_{\mathrm{r}} = \varepsilon \tag{1.2.9}$$

则有

$$\boldsymbol{D} = \varepsilon \boldsymbol{E} = \varepsilon_0 \varepsilon_{\mathrm{r}} \boldsymbol{E} \tag{1.2.10}$$

式中，ε 为介质的介电常数；ε_{r} 为介质的相对介电常数。

2. 磁化与磁导率

磁化过程是介质内分子电流极化的结果，因此，可以采用与电介质类似的处理，定义磁化强度矢量 $\boldsymbol{M}$ 为

$$\boldsymbol{M} = \lim_{\Delta v \to 0} \left(\frac{\sum\limits_{\Delta v} \boldsymbol{m}}{\Delta v} \right) = \chi_{\mathrm{m}} \boldsymbol{H} \tag{1.2.11}$$

式中，$\boldsymbol{m}$ 为分子电流磁矩；$\sum\limits_{\Delta v}\boldsymbol{m}$ 为 Δv 内分子电流磁矩之和；χ_{m} 为磁化率。

类似于电场中对极化问题的处理，可得磁感应强度与磁场强度的关系

$$\boldsymbol{B} = \mu \boldsymbol{H} = \mu_0 \mu_{\mathrm{r}} \boldsymbol{H} \tag{1.2.12}$$

式中，$\mu = \mu_0(1+\chi_{\mathrm{m}})$，为磁导率；$\mu_{\mathrm{r}}$ 为相对磁导率；μ_0 为真空磁导率。

3. 电导率

在导电介质中，传导电流密度矢量与电场强度矢量的关系为

$$\boldsymbol{J} = \sigma \boldsymbol{E} \tag{1.2.13}$$

式中，σ 为介质电导率。该本构关系由欧姆定律导出。

一般情况下，ε、μ 和 σ 是空间坐标的函数，但在均匀介质中，可用常数表示。

1.2.2 各向异性介质

由于晶体结构、层理、片理或其中晶粒的定性排列，物质在电磁性质上呈现出各向异性，其本构关系较各向同性的情况复杂，引入相应的数学工具表示这种关系。

1. 各向异性介质中的介电常数

各向异性介质受到电场作用时，由于介质在不同方向的响应不同，$\boldsymbol{P}$ 与 $\boldsymbol{E}$ 方向不同，为了表示这种复杂的 $\boldsymbol{P}$-$\boldsymbol{E}$ 关系，先假设外场 $\boldsymbol{E}$ 是沿 x 轴方向的：$\boldsymbol{E} = E_1\boldsymbol{e}_1$，$\boldsymbol{e}_1$ 为 x 轴方向的单位矢量。一般情况下 $\boldsymbol{P}$ 不沿 x 轴方向，因此，须用其正交分量表示：

$$\begin{cases} \boldsymbol{P}_1 = \varepsilon_0 \chi_{11} E_1 \boldsymbol{e}_1 \\ \boldsymbol{P}_2 = \varepsilon_0 \chi_{21} E_1 \boldsymbol{e}_2 \\ \boldsymbol{P}_3 = \varepsilon_0 \chi_{31} E_1 \boldsymbol{e}_3 \end{cases} \tag{1.2.14}$$

式中，$\chi_{i1}(i = 1,2,3)$ 表示在 x 轴方向的场强作用下介质沿 x、y、z 方向的极化率。

同理，当 $\boldsymbol{E}$ 分别为 $E_2\boldsymbol{e}_2$、$E_3\boldsymbol{e}_3$ 时，也可写出类似关系。因此，对任意方向的电场作用，即 $\boldsymbol{E} = E_1\boldsymbol{e}_1 + E_2\boldsymbol{e}_2 + E_3\boldsymbol{e}_3$，极化强度

$$\begin{aligned} \boldsymbol{P} &= \boldsymbol{P}_1 + \boldsymbol{P}_2 + \boldsymbol{P}_3 \\ &= \varepsilon_0(\chi_{11}E_1 + \chi_{12}E_2 + \chi_{13}E_3)\boldsymbol{e}_1 + \varepsilon_0(\chi_{21}E_1 + \chi_{22}E_2 + \chi_{23}E_3)\boldsymbol{e}_2 \\ &\quad + \varepsilon_0(\chi_{31}E_1 + \chi_{32}E_2 + \chi_{33}E_3)\boldsymbol{e}_3 \\ &= \sum_i \sum_j \varepsilon_0 \chi_{ij} E_j \boldsymbol{e}_i \end{aligned} \tag{1.2.15}$$

由此可见，如果将式 (1.2.15) 中的 χ_{ij} 组成一个 3×3 矩阵

$$\boldsymbol{\chi} = \begin{bmatrix} \chi_{11} & \chi_{12} & \chi_{13} \\ \chi_{21} & \chi_{22} & \chi_{23} \\ \chi_{31} & \chi_{32} & \chi_{33} \end{bmatrix} \tag{1.2.16}$$

则 $\boldsymbol{P}$-$\boldsymbol{E}$ 的关系可以用矩阵表示为

$$\begin{bmatrix} P_1 \\ P_2 \\ P_3 \end{bmatrix} = \varepsilon_0 \begin{bmatrix} \chi_{11} & \chi_{12} & \chi_{13} \\ \chi_{21} & \chi_{22} & \chi_{23} \\ \chi_{31} & \chi_{32} & \chi_{33} \end{bmatrix} \begin{bmatrix} E_1 \\ E_2 \\ E_3 \end{bmatrix} = \varepsilon_0 \boldsymbol{\chi} [E] \tag{1.2.17}$$

进一步令

$$\varepsilon_{ij} = \varepsilon_0(1 + \chi_{ij}) \tag{1.2.18}$$

$$\boldsymbol{\varepsilon} = \begin{bmatrix} \varepsilon_{11} & \varepsilon_{12} & \varepsilon_{13} \\ \varepsilon_{21} & \varepsilon_{22} & \varepsilon_{23} \\ \varepsilon_{31} & \varepsilon_{32} & \varepsilon_{33} \end{bmatrix} \tag{1.2.19}$$

则各向异性介质中电场的本构关系可以表示为

$$[D] = \boldsymbol{\varepsilon} [E] \tag{1.2.20}$$

磁各向异性介质中 $\boldsymbol{B}$ 与 $\boldsymbol{H}$ 的关系以及导电介质中 $\boldsymbol{J}$ 与 $\boldsymbol{E}$ 的关系可作类似的讨论和表示。

2. 并矢及其基本运算

“并矢”这一数学工具可以更直接、简洁地表示各向异性介质中的本构关系(包括大小和方向)，并便于进行推导和运算。

1) 并矢的定义

并矢是两个矢量的组合，只有当其和其他矢量或并矢进行运算时，才具有实际意义。

设两矢量 $\boldsymbol{A} = \sum\limits_i A_i \boldsymbol{e}_i$，$\boldsymbol{B} = \sum\limits_j B_j \boldsymbol{e}_j$，则

$$\overset{=}{\boldsymbol{C}} = \boldsymbol{A}\boldsymbol{B} \tag{1.2.21}$$

称为并矢，记为 $\overset{=}{\boldsymbol{C}}$。令 $C_{ij} = A_i B_j (i,j = 1,2,3)$，可以规定并矢 $\overset{=}{\boldsymbol{C}}$ 的两种展开式，具体如下。

前乘展开式：

$$\begin{aligned} \overset{=}{\boldsymbol{C}} &= \boldsymbol{e}_1(\boldsymbol{e}_1 C_{11} + \boldsymbol{e}_2 C_{12} + \boldsymbol{e}_3 C_{13}) + \boldsymbol{e}_2(\boldsymbol{e}_1 C_{21} + \boldsymbol{e}_2 C_{22} + \boldsymbol{e}_3 C_{23}) \\ &\quad + \boldsymbol{e}_3(\boldsymbol{e}_1 C_{31} + \boldsymbol{e}_2 C_{32} + \boldsymbol{e}_3 C_{33}) \\ &= \sum_j \boldsymbol{e}_j(\boldsymbol{e}_1 C_{j1} + \boldsymbol{e}_2 C_{j2} + \boldsymbol{e}_3 C_{j3}) \end{aligned}$$

$$
\begin{aligned}
&= \sum_j \boldsymbol{e}_j \left(\sum_i \boldsymbol{e}_i C_{ji} \right) \\
&= \boldsymbol{e}_1{}^{(1)}\boldsymbol{C} + \boldsymbol{e}_2{}^{(2)}\boldsymbol{C} + \boldsymbol{e}_3{}^{(3)}\boldsymbol{C} \\
&= \sum_j \boldsymbol{e}_j{}^{(j)}\boldsymbol{C}
\end{aligned}
\tag{1.2.22}
$$

后乘展开式：

$$
\begin{aligned}
\overset{\rightrightarrows}{\boldsymbol{C}} &= (\boldsymbol{e}_1 C_{11} + \boldsymbol{e}_2 C_{21} + \boldsymbol{e}_3 C_{31})\boldsymbol{e}_1 + (\boldsymbol{e}_1 C_{12} + \boldsymbol{e}_2 C_{22} + \boldsymbol{e}_3 C_{32})\boldsymbol{e}_2 \\
&\quad + (\boldsymbol{e}_1 C_{13} + \boldsymbol{e}_2 C_{23} + \boldsymbol{e}_3 C_{33})\boldsymbol{e}_3 \\
&= \sum_j (\boldsymbol{e}_1 C_{1j} + \boldsymbol{e}_2 C_{2j} + \boldsymbol{e}_3 C_{3j})\boldsymbol{e}_j \\
&= \sum_j \left(\sum_i \boldsymbol{e}_i C_{ij} \right) \boldsymbol{e}_j \\
&= \boldsymbol{C}^{(1)}\boldsymbol{e}_1 + \boldsymbol{C}^{(2)}\boldsymbol{e}_2 + \boldsymbol{C}^{(3)}\boldsymbol{e}_3 \\
&= \sum_j \boldsymbol{C}^{(j)}\boldsymbol{e}_j
\end{aligned}
\tag{1.2.23}
$$

两种展开式分别在与前面或后面的量发生运算关系时应用。式中，${}^{(j)}\boldsymbol{C} = \sum\limits_i \boldsymbol{e}_i C_{ji}$ 和 $\boldsymbol{C}^{(j)} = \sum\limits_i \boldsymbol{e}_i C_{ij}$ 分别称为前乘矢量和后乘矢量，性质与普通矢量相同，因此也遵守矢量运算规则。在有关并矢的运算中，常常根据具体情况将并矢展开为前乘或后乘矢量进行运算，此时 ${}^{(j)}\boldsymbol{C}$ 和 $\boldsymbol{C}^{(j)}$ 相当于普通矢量，展开后使运算更容易进行。

并矢中的系数 $A_i B_j$ 是普通标量，因此并矢 $\overset{\rightrightarrows}{\boldsymbol{C}}$ 的定义中 C_{ij} 和 C_{ji} 不限于两矢量的分量乘积，可以是任意标量。

此外还可以定义一个特殊的并矢，称为“单位并矢”：

$$
\overset{\rightrightarrows}{\boldsymbol{I}} = \boldsymbol{e}_1\boldsymbol{e}_1 + \boldsymbol{e}_2\boldsymbol{e}_2 + \boldsymbol{e}_3\boldsymbol{e}_3 \tag{1.2.24}
$$

2) 并矢与矢量的点积

$$
\begin{aligned}
\overset{\rightrightarrows}{\boldsymbol{C}} \cdot \boldsymbol{A} &= \left(\boldsymbol{C}^{(1)}\boldsymbol{e}_1 + \boldsymbol{C}^{(2)}\boldsymbol{e}_2 + \boldsymbol{C}^{(3)}\boldsymbol{e}_3 \right) \cdot (A_1\boldsymbol{e}_1 + A_2\boldsymbol{e}_2 + A_3\boldsymbol{e}_3) \\
&= \boldsymbol{C}^{(1)}\boldsymbol{e}_1 \cdot \boldsymbol{e}_1 A_1 + \boldsymbol{C}^{(2)}\boldsymbol{e}_2 \cdot \boldsymbol{e}_2 A_2 + \boldsymbol{C}^{(3)}\boldsymbol{e}_3 \cdot \boldsymbol{e}_3 A_3 \\
&= \sum_j \left(\sum_i \boldsymbol{e}_i C_{ij} \right) A_j
\end{aligned}
\tag{1.2.25}
$$

由此可知，并矢与矢量的点积为一矢量，其各项系数和矩阵乘法的结果相同，但这个点积有确定的方向，包含了更多的内容。

用前乘展开式可得出 $\boldsymbol{A}\cdot\overset{\rightrightarrows}{\boldsymbol{C}}$ 的表达式，一般情况下 $\boldsymbol{A}\cdot\overset{\rightrightarrows}{\boldsymbol{C}}\neq\overset{\rightrightarrows}{\boldsymbol{C}}\cdot\boldsymbol{A}$。很容易证明 $\overset{\rightrightarrows}{\boldsymbol{I}}\cdot\boldsymbol{A}=\boldsymbol{A}$。

3) 并矢与 ∇ 算子的点积

和并矢与矢量的点积类似，只需注意 ∇ 算子兼有矢量和微分两重性，在直角坐标系中

$$\begin{aligned}\nabla\cdot\overset{\rightrightarrows}{\boldsymbol{C}}&=\nabla\cdot(\boldsymbol{e}_x{}^{(x)}\boldsymbol{C}+\boldsymbol{e}_y{}^{(y)}\boldsymbol{C}+\boldsymbol{e}_z{}^{(z)}\boldsymbol{C})=\frac{\partial}{\partial x}{}^{(x)}\boldsymbol{C}+\frac{\partial}{\partial y}{}^{(y)}\boldsymbol{C}+\frac{\partial}{\partial z}{}^{(z)}\boldsymbol{C}\\&=\left(\frac{\partial C_{xx}}{\partial x}+\frac{\partial C_{yx}}{\partial y}+\frac{\partial C_{zx}}{\partial z}\right)\boldsymbol{e}_x+\left(\frac{\partial C_{xy}}{\partial x}+\frac{\partial C_{yy}}{\partial y}+\frac{\partial C_{zy}}{\partial z}\right)\boldsymbol{e}_y\\&\quad+\left(\frac{\partial C_{xz}}{\partial x}+\frac{\partial C_{yz}}{\partial y}+\frac{\partial C_{zz}}{\partial z}\right)\boldsymbol{e}_z\end{aligned}\tag{1.2.26}$$

对于正交曲线坐标系 u_1、u_2、u_3，有

$$\nabla\cdot\overset{\rightrightarrows}{\boldsymbol{C}}=\frac{1}{h_1h_2h_3}\left[\frac{\partial}{\partial u_1}(h_2h_3\boldsymbol{e}_1\cdot\overset{\rightrightarrows}{\boldsymbol{C}})+\frac{\partial}{\partial u_2}(h_1h_3\boldsymbol{e}_2\cdot\overset{\rightrightarrows}{\boldsymbol{C}})+\frac{\partial}{\partial u_3}(h_1h_2\boldsymbol{e}_3\cdot\overset{\rightrightarrows}{\boldsymbol{C}})\right]\tag{1.2.27}$$

式中，h_i 是正交曲线坐标系 u_1、u_2、u_3 的度规系数：

$$h_i=\left[\left(\frac{\partial x}{\partial u_i}\right)^2+\left(\frac{\partial y}{\partial u_i}\right)^2+\left(\frac{\partial z}{\partial u_i}\right)^2\right]^{1/2},\quad i=1,2,3\tag{1.2.28}$$

4) 并矢与 ∇ 算子的叉积

在直角坐标系中

$$\begin{aligned}\nabla\times\overset{\rightrightarrows}{\boldsymbol{C}}&=\nabla\times(\boldsymbol{C}^{(x)}\boldsymbol{e}_x+\boldsymbol{C}^{(y)}\boldsymbol{e}_y+\boldsymbol{C}^{(z)}\boldsymbol{e}_z)\\&=(\nabla\times\boldsymbol{C}^{(x)})\boldsymbol{e}_x+(\nabla\times\boldsymbol{C}^{(y)})\boldsymbol{e}_y+(\nabla\times\boldsymbol{C}^{(z)})\boldsymbol{e}_z\end{aligned}\tag{1.2.29}$$

对于正交曲线坐标系 u_1、u_2、u_3 有

$$\begin{aligned}\nabla\times\overset{\rightrightarrows}{\boldsymbol{C}}=\boldsymbol{e}_1&\frac{1}{h_2h_3}\left[\frac{\partial}{\partial u_2}(h_3{}^{(z)}\boldsymbol{C})-\frac{\partial}{\partial u_3}(h_2{}^{(y)}\boldsymbol{C})\right]\\&+\boldsymbol{e}_2\frac{1}{h_3h_1}\left[\frac{\partial}{\partial u_3}(h_1{}^{(x)}\boldsymbol{C})-\frac{\partial}{\partial u_1}(h_3{}^{(z)}\boldsymbol{C})\right]\\&+\boldsymbol{e}_3\frac{1}{h_1h_2}\left[\frac{\partial}{\partial u_1}(h_3{}^{(y)}\boldsymbol{C})-\frac{\partial}{\partial u_2}(h_1{}^{(x)}\boldsymbol{C})\right]\end{aligned}\tag{1.2.30}$$

3. 各向异性介质中电磁参量和本构关系的并矢表示

令

$$\overleftrightarrow{\boldsymbol{\chi}} = \chi_{11}\boldsymbol{e}_1\boldsymbol{e}_1 + \chi_{21}\boldsymbol{e}_2\boldsymbol{e}_1 + \chi_{31}\boldsymbol{e}_3\boldsymbol{e}_1 + \chi_{12}\boldsymbol{e}_1\boldsymbol{e}_2 + \chi_{22}\boldsymbol{e}_2\boldsymbol{e}_2 + \chi_{32}\boldsymbol{e}_3\boldsymbol{e}_2 + \chi_{13}\boldsymbol{e}_1\boldsymbol{e}_3 + \chi_{23}\boldsymbol{e}_2\boldsymbol{e}_3 + \chi_{33}\boldsymbol{e}_3\boldsymbol{e}_3 \tag{1.2.31}$$

$$\overleftrightarrow{\boldsymbol{\varepsilon}} = \varepsilon_{11}\boldsymbol{e}_1\boldsymbol{e}_1 + \varepsilon_{21}\boldsymbol{e}_2\boldsymbol{e}_1 + \varepsilon_{31}\boldsymbol{e}_3\boldsymbol{e}_1 + \varepsilon_{12}\boldsymbol{e}_1\boldsymbol{e}_2 + \varepsilon_{22}\boldsymbol{e}_2\boldsymbol{e}_2 + \varepsilon_{32}\boldsymbol{e}_3\boldsymbol{e}_2 + \varepsilon_{13}\boldsymbol{e}_1\boldsymbol{e}_3 + \varepsilon_{23}\boldsymbol{e}_2\boldsymbol{e}_3 + \varepsilon_{33}\boldsymbol{e}_3\boldsymbol{e}_3 \tag{1.2.32}$$

则前述的各向异性介质中本构关系可以写为

$$\boldsymbol{D} = \overleftrightarrow{\boldsymbol{\varepsilon}} \cdot \boldsymbol{E} = \varepsilon_0(\overleftrightarrow{\boldsymbol{I}} + \overleftrightarrow{\boldsymbol{\chi}}) \cdot \boldsymbol{E} \tag{1.2.33}$$

类似有

$$\boldsymbol{B} = \overleftrightarrow{\boldsymbol{\mu}} \cdot \boldsymbol{H} \tag{1.2.34}$$

$$\boldsymbol{J} = \overleftrightarrow{\boldsymbol{\sigma}} \cdot \boldsymbol{E} \tag{1.2.35}$$

实际情况中，各向异性往往可以做一些简化，如常遇到的层状介质可以在互相垂直的两个方向有不同的等效介电常数，用直角坐标系时可表示为

$$\overleftrightarrow{\boldsymbol{\varepsilon}} = \varepsilon_{\mathrm{h}}\boldsymbol{e}_1\boldsymbol{e}_1 + \varepsilon_{\mathrm{h}}\boldsymbol{e}_2\boldsymbol{e}_2 + \varepsilon_{\mathrm{v}}\boldsymbol{e}_3\boldsymbol{e}_3 \tag{1.2.36}$$

其中，ε_{h} 和 ε_{v} 分别为沿层面和垂直层面的等效介电常数。如果用矩阵表示，为

$$\overleftrightarrow{\boldsymbol{\varepsilon}} = \begin{bmatrix} \varepsilon_{\mathrm{h}} & 0 & 0 \\ 0 & \varepsilon_{\mathrm{h}} & 0 \\ 0 & 0 & \varepsilon_{\mathrm{v}} \end{bmatrix} \tag{1.2.37}$$

两种表示方法是等效的。

1.2.3 频率对电磁参数的影响

物质的极化和磁化过程是物质内部的粒子在电场、磁场的作用下经过变形或转向 (实际两种作用往往同时存在) 等变化而达到新的平衡的过程。这种过程需要经历一定时间，通常称为弛豫 (或松弛) 时间。当电磁场为交变场时，这种弛豫过程导致极化或磁化相对于外场变化的“惯性”，因而极化和磁化的过程及极化、磁化程度与外场的频率有关，并影响物质在电磁场中的性质和场在介质中的传播，因此简要介绍物质电磁性质与频率的关系。

已知极化 (与磁化过程类似，宏观的处理方法也相同，故不另述) 有感应极化和取向极化两种作用，极化强度 $\boldsymbol{P}=\boldsymbol{P}_1+\boldsymbol{P}_2$。感应极化的弛豫时间很短，在常用频率范围内可以看作与外场同步变化：

$$\boldsymbol{P}_1=\varepsilon_0\chi_1\boldsymbol{E} \tag{1.2.38}$$

取向极化由于粒子间的相互作用等原因，弛豫时间较感应极化长，因此有滞后效应，即 $\boldsymbol{P}_2$ 与外场有一定的相位差。当外场为时谐场时，取向极化强度可写为 $\boldsymbol{P}_2(t)=\boldsymbol{P}_2^0\mathbf{e}^{-\mathrm{i}\omega t}$，相位差包含在 $\boldsymbol{P}_2^0$ 中。关于取向过程机制的一种简单而合理的模型是：$\boldsymbol{P}_2(t)$ 的增长速度与 $[\varepsilon_0\chi_2\boldsymbol{E}-\boldsymbol{P}_2(t)]$ 成正比，其中 χ_2 是与取向过程有关的极化率，$\varepsilon_0\chi_2$ 是无滞后效应时的极化强度，即

$$\frac{\mathrm{d}\boldsymbol{P}_2(t)}{\mathrm{d}t}=\frac{1}{\tau}(\varepsilon_0\chi_2\boldsymbol{E}-\boldsymbol{P}_2)=-\mathrm{i}\omega\boldsymbol{P}_2 \tag{1.2.39}$$

故有

$$\boldsymbol{P}_2=\frac{\varepsilon_0\chi_2}{1-\mathrm{i}\omega\tau}\boldsymbol{E}=\frac{1}{1+\omega^2\tau^2}(\varepsilon_0\chi_2+\mathrm{i}\omega\tau\varepsilon_0\chi_2)\boldsymbol{E} \tag{1.2.40}$$

总介电常数为

$$\begin{aligned}\varepsilon&=\varepsilon_0\left(1+\chi_1+\frac{\chi_2}{1+\omega^2\tau^2}+\mathrm{i}\frac{\chi_2\omega\tau}{1+\omega^2\tau^2}\right)\\&=\varepsilon'+\mathrm{i}\frac{\sigma_\mathrm{e}}{\omega}=\varepsilon'+\mathrm{i}\varepsilon''\end{aligned} \tag{1.2.41}$$

式中，σ_e 为有效电导率；τ 具有时间的量纲，可以看作平均弛豫时间。

$$\varepsilon'=\varepsilon_0\left(1+\chi_1+\frac{\chi_2}{1+\omega^2\tau^2}\right) \tag{1.2.42}$$

$$\varepsilon''=\frac{\sigma_\mathrm{e}}{\omega} \tag{1.2.43}$$

$$\sigma_\mathrm{e}=\frac{\varepsilon_0\chi_2\omega^2\tau}{1+\omega^2\tau^2} \tag{1.2.44}$$

$$\tau=\frac{(\varepsilon_0\chi_2\boldsymbol{E}-\boldsymbol{P}_2)}{\dfrac{\mathrm{d}\boldsymbol{P}_2}{\mathrm{d}t}} \tag{1.2.45}$$

当 $\omega\to0$ 时

$$\varepsilon'=\varepsilon_0(1+\chi_1+\chi_2)=\varepsilon^0$$

当 $\omega\to\infty$ 时

$$\varepsilon'=\varepsilon_0(1+\chi_1)=\varepsilon^\infty$$

介电常数和有效电导率也可表示为

$$\varepsilon' = \varepsilon^{\infty} + \frac{\varepsilon^{0} - \varepsilon^{\infty}}{1 + \omega^2\tau^2} \tag{1.2.46}$$

$$\sigma_{\mathrm{e}} = \frac{(\varepsilon^{0} - \varepsilon^{\infty})\omega^2\tau}{1 + \omega^2\tau^2} \tag{1.2.47}$$

由于与频率有关，ε 在不同的频段数值不同，但在地球物理常用的频率范围内，多数岩石的参数变化不大，远小于含水量、孔隙度等因素的影响，一般可以不考虑。

1.3　边界条件和辐射条件

1.3.1　边界条件

麦克斯韦方程的微分形式只适用于介质的物理性质处处连续的空间区域，但实际遇到的介质总是有界的，在边界面上其物理性质会发生突变，导致边界面处矢量场也发生突变。因此，在边界面上麦克斯韦方程的微分形式失去意义，边界面两侧的矢量场的关系要由麦克斯韦方程的积分形式导出的边界条件确定。边界条件对于求微分方程的定解是不可少的，实际是把电磁场方程用于不同介质分界面的结果。

在两种不同介质的边界上，由麦克斯韦方程的积分形式得到的边界面两侧电磁场的对应关系以及相应的边界条件为

$$\oint_l \boldsymbol{H} \cdot \mathrm{d}l = \iint_S \left(\boldsymbol{J} + \frac{\partial \boldsymbol{D}}{\partial t}\right) \cdot \mathrm{d}\boldsymbol{S}, \quad \boldsymbol{n} \times (\boldsymbol{H}_2 - \boldsymbol{H}_1) = \boldsymbol{J}_{\mathrm{s}} \tag{1.3.1}$$

$$\oint_l \boldsymbol{H} \cdot \mathrm{d}l = \iint_S \left(\frac{\partial \boldsymbol{B}}{\partial t}\right) \cdot \mathrm{d}\boldsymbol{S}, \quad \boldsymbol{n} \times (\boldsymbol{E}_2 - \boldsymbol{E}_1) = 0 \tag{1.3.2}$$

$$\oint\!\!\oint_S \boldsymbol{D} \cdot \mathrm{d}\boldsymbol{S} = \iiint_V \rho \mathrm{d}V, \quad \boldsymbol{n} \cdot (\boldsymbol{D}_2 - \boldsymbol{D}_1) = \rho_{\mathrm{s}} \tag{1.3.3}$$

$$\oint\!\!\oint_S \boldsymbol{B} \cdot \mathrm{d}\boldsymbol{S} = 0, \quad \boldsymbol{n} \cdot (\boldsymbol{B}_2 - \boldsymbol{B}_1) = 0 \tag{1.3.4}$$

$$\oint\!\!\oint_S \boldsymbol{J} \cdot \mathrm{d}\boldsymbol{S} = -\iiint_V \frac{\partial \rho}{\partial t} \mathrm{d}V, \quad \boldsymbol{n} \cdot (\boldsymbol{J}_2 - \boldsymbol{J}_1) = -\frac{\partial \rho_{\mathrm{s}}}{\partial t} \tag{1.3.5}$$

式中，$\boldsymbol{J}_{\mathrm{s}}$ 为面 (传导) 电流密度；ρ_{s} 为自由电荷面密度；$\boldsymbol{n}$ 为介质 1 指向媒质 2 的单位法向矢量，对无限空间问题，当场源只分布在有限空间时，应有 $r \to \infty$ 时场函数趋于零的性质。

1.3.2 辐射条件

对于辐射或散射等波场问题，还要考虑无穷远处的“辐射条件”。由于它涉及亥姆霍兹方程的解等问题，这里只叙述条件。

辐射条件：如果场源分布在有限区域内，ψ 在一闭曲面 S 外满足方程

$$\nabla^2\psi + k^2\psi = -g \tag{1.3.6}$$

则 ψ 在下列条件下有唯一确定的解。

(1) ψ 在 S 上满足齐次边界条件 $a\psi + \beta\dfrac{\partial\psi}{\partial n} = 0$，其中 n 为 S 的法线方向，α、β 为常数；

(2) 当距原点的距离 $r \to \infty$ 时，ψ 以保持 $\lim r\psi$ 有限小方式趋于零；

(3) ψ 满足辐射条件 $\lim\limits_{r\to\infty} r\left(\dfrac{\partial\psi}{\partial r} - \mathrm{i}k\psi\right) = 0$，其物理意义是在距离场源充分远处，只有发散 (沿 r 增加方向传播的) 的行波。

1.4 势函数及其方程

为了便于求解，需引入不同的势函数，以适用于不同的情况。本节介绍几种常见的势函数。《场论》(薛琴访，1978) 中引入过矢量势 $\boldsymbol{A}$ 和标量势 ϕ，为了充分利用电场方程和磁场方程的对偶性 (详见 2.3 节) 以简化问题，将引入磁流和磁荷密度及磁性场源的势 $\boldsymbol{A}_\mathrm{m}$ 和 ϕ_m。

1.4.1 电性源和磁性源

电性源指电流和自由电荷密度分布，其中传导电流 $\boldsymbol{J}$ 可以分为两部分：

$$\boldsymbol{J} = \boldsymbol{J}' + \boldsymbol{J}'' \tag{1.4.1}$$

式中，$\boldsymbol{J}' = \sigma\boldsymbol{E}$ 指导电介质中因存在电场产生的电流；$\boldsymbol{J}''$ 指外加的场源中的电流，如发电机、电池中的电流，不随场强 $\boldsymbol{E}$ 变化。

实际上不存在“磁流”或“磁荷”，但可以把磁场方程中的对应部分写作与电场方程类似的形式。令

$$\boldsymbol{J}_\mathrm{m} = \frac{\partial\boldsymbol{B}}{\partial t} \tag{1.4.2}$$

式中，$\boldsymbol{J}_\mathrm{m}$ 称为磁流密度，磁感应强度 $\boldsymbol{B}$ 也可以分为两部分：

$$\boldsymbol{B} = \mu_0\boldsymbol{H} + \mu_0\boldsymbol{M} = \mu_0\boldsymbol{H} + \boldsymbol{M}' + \boldsymbol{M}''$$

式中，$\boldsymbol{M}'=\mu_0\chi_{\rm m}\boldsymbol{H}$，表示感应磁化而产生的磁化强度；$\boldsymbol{M}''$ 表示剩磁或外加场源 (如永久磁铁、交流线圈、天线等) 的磁化强度。

$$\boldsymbol{B}=\mu_0(1+\chi_{\rm m})\boldsymbol{H}+\boldsymbol{M}''=\mu\boldsymbol{H}+\boldsymbol{M}'' \tag{1.4.3}$$

所以

$$\boldsymbol{J}_{\rm m}=\frac{\partial\boldsymbol{B}}{\partial t}=\mu\frac{\partial\boldsymbol{H}}{\partial t}+\frac{\partial\boldsymbol{M}''}{\partial t}=\boldsymbol{J}'_{\rm m}+\boldsymbol{J}''_{\rm m} \tag{1.4.4}$$

式中，$\boldsymbol{J}''_{\rm m}=\dfrac{\partial\boldsymbol{M}''}{\partial t}$ 对应于外加源，不随磁场变化。

1.4.2　电性源的电磁势及其方程

假设场源只有电性源 $\boldsymbol{J}''$ 和 ρ，则由麦克斯韦方程中的 $\nabla\cdot\boldsymbol{B}=0$ 知，$\boldsymbol{B}$ 可以写成另一矢量函数的旋度：

$$\boldsymbol{B}\equiv\nabla\times\boldsymbol{A} \tag{1.4.5}$$

式中，$\boldsymbol{A}$ 为电矢势。代入 $\boldsymbol{E}$ 的旋度方程，得

$$\boldsymbol{E}=-\nabla\phi-\frac{\partial\boldsymbol{A}}{\partial t} \tag{1.4.6}$$

于是由麦克斯韦方程组得到关于 $\boldsymbol{A}$、ϕ 的方程

$$\begin{cases}\nabla\times\nabla\times\boldsymbol{A}+\mu\varepsilon\nabla\dfrac{\partial^2\boldsymbol{A}}{\partial t^2}+\mu\varepsilon\nabla\dfrac{\partial\phi}{\partial t}=\mu\boldsymbol{J}\\[2ex]\nabla^2\phi+\nabla\cdot\dfrac{\partial\boldsymbol{A}}{\partial t}=-\rho/\varepsilon\end{cases} \tag{1.4.7}$$

由 $\boldsymbol{A}$ 的定义知，在不影响 $\boldsymbol{B}$ 的前提下，$\boldsymbol{A}$ 可有一定的任意性，因此可要求 $\boldsymbol{A}$、ϕ 满足洛伦兹条件 (规范化条件)

$$\nabla\cdot\boldsymbol{A}+\mu\varepsilon\frac{\partial\phi}{\partial t}=0 \tag{1.4.8}$$

于是得到 $\boldsymbol{A}$ 和 ϕ 的方程

$$\begin{cases}\nabla^2\boldsymbol{A}-\mu\varepsilon\dfrac{\partial^2\boldsymbol{A}}{\partial t^2}=-\mu\boldsymbol{J}\\[2ex]\nabla^2\phi-\mu\varepsilon\dfrac{\partial^2\phi}{\partial t^2}=-\rho/\varepsilon\end{cases} \tag{1.4.9}$$

对于时谐场 (时间因子用 $\mathrm{e}^{-\mathrm{i}\omega t}$ 表示)，$\dfrac{\partial}{\partial t}=-\mathrm{i}\omega$，方程 (1.4.9) 进一步简化为

$$\begin{cases}\nabla^2\boldsymbol{A}+\omega^2\mu\varepsilon\boldsymbol{A}=-\mu\boldsymbol{J}\\ \nabla^2\phi+\omega^2\mu\varepsilon\phi=-\rho/\varepsilon\end{cases} \tag{1.4.10}$$

但是，方程 (1.4.10) 右端的 $\boldsymbol{J}$ 包含 $\boldsymbol{E}$，在求解时存在困难，因此常采取另一种处理方法，其基本点是把 $\boldsymbol{J}$ 中的 $\boldsymbol{J}''$ 部分分离出来：

$$\boldsymbol{J}=\boldsymbol{J}'+\boldsymbol{J}''=\sigma\left(-\nabla\phi-\frac{\partial\boldsymbol{A}}{\partial t}\right)+\boldsymbol{J}'' \tag{1.4.11}$$

并取规范化条件

$$\nabla\cdot\boldsymbol{A}+\mu\varepsilon\frac{\partial\phi}{\partial t}+\mu\sigma\phi=0 \tag{1.4.12}$$

于是电磁势的方程为

$$\begin{cases}\nabla^2\boldsymbol{A}-\mu\varepsilon\dfrac{\partial^2\boldsymbol{A}}{\partial t^2}-\mu\sigma\dfrac{\partial\boldsymbol{A}}{\partial t}=-\mu\boldsymbol{J}''\\ \nabla^2\phi-\mu\varepsilon\dfrac{\partial^2\phi}{\partial t^2}-\mu\sigma\dfrac{\partial\phi}{\partial t}=-\rho/\varepsilon\end{cases} \tag{1.4.13}$$

其优点是在场源以外的区域，方程是齐次的，因而给求解带来很大方便。左端增加的每一项并不增加实质的困难，因为对于稳恒场，第二、三项均为零，对于真空或绝缘媒质，第三项为零。对于最重要的时谐场：

$$-\mu\varepsilon\frac{\partial^2\boldsymbol{A}}{\partial t^2}-\mu\sigma\frac{\partial\boldsymbol{A}}{\partial t}=\omega^2\mu\left(\varepsilon+\mathrm{i}\frac{\sigma}{\omega}\right)\boldsymbol{A}=(\omega^2\mu\varepsilon+\mathrm{i}\omega\mu\sigma)\boldsymbol{A}=k^2\boldsymbol{A}$$

式中，$k^2=\omega^2\mu\varepsilon+\mathrm{i}\omega\mu\sigma$。因而 $\boldsymbol{A}$、ϕ 的方程为

$$\begin{cases}\nabla^2\boldsymbol{A}+k^2\boldsymbol{A}=-\mu\boldsymbol{J}''\\ \nabla^2\phi+k^2\phi=-\rho/\varepsilon\end{cases} \tag{1.4.14}$$

式 (1.4.14) 仍保持原有的形式，只有 k^2 为复量。由上述方程解出 $\boldsymbol{A}$、ϕ，即可求得 $\boldsymbol{E}$、$\boldsymbol{B}$。

1.4.3 磁性源的电磁势及其方程

如果只有磁性场源，即 $\boldsymbol{J}''=0,\rho=0$，则麦克斯韦方程为

$$\begin{cases}\nabla\times\boldsymbol{E}_{\mathrm{m}}=-\mu\dfrac{\partial\boldsymbol{H}_{\mathrm{m}}}{\partial t}-\boldsymbol{J}''_{\mathrm{m}}\\ \nabla\times\boldsymbol{H}_{\mathrm{m}}=\sigma\boldsymbol{E}_{\mathrm{m}}+\varepsilon\dfrac{\partial\boldsymbol{E}_{\mathrm{m}}}{\partial t}\\ \nabla\cdot\boldsymbol{D}_{\mathrm{m}}=0\\ \nabla\cdot\boldsymbol{B}_{\mathrm{m}}=0\end{cases} \tag{1.4.15}$$

式中，下标 m 表示由磁性源产生的场。

方程 $\nabla \cdot \boldsymbol{B}_{\mathrm{m}}=0$ 可以改写为

$$\nabla \cdot \boldsymbol{H}_{\mathrm{m}}=-\mu_0 \nabla \cdot \frac{\boldsymbol{M}'}{\mu}=\frac{\rho_{\mathrm{m}}'}{\mu} \tag{1.4.16}$$

式中，ρ_{m}' 可写为“磁荷密度”。于是方程组在形式上与电性源的情况完全类似，由 $\nabla \cdot \boldsymbol{D}_{\mathrm{m}}=0$，可以把 $\boldsymbol{D}_{\mathrm{m}}$ 表示为另一矢量函数的旋度：

$$\boldsymbol{D}_{\mathrm{m}} \equiv -\nabla \times \boldsymbol{A}_{\mathrm{m}} \tag{1.4.17}$$

式中，$\boldsymbol{A}_{\mathrm{m}}$ 称为磁矢势，代入 $\boldsymbol{H}_{\mathrm{m}}$ 的旋度方程得

$$\boldsymbol{H}_{\mathrm{m}}=-\nabla \phi_{\mathrm{m}}-\frac{\partial \boldsymbol{A}_{\mathrm{m}}}{\partial t}-\frac{\sigma}{\varepsilon}\boldsymbol{A}_{\mathrm{m}}$$

式中，ϕ_{m} 称为磁标势。将以上 $\boldsymbol{D}_{\mathrm{m}}$、$\boldsymbol{H}_{\mathrm{m}}$ 代入麦克斯韦方程组并取规范化条件

$$\nabla \cdot \boldsymbol{A}_{\mathrm{m}}+\mu\varepsilon\frac{\partial \phi_{\mathrm{m}}}{\partial t}=0 \tag{1.4.18}$$

得

$$\nabla^2 \boldsymbol{A}_{\mathrm{m}}-\mu\varepsilon\frac{\partial^2 \boldsymbol{A}_{\mathrm{m}}}{\partial t^2}-\mu\sigma\frac{\partial \boldsymbol{A}_{\mathrm{m}}}{\partial t}=-\varepsilon \boldsymbol{J}_{\mathrm{m}}'' \tag{1.4.19}$$

$$\nabla^2 \phi_{\mathrm{m}}-\mu\varepsilon\frac{\partial^2 \phi_{\mathrm{m}}}{\partial t^2}-\mu\sigma\frac{\partial \phi_{\mathrm{m}}}{\partial t}=-\frac{\rho_{\mathrm{m}}'}{\mu} \tag{1.4.20}$$

由此可求得磁性源的 $\boldsymbol{A}_{\mathrm{m}}$、$\phi_{\mathrm{m}}$ 和相应的场强函数。

普遍来说，当磁性源和电性源同时存在时，根据场的叠加性，电磁场为两类场源产生的场之和：

$$\boldsymbol{E}=-\nabla \phi-\frac{\partial \boldsymbol{A}}{\partial t}-\frac{1}{\varepsilon}\nabla \times \boldsymbol{A}_{\mathrm{m}} \tag{1.4.21}$$

$$\boldsymbol{H}=\frac{1}{\mu}\nabla \times \boldsymbol{A}-\frac{\partial \boldsymbol{A}_{\mathrm{m}}}{\partial t}-\frac{\sigma}{\varepsilon}\boldsymbol{A}_{\mathrm{m}}-\nabla \phi_{\mathrm{m}} \tag{1.4.22}$$

由于场方程的相似性，只需先求出 $\boldsymbol{A}$、ϕ 或 $\boldsymbol{A}_{\mathrm{m}}$、$\phi_{\mathrm{m}}$，另一部分可通过类比得出。

1.4.4　赫兹势

引入赫兹矢量 $\boldsymbol{\pi}$ 和 $\boldsymbol{\pi}_{\mathrm{m}}$，可单独由赫兹矢量确定 $\boldsymbol{E}$ 和 $\boldsymbol{H}$。

对于电性源，其赫兹势是由 $\boldsymbol{A}$ 定义的，因此有两种处理方式。第一种方式是取规范化条件为

$$\nabla \cdot \boldsymbol{A}+\mu\varepsilon\frac{\partial \phi}{\partial t}=0 \tag{1.4.23}$$

令

$$\boldsymbol{A}=\mu\varepsilon\frac{\partial \boldsymbol{\pi}}{\partial t} \tag{1.4.24}$$

由规范化条件得

$$\phi = -\nabla \cdot \boldsymbol{\pi} \tag{1.4.25}$$

因此由 $\boldsymbol{A}$、ϕ 得 $\boldsymbol{\pi}$ 的方程

$$\frac{\partial}{\partial t}\left(\nabla^2 \boldsymbol{\pi} - \mu\varepsilon \frac{\partial^2 \boldsymbol{\pi}}{\partial t^2}\right) = \mu \boldsymbol{J} \tag{1.4.26}$$

比较有实际意义的是 $\boldsymbol{J} = 0$ 的区域，此时

$$\nabla^2 \boldsymbol{\pi} - \mu\varepsilon \frac{\partial^2 \boldsymbol{\pi}}{\partial t^2} = \text{常数}$$

取常数为零对最后求得的 $\boldsymbol{E}$ 和 $\boldsymbol{H}$ 并无影响，但 $\boldsymbol{J} = 0$ 的条件使方程的应用局限性变大。

$$\nabla^2 \boldsymbol{\pi} - \mu\varepsilon \frac{\partial^2 \boldsymbol{\pi}}{\partial t^2} = 0 \tag{1.4.27}$$

第二种方式是取规范化条件为

$$\nabla \cdot \boldsymbol{A} + \mu\varepsilon \frac{\partial \phi}{\partial t} + \mu\sigma\phi = 0 \tag{1.4.28}$$

令

$$\boldsymbol{A} = \mu\varepsilon \frac{\partial \boldsymbol{\pi}}{\partial t} + \mu\sigma\phi \tag{1.4.29}$$

则

$$\phi = -\nabla \cdot \boldsymbol{\pi} \tag{1.4.30}$$

得 $\boldsymbol{\pi}$ 的方程

$$\mu\varepsilon \frac{\partial}{\partial t}\left(\nabla^2 \boldsymbol{\pi} - \mu\varepsilon \frac{\partial^2 \boldsymbol{\pi}}{\partial t^2} - \mu\sigma \frac{\partial \boldsymbol{\pi}}{\partial t}\right) + \mu\sigma\left(\nabla^2 \boldsymbol{\pi} - \mu\varepsilon \frac{\partial^2 \boldsymbol{\pi}}{\partial t^2} - \mu\sigma \frac{\partial \boldsymbol{\pi}}{\partial t}\right) = -\mu \boldsymbol{J}'' \tag{1.4.31}$$

实际在介质中可分为以下两种情况。

(1) 导电媒质：一般满足 $\sigma \gg \varepsilon$，在电源以外的区域 $\boldsymbol{J}'' = 0$。

如果用 $\boldsymbol{f}$ 代表式 (1.4.31) 括号中的量，则方程形式为

$$\frac{\partial \boldsymbol{f}}{\partial t} = -\frac{\sigma}{\varepsilon}\boldsymbol{f} \tag{1.4.32}$$

当只考虑各点的 $\boldsymbol{f}$ 随时间变化时

$$\frac{\mathrm{d}\boldsymbol{f}}{\boldsymbol{f}} = -\frac{\sigma}{\varepsilon}\mathrm{d}t$$

所以

$$\boldsymbol{f}=\boldsymbol{f}_0\mathrm{e}^{-\frac{\sigma}{\varepsilon}t}\xrightarrow[t\to\infty]{}0$$

因而 t 充分大时，可以认为 $\boldsymbol{f}=0$，即

$$\nabla^2\boldsymbol{\pi}-\mu\varepsilon\frac{\partial^2\boldsymbol{\pi}}{\partial t^2}-\mu\sigma\frac{\partial\boldsymbol{\pi}}{\partial t}=0 \tag{1.4.33}$$

对于时谐场，仍有

$$\nabla^2\boldsymbol{\pi}+k^2\boldsymbol{\pi}=0 \tag{1.4.34}$$

(2) 绝缘媒质：$\sigma=0$，若令 $\boldsymbol{J}''=\dfrac{\partial\boldsymbol{P}''}{\partial t}$，则

$$\nabla^2\boldsymbol{\pi}-\mu\varepsilon\frac{\partial^2\boldsymbol{\pi}}{\partial t^2}=-\frac{\boldsymbol{P}''}{\varepsilon} \tag{1.4.35}$$

式中，$\boldsymbol{P}''$ 可以理解为源的等效极化强度。对于无源区域：

$$\nabla^2\boldsymbol{\pi}-\mu\varepsilon\frac{\partial^2\boldsymbol{\pi}}{\partial t^2}=0 \tag{1.4.36}$$

若场为时谐场，则方程仍为

$$\nabla^2\boldsymbol{\pi}+k^2\boldsymbol{\pi}=-\frac{\boldsymbol{P}''}{\varepsilon}\quad(\text{有源区}) \tag{1.4.37}$$

$$\nabla^2\boldsymbol{\pi}+k^2\boldsymbol{\pi}=0\quad(\text{无源区}) \tag{1.4.38}$$

对于磁性源，其赫兹势可参考电性源赫兹势，给出类似定义：

$$\boldsymbol{A}_\mathrm{m}=\mu\varepsilon\frac{\partial\boldsymbol{\pi}_\mathrm{m}}{\partial t} \tag{1.4.39}$$

式中，$\boldsymbol{\pi}_\mathrm{m}$ 为磁性源赫兹势。由规范化条件

$$\nabla\cdot\boldsymbol{A}_\mathrm{m}+\mu\varepsilon\frac{\partial\phi_\mathrm{m}}{\partial t}=0 \tag{1.4.40}$$

$$\phi_\mathrm{m}=-\nabla\cdot\boldsymbol{\pi}_\mathrm{m} \tag{1.4.41}$$

对于 $\boldsymbol{\pi}_\mathrm{m}$，可得到与 $\boldsymbol{\pi}$ 的方程形式上完全类似的方程，除 $\boldsymbol{J}''_\mathrm{m}=\dfrac{\partial\boldsymbol{M}''}{\partial t}$ 外，其余均与 $\boldsymbol{\pi}$ 的方程相似，$\boldsymbol{M}''$ 为外加磁性源的等效磁化强度。

当磁性源、电性源同时存在时，可以得到

$$\boldsymbol{E}=\nabla(\nabla\cdot\boldsymbol{\pi})-\mu\varepsilon\frac{\partial^2\boldsymbol{\pi}}{\partial t^2}-\mu\sigma\frac{\partial\boldsymbol{\pi}}{\partial t}-\mu\nabla\times\frac{\partial\boldsymbol{\pi}_\mathrm{m}}{\partial t} \tag{1.4.42}$$

$$\boldsymbol{H}=\varepsilon\nabla\times\frac{\partial\boldsymbol{\pi}}{\partial t}+\sigma\nabla\times\boldsymbol{\pi}+\nabla(\nabla\cdot\boldsymbol{\pi}_\mathrm{m})-\varepsilon\frac{\partial^2\boldsymbol{\pi}_\mathrm{m}}{\partial t^2} \tag{1.4.43}$$

1.4.5 谢昆诺夫势

为进一步使电场和磁场方程对称，可以根据下列关系引入两个矢量势 $\boldsymbol{F}$、$\boldsymbol{G}$:

$$\varepsilon \boldsymbol{F} = \boldsymbol{A}_{\mathrm{m}} \tag{1.4.44}$$

$$\mu \boldsymbol{G} = \boldsymbol{A} \tag{1.4.45}$$

同时令

$$U = \phi_{\mathrm{m}} \tag{1.4.46}$$

$$V = \phi \tag{1.4.47}$$

则由 $\boldsymbol{A}$ 和 $\boldsymbol{A}_{\mathrm{m}}$ 的方程得

$$\nabla^2 \boldsymbol{F} - \mu\varepsilon \frac{\partial^2 \boldsymbol{F}}{\partial t^2} - \mu\sigma \frac{\partial \boldsymbol{F}}{\partial t} = -\boldsymbol{J}''_{\mathrm{m}} \tag{1.4.48}$$

规范化条件为

$$\nabla \cdot \boldsymbol{F} + \mu \frac{\partial U}{\partial t} = 0 \tag{1.4.49}$$

而

$$\nabla^2 \boldsymbol{G} - \mu\varepsilon \frac{\partial^2 \boldsymbol{G}}{\partial t^2} - \mu\sigma \frac{\partial \boldsymbol{G}}{\partial t} = -\boldsymbol{J}'' \tag{1.4.50}$$

规范化条件为

$$\nabla \cdot \boldsymbol{G} + \varepsilon \frac{\partial V}{\partial t} + \sigma V = 0 \tag{1.4.51}$$

与 $\boldsymbol{A}$、$\boldsymbol{A}_{\mathrm{m}}$ 的方程相比，$\boldsymbol{F}$、$\boldsymbol{G}$ 的方程具有更好的电磁对偶性，只要求得 $\boldsymbol{F}$、$\boldsymbol{G}$，可以由类比关系得到另一个势。

解得 $\boldsymbol{F}$、$\boldsymbol{G}$、U、V 后，就可求得

$$\boldsymbol{E} = -\mu \frac{\partial \boldsymbol{G}}{\partial t} - \nabla V - \nabla \times \boldsymbol{F} \tag{1.4.52}$$

$$\boldsymbol{H} = -\left(\sigma + \varepsilon \frac{\partial}{\partial t}\right) \boldsymbol{F} - \nabla U + \nabla \times \boldsymbol{G} \tag{1.4.53}$$

1.5 亥姆霍兹方程和泊松方程

1.5.1 波动方程

在 1.4 节中得到的 $\boldsymbol{A}$、ϕ、$\boldsymbol{\pi}$ 等的方程与机械振动形成的机械波方程在数学形式上完全类似。以 $\boldsymbol{A}$ 为例:

$$\nabla^2 \boldsymbol{A} - \mu\varepsilon \frac{\partial^2 \boldsymbol{A}}{\partial t^2} = 0$$

相当于无阻尼波。

$$\nabla^2 \boldsymbol{A} - \mu\varepsilon \frac{\partial^2 \boldsymbol{A}}{\partial t^2} - \mu\sigma \frac{\partial \boldsymbol{A}}{\partial t} = 0$$

相当于阻尼介质 (有耗介质) 中的波。

$$\nabla^2 \boldsymbol{A} - \mu\varepsilon \frac{\partial^2 \boldsymbol{A}}{\partial t^2} - \mu\sigma \frac{\partial \boldsymbol{A}}{\partial t} = -\mu \boldsymbol{J}''$$

相当于强迫振动形成的波。

实际上，由麦克斯韦方程不难推导出，$\boldsymbol{E}$、$\boldsymbol{H}$ 也满足波动方程

$$\nabla^2 \boldsymbol{E} - \mu\varepsilon \frac{\partial^2 \boldsymbol{E}}{\partial t^2} - \mu\sigma \frac{\partial \boldsymbol{E}}{\partial t} = \mu \frac{\partial \boldsymbol{J}''}{\partial t} + \frac{1}{\varepsilon} \nabla \rho \tag{1.5.1}$$

$$\nabla^2 \boldsymbol{H} - \mu\varepsilon \frac{\partial^2 \boldsymbol{H}}{\partial t^2} - \mu\sigma \frac{\partial \boldsymbol{H}}{\partial t} = \frac{1}{\varepsilon} \nabla \times \boldsymbol{J}'' \tag{1.5.2}$$

1.5.2 亥姆霍兹方程

当场随时间作简谐变化时，时间部分可用 $\mathrm{e}^{-\mathrm{i}\omega t}$ 表示，这时以上诸场，如 $\boldsymbol{E}$、$\boldsymbol{H}$、$\boldsymbol{\pi}$、$\boldsymbol{A}$ 等的方程都可以归结为同一形式：

$$\nabla^2 \boldsymbol{f} + k^2 \boldsymbol{f} = \boldsymbol{g} \tag{1.5.3}$$

式中，$\boldsymbol{f}$ 为某一场矢量；$\boldsymbol{g}$ 为与场源分布有关的矢量函数；$k^2 = \omega^2\mu\varepsilon + \mathrm{i}\omega\mu\sigma$，为复传播常数的平方。非导电介质中，$k^2 = \omega^2\mu\varepsilon$ 是实数，可视为 k^2 的特殊情况。

对于标量势 ϕ、ϕ_{m} 等，方程也具有同一形式：

$$\nabla^2 \psi + k^2 \psi = g \tag{1.5.4}$$

式中，ψ 为某一标量势；g 为与场源分布有关的标量函数。

这种形式的方程称为亥姆霍兹方程，是交流电磁场 (高频、位移电流不能忽略) 的典型方程。

1.5.3 泊松方程

对于稳恒场，可得到下列矢量场 $\boldsymbol{f}$ 和标量场 ψ 满足的泊松方程：

$$\nabla^2 \boldsymbol{f} = g \tag{1.5.5}$$

$$\nabla^2 \psi = g \tag{1.5.6}$$

拉普拉斯方程可以视为 $g = 0$ 时的特殊情况。在常用的正交坐标系中，泊松方程的通解也已求出。

泊松方程和亥姆霍兹方程分别是稳恒场和交变场的典型方程，后面介绍的求解方法，主要针对这两类方程。

1.6 正交曲线坐标系

以上所述的麦克斯韦方程组及以此出发得到的波动方程都未涉及具体的坐标问题，由此得到的两类方程：亥姆霍兹方程和泊松方程 (其特例为拉普拉斯方程) 的导出也与坐标系无关，但是，在具体求解场方程时要考虑选用具体的坐标系问题。场方程求解问题一般是边值问题，有一定形状的界面，只有采用合适的坐标系，才能得到简便的边界条件表达式。另外，当场源分布或边界面形状有某种对称性时，如果坐标系选用得当，可以减少变量数目，使问题简化。因此必须对常用的坐标系有比较深入的了解。由于边界面形状各异，只用直角坐标系难以满足要求。例如，当界面是球面时，采用直角坐标系会产生不必要的困难。但坐标系也不能随便构造，目前使用最广的坐标系是正交曲线坐标系，直角坐标系是这类坐标系的一个特殊情况。关于正交曲线坐标系，在本科阶段相关课程中已有基本介绍，可参考《电磁场与电磁波》(Cheng，2007)，为了读者应用方便，本节将与解电磁场方程关系密切的内容归纳起来进行简单介绍。

1.6.1 正交曲线坐标系定义

设 x、y、z 是直角坐标系的三个坐标，另一坐标系中的独立变量 u_1、u_2、u_3 是 x、y、z 的单值连续函数：

$$\begin{cases} u_1 = f_1(x, y, z) \\ u_2 = f_2(x, y, z) \\ u_3 = f_3(x, y, z) \end{cases} \tag{1.6.1}$$

解式 (1.6.1)，得

$$\begin{cases} x = F_1(u_1, u_2, u_3) \\ y = F_2(u_1, u_2, u_3) \\ z = F_3(u_1, u_2, u_3) \end{cases} \tag{1.6.2}$$

如果 F_1、F_2、F_3 也是单值连续函数，则对于空间每一点的坐标 (x, y, z) 均有一组值 (u_1, u_2, u_3) 与之对应，反之亦然。u_1、u_2、u_3 称为曲线坐标。在直角坐标系中，x、y、z 等于常数，各构成一组平面；而 u_1、u_2、u_3 也等于常数，构成一组曲面，称为坐标曲面。$u_i(i = 1, 2, 3)$ 每取一常数值就相应于一个坐标曲面，在此曲面上 u_i 为给定常数，另外两个坐标则为变量，两个坐标曲面相交的曲线称为坐标曲线。从三个坐标曲线的交点，可以引出沿三条曲线的坐标轴。与直角坐标系不同，曲线坐标系的坐标轴的方向是逐点变化的 (除非某一个 u_i 曲线为直线)。

由任意的 u_1、u_2、u_3 构成的坐标系对于描写空间位置、表示边界条件等不一定方便，因此通常取一类特殊的曲线坐标系，即坐标曲线在空间每一点都互相垂直的曲线坐标系，称为正交曲线坐标系，常用的球坐标系、柱坐标系都属于正交曲线坐标系。下面只讨论正交曲线坐标系。

1.6.2　正交曲线坐标系中的线元、面积元和体积元

在建立物理量的定义、进行微积分运算时，要用到线元、面积元和体积元，因此必须得到它们在正交曲线坐标系中的表达式。

1. 线元、度量系数

空间两个邻点的距离 $\mathrm{d}l$ 称为线元。在直角坐标系中，点 (x,y,z) 和邻点 $(x+\mathrm{d}x, y+\mathrm{d}y, z+\mathrm{d}z)$ 间的距离 $\mathrm{d}l$ 可用沿坐标轴的投影表示：

$$\mathrm{d}l^2 = \mathrm{d}x^2 + \mathrm{d}y^2 + \mathrm{d}z^2$$

根据式 (1.6.1)，在曲线坐标系中

$$\begin{aligned}\mathrm{d}l^2 &= \mathrm{d}x^2 + \mathrm{d}y^2 + \mathrm{d}z^2 = \left(\frac{\partial x}{\partial u_1}\mathrm{d}u_1 + \frac{\partial x}{\partial u_2}\mathrm{d}u_2 + \frac{\partial x}{\partial u_3}\mathrm{d}u_3\right)^2 \\ &\quad + \left(\frac{\partial y}{\partial u_1}\mathrm{d}u_1 + \frac{\partial y}{\partial u_2}\mathrm{d}u_2 + \frac{\partial y}{\partial u_3}\mathrm{d}u_3\right)^2 + \left(\frac{\partial z}{\partial u_1}\mathrm{d}u_1 + \frac{\partial z}{\partial u_2}\mathrm{d}u_2 + \frac{\partial z}{\partial u_3}\mathrm{d}u_3\right)^2 \\ &= q_{11}^2\mathrm{d}u_1^2 + q_{22}^2\mathrm{d}u_2^2 + q_{33}^2\mathrm{d}u_3^2 + 2q_{12}\mathrm{d}u_1\mathrm{d}u_2 + 2q_{23}\mathrm{d}u_2\mathrm{d}u_3 + 2q_{31}\mathrm{d}u_3\mathrm{d}u_1 \\ &= h_1^2\mathrm{d}u_1^2 + h_2^2\mathrm{d}u_2^2 + h_3^2\mathrm{d}u_3^2 + 2q_{12}\mathrm{d}u_1\mathrm{d}u_2 + 2q_{23}\mathrm{d}u_2\mathrm{d}u_3 + 2q_{31}\mathrm{d}u_3\mathrm{d}u_1\end{aligned} \tag{1.6.3}$$

式中

$$\begin{cases} h_1 = q_{11} = \left[\left(\dfrac{\partial x}{\partial u_1}\right)^2 + \left(\dfrac{\partial y}{\partial u_1}\right)^2 + \left(\dfrac{\partial z}{\partial u_1}\right)^2\right]^{1/2} \\ h_2 = q_{22} = \left[\left(\dfrac{\partial x}{\partial u_2}\right)^2 + \left(\dfrac{\partial y}{\partial u_2}\right)^2 + \left(\dfrac{\partial z}{\partial u_2}\right)^2\right]^{1/2} \\ h_3 = q_{33} = \left[\left(\dfrac{\partial x}{\partial u_3}\right)^2 + \left(\dfrac{\partial y}{\partial u_3}\right)^2 + \left(\dfrac{\partial z}{\partial u_3}\right)^2\right]^{1/2} \end{cases} \tag{1.6.4}$$

$$\begin{cases} q_{12} = \dfrac{\partial x}{\partial u_1}\dfrac{\partial x}{\partial u_2} + \dfrac{\partial y}{\partial u_1}\dfrac{\partial y}{\partial u_2} + \dfrac{\partial z}{\partial u_1}\dfrac{\partial z}{\partial u_2} \\ q_{23} = \dfrac{\partial x}{\partial u_2}\dfrac{\partial x}{\partial u_3} + \dfrac{\partial y}{\partial u_2}\dfrac{\partial y}{\partial u_3} + \dfrac{\partial z}{\partial u_2}\dfrac{\partial z}{\partial u_3} \\ q_{31} = \dfrac{\partial x}{\partial u_3}\dfrac{\partial x}{\partial u_1} + \dfrac{\partial y}{\partial u_3}\dfrac{\partial y}{\partial u_1} + \dfrac{\partial z}{\partial u_3}\dfrac{\partial z}{\partial u_1} \end{cases} \tag{1.6.5}$$

如果把 x、y、z 改用 x_1、x_2、x_3 表示，并用 $x_k(k=1,2,3)$ 表示其中任一个坐标，则式 (1.6.3) 可以写成

$$\mathrm{d}l^2=\sum_{k=1}^{3}\mathrm{d}x_k^2=\sum_{i=1}^{3}\sum_{j=1,j\neq i}^{3}q_{ij}\mathrm{d}u_i\mathrm{d}u_j+\sum_{i=1}^{3}q_{ii}^2\mathrm{d}u_i^2 \tag{1.6.6}$$

式中

$$\begin{aligned}q_{ij}&=\frac{\partial x_1}{\partial u_i}\frac{\partial x_1}{\partial u_j}+\frac{\partial x_2}{\partial u_i}\frac{\partial x_2}{\partial u_j}+\frac{\partial x_3}{\partial u_i}\frac{\partial x_3}{\partial u_j}\\&=\sum_{k=1}^{3}\frac{\partial x_k}{\partial u_i}\frac{\partial x_k}{\partial u_j},\quad i\neq j,\ i,j=1,2,3\end{aligned} \tag{1.6.7}$$

由式 (1.6.7) 定义的 q_{ij} 称为曲线坐标系的度量系数或度量因子，表征曲线坐标系的空间几何特性，在表示曲线坐标系中的线元、面积元、体积元时用到。

每两个坐标曲面的交线是一条坐标曲线，在这条曲线上，只有一个坐标是变量。例如，$u_2=$ 常数与 $u_3=$ 常数的交线是一条坐标曲线，沿此曲线只有 u_1 是变量。由式 (1.6.3) 或式 (1.6.6) 可知，沿坐标曲线的线元为

$$\mathrm{d}l_i=h_i\mathrm{d}u_i,\quad i=1,2,3 \tag{1.6.8}$$

任意两相邻点的线元 $\mathrm{d}l$ 对 x_1、x_2、x_3 轴的方向余弦分别为 $\dfrac{\mathrm{d}x_1}{\mathrm{d}l}$、$\dfrac{\mathrm{d}x_2}{\mathrm{d}l}$ 和 $\dfrac{\mathrm{d}x_3}{\mathrm{d}l}$。沿 u_i 曲线的线元 $\mathrm{d}u_i$ 对 x_k 轴的方向余弦为 $\dfrac{1}{h_i}\dfrac{\partial x_k}{\partial u_i}$，因为 i、k 各可取 1、2、3 三个值，所以 $\dfrac{1}{h_i}\dfrac{\partial x_k}{\partial u_i}$ 共有 9 个。u_1、u_2、u_3 曲线中任意两曲线间的夹角为

$$\theta_{ij}=\cos^{-1}\left[\frac{1}{h_ih_j}\sum_{k=1}^{3}\frac{\partial x_k}{\partial u_i}\frac{\partial x_k}{\partial u_j}\right]=\cos^{-1}\frac{q_{ij}}{h_ih_j},\quad i\neq j \tag{1.6.9}$$

可以看出，如果 $q_{ij}=0$，则 u_i、u_j 曲线两两正交，这时由 u_1、u_2、u_3 按右旋系统构成的坐标系称为正交曲线坐标系。所以，正交曲线坐标系必须满足正交条件

$$\sum_{k}\frac{\partial x_k}{\partial u_i}\frac{\partial x_k}{\partial u_j}=h_i^2\delta_{ij} \tag{1.6.10}$$

或

$$q_{ij}=h_i^2\delta_{ij} \tag{1.6.11}$$

式中，$\delta_{ij}=\begin{cases}1, & i=j\\ 0, & i\neq j\end{cases}$。因此，对于正交曲线坐标系，只有三个度量系数 h_1、

h_2 和 h_3。在正交曲线坐标系中，式 (1.6.3) 和式 (1.6.6) 变为

$$\mathrm{d}l^2 = \sum_{i=1}^{3} h_i^2 \mathrm{d}u_i^2 = h_1^2 \mathrm{d}u_1^2 + h_2^2 \mathrm{d}u_2^2 + h_3^2 \mathrm{d}u_3^2 \tag{1.6.12}$$

式 (1.6.12) 可以表示为矢量形式:

$$\mathrm{d}\boldsymbol{l} = \sum_{i=1}^{3} \mathrm{d}l_i \boldsymbol{e}_i = h_1 \mathrm{d}u_1 \boldsymbol{e}_1 + h_2 \mathrm{d}u_2 \boldsymbol{e}_2 + h_3 \mathrm{d}u_3 \boldsymbol{e}_3 \tag{1.6.13}$$

式中，$\boldsymbol{e}_1$、$\boldsymbol{e}_2$、$\boldsymbol{e}_3$ 是沿正交曲线坐标系的三个坐标轴的单位矢量。

2. 面积元与体积元

由以上线元的表达式，不难写出正交曲线坐标系中的面积元与体积元的表达式。由任意两个坐标曲线上的线元构成的面积元 $\mathrm{d}S_{ij} = \mathrm{d}l_i \mathrm{d}l_j$ [图 1.6.1(a)] 的表达式为

$$\begin{cases} \mathrm{d}S_{12} = h_1 h_2 \mathrm{d}u_1 \mathrm{d}u_2 \\ \mathrm{d}S_{23} = h_2 h_3 \mathrm{d}u_2 \mathrm{d}u_3 \\ \mathrm{d}S_{31} = h_3 h_1 \mathrm{d}u_3 \mathrm{d}u_1 \end{cases} \tag{1.6.14}$$

由三个坐标曲线上的线元构成的体积元 dV [图 1.6.1(b)] 的表达式为

$$\mathrm{d}V = h_1 h_2 \mathrm{h}_3 \mathrm{d}u_1 \mathrm{d}u_2 \mathrm{d}u_3 \tag{1.6.15}$$

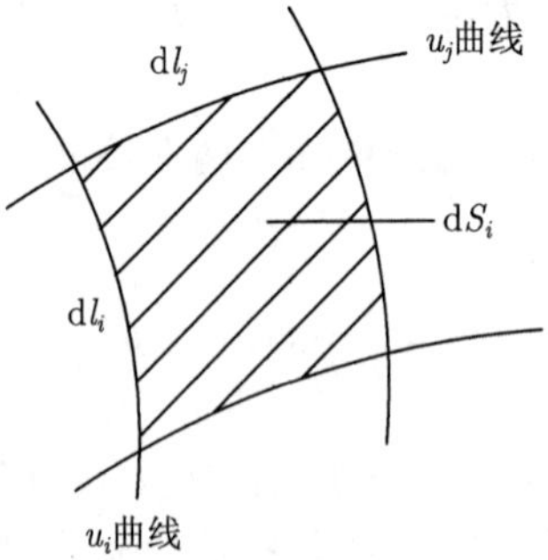

(a) 面积元

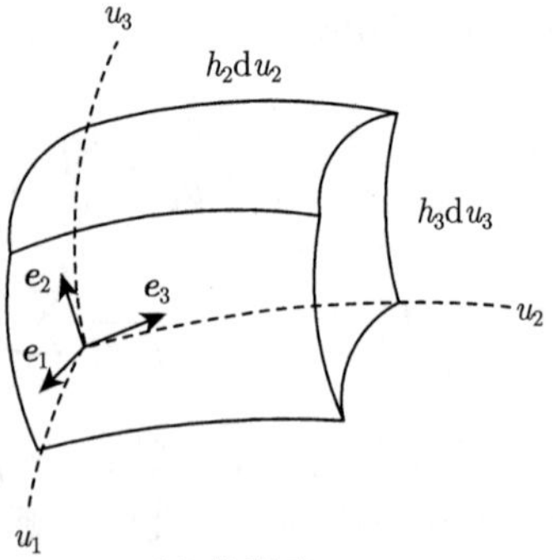

(b) 体积元

图 1.6.1　正交曲线坐标系中的面积元与体积元

1.6.3　正交曲线坐标系中的梯度、散度和旋度

在求解电磁场方程的过程中，经常会遇到梯度、散度和旋度的运算。根据场量的梯度、散度和旋度的定义及线元、面积元和体积元的表达式，可以得出正交曲线坐标系中梯度、散度和旋度的表达式。

1. 标量函数的梯度

梯度是一个矢量，表示标量函数 ψ 对于坐标变化的最大变化率的大小和方向。如果把 ψ 的梯度写作 $\nabla\psi$，则任一点 $\boldsymbol{r}$ 移动到 $\boldsymbol{r}+\mathrm{d}\boldsymbol{r}$，$\psi$ 的改变量为

$$\mathrm{d}\psi=\nabla\psi\cdot\mathrm{d}\boldsymbol{r}$$

已知

$$\mathrm{d}\psi=\frac{\partial\psi}{\partial u_1}\mathrm{d}u_1+\frac{\partial\psi}{\partial u_2}\mathrm{d}u_2+\frac{\partial\psi}{\partial u_3}\mathrm{d}u_3$$

式中，$\mathrm{d}\psi$ 沿 $\mathrm{d}u_i$ 的改变量为 $h_i\mathrm{d}u_i\boldsymbol{e}_i$。

$$\nabla\psi\cdot\boldsymbol{e}_i=\frac{1}{h}\frac{\partial\psi}{\partial u_i}$$

故有

$$\nabla\psi=\frac{1}{h_1}\frac{\partial\psi}{\partial u_1}\boldsymbol{e}_1+\frac{1}{h_2}\frac{\partial\psi}{\partial u_2}\boldsymbol{e}_2+\frac{1}{h_3}\frac{\partial\psi}{\partial u_3}\boldsymbol{e}_3 \tag{1.6.16}$$

2. 矢量函数的散度

根据定义，在空间某点取体积元 ΔV，则矢量函数 $\boldsymbol{F}$ 通过 ΔV 的表面 S 的通量为 $\oint\boldsymbol{F}\cdot\boldsymbol{n}\mathrm{d}S$，$\boldsymbol{n}$ 为 ΔV 表面的外向单位法线矢量。$\boldsymbol{F}$ 的散度定义为

$$\nabla\cdot\boldsymbol{F}=\lim_{\Delta V\to 0}\frac{1}{\Delta V}\oint\boldsymbol{F}\cdot\boldsymbol{n}\mathrm{d}S$$

根据通量定义可以计算得到通过图 1.6.1(b) 中六面体表面的净通量为

$$\left[\frac{\partial}{\partial u_1}(h_2h_3F_1)+\frac{\partial}{\partial u_2}(h_3h_1F_2)+\frac{\partial}{\partial u_3}(h_1h_2F_3)\right]\mathrm{d}u_1\mathrm{d}u_2\mathrm{d}u_3$$

六面体的体积可以表示为 $h_1h_2h_3\mathrm{d}u_1\mathrm{d}u_2\mathrm{d}u_3$，代入散度的定义式，得

$$\begin{aligned}\nabla\cdot\boldsymbol{F}&=\frac{1}{h_1h_2h_3}\left[\frac{\partial}{\partial u_1}(h_2h_3F_1)+\frac{\partial}{\partial u_2}(h_3h_1F_2)+\frac{\partial}{\partial u_3}(h_1h_2F_3)\right]\\&=\frac{1}{h_1h_2h_3}\sum_{i=1}^{3}\left(\frac{\partial}{\partial u_i}\frac{h_1h_2h_3}{h_i}F_i\right)\end{aligned} \tag{1.6.17}$$

3. 矢量函数的旋度

矢量函数 $\boldsymbol{F}$ 的旋度为一矢量，沿 $\boldsymbol{e}_i$ 方向的分量为

$$\boldsymbol{e}_i\cdot\nabla\times\boldsymbol{F}=\lim_{\Delta S\to 0}\frac{1}{\Delta S}\oint_l\boldsymbol{F}\cdot\mathrm{d}\boldsymbol{l}$$

式中，$\oint_l \boldsymbol{F}\cdot \mathrm{d}\boldsymbol{l}$ 是 $\boldsymbol{F}$ 沿闭曲线 l 的回路积分，称为环流。ΔS 为 l 所包围的面积，其在与 $\boldsymbol{e}_i$ 垂直的曲面上。不失普遍性，取 ΔS 为 $\mathrm{d}u_i\mathrm{d}u_j$ 构成的面积元，$\oint_l \boldsymbol{F}\cdot \mathrm{d}\boldsymbol{l}$ 则为沿图 1.6.2 中回路的环流 (图中用 $\mathrm{d}u_2\mathrm{d}u_3$ 得到的是 $\nabla\times\boldsymbol{F}$ 沿 $\boldsymbol{e}_i$ 的分量，可以类似地求另外两个分量)。

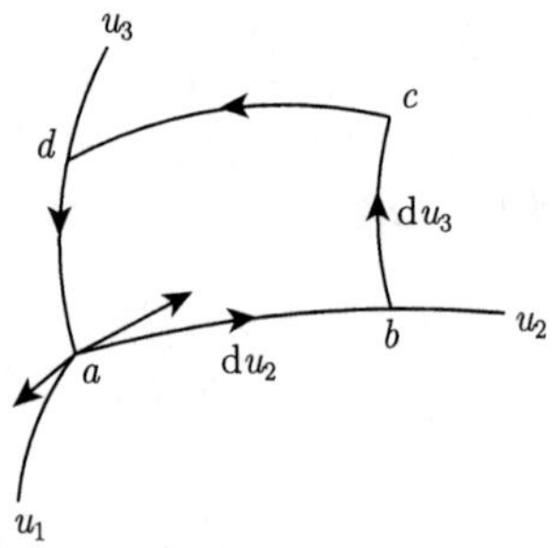

图 1.6.2　面积元积分环路

沿图 1.6.2 中的回路计算环流，得到沿 $\boldsymbol{e}_i$ 的旋度分量：

$$\begin{aligned}\boldsymbol{e}_1\cdot\nabla\times\boldsymbol{F} &= \lim_{\Delta S\to 0}\frac{1}{\Delta S_{23}}\oint_{abcda}\boldsymbol{F}\cdot\mathrm{d}\boldsymbol{l}\\ &= \frac{1}{h_2h_3}\left[\frac{\partial}{\partial u_2}(h_3F_3)-\frac{\partial}{\partial u_3}(h_2F_2)\right]\end{aligned}$$

用类似方法求另外两个分量，合并得

$$\begin{aligned}\nabla\times\boldsymbol{F} &= \frac{1}{h_2h_3}\left[\frac{\partial}{\partial u_2}(h_3F_3)-\frac{\partial}{\partial u_3}(h_2F_2)\right]\boldsymbol{e}_1+\frac{1}{h_3h_1}\left[\frac{\partial}{\partial u_2}(h_1F_1)\right.\\ &\quad\left.-\frac{\partial}{\partial u_1}(h_3F_3)\right]\boldsymbol{e}_2+\frac{1}{h_1h_2}\left[\frac{\partial}{\partial u_1}(h_2F_2)-\frac{\partial}{\partial u_2}(h_1F_1)\right]\boldsymbol{e}_3\\ &= \frac{1}{h_1h_2h_3}\begin{vmatrix} h_1\boldsymbol{e}_1 & h_2\boldsymbol{e}_2 & h_3\boldsymbol{e}_3\\ \dfrac{\partial}{\partial u_1} & \dfrac{\partial}{\partial u_2} & \dfrac{\partial}{\partial u_3}\\ h_1F_1 & h_2F_2 & h_3F_3\end{vmatrix}\end{aligned}\tag{1.6.18}$$

式 (1.6.18) 右端是旋度公式一种便于记忆的形式。

1.6.4　正交曲线坐标系中的拉普拉斯算子

由散度和旋度表达式可以得出麦克斯韦方程在正交曲线坐标系中的表达式。但通常很少直接求解麦克斯韦方程，而是求解泊松方程和亥姆霍兹方程，因此这

两类方程中出现的拉普拉斯算子非常重要。下面不再写出麦克斯韦方程在正交曲线中的表达式, 而只写出拉普拉斯算子:

$$\nabla^2\psi = \nabla\cdot\nabla\psi$$

式中

$$\nabla = \sum_{i=1}^{3}\frac{1}{h}\frac{\partial}{\partial u_i}\boldsymbol{e}_i$$

根据式 (1.6.16) 与式 (1.6.17) 给出的梯度和散度的表达式，可得

$$\begin{aligned}\nabla^2\psi &= \frac{1}{h_1h_2h_3}\left[\frac{\partial}{\partial u_1}\left(\frac{h_2h_3}{h_1}\frac{\partial\psi}{\partial u_1}\right)+\frac{\partial}{\partial u_2}\left(\frac{h_3h_1}{h_2}\frac{\partial\psi}{\partial u_2}\right)+\frac{\partial}{\partial u_3}\left(\frac{h_1h_2}{h_3}\frac{\partial\psi}{\partial u_3}\right)\right]\\ &= \frac{1}{h_1h_2h_3}\sum_{i=1}^{3}\left[\frac{\partial}{\partial u_i}\left(\frac{h_1h_2h_3}{h_i}\frac{\partial\psi}{\partial u_i}\right)\right] \qquad (1.6.19)\end{aligned}$$

需要指出，ψ 是不变的标量，而 $\boldsymbol{F}$ 的分量则是随坐标的单位矢量变化而改变的标量，因此 $\boldsymbol{F}$ 的分量 F_i 与 ψ 在坐标变换中情况并不完全相同。直接对 F_i 求拉普拉斯算子时 $\nabla^2\boldsymbol{F}$ 的展开式并不等于 $\nabla\times\nabla\times\boldsymbol{F}$ 与 $\nabla(\nabla\cdot\boldsymbol{F})$ 之差，原因在于后一表达式对 $\boldsymbol{F}$ 的曲线坐标求旋度时，分量也发生变化。

关于具体的正交曲线坐标系，场方程在这些坐标系中的具体形式和分离变量问题将在下一章中进一步介绍。

1.7 电磁能量和能流

1.7.1 电磁场的能量守恒定律

《宏观场论》(施国良等，2008) 中已经证明了电磁场的能量守恒定律，即

$$\oint_S \boldsymbol{E}\times\boldsymbol{H}\cdot\boldsymbol{n}\mathrm{d}S + \int_V \boldsymbol{E}\cdot\boldsymbol{J}\mathrm{d}V = -\frac{\partial}{\partial t}\int_V \frac{1}{2}(\boldsymbol{E}\cdot\boldsymbol{D}+\boldsymbol{H}\cdot\boldsymbol{B})\mathrm{d}V \qquad (1.7.1)$$

式中，V 为电磁场中某一区域的体积；S 为包围 V 的闭合曲面。

$W_{\mathrm{e}} = \dfrac{1}{2}\boldsymbol{E}\cdot\boldsymbol{D}$ 和 $W_{\mathrm{m}} = \dfrac{1}{2}\boldsymbol{H}\cdot\boldsymbol{B}$ 分别是电场和磁场的能量密度，电流密度可写为

$$\boldsymbol{J} = \sigma\boldsymbol{E} + \boldsymbol{J}'' = \sigma(\boldsymbol{E}+\boldsymbol{E}'')$$

式中，$\boldsymbol{E}''$ 是供给外加电流的场源中的“等效场强”。由此可以把式 (1.7.1) 等号左端第二项改写为

$$\boldsymbol{E}\cdot\boldsymbol{J} = J^2/\sigma - E^*\cdot\boldsymbol{J}$$

于是，式 (1.7.1) 可以改写成

$$\int_V \boldsymbol{E}'' \cdot \boldsymbol{J}\mathrm{d}V = \int_V J^2/\sigma \mathrm{d}V + \frac{\partial}{\partial t}\int_V (W_\mathrm{e} + W_\mathrm{m})\mathrm{d}V + \oint_S \boldsymbol{E} \times \boldsymbol{H} \cdot \boldsymbol{n}\mathrm{d}S \quad (1.7.2)$$

式 (1.7.2) 等号左端为电源供给的功率；等号右端第一项为所考虑区域 (V) 内由于传导电流流动而消耗的能量 (热损耗)，第二项为 V 内电磁场能量的变化率，第三项的面积分是单位时间内通过 V 的表面 S 的电磁场能量。因此，坡印廷矢量

$$\boldsymbol{S} = \boldsymbol{E} \times \boldsymbol{H} \quad (1.7.3)$$

代表单位时间内通过单位面积的电磁场能量，称为能流密度。

1.7.2　复坡印廷矢量

为了今后应用的需要，可以把坡印廷矢量推广到复量。实际测量仪器测量的是电磁场量的时间平均值 (如平均功率) 而不是瞬时值。因此应求出可观测量如 $\boldsymbol{S}$ 的时间平均值。用复量表示场量是为了计算方便，取计算结果的实部 (或虚部) 才能反映客观物理量。对于 $\boldsymbol{S}$，包括复量 ($\boldsymbol{E}$、$\boldsymbol{H}$ 包含时间因子时是复量) 的相乘，要特别谨慎，因为两个复量先取实部再相乘与先相乘再取实部结果不同。由于 $\boldsymbol{E}$、$\boldsymbol{H}$ 都是客观的量，求 $\boldsymbol{S}$ 的时间平均值时应先分别取实部再相乘，即

$$\langle \boldsymbol{S} \rangle = \langle \mathrm{Re}(\boldsymbol{E}) \times \mathrm{Re}(\boldsymbol{H}) \rangle$$

式中，$\langle\ \rangle$ 表示时间平均值，即

$$\langle \boldsymbol{S} \rangle = \frac{1}{T}\int_0^T \boldsymbol{S}(t)\mathrm{d}t$$

用 $\widetilde{\boldsymbol{E}}$ 和 $\widetilde{\boldsymbol{H}}$ 表示 $\boldsymbol{E}$ 和 $\boldsymbol{H}$ 的复共轭，则

$$\mathrm{Re}\,(\boldsymbol{E}) = \frac{1}{2}\left(\boldsymbol{E} + \widetilde{\boldsymbol{E}}\right), \quad \mathrm{Re}\,(\boldsymbol{H}) = \frac{1}{2}\left(\boldsymbol{H} + \widetilde{\boldsymbol{H}}\right)$$

所以

$$\mathrm{Re}\,(\boldsymbol{E}) \times \mathrm{Re}\,(\boldsymbol{H}) = \frac{1}{4}\left(\boldsymbol{E} \times \boldsymbol{H} + \boldsymbol{E} \times \widetilde{\boldsymbol{H}} + \widetilde{\boldsymbol{E}} \times \boldsymbol{H} + \widetilde{\boldsymbol{E}} \times \widetilde{\boldsymbol{H}}\right) \quad (1.7.4)$$

在 $\boldsymbol{E} \times \boldsymbol{H}$ 和 $\widetilde{\boldsymbol{E}} \times \widetilde{\boldsymbol{H}}$ 中将出现 $\mathrm{e}^{\pm \mathrm{i}2\omega t}$，其时间平均值为零，因此对式 (1.7.4) 取时间平均值时，等号右端第一、四项的时间平均值为零，故有

$$\langle \boldsymbol{S} \rangle = \langle \mathrm{Re}\,(\boldsymbol{E}) \times \mathrm{Re}\,(\boldsymbol{H}) \rangle = \frac{1}{4}\left(\boldsymbol{E} \times \widetilde{\boldsymbol{H}} + \widetilde{\boldsymbol{E}} \times \boldsymbol{H}\right) = \frac{1}{2}\mathrm{Re}\left(\boldsymbol{E} \times \widetilde{\boldsymbol{H}}\right) \quad (1.7.5)$$

这是因为 $\boldsymbol{E}\times\widetilde{\boldsymbol{H}}$ 和 $\widetilde{\boldsymbol{E}}\times\boldsymbol{H}$ 是互共轭的，即 $\boldsymbol{S}$ 的时间平均值可由 $\boldsymbol{E}\times\widetilde{\boldsymbol{H}}$ 的实部的一半求得。

由上面的讨论可知，有实际意义的 (可与测量结果对照的) 是 $\boldsymbol{S}$ 的时间平均值，即

$$\langle\boldsymbol{S}\rangle=\frac{1}{2}\mathrm{Re}\left(\boldsymbol{E}\times\widetilde{\boldsymbol{H}}\right)$$

但是，也可以不考虑物理意义，定义复坡印廷矢量

$$\boldsymbol{S}=\boldsymbol{E}\times\widetilde{\boldsymbol{H}}\tag{1.7.6}$$

复坡印廷矢量的散度

$$\nabla\cdot\boldsymbol{S}=\nabla\cdot(\boldsymbol{E}\times\widetilde{\boldsymbol{H}})$$

对应于时谐场，应用矢量分析公式和麦克斯韦方程得

$$\begin{aligned}\nabla\cdot\boldsymbol{S}&=-\frac{1}{2}\sigma E^2+\mathrm{i}\omega(\mu H^2-\varepsilon E^2)\\&=-\frac{1}{2}\sigma E^2+2\mathrm{i}\omega(W_{\mathrm{m}}-W_{\mathrm{e}})\end{aligned}\tag{1.7.7}$$

在证明交变电磁场的唯一性定理时需要用到这一结果。

习 题

习题 1.1 并矢基本运算

证明下列含有并矢的恒等式:

(1) $\overset{\rightrightarrows}{\boldsymbol{A}}\cdot(\boldsymbol{B}\times\boldsymbol{C})=-\boldsymbol{B}\cdot\left(\overset{\rightrightarrows}{\boldsymbol{A}}\times\boldsymbol{C}\right)=\boldsymbol{C}\cdot\left(\overset{\rightrightarrows}{\boldsymbol{A}}\times\boldsymbol{B}\right)$;

(2) $\overset{\rightrightarrows}{\boldsymbol{A}}\times(\boldsymbol{B}\times\boldsymbol{C})=\overset{\rightrightarrows}{\boldsymbol{A}}\cdot(\boldsymbol{C}\boldsymbol{B}-\boldsymbol{B}\boldsymbol{C})$;

(3) $\nabla\cdot\left(\varphi\overset{\rightrightarrows}{\boldsymbol{A}}\right)=\overset{\rightrightarrows}{\boldsymbol{A}}\cdot\nabla\varphi+\varphi\nabla\cdot\overset{\rightrightarrows}{\boldsymbol{A}}$。

解：本题考查对并矢算法的理解，以及并矢基本运算法则的理解与应用。

(1) 采用并矢的后乘展开式，$\overset{\rightrightarrows}{\boldsymbol{A}}=\left(\boldsymbol{A}^{(1)}\boldsymbol{e}_1+\boldsymbol{A}^{(2)}\boldsymbol{e}_2+\boldsymbol{A}^{(3)}\boldsymbol{e}_3\right)$，则

$$\overset{\rightrightarrows}{\boldsymbol{A}}\cdot(\boldsymbol{B}\times\boldsymbol{C})=\boldsymbol{A}^{(1)}\boldsymbol{e}_1\cdot(\boldsymbol{B}\times\boldsymbol{C})+\boldsymbol{A}^{(2)}\boldsymbol{e}_2\cdot(\boldsymbol{B}\times\boldsymbol{C})+\boldsymbol{A}^{(3)}\boldsymbol{e}_3\cdot(\boldsymbol{B}\times\boldsymbol{C})$$

利用矢量恒等式 $\boldsymbol{A}\cdot(\boldsymbol{B}\times\boldsymbol{C})=-\boldsymbol{B}\cdot(\boldsymbol{A}\times\boldsymbol{C})$，则

$$\overset{=}{\boldsymbol{A}}\cdot(\boldsymbol{B}\times\boldsymbol{C})=A^{(1)}\boldsymbol{e}_1\cdot(\boldsymbol{B}\times\boldsymbol{C})+A^{(2)}\boldsymbol{e}_2\cdot(\boldsymbol{B}\times\boldsymbol{C})+A^{(3)}\boldsymbol{e}_3\cdot(\boldsymbol{B}\times\boldsymbol{C})$$
$$=-\boldsymbol{B}\cdot\left(A^{(1)}\boldsymbol{e}_1\times\boldsymbol{C}\right)-\boldsymbol{B}\cdot\left(A^{(2)}\boldsymbol{e}_2\times\boldsymbol{C}\right)-\boldsymbol{B}\cdot\left(A^{(3)}\boldsymbol{e}_3\times\boldsymbol{C}\right)$$
$$=-\boldsymbol{B}\cdot\left(\overset{=}{\boldsymbol{A}}\times\boldsymbol{C}\right)$$

利用矢量恒等式 $\boldsymbol{A}\cdot(\boldsymbol{B}\times\boldsymbol{C})=\boldsymbol{C}\cdot(\boldsymbol{A}\times\boldsymbol{B})$，则

$$\overset{=}{\boldsymbol{A}}\cdot(\boldsymbol{B}\times\boldsymbol{C})=A^{(1)}\boldsymbol{e}_1\cdot(\boldsymbol{B}\times\boldsymbol{C})+A^{(2)}\boldsymbol{e}_2\cdot(\boldsymbol{B}\times\boldsymbol{C})+A^{(3)}\boldsymbol{e}_3\cdot(\boldsymbol{B}\times\boldsymbol{C})$$
$$=\boldsymbol{C}\cdot\left(A^{(1)}\boldsymbol{e}_1\times\boldsymbol{B}\right)+\boldsymbol{C}\cdot\left(A^{(2)}\boldsymbol{e}_2\times\boldsymbol{B}\right)+\boldsymbol{C}\cdot\left(A^{(3)}\boldsymbol{e}_3\times\boldsymbol{B}\right)$$
$$=\boldsymbol{C}\cdot\left(\overset{=}{\boldsymbol{A}}\times\boldsymbol{B}\right)$$

(2) 采用并矢的后乘展开式，$\overset{=}{\boldsymbol{A}}=\left(A^{(1)}\boldsymbol{e}_1+A^{(2)}\boldsymbol{e}_2+A^{(3)}\boldsymbol{e}_3\right)$，则

$$\overset{=}{\boldsymbol{A}}\times(\boldsymbol{B}\times\boldsymbol{C})=A^{(1)}\boldsymbol{e}_1\times(\boldsymbol{B}\times\boldsymbol{C})+A^{(2)}\boldsymbol{e}_2\times(\boldsymbol{B}\times\boldsymbol{C})+A^{(3)}\boldsymbol{e}_3\times(\boldsymbol{B}\times\boldsymbol{C})$$

利用矢量恒等式 $\boldsymbol{A}\times(\boldsymbol{B}\times\boldsymbol{C})=\boldsymbol{B}(\boldsymbol{A}\cdot\boldsymbol{C})-\boldsymbol{C}(\boldsymbol{A}\cdot\boldsymbol{B})$，则

$$\overset{=}{\boldsymbol{A}}\times(\boldsymbol{B}\times\boldsymbol{C})=A^{(1)}\boldsymbol{e}_1\times(\boldsymbol{B}\times\boldsymbol{C})+A^{(2)}\boldsymbol{e}_2\times(\boldsymbol{B}\times\boldsymbol{C})+A^{(3)}\boldsymbol{e}_3\times(\boldsymbol{B}\times\boldsymbol{C})$$
$$=\boldsymbol{B}\left(A^{(1)}\boldsymbol{e}_1\cdot\boldsymbol{C}\right)-\boldsymbol{C}\left(A^{(1)}\boldsymbol{e}_1\cdot\boldsymbol{B}\right)+\boldsymbol{B}\left(A^{(2)}\boldsymbol{e}_2\cdot\boldsymbol{C}\right)$$
$$-\boldsymbol{C}\left(A^{(2)}\boldsymbol{e}_2\cdot\boldsymbol{B}\right)+\boldsymbol{B}\left(A^{(3)}\boldsymbol{e}_3\cdot\boldsymbol{C}\right)-\boldsymbol{C}\left(A^{(3)}\boldsymbol{e}_3\cdot\boldsymbol{B}\right)$$
$$=\boldsymbol{B}\left(\overset{=}{\boldsymbol{A}}\cdot\boldsymbol{C}\right)-\boldsymbol{C}\left(\overset{=}{\boldsymbol{A}}\cdot\boldsymbol{B}\right)$$
$$=\overset{=}{\boldsymbol{A}}\cdot(\boldsymbol{C}\boldsymbol{B}-\boldsymbol{B}\boldsymbol{C})$$

(3) 采用并矢的后乘展开式，$\overset{=}{\boldsymbol{A}}=\left(A^{(1)}\boldsymbol{e}_1+A^{(2)}\boldsymbol{e}_2+A^{(3)}\boldsymbol{e}_3\right)$，则

$$\nabla\cdot\left(\varphi\overset{=}{\boldsymbol{A}}\right)=\nabla\cdot\left(\varphi A^{(1)}\boldsymbol{e}_1\right)+\nabla\cdot\left(\varphi A^{(2)}\boldsymbol{e}_2\right)+\nabla\cdot\left(\varphi A^{(3)}\boldsymbol{e}_3\right)$$

利用矢量恒等式 $\nabla\cdot(\varphi\boldsymbol{A})=\boldsymbol{A}\cdot(\nabla\varphi)+\varphi(\nabla\cdot\boldsymbol{A})$，则

$$\nabla\cdot\left(\varphi\overset{=}{\boldsymbol{A}}\right)=\nabla\cdot\left(\varphi A^{(1)}\boldsymbol{e}_1\right)+\nabla\cdot\left(\varphi A^{(2)}\boldsymbol{e}_2\right)+\nabla\cdot\left(\varphi A^{(3)}\boldsymbol{e}_3\right)$$
$$=A^{(1)}\boldsymbol{e}_1\cdot\nabla\varphi+\varphi\nabla\cdot\left(A^{(1)}\boldsymbol{e}_1\right)$$

$$
\begin{aligned}
&+\boldsymbol{A}^{(2)}\boldsymbol{e}_2\cdot\nabla\varphi+\varphi\nabla\cdot\left(\boldsymbol{A}^{(2)}\boldsymbol{e}_2\right)\\
&+\boldsymbol{A}^{(3)}\boldsymbol{e}_3\cdot\nabla\varphi+\varphi\nabla\cdot\left(\boldsymbol{A}^{(3)}\boldsymbol{e}_3\right)\\
=&\overset{\rightrightarrows}{\boldsymbol{A}}\cdot\nabla\varphi+\varphi\nabla\cdot\overset{\rightrightarrows}{\boldsymbol{A}}
\end{aligned}
$$

习题 1.2　势函数及其方程

假定在均匀导电煤质中同时存在着传导电流 $\boldsymbol{J}$、运流电流 $\boldsymbol{J}_{\mathrm{e}}$ 和磁化电流 $\boldsymbol{J}_{\mathrm{m}}$。

(1) 试由时谐场的麦克斯韦方程导出电磁势满足非齐次波动方程

$$
\begin{cases}
\nabla\times\nabla\times\boldsymbol{A}-k^2\boldsymbol{A}=\mu\boldsymbol{J}_{\mathrm{e}}-\mu\left(\sigma-\mathrm{i}\omega\varepsilon\right)\nabla\phi\\
\nabla\times\nabla\times\boldsymbol{A}_{\mathrm{m}}-k^2\boldsymbol{A}_{\mathrm{m}}=\varepsilon\boldsymbol{J}_{\mathrm{m}}+\mathrm{i}\omega\varepsilon\mu\nabla\phi_{\mathrm{m}}
\end{cases}
$$

式中，$k^2=\omega^2\mu\varepsilon+\mathrm{i}\omega\mu\sigma$，运流电流是指由于规则运动的电荷 (如电子束) 形成的电荷，这时磁场旋度方程右端有传导电流、位移电流和运流电流三部分。磁化电流是指产生磁场或磁化作用的外加电流。

(2) 若取电磁势满足规范条件

$$
\begin{cases}
\nabla\cdot\boldsymbol{A}=-\mu\left(\sigma-\mathrm{i}\omega\varepsilon\right)\nabla\phi\\
\nabla\cdot\boldsymbol{A}_{\mathrm{m}}=\mathrm{i}\omega\varepsilon\mu\nabla\phi_{\mathrm{m}}
\end{cases}
$$

则磁矢势和电矢势的方程为

$$
\begin{cases}
\nabla^2\boldsymbol{A}+k^2\boldsymbol{A}=-\mu\boldsymbol{J}_{\mathrm{e}}\\
\nabla^2\boldsymbol{A}_{\mathrm{m}}+k^2\boldsymbol{A}_{\mathrm{m}}=\varepsilon\boldsymbol{J}_{\mathrm{m}}
\end{cases}
$$

(3) 证明 $\boldsymbol{A}$ 和 $\boldsymbol{A}_{\mathrm{m}}$ 可构成电磁场的解：

$$
\begin{aligned}
\boldsymbol{E}&=\mathrm{i}\omega\boldsymbol{A}+\frac{1}{\mu\left(\sigma-\mathrm{i}\omega\varepsilon\right)}\nabla\nabla\cdot\boldsymbol{A}-\frac{1}{\varepsilon}\nabla\times\boldsymbol{A}_{\mathrm{m}}\\
\boldsymbol{H}&=\frac{1}{\mu}\nabla\times\boldsymbol{A}-\frac{1}{\varepsilon}\left(\sigma-\mathrm{i}\omega\varepsilon\right)\boldsymbol{A}_{\mathrm{m}}-\frac{1}{\mathrm{i}\omega\varepsilon\mu}\nabla\nabla\cdot\boldsymbol{A}_{\mathrm{m}}
\end{aligned}
$$

解：本题考查势函数在电磁场求解中的应用，重点在于势函数的选择和矢量运算。

(1) 对于电性源，引入电标势 ϕ 和磁矢势 $\boldsymbol{A}$，电场和磁场可以表示为

$$
\boldsymbol{E}=-\nabla\phi-\frac{\partial\boldsymbol{A}}{\partial t},\quad \boldsymbol{B}\equiv\nabla\times\boldsymbol{A}
$$

代入麦克斯韦方程可得

$$
\nabla\times\nabla\times\boldsymbol{A}+\mu\varepsilon\frac{\partial^2\boldsymbol{A}}{\partial t^2}+\mu\varepsilon\nabla\frac{\partial\phi}{\partial t}=\mu\left(\boldsymbol{J}+\boldsymbol{J}_{\mathrm{e}}\right)\tag{1}
$$

根据 $\boldsymbol{J}=\sigma\boldsymbol{E}=\sigma\left(-\nabla\phi-\dfrac{\partial\boldsymbol{A}}{\partial t}\right)$，对于时谐场 $\dfrac{\partial}{\partial t}=-\mathrm{i}\omega$，可将方程 (1) 整理为

$$\nabla\times\nabla\times\boldsymbol{A}-k^2\boldsymbol{A}=\mu\boldsymbol{J}_\mathrm{e}-\mu\left(\sigma-\mathrm{i}\omega\varepsilon\right)\nabla\phi \tag{2}$$

式中，$k^2=\omega^2\mu\varepsilon+\mathrm{i}\omega\mu\sigma$。

对于磁性源，引入电矢势 $\boldsymbol{A}_\mathrm{m}$ 和磁标势 ϕ_m，电场和磁场可以表示为

$$\boldsymbol{D}_\mathrm{m}\equiv-\nabla\times\boldsymbol{A}_\mathrm{m},\quad \boldsymbol{H}_\mathrm{m}=-\nabla\phi_\mathrm{m}-\frac{\partial\boldsymbol{A}_\mathrm{m}}{\partial t}-\frac{\sigma}{\varepsilon}\boldsymbol{A}_\mathrm{m}$$

代入麦克斯韦方程可得

$$\nabla\times\nabla\times\boldsymbol{A}_\mathrm{m}+\mu\varepsilon\frac{\partial^2\boldsymbol{A}_\mathrm{m}}{\partial t^2}+\mu\sigma\frac{\partial\boldsymbol{A}_\mathrm{m}}{\partial t}+\mu\varepsilon\frac{\partial}{\partial t}\nabla\phi_\mathrm{m}=\varepsilon\boldsymbol{J}_\mathrm{m} \tag{3}$$

对于时谐场 $\dfrac{\partial}{\partial t}=-\mathrm{i}\omega$，可将方程 (3) 整理为

$$\nabla\times\nabla\times\boldsymbol{A}_\mathrm{m}-k^2\boldsymbol{A}_\mathrm{m}=\varepsilon\boldsymbol{J}_\mathrm{m}+\mathrm{i}\omega\varepsilon\mu\nabla\phi_\mathrm{m} \tag{4}$$

式中，$k^2=\omega^2\mu\varepsilon+\mathrm{i}\omega\mu\sigma$。

综合可得电磁势满足非齐次波动方程

$$\begin{cases}\nabla\times\nabla\times\boldsymbol{A}-k^2\boldsymbol{A}=\mu\boldsymbol{J}_\mathrm{e}-\mu\left(\sigma-\mathrm{i}\omega\varepsilon\right)\nabla\phi\\ \nabla\times\nabla\times\boldsymbol{A}_\mathrm{m}-k^2\boldsymbol{A}_\mathrm{m}=\varepsilon\boldsymbol{J}_\mathrm{m}+\mathrm{i}\omega\varepsilon\mu\nabla\phi_\mathrm{m}\end{cases}$$

(2) 根据矢量公式 $\nabla\times\nabla\times\boldsymbol{A}=\nabla(\nabla\cdot\boldsymbol{A})-\nabla^2\boldsymbol{A}$，取电磁势满足规范条件

$$\begin{cases}\nabla\cdot\boldsymbol{A}=-\mu\left(\sigma-\mathrm{i}\omega\varepsilon\right)\nabla\phi\\ \nabla\cdot\boldsymbol{A}_\mathrm{m}=\mathrm{i}\omega\varepsilon\mu\nabla\phi_\mathrm{m}\end{cases}$$

则磁矢势和电矢势的方程为

$$\begin{cases}\nabla^2\boldsymbol{A}+k^2\boldsymbol{A}=-\mu\boldsymbol{J}_\mathrm{e}\\ \nabla^2\boldsymbol{A}_\mathrm{m}+k^2\boldsymbol{A}_\mathrm{m}=\varepsilon\boldsymbol{J}_\mathrm{m}\end{cases}$$

(3) 当磁性源和电性源同时存在时，根据场的叠加性，电磁场为两类场源产生的场之和：

$$\boldsymbol{E}=\mathrm{i}\omega\boldsymbol{A}+\frac{1}{\mu\left(\sigma-\mathrm{i}\omega\varepsilon\right)}\nabla\nabla\cdot\boldsymbol{A}-\frac{1}{\varepsilon}\nabla\times\boldsymbol{A}_\mathrm{m}$$

$$\boldsymbol{H}=\frac{1}{\mu}\nabla\times\boldsymbol{A}-\frac{1}{\varepsilon}\left(\sigma-\mathrm{i}\omega\varepsilon\right)\boldsymbol{A}_\mathrm{m}-\frac{1}{\mathrm{i}\omega\varepsilon\mu}\nabla\nabla\cdot\boldsymbol{A}_\mathrm{m}$$

习题 1.3　各向异性电性参数

如果各向异性电介质中介电常数矩阵为

$$[\varepsilon]=\begin{bmatrix}7\varepsilon_0 & 2\varepsilon_0 & 0\\ 2\varepsilon_0 & 4\varepsilon_0 & 0\\ 0 & 0 & 3\varepsilon_0\end{bmatrix}$$

电场强度为 $\boldsymbol{E}=E_0\cos\omega t\,(\boldsymbol{e}_1+2\boldsymbol{e}_2)$，求此电介质中的 $\boldsymbol{D}$ (用矩阵或并矢算法均可，表示出 $\boldsymbol{D}$ 的方向)。

解：本题考查对各向异性概念的理解及其基本运算。

采用矩阵运算法则，根据本构关系有

$$\boldsymbol{D}=[\varepsilon]\cdot\boldsymbol{E}=\begin{bmatrix}7\varepsilon_0 & 2\varepsilon_0 & 0\\ 2\varepsilon_0 & 4\varepsilon_0 & 0\\ 0 & 0 & 3\varepsilon_0\end{bmatrix}\begin{bmatrix}E_0\cos\omega t\\ 2E_0\cos\omega t\\ 0\end{bmatrix}=\begin{bmatrix}11\varepsilon_0E_0\cos\omega t\\ 10\varepsilon_0E_0\cos\omega t\\ 0\end{bmatrix}$$

即 $\boldsymbol{D}=\varepsilon_0E_0\cos\omega t\,(11\boldsymbol{e}_1+10\boldsymbol{e}_2)$，则可以得到 $\boldsymbol{D}$ 位于 $\boldsymbol{e}_1$ 和 $\boldsymbol{e}_2$ 构成的平面中，并与 $\boldsymbol{e}_1$ 正方向构成的夹角为 $\arctan(10/11)$。

习题 1.4　正交曲线坐标系的转换

正交曲线坐标系的坐标 η、φ、z 与直角坐标系的坐标 x、y、z 的关系为

$$\begin{cases}x=a\cosh\eta\cos\varphi\\ y=a\sinh\eta\sin\varphi\\ z=z\end{cases}$$

(1) 求度规系数 h_η、h_φ、h_z。

(2) 证明拉普拉斯方程的形式为

$$\nabla^2\psi=\frac{1}{a^2(\cosh^2\eta-\cos^2\varphi)}\left(\frac{\partial^2\psi}{\partial\eta^2}+\frac{\partial^2\psi}{\partial\varphi^2}\right)+\frac{\partial^2\psi}{\partial z^2}=0$$

解：本题考查对正交曲线坐标系相互转换知识点的掌握。

度规系数 h_η、h_φ、h_z 的计算公式为

$$\begin{cases}h_\eta=\left[\left(\dfrac{\partial x}{\partial\eta}\right)^2+\left(\dfrac{\partial y}{\partial\eta}\right)^2+\left(\dfrac{\partial z}{\partial\eta}\right)^2\right]^{1/2}\\ h_\varphi=\left[\left(\dfrac{\partial x}{\partial\varphi}\right)^2+\left(\dfrac{\partial y}{\partial\varphi}\right)^2+\left(\dfrac{\partial z}{\partial\varphi}\right)^2\right]^{1/2}\\ h_z=\left[\left(\dfrac{\partial x}{\partial z}\right)^2+\left(\dfrac{\partial y}{\partial z}\right)^2+\left(\dfrac{\partial z}{\partial z}\right)^2\right]^{1/2}\end{cases}$$

利用双曲函数性质 $(\cosh\eta)' = \sinh\eta, (\sinh\eta)' = \cosh\eta, \cosh^2\eta = \sinh^2\eta + 1$，则

$$h_\eta = \left[\left(\frac{\partial x}{\partial\eta}\right)^2 + \left(\frac{\partial y}{\partial\eta}\right)^2 + \left(\frac{\partial z}{\partial\eta}\right)^2\right]^{1/2} = a[\cosh^2\eta - \cos^2\varphi]^{1/2}$$

$$h_\varphi = \left[\left(\frac{\partial x}{\partial\varphi}\right)^2 + \left(\frac{\partial y}{\partial\varphi}\right)^2 + \left(\frac{\partial z}{\partial\varphi}\right)^2\right]^{1/2} = a[\cosh^2\eta - \cos^2\varphi]^{1/2}$$

$$h_z = \left[\left(\frac{\partial x}{\partial z}\right)^2 + \left(\frac{\partial y}{\partial z}\right)^2 + \left(\frac{\partial z}{\partial z}\right)^2\right]^{1/2} = z$$

拉普拉斯方程的形式为

$$\nabla^2\psi = \frac{1}{h_\eta h_\varphi h_z}\left[\frac{\partial}{\partial\eta}\left(\frac{h_\varphi h_z}{h_\eta}\frac{\partial\psi}{\partial\eta}\right) + \frac{\partial}{\partial\varphi}\left(\frac{h_z h_\eta}{h_\varphi}\frac{\partial\psi}{\partial\varphi}\right) + \frac{\partial}{\partial z}\left(\frac{h_\eta h_\varphi}{h_z}\frac{\partial\psi}{\partial z}\right)\right]$$

将度规系数 h_η、h_φ、h_z 的表达式代入，整理得

$$\nabla^2\psi = \frac{1}{a^2(\cosh^2\eta - \cos^2\varphi)}\left(\frac{\partial^2\psi}{\partial\eta^2} + \frac{\partial^2\psi}{\partial\varphi^2}\right) + \frac{\partial^2\psi}{\partial z^2} = 0$$

第 2 章　电磁场基本原理和定理

本章归纳有关电磁场的基本原理和定理 (傅君眉等，2000)，作为电磁场的某些解法和模型实验的依据，同时，在计算电磁场问题时可利用这些重要的原理和定理得到一些简便并且有效的方法。

2.1　亥姆霍兹定理

亥姆霍兹定理是矢量场一个十分重要的定理，给出了矢量场与它的两种源——散度源与旋度源的关系。

亥姆霍兹定理指出，由闭合曲面 S 包围的体积 V 中任一点 r 处的矢量场 $\boldsymbol{F}(r)$ 可分为用一标量函数的梯度表示的无旋场和用一矢量函数的旋度表示的无散场两部分，即

$$\boldsymbol{F}(r) = -\nabla\Phi(r) + \nabla\times\boldsymbol{A}(r) \tag{2.1.1}$$

式中的标量函数和矢量函数分别与体积 V 中矢量场的散度源和旋度源，以及闭合面 S 上的矢量场的法向分量和切向分量有关，即

$$\Phi(r) = \int_V \frac{\nabla'\cdot\boldsymbol{F}(r')}{4\pi|r-r'|}\mathrm{d}V' - \oint_S \frac{\boldsymbol{F}(r')\cdot\mathrm{d}S'}{4\pi|r-r'|} \tag{2.1.2}$$

$$\boldsymbol{A}(r) = \int_V \frac{\nabla'\times\boldsymbol{F}(r')}{4\pi|r-r'|}\mathrm{d}V' + \oint_S \frac{\boldsymbol{F}(r')\times\mathrm{d}S'}{4\pi|r-r'|} \tag{2.1.3}$$

式 (2.1.2) 和式 (2.1.3) 中闭合面 S 的法线正方向指向闭合面外。

下面证明亥姆霍兹定理。利用 δ 函数的性质，将矢量场 $\boldsymbol{F}(r)$ 写为

$$\boldsymbol{F}(r) = \int_V \boldsymbol{F}(r')\delta(r-r')\mathrm{d}V' \tag{2.1.4}$$

将 $R=|r-r'|$ 及 $\nabla^2\dfrac{1}{R}=4\pi\delta(R)$ 代入式 (2.1.4)，并交换积分与微分次序得

$$\boldsymbol{F}(r) = -\nabla^2\int_V \frac{\boldsymbol{F}(r')}{4\pi R}\mathrm{d}V'$$

利用 $\nabla\times\nabla\times\boldsymbol{A}=\nabla\nabla\cdot\boldsymbol{A}-\nabla^2\boldsymbol{A}$ 得

$$\boldsymbol{F}(r) = -\nabla\nabla\cdot\int_V \frac{\boldsymbol{F}(r')}{4\pi R}\mathrm{d}V' + \nabla\times\nabla\times\int_V \frac{\boldsymbol{F}(r')}{4\pi R}\mathrm{d}V' \tag{2.1.5}$$

将式 (2.1.5) 等号右边第一项中的求散度与积分交换次序，得

$$\nabla\cdot\int_V\frac{\boldsymbol{F}(r')}{4\pi R}\mathrm{d}V'=\int_V\left(\frac{\boldsymbol{F}(r')}{4\pi}\cdot\nabla\frac{1}{R}\right)\mathrm{d}V'$$

利用 $\nabla\frac{1}{R}=-\nabla'\frac{1}{R}$ 及 $\nabla'\cdot\frac{\boldsymbol{F}(r')}{R}=\frac{\nabla'\cdot\boldsymbol{F}(r')}{R}+\boldsymbol{F}(r')\cdot\nabla'\frac{1}{R}$ 和高斯定理，得

$$\nabla\cdot\int_V\frac{\boldsymbol{F}(r')}{4\pi R}\mathrm{d}V'=\int_V\nabla'\cdot\frac{\boldsymbol{F}(r')}{4\pi R}\mathrm{d}V'-\oint_S\frac{\nabla'\cdot\boldsymbol{F}(r')\cdot\mathrm{d}S'}{4\pi R}\tag{2.1.6}$$

将式 (2.1.5) 等号右边第二项中的求旋度与积分交换次序，得

$$\nabla\times\int_V\frac{\boldsymbol{F}(r')}{4\pi R}\mathrm{d}V'=-\int_V\left(\frac{\boldsymbol{F}(r')}{4\pi}\times\nabla\frac{1}{R}\right)\mathrm{d}V'$$

利用 $\nabla\frac{1}{R}=-\nabla'\frac{1}{R}$ 及 $\nabla'\times\frac{\boldsymbol{F}(r')}{R}=\frac{\nabla'\times\boldsymbol{F}(r')}{R}-\boldsymbol{F}(r')\times\nabla'\frac{1}{R}$ 和矢量斯托克斯定理，得

$$\nabla\times\int_V\frac{\boldsymbol{F}(r')}{4\pi R}\mathrm{d}V'=\int_V\frac{\nabla'\times\boldsymbol{F}(r')}{4\pi R}\mathrm{d}V'+\oint_S\frac{\boldsymbol{F}(r')\times\mathrm{d}S'}{4\pi R}\tag{2.1.7}$$

将式 (2.1.6) 和式 (2.1.7) 代入式 (2.1.5)，可得到式 (2.1.1)、式 (2.1.2) 和式 (2.1.3)。

2.2　唯一性定理

以前学习的唯一性定理是通过泊松方程证明的，现在证明适用于交变电磁场的唯一性定理。根据傅里叶分析，任意交变场都可以展开为谐变场的叠加，因此证明时谐场的唯一性定理即可。

为了便于推导，将麦克斯韦方程写为下列形式：

$$\nabla\times\boldsymbol{H}=(-\mathrm{i}\omega\varepsilon+\sigma)\boldsymbol{E}+\boldsymbol{J}'=\zeta\boldsymbol{E}+\boldsymbol{J}'$$

$$\nabla\times\boldsymbol{E}=-\mathrm{i}\omega\mu\boldsymbol{H}-\boldsymbol{J}'_{\mathrm{m}}=-\eta\boldsymbol{H}-\boldsymbol{J}'_{\mathrm{m}}$$

进一步表示为简练而对称的形式：

$$\nabla\times\boldsymbol{H}=\zeta\boldsymbol{E}+\boldsymbol{J}'\tag{2.2.1}$$

$$-\nabla\times\boldsymbol{E}=\eta\boldsymbol{H}+\boldsymbol{J}'_{\mathrm{m}}\tag{2.2.2}$$

式中，$\zeta=-\mathrm{i}\omega\left(\varepsilon+\mathrm{i}\frac{\sigma}{\omega}\right)=-\mathrm{i}\omega\hat{\varepsilon}$；$\eta=\mathrm{i}\omega\mu$。

接下来用反证法证明，满足麦克斯韦方程和边界条件的解是唯一的。假设满足麦克斯韦方程和边界条件的解有两组，分别用 $\boldsymbol{E}_1$、$\boldsymbol{H}_1$ 和 $\boldsymbol{E}_2$、$\boldsymbol{H}_2$ 表示。由于麦克斯韦方程是线性的，这两组解的差

$$\delta\boldsymbol{E} = \boldsymbol{E}_1 - \boldsymbol{E}_2$$
$$\delta\boldsymbol{H} = \boldsymbol{H}_1 - \boldsymbol{H}_2$$

也应是方程的解，即满足方程

$$\begin{cases} \nabla\times\delta\boldsymbol{H} = \zeta\delta\boldsymbol{E} \\ -\nabla\times\delta\boldsymbol{E} = \eta\delta\boldsymbol{H} \end{cases}$$

注意：两组解应对应于同一给定源分布，因此 $\delta\boldsymbol{E}$、$\delta\boldsymbol{H}$ 对应于无源空间中的解。

计算解组 $(\delta\boldsymbol{E},\delta\boldsymbol{H})$ 的复能流密度 $\boldsymbol{S}$ 的散度：

$$\begin{aligned}\nabla\cdot\boldsymbol{S} &= \nabla\cdot(\delta\boldsymbol{E}\times\delta\boldsymbol{H}) \\ &= \nabla_E\cdot(\delta\boldsymbol{E}\times\delta\boldsymbol{H}) - \nabla_H\cdot(\delta\boldsymbol{H}\times\delta\boldsymbol{E}) = \delta\boldsymbol{H}\cdot\nabla\times\delta\boldsymbol{E} - \delta\boldsymbol{E}\cdot\nabla\times\delta\boldsymbol{H} \\ &= \delta\boldsymbol{H}\cdot(-\eta\delta\boldsymbol{H}) - \delta\boldsymbol{E}\cdot(\zeta\delta\boldsymbol{E}) = -\eta(\delta H)^2 - \zeta(\delta E)^2\end{aligned}$$

式中，∇_E 和 ∇_H 表示算子，分别只对 $\boldsymbol{E}$、$\boldsymbol{H}$ 起作用。

设电磁场源被闭合曲面 S 包围，所讨论的区域的边界面是闭合曲面 S_0 (如果是无界空间，$S_0\to\infty$)，在 S 与 S_0 之间的区域 V(其界面为 $S+S_0$，图 2.2.1) 中，处处满足复能流密度 $\boldsymbol{S}$ 的散度公式，于是有

$$\int_V \nabla\cdot(\delta\boldsymbol{E}\times\delta\boldsymbol{H})\mathrm{d}V + \int_V (\eta\delta H^2 + \zeta\delta E^2)\mathrm{d}V = 0$$

$$\oint_{S+S_0} (\delta\boldsymbol{E}\times\delta\boldsymbol{H})\cdot\boldsymbol{n}\mathrm{d}S + \int_V (\eta\delta H^2 + \zeta\delta E^2)\mathrm{d}V = 0 \tag{2.2.3}$$

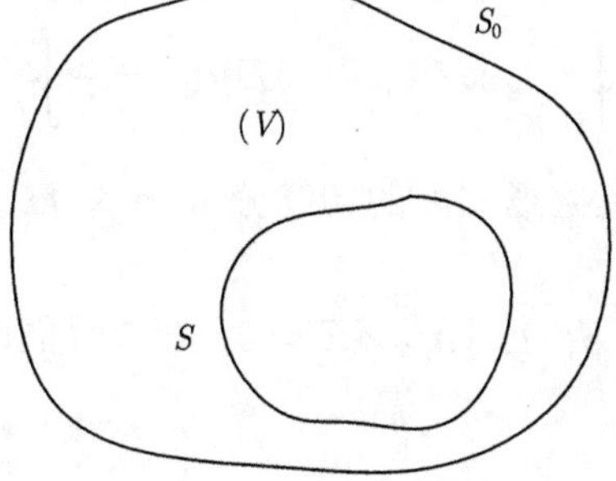

图 2.2.1 区域与边界

因为在边界 S_0+S 上 $\boldsymbol{E}_1$、$\boldsymbol{H}_1$ 和 $\boldsymbol{E}_2$、$\boldsymbol{H}_2$ 满足同一边界条件，故

$$\oint_{S+S_0}(\delta\boldsymbol{E}\times\delta\boldsymbol{H})\cdot\boldsymbol{n}\mathrm{d}S=0$$

于是

$$\int_{S+S_0}(\delta\boldsymbol{E}\times\delta\boldsymbol{H})\cdot\boldsymbol{n}\mathrm{d}S+\int_V(\eta\left|\delta H\right|^2+\zeta\left|\delta E\right|^2)\mathrm{d}V=0 \tag{2.2.4}$$

因此，只要有

$$\int_{S+S_0}(\delta\boldsymbol{E}\times\delta\boldsymbol{H})\cdot\boldsymbol{n}\mathrm{d}S=0$$

即有

$$\int_V(\eta\left|\delta H\right|^2+\zeta\left|\delta E\right|^2)\mathrm{d}V=0$$

因为 V 是在电磁场中任取的区域，且 $\left|\delta H\right|^2\geqslant 0,\left|\delta E\right|^2\geqslant 0$，所以电磁场内任一点 $\delta\boldsymbol{E}=\delta\boldsymbol{H}=0$, 即 $\boldsymbol{E}_1=\boldsymbol{E}_2,\boldsymbol{H}_1=\boldsymbol{H}_2$，说明满足麦克斯韦方程和边界条件

$$\oint_{S+S_0}(\delta\boldsymbol{E}\times\delta\boldsymbol{H})\cdot\boldsymbol{n}\mathrm{d}S=0 \tag{2.2.5}$$

的解是唯一的。

具体地说，如果下列情况之一得到满足，则上述边界条件得到满足，即解是唯一的。

(1) 在边界上 $\boldsymbol{n}\times\delta\boldsymbol{E}=0$，则

$$\oint_{S+S_0}(\delta\boldsymbol{E}\times\delta\boldsymbol{H})\cdot\boldsymbol{n}\mathrm{d}S=\oint_{S+S_0}\delta\mathbf{H}\cdot(\boldsymbol{n}\times\delta\boldsymbol{E})\mathrm{d}S=0$$

具体含义是：如果边界上电场强度 $\boldsymbol{E}$ 的切向分量 $\boldsymbol{n}\times\boldsymbol{E}$ 已知，则

$$\boldsymbol{n}\times(\boldsymbol{E}_1-\boldsymbol{E}_2)|_{S+S_0}=\boldsymbol{n}\times\delta\boldsymbol{E}|_{S+S_0}=0$$

(2) 在边界面上，$\boldsymbol{n}\times\delta\boldsymbol{H}=0$，则

$$\oint_{S+S_0}(\delta E\times\delta H)\cdot\boldsymbol{n}\mathrm{d}S=\oint_{S+S_0}\delta\boldsymbol{H}\cdot(\boldsymbol{n}\times\delta\boldsymbol{E})\mathrm{d}S=-\oint_{S+S_0}(\boldsymbol{n}\times\delta\boldsymbol{H})\cdot\delta\boldsymbol{E}\mathrm{d}S=0$$

具体含义是：在边界面上磁场强度的切线分量 $\boldsymbol{n}\times\boldsymbol{H}$ 已知，因而边界上 $\boldsymbol{n}\times\delta\boldsymbol{H}=0$。

(3) 在一部分边界面 S_1 上，$\boldsymbol{n}\times\delta\boldsymbol{E}=0$；在边界面的其余部分 $\delta\boldsymbol{H}\times\boldsymbol{n}=0$，则

$$\oint_{S_1+S_2}(\delta\boldsymbol{E}\times\delta\boldsymbol{H})\cdot\boldsymbol{n}\mathrm{d}S=\oint_{S_1}\delta\boldsymbol{H}\cdot(\boldsymbol{n}\times\delta\boldsymbol{E})\mathrm{d}S+\oint_{S_2}\delta\boldsymbol{E}\cdot(\delta\boldsymbol{H}\times\boldsymbol{n})\mathrm{d}S$$

具体含义是：在一部分边界面 S_1 上 $\boldsymbol{E}$ 的切向量 $\boldsymbol{n}\times\boldsymbol{E}$ 已知，在其余边界面 S_2 上 $\boldsymbol{H}$ 的切向分量 $\boldsymbol{n}\times\boldsymbol{H}$ 已知。

因此交变场的唯一性定理可表述为：区域 V 内在 $t>0$ 的所有时刻的电磁场可以通过 V 内各点电场和磁场的初始值与 $t\geqslant 0$ 时 V 的边界面上 $\boldsymbol{E}$ (或 $\boldsymbol{H}$) 的切向分量唯一地确定。区域与边界如图 2.2.1 所示。可以看出，稳恒场的唯一性定理和交变场的唯一性定理要求的边界条件不同。

2.3 对偶性原理

如果描述两种物理现象的方程具有相同的数学形式，并具有相似的边界和相应的边界条件，则它们的解也将具有相同的数学形式，这称为对偶性原理，也称为二重性原理。在描述电磁场性质的麦克斯韦方程中，电场和磁场方程就具有这种对偶性，应用在第 1 章中提到的电性源和磁性源的概念，这种电场和磁场的对偶性更加明显。掌握电场与磁场的对偶性的意义在于可以由一种场已知或已经求得的解，通过对偶性关系，得出另一种场的解；对于电性源与磁性源同时存在的情况，可以先解出一种源的场，然后根据对偶量之间的对应关系写出另一种源的场，待求的场为由两种源分别得出的场的叠加。这样可使求解场问题的工作量减少一半，对于学习电磁场知识而言，也更便于记忆。

为了得出电磁对偶关系，在表 2.3.1 中列出了电性源或磁性源单独存在时的场方程。本构关系和势函数的定义，按照第 1 章的写法，用下标 m 表示对应于磁性源的量。将在此基础上得出的电磁对偶关系列于表 2.3.2。应用对偶性原理解场的边值问题时，要求场方程和边界条件必须同时具有对偶性。

表 2.3.1 电性源场和磁性源场的对比

物理关系	只有电性源	只有磁性源
场方程	$\nabla\times\boldsymbol{H}=\dfrac{\partial\boldsymbol{D}}{\partial t}+\boldsymbol{J}'$	$-\nabla\times\boldsymbol{E}_{\mathrm{m}}=\dfrac{\partial\boldsymbol{B}}{\partial t}+\boldsymbol{J}'_{\mathrm{m}}$
	$\nabla\times\boldsymbol{E}=-\dfrac{\partial\boldsymbol{B}}{\partial t}$	$\nabla\times\boldsymbol{H}_{\mathrm{m}}=\dfrac{\partial\boldsymbol{D}_{\mathrm{m}}}{\partial t}$
	$\nabla\cdot\boldsymbol{B}=0$	$\nabla\cdot\boldsymbol{D}_{\mathrm{m}}=0$
	$\nabla\cdot\boldsymbol{D}=\rho$	$\nabla\cdot\boldsymbol{B}_{\mathrm{m}}=\rho_{\mathrm{m}}$
本构关系	$\boldsymbol{D}=\varepsilon\boldsymbol{E}$	$\boldsymbol{B}_{\mathrm{m}}=\mu\boldsymbol{H}_{\mathrm{m}}$
	$\boldsymbol{B}=\mu\boldsymbol{H}$	$\boldsymbol{D}_{\mathrm{m}}=\varepsilon\boldsymbol{E}_{\mathrm{m}}$
势函数	$\boldsymbol{H}=\nabla\times\boldsymbol{G}$	$\boldsymbol{E}_{\mathrm{m}}=-\nabla\times\boldsymbol{F}$
	$\boldsymbol{A}=\mu\boldsymbol{G}=\mu\varepsilon\dfrac{\partial\boldsymbol{\pi}}{\partial t}$	$\boldsymbol{A}_{\mathrm{m}}=\varepsilon\boldsymbol{F}=\mu\varepsilon\dfrac{\partial\boldsymbol{\pi}_{\mathrm{m}}}{\partial t}$
	$\varphi=-\nabla\cdot\boldsymbol{\pi}$	$\varphi_{\mathrm{m}}=-\nabla\cdot\boldsymbol{\pi}_{\mathrm{m}}$
	$V=\varphi$	$U=\varphi_{\mathrm{m}}$

表 2.3.2　电磁对偶关系

与电性源有关的量	与磁性源有关的量	与电性源有关的量	与磁性源有关的量
$\boldsymbol{E}$	$\boldsymbol{H}_{\rm m}$	ε	μ
$\boldsymbol{H}$	$-\boldsymbol{E}_{\rm m}$	$\boldsymbol{G}$	$\boldsymbol{F}$
$\boldsymbol{D}$	$\boldsymbol{B}_{\rm m}$	$\boldsymbol{A}$	$\boldsymbol{A}_{\rm m}$
$\boldsymbol{B}$	$-\boldsymbol{D}_{\rm m}$	$\boldsymbol{\pi}$	$\boldsymbol{\pi}_{\rm m}$
$\boldsymbol{J}'$	$\boldsymbol{J}'_{\rm m}$	φ	$\varphi_{\rm m}$
ρ	$\rho_{\rm m}$	V	U

2.4　镜像原理

当电磁场问题中存在物体表面或不同介质的分界面时,界面上的电荷分布 (或电流分布) 与介质性质、界面形状、场的分布等多种因素有关，它们产生的二次场往往不易直接计算。根据唯一性定理，这些表面或界面的作用 (即面上的电荷或电流分布作为二次场源的作用) 可以用某些简单的电荷分布等效地代替。只要在原界面的位置满足原来的边界条件，同时，在所考虑的空间内原来的方程成立，则代替后所得的解就是问题的唯一解，这种代替的电荷或电流称为场源电荷或电流分布的“镜像”。对于理想导电平面和理想导磁平面，用镜像方法求解场问题特别简单有效。对于存在理想导电、导磁曲面或非理想导电、导磁平面问题，用镜像法求解有时也是可行的。但“镜像”的大小或位置要根据在所求空间中满足原方程和原界面位置，以及满足原边界条件这两点来确定。

在下面的讨论中，用单箭头 ↑ 表示电性源，用双箭头 ⇑ 表示磁性源，虚线箭头表示镜像。

2.4.1　理想导电平面

根据理想导体性质，在导体内任一点 $\boldsymbol{E}=0$。因此，理想导电平面的边界条件为

$$\boldsymbol{n}\times\boldsymbol{E}|_S=0$$

由这一边界条件可知，不同方向的电性源或磁性源的镜像如图 2.4.1 所示。图中，S 表示理想导电平面，取垂直于平面的方向为 x 方向；沿平面的 z、y 方向中只画出 z 方向情况，y 方向情况与 z 方向相同。

理想导电面的镜像关系可以定量地表示。令

$$[P]=\begin{bmatrix}1&0&0\\0&1&0\\0&0&-1\end{bmatrix}\tag{2.4.1}$$

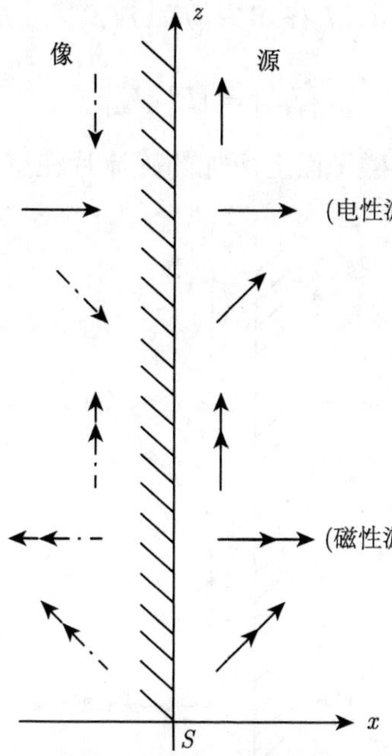

图 2.4.1 理想导电平面

电流密度和磁流密度分别为 $\boldsymbol{J}(\boldsymbol{r})$ 和 $\boldsymbol{J}_{\mathrm{m}}(\boldsymbol{r})$，则镜像电流密度为

$$[J_i] = -[P][J]$$

镜像磁流密度为

$$[J_{\mathrm{m}i}] = [P][J_{\mathrm{m}}]$$

式中，$[J]$ 和 $[J_{\mathrm{m}}]$ 表示 $\boldsymbol{J}(\boldsymbol{r})$ 和 $\boldsymbol{J}_{\mathrm{m}}(\boldsymbol{r})$ 的列矩阵；$[J_i]$ 和 $[J_{\mathrm{m}i}]$ 表示镜像 $\boldsymbol{J}_i$ 和 $\boldsymbol{J}_{\mathrm{m}i}$ 的行矩阵。由此可得推论：一个理想导电平面上的外加电流片 (沿表面的电流) 在空间不产生电场。

2.4.2 理想导磁平面

严格来说理想导磁体是指 $\mu_{\mathrm{r}} = \infty$ 的磁介质，但实际上 μ_{r} 很大的铁磁质可以近似看作理想导磁体。由理想导磁体的定义可知，在理想导磁体内部应有 $\boldsymbol{H} = 0$。因此，在理想导磁体表面，$\boldsymbol{B}$ 垂直于表面，且在表面上满足边界条件

$$\boldsymbol{n} \times \boldsymbol{H}\,|_S = 0$$

根据这个条件不难推导出场源通过理想导磁体平面产生的镜像，如图 2.4.2 所示。

仍用引入的矩阵 $[P]$，则理想导磁平面的源——像关系可表示为

$$[J_i(\boldsymbol{r}_i)] = [P][J(\boldsymbol{r})]$$

$$[J_{\mathrm{m}i}] = [P][J_{\mathrm{m}}]$$

同样可得以下推论：理想导磁平面上所加的磁流片在空间不产生磁场。

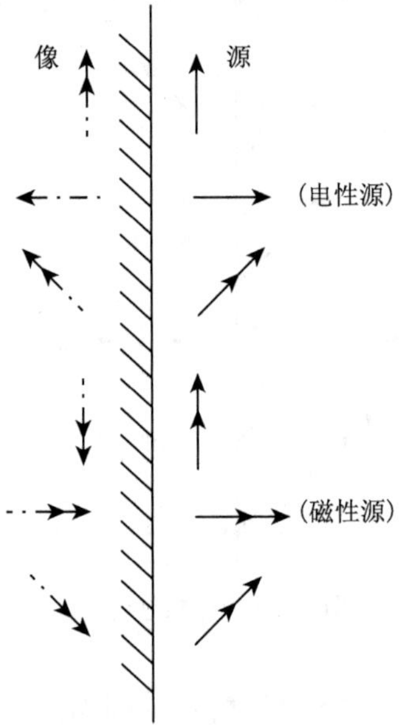

图 2.4.2 理想导磁平面

2.5 等效原理

电磁场的唯一性定理为求解场的问题提供了多种可能性。其中一种可能性是用简单的或易于计算的源分布代替实际较复杂的源分布。具体说就是在某一空间区域内，能激发同样的场的两种不同的源对该区域来说是等效的。求给定空间内的场时，不需要知道真实的源，而是用等效的源代替。等效源不是唯一的，可以置于所讨论的区域之外 (以保证该区域内仍满足原方程)，也可以置于该区域的边界上 (区域内方程不变)。其分布方式也不是唯一的，可用不同方式构成，只要保持给定区域的场方程不变，并满足原来的边界条件。这就是等效原理的一般概念。等效原理在求解电磁场问题中获得了广泛应用，在研究电磁辐射、散射等问题时，等效原理可以提供获得解析解或近似解的方法，也可以用来建立电磁场的积分方程。实际上，镜像原理可以认为是等效原理的一种特殊情况。下面介绍等效原理的常用情况。

2.5.1 谢昆诺夫等效原理

设任意源分布位于封闭曲面 S 内，S 面外部、内部空间区域分别为 V_1、V_2，两个区域的电场、磁场分别为 $\boldsymbol{E}_1$、$\boldsymbol{H}_1$ 和 $\boldsymbol{E}_2$、$\boldsymbol{H}_2$，于是可得界面 S 上的边界条件为

$$\boldsymbol{n}\times\boldsymbol{H}_{S1}-\boldsymbol{n}\times\boldsymbol{H}_{S2}=0 \tag{2.5.1}$$

$$\boldsymbol{E}_{S1}\times\boldsymbol{n}-\boldsymbol{E}_{S2}\times\boldsymbol{n}=0 \tag{2.5.2}$$

式中，$\boldsymbol{n}$ 为 S 由 V_2 指向 V_1 的单位法线矢量 (图 2.5.1)。

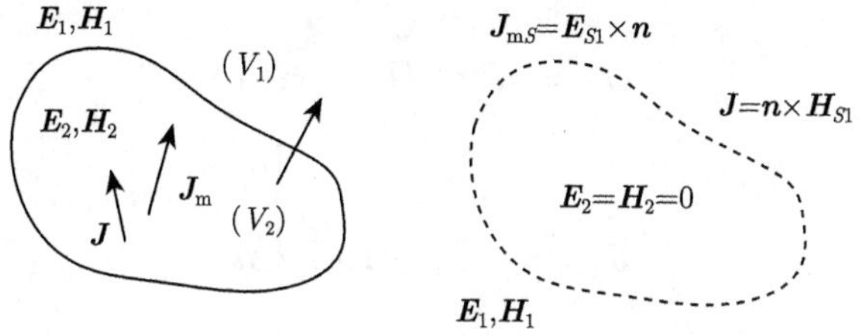

图 2.5.1 等效原理示意图

为了求解 $\boldsymbol{E}_1$、$\boldsymbol{H}_1$，可用下列情况等效代替：维持 $\boldsymbol{E}_1$、$\boldsymbol{H}_1$ 不变，令 V_2 内各点 $\boldsymbol{E}_2=\boldsymbol{H}_2=0$，同时在 S 面上设置面流

$$\boldsymbol{J}_S=\boldsymbol{n}\times\boldsymbol{H}_{S2} \tag{2.5.3}$$

$$\boldsymbol{J}_{{\rm m}S}=\boldsymbol{E}_{S2}\times\boldsymbol{n} \tag{2.5.4}$$

这时 S 上的边界条件为

$$\begin{cases}\boldsymbol{n}\times\boldsymbol{H}_{S1}-0=\boldsymbol{J}_S\\ \boldsymbol{E}_{S1}\times\boldsymbol{n}-0=\boldsymbol{J}_{{\rm m}S}\end{cases}$$

或

$$\boldsymbol{n}\times\boldsymbol{H}_{S1}=\boldsymbol{J}_S \tag{2.5.5}$$

$$\boldsymbol{E}_{S1}\times\boldsymbol{n}=\boldsymbol{J}_{{\rm m}S} \tag{2.5.6}$$

根据 $\boldsymbol{J}_S$ 和 $\boldsymbol{J}_{{\rm m}S}$ 的值可以看出，边界条件式 (2.5.5)、式 (2.5.6) 与式 (2.5.1)、式 (2.5.2) 相同。根据唯一性定理，这时 V_1 中的解 $\boldsymbol{E}_1$、$\boldsymbol{H}_1$ 就是原有问题的解。因此，无须知道真实源 $\boldsymbol{J}$、$\boldsymbol{J}_{\rm m}$，只要知道 $\boldsymbol{E}_1$、$\boldsymbol{H}_1$ 在边界上的值 $\boldsymbol{E}_{S1}$ 和 $\boldsymbol{H}_{S1}$，就可以求解 $\boldsymbol{E}_1$、$\boldsymbol{H}_1$ 或导出 $\boldsymbol{E}_1$、$\boldsymbol{H}_1$ 的积分方程。

当真实源 $\boldsymbol{J}$、$\boldsymbol{J}_{\rm m}$ 分布在外域 V_1 而欲求 V_2 的场时，可用类似的方法在 S 上设置面电流源和面磁流源并令 $\boldsymbol{E}_1=\boldsymbol{H}_1=0$。

2.5.2 等效原理的普遍表述

当 S 的内域 V_2 和外域 V_1 分别有给定源分布 $\boldsymbol{J}_2$、$\boldsymbol{J}_{\mathrm{m}2}$ 和 $\boldsymbol{J}_1$、$\boldsymbol{J}_{\mathrm{m}1}$ 时，场源在空间任一点分别产生场 $\boldsymbol{E}_1$、$\boldsymbol{H}_1$、$\boldsymbol{E}_2$、$\boldsymbol{H}_2$，空间任一点的总场为 $\boldsymbol{E}=\boldsymbol{E}_1+\boldsymbol{E}_2$ 和 $\boldsymbol{H}=\boldsymbol{H}_1+\boldsymbol{H}_2$。根据电磁场的性质，$\boldsymbol{E}$、$\boldsymbol{H}$ 的切向分量在 S 面上连续，但是 $\boldsymbol{E}_1$ 和 $\boldsymbol{E}_2$、$\boldsymbol{H}_1$ 和 $\boldsymbol{H}_2$ 的切向分量在 S 两侧是不连续的。按照 2.5.1 小节中的结论，内、外域均有源分布的情况 [图 2.5.2(a)] 可以等效地转换为图 2.5.2(b) 的情况，即在 V_1 维持 $\boldsymbol{J}_1$、$\boldsymbol{J}_{\mathrm{m}1}$ 的场 $\boldsymbol{E}_1$、$\boldsymbol{H}_1$，而在 V_2 维持 $\boldsymbol{J}_2$、$\boldsymbol{J}_{\mathrm{m}2}$ 的场 $\boldsymbol{E}_2$、$\boldsymbol{H}_2$，为了支持这样的场 (或满足 S 上的边界条件)，在 S 面上设置等效面电流

$$\boldsymbol{J}_S=\boldsymbol{n}\times(\boldsymbol{H}_1-\boldsymbol{H}_2) \tag{2.5.7}$$

和等效面磁流

$$\boldsymbol{J}_{\mathrm{m}S}=(\boldsymbol{E}_1-\boldsymbol{E}_2)\times\boldsymbol{n} \tag{2.5.8}$$

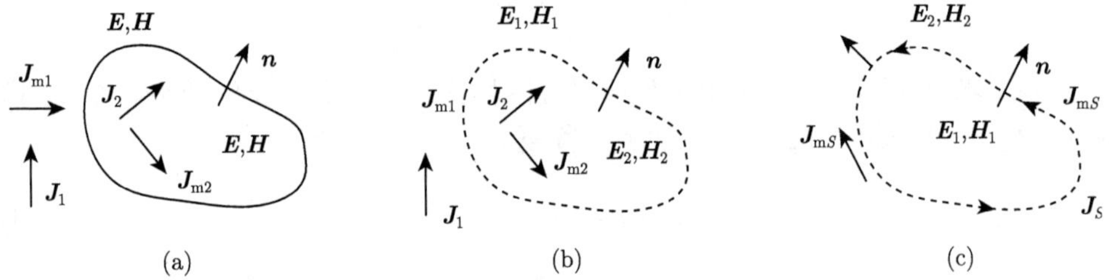

图 2.5.2 给定源分布的等效原理示意图

当然，也可以用另一种等效情况代替原来的问题，即在 V_1 维持 $\boldsymbol{J}_{S2}$、$\boldsymbol{J}_{\mathrm{m}S2}$ 的场 $\boldsymbol{E}_2$、$\boldsymbol{H}_2$，在 V_2 维持原 $\boldsymbol{J}_{S1}$、$\boldsymbol{J}_{\mathrm{m}S1}$ 在该区域的场 $\boldsymbol{E}_1$、$\boldsymbol{H}_1$，而在 S 面上设置面电流

$$\boldsymbol{J}'_S=\boldsymbol{n}\times(\boldsymbol{H}_1-\mathbf{H}_2)$$

和面磁流

$$\boldsymbol{J}'_{\mathrm{m}S}=(\boldsymbol{E}_1-\boldsymbol{E}_2)\times\boldsymbol{n}$$

以支持 S 内的场分布。很容易看出，两种等效替代中的等效面电流是互相反向的。不论哪种等效代替都可以分别求出空间的 $\boldsymbol{E}_1$、$\boldsymbol{H}_1$ 和 $\boldsymbol{E}_2$、$\boldsymbol{H}_2$，从而合成实际源分布 [图 2.5.2(a)] 所产生的场 $\boldsymbol{E}$ 和 $\boldsymbol{H}$。在求 $\boldsymbol{E}_1$、$\boldsymbol{H}_1$ 和 $\boldsymbol{E}_2$、$\boldsymbol{H}_2$ 时都可以只考虑一套源 ($\boldsymbol{J}_1$、$J_{\mathrm{m}1}$ 或 $\boldsymbol{J}_2$、$\boldsymbol{J}_{\mathrm{m}2}$) 和面流分布在空间的场。但代替时，对于保持原场的区域必须保持原有的源和介质。

2.5.3 存在理想导体时的等效问题

上面两种情况都用了两种等效面流。实际上，根据唯一性定理，只需边界上一种场 ($\boldsymbol{E}$ 或 $\boldsymbol{H}$) 的切向分量即可确定场。因此，等效问题也可以只用面电流或面磁流来完成。

在 2.4 节中已知理想导电平面上的外加电流片不产生电场，而理想导磁平面上的附加磁流片不产生磁场。以后将证明这个结论可以推广到任意形状的理想导电面和理想导磁面。因此，在应用等效原理时，只需把原问题中的 S 面换成与 S 重合的理想导电面，在导电面上设置面磁流；或把 S 换成与之重合的理想导磁面，而在其上设置等效面电流。为了简单起见，只用内域存在源的谢昆诺夫等效问题为例进行具体说明。设原来问题如图 2.5.3(a) 所示，源 $\boldsymbol{J}$ 和 $\boldsymbol{J}_{\rm m}$ 的场为 $\boldsymbol{E}$、$\boldsymbol{H}$。这时有两种等效代替法，一是如图 2.5.3(b) 所示的情况，把 S 换为理想导电面，在面上置面磁流

$$\boldsymbol{J}_{{\rm m}S} = \boldsymbol{E} \times \boldsymbol{n} \tag{2.5.9}$$

以便在外域维持原来的场 $\boldsymbol{E}$、$\boldsymbol{H}$，而令内域的场为零。另一种方法是以同形状的理想导磁面代替 S，在面上置面电流 [图 2.5.3(c)]

$$\boldsymbol{J}_S = \boldsymbol{n} \times \boldsymbol{H} \tag{2.5.10}$$

面外维持场 $\boldsymbol{E}$、$\boldsymbol{H}$，而面内为零场。

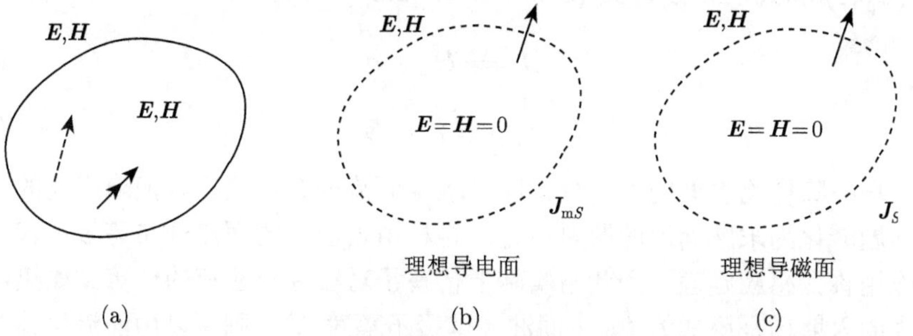

图 2.5.3 存在理想导体时的等效原理示意图

显然，如果原问题中 S 是理想导电体或理想导磁体的表面，则可以按照上述情况处理，在理想导电面上设置如式 (2.5.9) 所示的面磁流，或在理想导磁面上设置如式 (2.5.10) 所示的面电流，以代替原有的源分布的作用。

2.6 感应定理

感应定理是与等效原理密切相关而又有区别的一个定理。感应定理处理入射

场在障碍物上引起的反射、散射问题 (由散射或反射场与入射场的叠加可以求得总场)，在电磁场传播问题中有重要作用。

考虑图 2.6.1(a) 所示的任意电性源和磁性源在有障碍物存在时的辐射问题。设不存在障碍物时由 $\boldsymbol{J}$ 和 $\boldsymbol{J}_{\mathrm{m}}$ 激发的入射场为 $\boldsymbol{E}_{\mathrm{i}}$、$\boldsymbol{H}_{\mathrm{i}}$，$\boldsymbol{E}_{\mathrm{s}}$、$\boldsymbol{H}_{\mathrm{s}}$ 为有障碍物时总场 $\boldsymbol{E}$、$\boldsymbol{H}$ 与 $\boldsymbol{E}_{\mathrm{i}}$、$\boldsymbol{H}_{\mathrm{i}}$ 的差，即散射场

$$\boldsymbol{E}_{\mathrm{s}} = \boldsymbol{E} - \boldsymbol{E}_{\mathrm{i}} \tag{2.6.1}$$

$$\boldsymbol{H}_{\mathrm{s}} = \boldsymbol{H} - \boldsymbol{H}_{\mathrm{i}} \tag{2.6.2}$$

这实际上是障碍物对入射场的反应，即障碍物在入射场作用下感应的传导电流和极化流 (包括极化电流和磁流) 的二次辐射。根据等效原理可以导出这种情况下的感应定理。因为 $\boldsymbol{E}_{\mathrm{s}}$、$\boldsymbol{H}_{\mathrm{s}}$ 是障碍物的二次辐射场，所以在障碍物之外，$\boldsymbol{E}_{\mathrm{s}}$、$\boldsymbol{H}_{\mathrm{s}}$ 是无源的。因此可以利用等效原理把原来的问题化为图 2.6.1(b) 的情况，即障碍物外为无源场 $\boldsymbol{E}_{\mathrm{s}}$、$\boldsymbol{H}_{\mathrm{s}}$，而内部为总场 $\boldsymbol{E}$、$\boldsymbol{H}$，两者在其各自区域内部都是无源的，为了维持内部和外部不同的场，必须在障碍物表面设置面电流

$$\boldsymbol{J}_S = \boldsymbol{n} \times (\boldsymbol{H}_{\mathrm{s}} - \boldsymbol{H}) \tag{2.6.3}$$

和面磁流

$$\boldsymbol{J}_{\mathrm{m}S} = (\boldsymbol{E}_{\mathrm{s}} - \boldsymbol{E}) \times \boldsymbol{n} \tag{2.6.4}$$

由式 (2.6.1) 和式 (2.6.2)，式 (2.6.3) 和式 (2.6.4) 即为

$$\boldsymbol{J}_S = \boldsymbol{H}_{\mathrm{i}} \times \boldsymbol{n} \tag{2.6.5}$$

$$\boldsymbol{J}_{\mathrm{m}S} = \boldsymbol{n} \times \boldsymbol{E}_{\mathrm{i}} \tag{2.6.6}$$

由入射场在障碍物表面的切向分量即可确定面流分布。这样就把障碍物的二次辐射场问题转化为求解面流的散射问题。这种由表面上的面流分布等效地代替障碍物的作用称为感应定理。因此它实际上代替了对实际感应流的计算。如果由给定源产生的入射场是已知的 (如平面波、偶极子辐射场)，则可以由面流值计算散射场和总场。

当障碍物是理想导体时，感应定理可以转化为单一种类的等效面流问题。例如，对于理想导电体，在表面上总场的切向分量应为零，于是由式 (2.6.1) 得

$$\boldsymbol{n} \times \boldsymbol{E}_{\mathrm{s}} = -\boldsymbol{n} \times \boldsymbol{E}_{\mathrm{i}} = \boldsymbol{E}_{\mathrm{i}} \times \boldsymbol{n}$$

这时附在表面的等效电流片不产生场，因此问题转化为图 2.6.2(b) 的情况，等效面磁流

$$\boldsymbol{J}_{\mathrm{m}S} = \boldsymbol{E}_{\mathrm{s}} \times \boldsymbol{n} = \boldsymbol{n} \times \boldsymbol{E}_{\mathrm{i}}$$

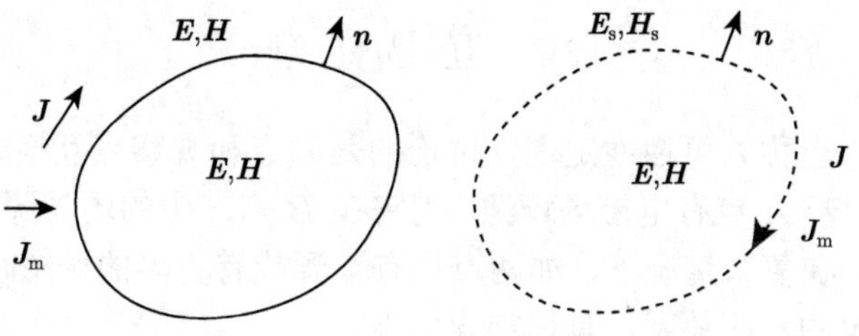

(a) (b)

图 2.6.1 感应定理示意图

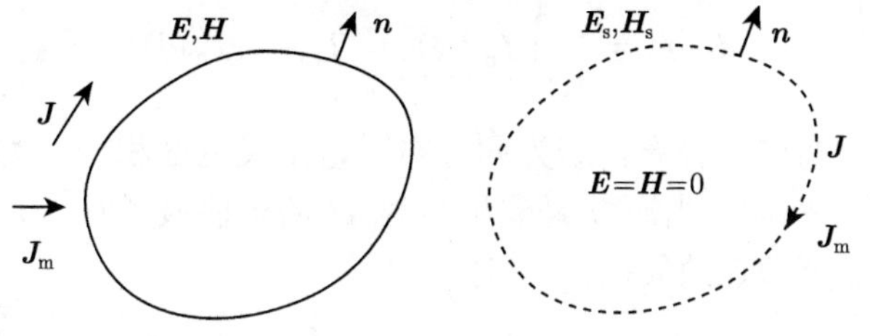

(a) (b)

图 2.6.2 理想导体的感应定理示意图

$\boldsymbol{J}_{\mathrm{m}S}$ 设置保证了障碍物表面两侧场强切向分量阶跃的边界条件

$$(\boldsymbol{E}_{\mathrm{s}}-\boldsymbol{E}_{\mathrm{i}})\times\boldsymbol{n}=\boldsymbol{J}_{\mathrm{m}S}$$

因此能求得正确的解。

比较等效原理和感应定理可知，都利用了等效代换法把所讨论区域外的源用区域边界上的等效面源代替，这是它们的共同点。两者的区别在于：第一，等效原理一般用于两个区域都是有源的，或其中一个区域有源的情况，感应原理则是求障碍物外的散射场，对于这时求解的场而言，两个区域的场都是无缘的；第二，等效原理求解的问题中整个空间 (界面用面流代替) 充满均匀线性介质 (理想导体的情形除外)，而感应定理中两个区域的介质的电磁参量是不同的；第三，等效原理中的面流包含着未知场，因此实际上不是未知的，在一般情况下，只能把问题化作积分方程或解得积分表达式，再通过近似计算求解，而感应定理中的等效面源用入射场表示，一般是已知的。

由此可见，感应定理是等效原理在特殊情况下的应用 (在一定条件下的推论)，其优点是等效面源是已知函数，因此在某些情况下 (如 $\boldsymbol{E}_{\mathrm{i}}$ 在边界上已知，界面形状简单) 易于求解。

2.7 互易定理

互易定理，也称为可逆性定理，讨论的是源点和观察点互换时场的特点。最简单的情况下，若 A 点有电磁场场源，则它在 B 点产生的场与源在 B 点时 A 点产生的场相同。在复杂情况下，如两点均有场源或有更多的场源时，则 A、B 点的电磁场有一定的对应关系。具体推导如下。

设空间有两组场源 $\boldsymbol{J}_a$、$\boldsymbol{J}_{\mathrm{m}a}$ 和 $\boldsymbol{J}_b$、$\boldsymbol{J}_{\mathrm{m}b}$，它们各自产生的场分别为 $\boldsymbol{E}_a$、$\boldsymbol{H}_a$ 和 $\boldsymbol{E}_b$、$\boldsymbol{H}_b$。首先定义场源 a 与场源 b 所产生场的内积

$$\langle a,b\rangle \equiv \int_V (\boldsymbol{J}_a\cdot\boldsymbol{E}_b-\boldsymbol{J}_{\mathrm{m}a}\cdot\boldsymbol{H}_b)\mathrm{d}V \tag{2.7.1}$$

源 a 可以是体分布或面分布，若为面分布时，定义为面积分。类似可定义 $\langle b,a\rangle$ 或 $\langle a,a\rangle$，$\langle b,b\rangle$。例如，当源 a 是偶极矩为 $\boldsymbol{P}$ 的电偶极子时，$\boldsymbol{J}_a=\boldsymbol{P}\delta(\boldsymbol{r}-\boldsymbol{r}_0)$，($\boldsymbol{r}$、$\boldsymbol{r}_0$ 是观察点至源点的矢径)，这时

$$\langle a,b\rangle = \boldsymbol{P}\cdot\boldsymbol{E}(\boldsymbol{r}_0)$$

当 $\langle a,b\rangle=\langle b,a\rangle$ 时，称由 a、b 源组成的系统是互易的。可以证明，在各向同性介质中的带电系统是互易的。以时谐场为基本情况，对于源 a 的场：

$$\nabla\times\boldsymbol{H}_a=-\mathrm{i}\omega\mu\boldsymbol{E}_a+\boldsymbol{J}_a \tag{2.7.2}$$

当介质的 $\sigma\neq 0$ 时，将 ε 换为 $\hat{\varepsilon}$ 即可：

$$-\nabla\times\boldsymbol{E}_a=-\mathrm{i}\omega\mu\boldsymbol{H}_a+\boldsymbol{J}_{\mathrm{m}a} \tag{2.7.3}$$

对于源 b 的场：

$$\nabla\times\boldsymbol{H}_b=-\mathrm{i}\omega\mu\boldsymbol{E}_b+\boldsymbol{J}_b \tag{2.7.4}$$

$$-\nabla\times\boldsymbol{E}_b=-\mathrm{i}\omega\mu\boldsymbol{H}_b+\boldsymbol{J}_{\mathrm{m}b} \tag{2.7.5}$$

用 $\boldsymbol{E}_b$ 点乘式 (2.7.2)，用 $\boldsymbol{H}_a$ 点乘式 (2.7.5)，相加得

$$-\nabla\cdot(\boldsymbol{E}_b\times\boldsymbol{H}_a)=-\mathrm{i}\omega\varepsilon\boldsymbol{E}_a\cdot\boldsymbol{E}_b+\boldsymbol{J}_a\cdot\boldsymbol{J}_b-\mathrm{i}\omega\varepsilon\boldsymbol{H}_a\cdot\boldsymbol{H}_b+\boldsymbol{J}_{\mathrm{m}b}\cdot\boldsymbol{H}_a \tag{2.7.6}$$

用 $\boldsymbol{H}_b$ 点乘式 (2.7.3)，用 $\boldsymbol{E}_a$ 点乘式 (2.7.4)，相加得

$$-\nabla\cdot(\boldsymbol{E}_a\times\boldsymbol{H}_b)=-\mathrm{i}\omega\varepsilon\boldsymbol{E}_a\cdot\boldsymbol{E}_b+\boldsymbol{J}_b\cdot\boldsymbol{E}_a-\mathrm{i}\omega\varepsilon\boldsymbol{H}_a\cdot\boldsymbol{H}_b+\boldsymbol{J}_{\mathrm{m}a}\cdot\boldsymbol{H}_b \tag{2.7.7}$$

式 (2.7.6) 减去式 (2.7.7)，对整个区域积分，并应用高斯定理，得

$$\langle a,b\rangle-\langle b,a\rangle=\oint_S(\boldsymbol{E}_a\times\boldsymbol{H}_b-\boldsymbol{E}_b\times\boldsymbol{H}_a)\cdot\boldsymbol{n}\mathrm{d}S$$

若

$$\oint_S (\boldsymbol{E}_a \times \boldsymbol{H}_b - \boldsymbol{E}_b \times \boldsymbol{H}_a) \cdot \boldsymbol{n} \mathrm{d}S = 0 \tag{2.7.8}$$

则 $\langle a,b\rangle$ 和 $\langle b,a\rangle$ 是互易的。这时

$$\int_V (\boldsymbol{J}_a \cdot \boldsymbol{E}_b - \boldsymbol{J}_{\mathrm{m}a} \cdot \boldsymbol{H}_b - \boldsymbol{J}_b \cdot \boldsymbol{E}_a + \boldsymbol{J}_{\mathrm{m}b} \cdot \boldsymbol{H}_a) \mathrm{d}V = 0 \tag{2.7.9}$$

当上述条件不满足时，得两组源之间的互易关系：

$$\begin{aligned} &\int_V (\boldsymbol{J}_a \cdot \boldsymbol{E}_b - \boldsymbol{J}_{\mathrm{m}a} \cdot \boldsymbol{H}_b - \boldsymbol{J}_b \cdot \boldsymbol{E}_a + \boldsymbol{J}_{\mathrm{m}b} \cdot \boldsymbol{H}_a) \mathrm{d}V \\ =& \oint_S (\boldsymbol{E}_a \times \boldsymbol{H}_b - \boldsymbol{E}_b \times \boldsymbol{H}_a) \cdot \boldsymbol{n} \mathrm{d}S \end{aligned} \tag{2.7.10}$$

在特殊情况下，式 (2.7.8) 得以满足，从而得到有关场的一些简单关系。例如，当 V 内无场源时，式 (2.7.8) 成立。又如 S 为理想导体面时，$\boldsymbol{E}_a \times \boldsymbol{n} = \boldsymbol{E}_b \times \boldsymbol{n} = 0$，因此式 (2.7.8) 成立，故得式 (2.7.9) 的结果；如果 V 内只有电性源 $\boldsymbol{J}_a$ 和 $\boldsymbol{J}_b$，则可进一步得

$$\int_V (\boldsymbol{J}_a \cdot \boldsymbol{E}_b - \boldsymbol{J}_b \cdot \boldsymbol{E}_a) \mathrm{d}V = 0 \tag{2.7.11}$$

如果源是点源或偶极子，则可进一步得到

$$\boldsymbol{J}_a \cdot \boldsymbol{E}_b = \boldsymbol{J}_b \cdot \boldsymbol{E}_a$$

而若 $\boldsymbol{J}_a = \boldsymbol{J}_b$，则有

$$\boldsymbol{E}_b = \boldsymbol{E}_a$$

这是互易定理的一个有用的特殊情况。

由互易定理还可以得出一些有用的推论。例如，可以证明在任意形状的理想导体面上施加的电流片都不产生场 (由镜像原理只证明了对无线大理想导电平面有此结论)，证明如下：设在任意形状的理想导体 c 上设置外加源 (电流片) $\boldsymbol{J}_c$，空间任一点另有一源 $\boldsymbol{J}_b$ (图 2.7.1) 用来量度 $\boldsymbol{J}_a$ 产生的场 (例如偶极接收天线)。由于理想导体的性质，$\boldsymbol{J}_b$ 在 c 的面上产生的切向场强为零，因而 $\boldsymbol{J}_a \cdot \boldsymbol{E}_b = 0$，即 $\langle a,b\rangle = 0$。根据互易定理有 $\langle b,a\rangle = \langle a,b\rangle = 0$。但 $\langle b,a\rangle = \int_V \boldsymbol{J}_b \cdot \boldsymbol{E}_a \mathrm{d}V$，而 $\boldsymbol{J}_b$ 可以是任意的，且可以取任意方向，故 $\langle b,a\rangle = 0$，必须 $\boldsymbol{E}_a = 0$，或者说空间任一点量不出 $\boldsymbol{J}_a$ 的电场。故知在任意理想导电面上外加的电流片不产生电场。

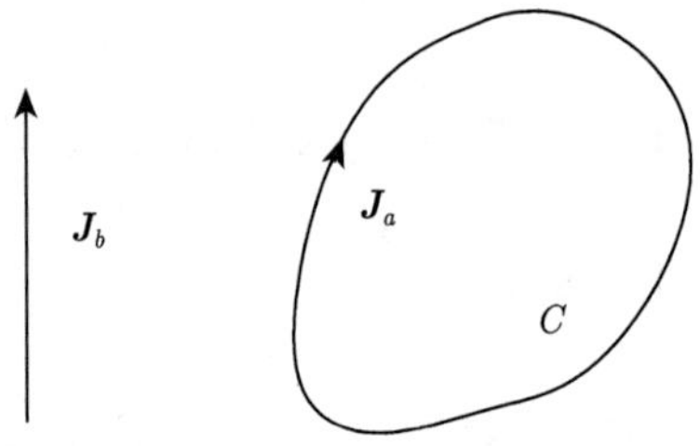

图 2.7.1 空间中的源分布

类似可以证明在任意理想导磁表面上施加的磁性源 (磁流片) 在空间中不可能产生磁场。还可以证明天线的接收方向图 (即天线接收功率沿空间各方向分布图) 与其辐射方向图相同，即同一天线作为辐射器和接收器时的方向图可以互换。

2.8 相 似 原 理

对于复杂情况下的电磁场问题，往往得不到精确解，而在数值解或近似解析解 (半解析解) 中，一般要进行某些近似。分析计算过程中进行的近似是否合理，除了理论上的误差讨论外，常需借助模型进行检验；有时也通过模型实验了解场分布的特点和规律，作为理解分析的依据或辅助手段。因此在近代技术发展中，模型实验是一种重要手段，有着重要意义。在电磁场问题中也不例外。在此只讨论电磁场问题中如何保证模型实验与真实过程的相似性问题。

模型实验的尺寸一般较实际小，因此，产生了新的问题：各种几何的、物理的参数如何互相配合才能保持与实际问题的相似性。相似性原理用来说明这种关系。

在麦克斯韦方程

$$\nabla \times \boldsymbol{E} + \mu \frac{\partial \boldsymbol{H}}{\partial t} = 0$$

$$\nabla \times \boldsymbol{H} - \varepsilon \frac{\partial \boldsymbol{E}}{\partial t} - \sigma \boldsymbol{E} = 0$$

引入无量纲量

$$\boldsymbol{E}' = \frac{\boldsymbol{E}}{e}, \quad \boldsymbol{H}' = \frac{\boldsymbol{H}}{h} \tag{2.8.1}$$

式中，$\boldsymbol{E}$ 和 $\boldsymbol{H}$ 是实际的电场和磁场强度；e、h 分别是电场和磁场的某种度量单位。因而 $\boldsymbol{E}'$ 和 $\boldsymbol{H}'$ 就是以 e 和 h 量度时电场强度和磁场强度，是无量纲量。

将方程中出现的长度 l 和时间 t 也写成类似的形式：

$$l = Ll_0, \quad t = Tt_0 \tag{2.8.2}$$

式中，l_0、t_0 分别为量度长度和时间的某种单位；L、T 分别为表示长度和时间的无量纲量。于是电磁场方程变为

$$\frac{e}{l_0}\nabla \times \boldsymbol{E}' + \frac{\mu h}{t_0}\frac{\partial \boldsymbol{H}'}{\partial T} = 0$$

$$\frac{h}{l_0}\nabla \times \boldsymbol{H}' - \frac{\varepsilon e}{t_0}\frac{\partial \boldsymbol{E}'}{\partial T} - \sigma e\boldsymbol{E}' = 0$$

即

$$\nabla \times \boldsymbol{E}' + \frac{\mu l_0}{t_0}\frac{h}{e}\frac{\partial \boldsymbol{H}'}{\partial T} = 0 \tag{2.8.3}$$

$$\nabla \times \boldsymbol{H}' - \frac{\varepsilon l_0}{t_0}\frac{e}{h}\frac{\partial \boldsymbol{E}'}{\partial T} - \sigma l_0\frac{e}{h}\boldsymbol{E}' = 0 \tag{2.8.4}$$

由此可见，无论情况怎样变化，只要保持

$$\frac{\mu l_0}{t_0}\frac{h}{e} = \alpha \tag{2.8.5}$$

$$\frac{\varepsilon l_0}{t_0}\frac{e}{h} = \beta \tag{2.8.6}$$

$$\sigma l_0\frac{e}{h} = \eta \tag{2.8.7}$$

这三个值不变，则方程不变，亦即这些不同情况都服从同一规律，保证了这些情况之间的相似性，从而场的分布规律相似。

在上述三个值中，公因子 $\frac{e}{h}$ 可消去，得

$$\mu\varepsilon\left(\frac{e}{h}\right)^2 = \alpha\beta = c_1 \tag{2.8.8}$$

$$\mu\sigma\frac{l_0^2}{t_0} = \alpha\eta = c_2 \tag{2.8.9}$$

因此，无论 $\frac{e}{h}$ 取值如何，只要保持常数 c_1、c_2 不变，则场的分布就是相似的。在实际工作中，常取 t_0 为电磁场的周期，调整其余各量以保证模型实验的 c_1、c_2 与实际场的 c_1、c_2 相同，即可保证二者的场分布的相似性。例如，取 l_0 为实际物体的线度 (如球的半径)，若模型的线度较实物缩小一半，则可将 ε 和 σ 各增加 4 倍或通过其他调整保持 c_1、c_2 不变。当然也可以调整 t_0，总之方式可视情况而异，但必须保持模型和实际的 c_1、c_2 相同。

2.9 线性系统的算子方程

电磁场问题在数学上往往归结为一定边界条件下的微分方程或积分方程的求解。例如，对于标量电磁问题，如果 f 与 $\varPhi$ 分别表示电磁场的标量源与场，则它们满足标量亥姆霍兹方程

$$\nabla^2\varPhi + k^2\varPhi = f \tag{2.9.1}$$

和一定的边界条件。许多电磁场问题可以归结为一定边界条件下标量亥姆霍兹方程的求解。在式 (2.9.1) 中 f 与 $\varPhi$ 通过微分运算的这种关系，可以看成线性连续函数 f 与 $\varPhi$ 通过微分运算的映射。线性函数集之间的映射关系可用算子表示，即

$$L = \nabla^2 + k^2 \tag{2.9.2}$$

式 (2.9.1) 变为

$$L\{\varPhi\} = f \tag{2.9.3}$$

可见将对应的含一定边界条件的微分运算或积分运算用算子 L 表示后，解边值问题或解积分方程就是解算子方程式 (2.9.3)。如果 L 的逆算子 L^{-1} 存在，根据逆算子的性质，有

$$L^{-1}\{L\{f\}\} = f \tag{2.9.4}$$

$$L\left\{L^{-1}\{\varPhi\}\right\} = \varPhi \tag{2.9.5}$$

用 L 的逆算子 L^{-1} 作用在式 (2.9.3) 两边，得到

$$\varPhi(r) = L^{-1}\{f(r)\} \tag{2.9.6}$$

由以上可见，求解标量亥姆霍兹方程的问题，如果其对应的逆算子存在，原电磁场问题一定有解，算子方程的求解问题就是求其逆算子问题。从数学上看，式 (2.9.6) 为使函数 f 通过一定的变换，形成函数 $\varPhi$ 的运算过程，许多实际问题可以抽象为这样的运算过程。这种实现函数的运算过程称为系统。在电磁场问题中，场源与场点的函数变换就是这样的系统。

设系统对源 f_1 和 f_2 的响应分别为 $\varPhi_1$ 和 $\varPhi_2$，若 a_1 和 a_2 为任意常数，有

$$L^{-1}\{a_1 f_1 + a_2 f_2\} = a_1\varPhi_1 + a_2\varPhi_2 \tag{2.9.7}$$

则称算子 L^{-1} 为线性算子，该线性算子表征的系统为线性系统。可以证明满足标量亥姆霍兹方程的系统是线性系统。对于线性系统，如果原函数 f 可以分解成某些基本函数的线性组合，这些基本函数通过线性系统后的响应 $\varPhi$ 再由对这些基本

函数的响应的线性组合来求得。这是线性系统的最大优点。基本函数可以有不同的取法，但基本函数的选取必须考虑以下两方面的因素：是否任何源函数 f 都可以比较方便地分解成这些基本函数的线性组合；系统的基本函数是否能比较方便地求得。δ 函数与平面波函数是标量电磁场中常用的两种基本函数。

任何原函数 f 都可以很方便地分解成 δ 函数的线性组合。应用 δ 函数的性质，$f(r)$ 可以用 δ 函数表示为

$$f(r)=\iiint_{-\infty}^{+\infty} f(r')\delta(r-r')\mathrm{d}x'\mathrm{d}y'\mathrm{d}z'$$

采用符合标量格林函数的习惯表示为

$$f(r)=\iiint_{-\infty}^{+\infty}[-f(r')]\,[-\delta(r-r')]\,\mathrm{d}x'\mathrm{d}y'\mathrm{d}z' \tag{2.9.8}$$

这个积分可以看成是一种特殊的线性叠加，是无限多个不同位置的 δ 函数以 $f(\boldsymbol{r}')\mathrm{d}x'\mathrm{d}y'\mathrm{d}z'$ 为权系数的线性叠加。如果逆算子存在，将式 (2.9.8) 代入式 (2.9.7) 得

$$\varPhi(r)=L^{-1}\left\{\iiint_{-\infty}^{+\infty}[-f(r')]\,[-\delta(r-r')]\,\mathrm{d}x'\mathrm{d}y'\mathrm{d}z'\right\} \tag{2.9.9}$$

在式 (2.9.9) 中，$f(\boldsymbol{r}')\mathrm{d}x'\mathrm{d}y'\mathrm{d}z'$ 只是 δ 函数的系数，所以算子 L^{-1} 只需作用到基本函数上就可以了，于是

$$\varPhi(r)=\iiint_{-\infty}^{+\infty}[-f(r')]L^{-1}\left\{-\delta(r-r')\right\}\mathrm{d}x'\mathrm{d}y'\mathrm{d}z' \tag{2.9.10}$$

令

$$g(r,r')=L^{-1}\left\{-\delta(r-r')\right\} \tag{2.9.11}$$

式 (2.9.9) 变为

$$\varPhi(r)=\iiint_{-\infty}^{+\infty}[-f(r')]g(r,r')\mathrm{d}x'\mathrm{d}y'\mathrm{d}z' \tag{2.9.12}$$

式中，$g(r,r')$ 的意义是在位置 r' 的单位脉冲源通过线性系统后在位置 r 的标量场，称为系统的脉冲响应，电磁场中称为标量格林函数。由于标量格林函数的源是 δ 函数，因此其满足的标量亥姆霍兹方程为

$$\nabla^2 g(r,r')+k^2 g(r,r')=-\delta(r-r') \tag{2.9.13}$$

式 (2.9.13) 说明，满足标量亥姆霍兹方程的线性系统的性质完全由脉冲响应即标量格林函数所表征。对于标量格林函数已知的线性系统，任何标量场源对应的标量场都可以由式 (2.9.12) 的积分求得。

下面求解无界空间的标量格林函数，即求解方程 (2.9.13)。这是位于 r' 的点源场，显然无界空间的标量格林函数关于源点 r' 是球对称的。坐标平移，将坐标原点放在 r'，取场点到源点的距离为 R，即 $R=|r-r'|$，那么，标量格林函数只是 R 的函数，式 (2.9.13) 简化为

$$\frac{1}{R}\frac{\mathrm{d}}{\mathrm{d}R}\left(R^2\frac{\mathrm{d}g(R)}{\mathrm{d}R}\right)+k^2g(R)=-\delta(R) \tag{2.9.14}$$

在除原点以外的区域，式 (2.9.14) 变为

$$\frac{1}{R}\frac{\mathrm{d}}{\mathrm{d}R}\left(R^2\frac{\mathrm{d}g(R)}{\mathrm{d}R}\right)+k^2g(R)=0$$

令 $g(R)=u(R)/R$，得

$$\frac{\mathrm{d}^2u}{\mathrm{d}R^2}+k^2u=0$$

此二阶微分方程的解为

$$u=c_1\mathrm{e}^{-\mathrm{j}kR}+c_2\mathrm{e}^{\mathrm{j}kR}$$

式中，等号右边第一项为从源点向外的波，第二项为从外向源点的波，显然第二项不符合物理意义，仅保留第一项，因此标量格林函数的通解为

$$g(R)=\frac{c_1\mathrm{e}^{-\mathrm{j}kR}}{R}$$

代入式 (2.9.14)，并对等式两边进行体积分，积分体积为中心在原点、半径为 a 的小球，再使 $a\to0$，可得到 $c_1=1/(4\pi)$。根据 $R=|r-r'|$，得到无界空间的标量格林函数为

$$g(r,r')=\frac{\mathrm{e}^{-\mathrm{j}k|r-r'|}}{4\pi|r-r'|} \tag{2.9.15}$$

由以上标量格林函数可以计算无界空间的矢量磁位 $\boldsymbol{A}$。矢量磁位 $\boldsymbol{A}$ 满足的方程为

$$\nabla^2\boldsymbol{A}+k^2\boldsymbol{A}=-\mu\boldsymbol{J}$$

在直角坐标系中，$\boldsymbol{A}$ 的 3 个直角坐标分量满足标量亥姆霍兹方程，如 A_x 满足的方程为

$$\nabla^2A_x+k^2A_x=-\mu J_x$$

与式 (2.9.1) 比较，由式 (2.9.13) 和式 (2.9.15) 得

$$A_x(r)=\frac{\mu}{4\pi}\iiint\limits_V\frac{J_x(r')\mathrm{e}^{-\mathrm{j}k|r-r'|}}{|r-r'|}\mathrm{d}V'$$

同理，A_y 和 A_z 有类似的结果。由 $\boldsymbol{A}$ 的 3 个直角坐标分量的结果可得无界空间的矢量磁位 $\boldsymbol{A}(r)$ 为

$$\boldsymbol{A}(r)=\frac{\mu}{4\pi}\iiint\limits_{V}\frac{\boldsymbol{J}(r')\mathrm{e}^{-\mathrm{j}k|r-r'|}}{|r-r'|}\mathrm{d}V' \tag{2.9.16}$$

利用对偶原理，可得到无界空间的矢量电位 $\boldsymbol{A}^m(r)$ 为

$$\boldsymbol{A}^m(r)=\frac{\varepsilon}{4\pi}\iiint\limits_{V}\frac{\boldsymbol{J}^m(r')\mathrm{e}^{-\mathrm{j}k|r-r'|}}{|r-r'|}\mathrm{d}V' \tag{2.9.17}$$

线极化平面波函数是另一个很重要的基本函数。设平面波函数为

$$\varphi(x,y,z)=\varphi_0\mathrm{e}^{-\mathrm{j}\boldsymbol{k}\cdot\mathbf{r}}=\varphi_0\mathrm{e}^{-\mathrm{j}(k_xx+k_yy+k_zz)} \tag{2.9.18}$$

式中，$k_x^2+k_y^2+k_z^2=k^2$，即 $k_z=\sqrt{k^2-k_x^2-k_y^2}$ 在某一 xy 平面上，平面波函数可表示为

$$\varphi(x,y)=\varphi_0\mathrm{e}^{-\mathrm{j}k_z}\mathrm{e}^{-\mathrm{j}(k_xx+k_yy)}=\varphi(k_x,k_y)\mathrm{e}^{-\mathrm{j}(k_xx+k_yy)} \tag{2.9.19}$$

式 (2.9.19) 说明，任何平面波可以由 xy 平面上的振幅 $\varphi(k_x,k_y)$ 及 k_x 和 k_y 确定。

定义变换对

$$f(x,y)=\frac{1}{2\pi}\int_{-\infty}^{\infty}\int_{-\infty}^{\infty}F\left(k_x,k_y\right)\mathrm{e}^{-\mathrm{j}(k_xx+k_yy)}\mathrm{d}k_x\mathrm{d}k_y \tag{2.9.20}$$

$$F(k_x,k_y)=\frac{1}{2\pi}\int_{-\infty}^{\infty}\int_{-\infty}^{\infty}f\left(x,y\right)\mathrm{e}^{\mathrm{j}(k_xx+k_yy)}\mathrm{d}x\mathrm{d}y \tag{2.9.21}$$

做变量代换 $k_x=-\zeta_x$，$k_y=-\zeta_y$，则

$$f(x,y)=\frac{1}{2\pi}\int_{-\infty}^{\infty}\int_{-\infty}^{\infty}\tilde{f}\left(\zeta_x,\zeta_y\right)\mathrm{e}^{\mathrm{j}(\zeta_xx+\zeta_yy)}\mathrm{d}\zeta_x\mathrm{d}\zeta_y \tag{2.9.22}$$

$$\tilde{f}(\zeta_x,\zeta_y)=\frac{1}{2\pi}\int_{-\infty}^{\infty}\int_{-\infty}^{\infty}f\left(x,y\right)\mathrm{e}^{-\mathrm{j}(\zeta_xx+\zeta_yy)}\mathrm{d}x\mathrm{d}y \tag{2.9.23}$$

式中

$$\tilde{f}(\zeta_x,\zeta_y)=F(k_x,k_y) \tag{2.9.24}$$

式 (2.9.22) 和式 (2.9.23) 就是二维傅里叶变换对，与式 (2.9.19) 比较，积分式 (2.9.20) 的被积函数表示平面波，因此式 (2.9.20) 表示某标量场在 xy 平面上的分布函数可以用不同 k_x 和 k_y 的平面波展开，其复振幅由式 (2.9.21) 确定。

如果标量电磁场的源在某 xy 平面上为 $f(x',y')$，根据式 (2.9.12)，考虑到源分布在平面上，则在另一 xy 平面上的标量场 $\Phi(x,y)$ 为

$$\Phi(x,y)=-\int_{-\infty}^{\infty}\int_{-\infty}^{\infty}f\left(x',y'\right)g(x,y,x',y')\mathrm{d}x\mathrm{d}y \tag{2.9.25}$$

如果格林函数 (脉冲响应函数) $g(x,y,x',y')$ 的形式为 $g(x-x',y-y')$，式 (2.9.25) 变为

$$\Phi(x,y)=-\int_{-\infty}^{\infty}\int_{-\infty}^{\infty}f\left(x',y'\right)g(x-x',y-y')\mathrm{d}x\mathrm{d}y \tag{2.9.26}$$

则该线性系统为线性平移不变系统。对于线性平移不变系统，当源函数发生一个平移，即 $f(x',y')$ 变成 $f(x'-x_0,y'-y_0)$ 时，响应函数也只是平移，亦即 $\Phi(x,y)$ 变成 $\Phi(x-x_0,y-y_0)$。线性平移不变系统的平移不变性质很容易由式 (2.9.26) 通过变量代换得到证明。表示线性平移不变系统的积分是一个卷积，即

$$\Phi(x,y)=-f(x,y)*g(x,y) \tag{2.9.27}$$

按式 (2.9.20) 对 $f(x,y)$、$g(x,y)$、$\Phi(x,y)$ 做二维傅里叶变换，求出其相应的频谱函数 $F(k_x,k_y)$、$G(k_x,k_y)$、$\Psi(k_x,k_y)$。利用傅里叶变换的卷积定理，根据式 (2.9.27) 得

$$\Psi(k_x,k_y)=-G(k_x,k_y)F(k_x,k_y) \tag{2.9.28}$$

式 (2.9.28) 与式 (2.9.26) 一样，描写了系统对源函数的变换作用，一个在谱域，一个在空间域。当然空间域中的这种描述只有对线性平移不变系统才能成立。由此可见，对线性平移不变系统可采用两种方法研究。一是先求出空间域的格林函数，然后在空间域通过源函数与格林函数的积分求得标量场；二是先求出源函数和格林函数的谱函数，即将源函数和格林函数在谱域展开，再对其对应谱函数的乘积取逆傅里叶变换求得标量场。

由式 (2.9.27) 得

$$H(k_x,k_y)=G(k_x,k_y)=-\frac{\Psi(k_x,k_y)}{F(k_x,k_y)} \tag{2.9.29}$$

式 (2.9.29) 为线性平移不变系统以平面波作为激励时，响应谱函数与激励谱函数之比，称为线性平移不变系统的传递函数，表示线性平移不变系统对平面波的传递能力。由式 (2.9.29) 可以看出，如果能找到一个激励源，其谱函数为均匀谱，其系统的响应谱函数就能反映系统的传递能力。δ 函数就是这样的函数。也就是说，系统对 δ 函数的响应谱能反映线性平移不变系统对平面波的传递能力。

电磁场问题中标量亥姆霍兹方程在几种常用坐标系可分离为几个二阶线性方程。二阶线性微分运算可表示为算子

$$L\{f\} = p_2(x)\frac{\mathrm{d}^2 f}{\mathrm{d}x^2} + p_1(x)\frac{\mathrm{d}f}{\mathrm{d}x} + p_0(x)f \tag{2.9.30}$$

式中，函数 $p_2(x)$、$p_1(x)$、$p_0(x)$ 是给定域 $[a,b]$ 内的连续函数；$f(x)$ 在给定域内二阶导数连续。问题的边界条件可以分为三类，即第一类边界条件给定边界上的函数值 $f(a)$ [或 $f(b)$]，也称为狄利克雷边界条件；第二类边界条件给定边界上的函数的导数值 $f'(a)$ [或 $f'(b)$]，也称为诺伊曼边界条件；第三类边界条件为混合边界条件。

下面分析二阶线性微分方程在三类边界条件下对应算子的逆算子存在的条件。电磁场中标量场与源的空间分布函数一般通过平方可积得。在平方可积的复函数空间 L_2，两函数 $f(x)$ 和 $g(x)$ 的内积定义为

$$\langle f, g\rangle = \int_a^b f^*(x)g(x)\mathrm{d}x \tag{2.9.31}$$

根据泛函理论，若算子 L 是自伴随算子，即对于希尔伯特空间的任意两个连续函数 $f(x)$ 和 $g(x)$，有

$$\langle g, L\{f\}\rangle = \langle L\{g\}, f\rangle \tag{2.9.32}$$

那么算子 L 存在逆算子，且其逆算子也是自伴随算子。

对于二阶线性微分算子，由式 (2.9.30) 和式 (2.9.31) 算子及内积的定义，式 (2.9.32) 等号左边为

$$\langle g, Lf\rangle = \int_a^b g^*(p_2 f'' + p_1 f' + p_0 f)\mathrm{d}x$$

应用分部积分对等号左边求积分得

$$\langle g, L\{f\}\rangle = \left[p_2 g^* f' - (p_2 g^*)' f + p_1 g^* f\right]_a^b + \int_a^b \left[(p_2 g^*)'' - (p_1 g^*)' + p_0 g^*\right] f\mathrm{d}x$$

式 (2.9.32) 等号右边为

$$\langle L\{g\}, f\rangle = \int_a^b \left[p_2 (g^*)'' + p_1 (g^*)' + p_0 g^*\right] f\mathrm{d}x$$

要使算子 L 为自伴随算子，即以上两式相等，必须满足：

(1) $\left[(p_2 g^*)'' - (p_1 g^*)' + p_0 g^*\right] \cdot f = \left[p_2 (g^*)'' + p_1 (g^*)' + p_0 g^*\right] \cdot f$。即

$$p_2'(x) = p_1(x) \tag{2.9.33}$$

所以，式 (2.9.30) 对应的二阶微分自伴随算子的形式应为

$$L = \frac{\mathrm{d}}{\mathrm{d}x}\left(p(x)\frac{\mathrm{d}}{\mathrm{d}x}\right) - q(x) \tag{2.9.34}$$

(2) $\left[p_2 g^* f' - (p_2 g^*)' f + p_1 g^* f\right]_a^b = 0$。

当第三类边界条件为齐次时，上述条件 (2) 成立。也就是说，具有式 (2.9.34) 形式的二阶微分算子，在齐次边界条件下是自伴随算子，有逆算子存在。以上齐次边界条件称为二阶微分自伴随算子的子伴随边界条件。有时也将二阶微分自伴随算子与其自伴随边界条件作为整体称为二阶微分自伴随算子。

如果函数 $\psi(r)$ 满足条件

$$L\{\psi\} = \alpha\psi \tag{2.9.35}$$

式中，α 为一复常数，则称 $\psi(r)$ 为算子 L 所表征的系统的本征函数，α 为系统的本征值。算子的本征值也称为算子的谱，当算子的本征值为一系列离散的值时称为离散谱，当算子的本征值为一些连续的值时称为连续谱，在电磁场问题中，对于闭域的情况，如波导、谐振腔，齐次场方程的本征值是一系列离散值，对应不同模式的波导截止频率和谐振腔谐振频率，而本征函数对应正规模式的场分布；对于开域情况，如辐射、散射，本征值为连续谱；对于介质波导问题，本征值既有离散谱也有连续谱，离散谱对应的本征函数为波导模，而连续谱对应的本征函数为辐射模。

二阶线性常微分方程

$$\frac{\mathrm{d}}{\mathrm{d}x}\left(p(x)\frac{\mathrm{d}y}{\mathrm{d}x}\right) + [\lambda\rho(x) - q(x)]\,y = 0$$

是一类特殊的微分方程，称作斯图姆–刘维尔方程，也是式 (2.9.34) 给定的算子的本征方程。当 $p = x, \lambda = k^2, \rho = x, q = m^2/x$ 时，为贝塞尔方程；当 $p = x^2, \lambda = k^2$，$\rho = x^2, q = \mu$ 时为球贝塞尔方程；当 $p = 1-x^2, \lambda = s(s+1), \rho = 1, q = m^2/(1-x^2)$ 时，为连带勒让德方程；当 $p = 1, \lambda = k^2, \rho = 1, q = 0$ 时，为时谐方程。也就是说，在三类边界条件为齐次的情况下，贝塞尔方程、球贝塞尔方程、连带勒让德方程、时谐方程对应的算子都是自伴算子，都有逆算子存在。

如果算子 L 的逆算子 L^{-1} 存在，由式 (2.9.35) 得

$$L^{-1}\{\psi\} = \frac{1}{\alpha}\psi$$

由此可见，算子 L 的本征函数 ψ 也是其逆算子 L^{-1} 的本征函数，其本征值互为倒数。系统的本征函数是一个特定的函数，相应的响应函数与激励函数之比是一个复常数。可以证明平面波函数 $\psi = \mathrm{e}^{-\mathrm{j}(k_x x + k_y y + k_z z)}$ 是无界空间中标量亥姆霍

兹方程对应算子在直角坐标系的本征函数。将本征函数 ψ 在激励源平面的单位复振幅值代入式 (2.9.25) 得

$$\Phi(x,y)=\int_{-\infty}^{\infty}\int_{-\infty}^{\infty}\mathrm{e}^{-\mathrm{j}(k_x x'+k_y y')}g(x-x',y-y')\mathrm{d}x'\mathrm{d}y'$$

令 $x-x'=\alpha, y-y'=\beta$，则

$$\Phi(x,y)=\mathrm{e}^{-\mathrm{j}(k_x x+k_y y)}\int_{-\infty}^{\infty}\int_{-\infty}^{\infty}g(\alpha,\beta)\mathrm{e}^{-\mathrm{j}(k_x\alpha+k_y\beta)}\mathrm{d}\alpha\mathrm{d}\beta$$

积分是二维傅里叶逆变换，因此有

$$\Phi(x,y)=\mathrm{e}^{-\mathrm{j}(k_x x+k_y y)}G(k_x,k_y) \tag{2.9.36}$$

对于给定的 k_x 和 k_y，$G(k_x,k_y)$ 为复常数，也就是说，激励函数与响应函数之比是复常数。由此可见，对于线性平移不变系统，激励函数取本征函数作为基本函数非常方便。对于自伴算子，不同本征值的本征函数是正交的。对于非平移不变的线性系统，虽然系统的响应函数与激励函数没有式 (2.9.27) 和式 (2.9.29) 这样简单的关系，但用自伴算子所有本征值对应本征函数系的线性组合作为激励函数和系统的响应函数是计算系统响应函数的常用方法，也是一种简单的方法。

设自伴算子 L 的本征值为 λ_1，$\lambda_2,\cdots$, 对应的本征函数为 $x_1,x_2,\cdots$，以其本征函数作为正交基，任意函数 x 可以写成

$$x=a_1x_1+a_2x_2+\cdots \tag{2.9.37}$$

因此

$$L\{x\}=a_1\lambda_1x_1+a_2\lambda_2x_2+\cdots \tag{2.9.38}$$

由于本征函数是正交的，有

$$a_i=\langle x_i,x\rangle \tag{2.9.39}$$

式 (2.9.37) 和式 (2.9.38) 的本征函数展开式称为算子 L 的谱表示式。对于算子方程

$$L\{x\}=f \tag{2.9.40}$$

两边用本征值展开，即

$$f=\sum_i\beta_ix_i \tag{2.9.41}$$

$$\beta_i=\langle x_i,f\rangle \tag{2.9.42}$$

将式 (2.9.38) 和式 (2.9.41) 代入式 (2.9.40) 得

$$\sum_i \alpha_i \lambda_i x_i = \sum_i \beta_i x_i$$

由于本征函数构成函数空间的基函数，故

$$a_i = \beta_i / \lambda_i \tag{2.9.43}$$

从而算子方程的解可用本征函数展开表示为

$$x = \sum_i \frac{\beta_i}{\lambda_i} x_i \tag{2.9.44}$$

式中，β_i 由式 (2.9.42) 确定；λ_i 为 L 的本征值。当本征值为连续谱时，式 (2.9.44) 中的求和应改为积分。

习　题

习题 2.1　对偶性原理

在均匀各向同性的线性媒质中，设有电性源产生的场 $\boldsymbol{E}$、$\boldsymbol{B}$ 和磁性源产生的场 $\boldsymbol{E}_{\mathrm{m}}$、$\boldsymbol{B}_{\mathrm{m}}$，证明：当 (1) 电性源与磁性源的对偶关系为 $\boldsymbol{E}_{\mathrm{m}} = -k\boldsymbol{B}$ 和 $\boldsymbol{H}_{\mathrm{m}} = -k\boldsymbol{D}$ (k 为常数) 或 (2) 对偶关系为 $\boldsymbol{E}_{\mathrm{m}} = -\boldsymbol{E}$ 和 $\boldsymbol{B}_{\mathrm{m}} = -\boldsymbol{B}$ 时，在无源区麦克斯韦方程对于对偶变换形式不变。

解: 本题考查对偶原理的理解和掌握。

无源区的麦克斯韦方程组为

$$\begin{aligned}
\nabla \times \boldsymbol{H} &= \frac{\partial \boldsymbol{D}}{\partial t} \\
\nabla \times \boldsymbol{E} &= -\frac{\partial \boldsymbol{B}}{\partial t} \\
\nabla \cdot \boldsymbol{B} &= 0 \\
\nabla \cdot \boldsymbol{D} &= 0
\end{aligned}$$

(1) 当电性源与磁性源的对偶关系为 $\boldsymbol{E}_{\mathrm{m}} = -k\boldsymbol{B}$ 和 $\boldsymbol{H}_{\mathrm{m}} = -k\boldsymbol{D}$ (k 为常数) 时

$$\nabla \times \boldsymbol{H}_{\mathrm{m}} = -k\nabla \times \boldsymbol{D} = -k\varepsilon\nabla \times \boldsymbol{E} = k\varepsilon\frac{\partial \boldsymbol{B}}{\partial t} = -\varepsilon\frac{\partial \boldsymbol{E}_{\mathrm{m}}}{\partial t} = -\frac{\partial \boldsymbol{D}_{\mathrm{m}}}{\partial t}$$

$$\nabla \times \boldsymbol{E}_{\mathrm{m}} = -k\nabla \times \boldsymbol{B} = -k\mu\nabla \times \boldsymbol{H} = -k\mu\frac{\partial \boldsymbol{D}}{\partial t} = \mu\frac{\partial \boldsymbol{H}_{\mathrm{m}}}{\partial t} = \frac{\partial \boldsymbol{B}_{\mathrm{m}}}{\partial t}$$

$$\nabla\cdot\boldsymbol{B}_{\mathrm{m}}=\mu\nabla\cdot\boldsymbol{H}_{\mathrm{m}}=-k\mu\nabla\cdot\boldsymbol{D}=0$$

$$\nabla\cdot\boldsymbol{D}_{\mathrm{m}}=\varepsilon\nabla\cdot\boldsymbol{E}_{\mathrm{m}}=-k\varepsilon\nabla\cdot\boldsymbol{B}=0$$

$$\nabla\times\boldsymbol{H}_{\mathrm{m}}=-\frac{\partial\boldsymbol{D}_{\mathrm{m}}}{\partial t}$$

即

$$\nabla\times\boldsymbol{E}_{\mathrm{m}}=\frac{\partial\boldsymbol{B}_m}{\partial t}$$

$$\nabla\cdot\boldsymbol{B}_{\mathrm{m}}=0$$

$$\nabla\cdot\boldsymbol{D}_{\mathrm{m}}=0$$

可以看出其形式不变。

(2) 当对偶关系为 $\boldsymbol{E}_{\mathrm{m}}=-\boldsymbol{E}$ 和 $\boldsymbol{B}_{\mathrm{m}}=-\boldsymbol{B}$ 时

$$\nabla\times\boldsymbol{E}_{\mathrm{m}}=-\nabla\times\boldsymbol{E}=\frac{\partial\boldsymbol{B}}{\partial t}=-\frac{\partial\boldsymbol{B}_{\mathrm{m}}}{\partial t}$$

$$\nabla\times\boldsymbol{H}_{\mathrm{m}}=-\nabla\times\boldsymbol{H}=-\frac{\partial\boldsymbol{D}}{\partial t}=-\varepsilon\frac{\partial\boldsymbol{E}}{\partial t}=\varepsilon\frac{\partial\boldsymbol{E}_{\mathrm{m}}}{\partial t}=\frac{\partial\boldsymbol{D}_{\mathrm{m}}}{\partial t}$$

$$\nabla\cdot\boldsymbol{B}_{\mathrm{m}}=\mu\nabla\cdot\boldsymbol{H}_{\mathrm{m}}=-\mu\nabla\cdot\boldsymbol{H}=0$$

$$\nabla\cdot\boldsymbol{D}_{\mathrm{m}}=\varepsilon\nabla\cdot\boldsymbol{E}_{\mathrm{m}}=-\varepsilon\nabla\cdot\boldsymbol{E}=0$$

可以看出其形式不变。

习题 2.2　镜像原理

如图习题 2.2(a) 所示，上半空间为电导率 σ_2 的均匀介质 2，下半空间为电导率 σ_1 的均匀介质 1。在下半空间内 A 点处有点电流源 I，该点电流源距离界面的距离为 h，求上半空间和下半空间中任意一点的电势。

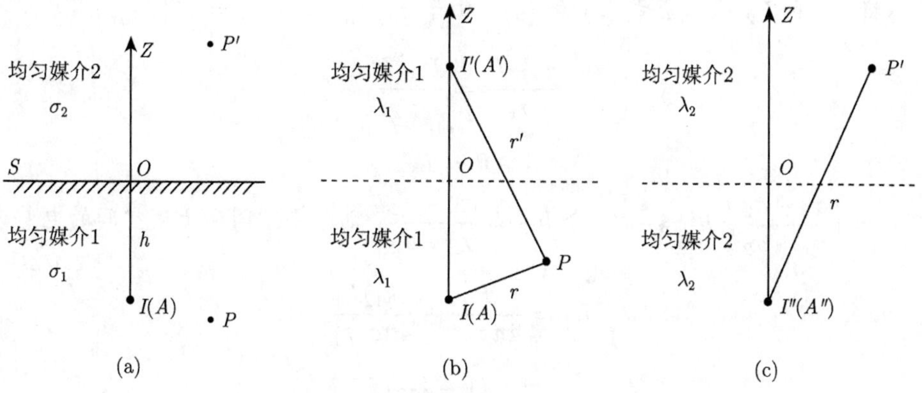

图习题 2.2　点电流源镜像原理示意图

解: 本题考查对镜像原理的理解和掌握。

选取过 A 点垂直界面向上的方向为 z 轴方向，原点位于界面上，用 U_1 和 U_2 分别表示下半空间和上半空间的电势。

电势满足的方程和边界条件为

$$\nabla^2 U_1 = 0\ (\text{除 } A \text{ 点外}),\quad \nabla^2 U_2 = 0 \tag{1}$$

$$U_1|_{z\to-\infty} = 0,\quad U_2|_{z\to\infty} = 0 \tag{2}$$

$$U_1|_{z\to 0} = U_2|_{z\to 0} \tag{3}$$

$$\sigma_1 \frac{\partial U_1}{\partial n}\bigg|_{z\to 0} = \sigma_2 \frac{\partial U_2}{\partial n}\bigg|_{z\to 0} \tag{4}$$

先求下半空间的电势 U_1。采用镜像源 $I(A')$ 取代水平界面的影响，介质 2 替换为介质 1，如图习题 2.2(b) 所示，则任意点 P 的电势为

$$U_1 = \frac{I}{4\pi\sigma_1 r} + \frac{I'}{4\pi\sigma_1 r'} \tag{5}$$

式中，$r = \sqrt{x^2 + y^2 + (z+h)^2}; r' = \sqrt{x^2 + y^2 + (z-h)^2}, z < 0$。

再求上半空间的电势 U_2。将介质 1 替换为介质 2，采用镜像源 I'' 取代水平界面，简单起见，将镜像源 I'' 放在 A 点，即镜像源 I'' 与点电流源 I 重合在 A 点，如图习题 2.2(c) 所示，则上半空间任意点 P' 的电势 U_2 为

$$U_2 = \frac{I}{4\pi\sigma_2 r''} + \frac{I''}{4\pi\sigma_2 r''} \tag{6}$$

式中，$r'' = \sqrt{x^2 + y^2 + (z+h)^2}, z > 0$。

将 U_1 和 U_2 代入公式 (3) 和 (4)，由于 $r|_{z\to 0} = r'|_{z\to 0} = r''|_{z\to 0}$，有

$$\frac{I + I'}{\sigma_1} = \frac{I + I''}{\sigma_2}$$

$$-I' = I''$$

即 $I' = I\dfrac{\sigma_1 - \sigma_2}{\sigma_1 + \sigma_2}$，$I'' = -I'$。令 $k_{12} = \dfrac{\sigma_1 - \sigma_2}{\sigma_1 + \sigma_2}$，则下半空间和上半空间的电势为

$$U_1 = \frac{I}{4\pi\sigma_1 r} + \frac{k_{12} I}{4\pi\sigma_1 r'}$$

$$U_2 = \frac{(1 - k_{12}) I}{4\pi\sigma_2 r''}$$

习题 2.3　互易定理

采用互易定理证明：在直流电法二极装置中，电极 A 和电极 M 固定在地表处。当电极 A 中通以电流 $I(\boldsymbol{r}_{\mathrm{A}})$，电极 M 处测得电势为 $U_{\mathrm{A}}(\boldsymbol{r}_{\mathrm{M}})$；当电极 M 中通以电流 $I(\boldsymbol{r}_{\mathrm{M}})$，电极 A 处测得电势为 $U_{\mathrm{M}}(\boldsymbol{r}_{\mathrm{A}})$，则有：$\dfrac{U_{\mathrm{A}}(\boldsymbol{r}_{\mathrm{M}})}{I(\boldsymbol{r}_{\mathrm{A}})}=\dfrac{U_{\mathrm{M}}(\boldsymbol{r}_{\mathrm{A}})}{I(\boldsymbol{r}_{\mathrm{M}})}$。

解: 本题考查互易定理在地球物理电法勘探中的应用。

$\boldsymbol{r}_0$ 处的电流在 $\boldsymbol{r}$ 处产生的电势满足亥姆霍兹方程

$$\nabla\cdot(\sigma\nabla U)=-I(\boldsymbol{r})\delta(\boldsymbol{r}-\boldsymbol{r}_0)$$

则 A 处电流 $\boldsymbol{r}_{\mathrm{A}}$ 和 M 处电流 $\boldsymbol{r}_{\mathrm{M}}$ 在 $\boldsymbol{r}$ 处产生的电势满足的方程为

$$\nabla\cdot(\sigma\nabla U_{\mathrm{A}}(\boldsymbol{r}))=-I(\boldsymbol{r})\delta(\boldsymbol{r}-\boldsymbol{r}_{\mathrm{A}}) \tag{1}$$

$$\nabla\cdot(\sigma\nabla U_{\mathrm{M}}(\boldsymbol{r}))=-I(\boldsymbol{r})\delta(\boldsymbol{r}-\boldsymbol{r}_{\mathrm{M}}) \tag{2}$$

方程 (1) 乘以 $U_{\mathrm{M}}(\boldsymbol{r})$，减去方程 (2) 乘以 $U_{\mathrm{A}}(\boldsymbol{r})$，得

$$\begin{aligned}&U_{\mathrm{M}}(\boldsymbol{r})\nabla\cdot(\sigma\nabla U_{\mathrm{A}}(\boldsymbol{r}))-U_{\mathrm{A}}(\boldsymbol{r})\nabla\cdot(\sigma\nabla U_{\mathrm{M}}(\boldsymbol{r}))\\=&-I(\boldsymbol{r})U_{\mathrm{M}}(\boldsymbol{r})\delta(\boldsymbol{r}-\boldsymbol{r}_{\mathrm{A}})+I(\boldsymbol{r})U_{\mathrm{A}}(\boldsymbol{r})\delta(\boldsymbol{r}-\boldsymbol{r}_{\mathrm{M}})\end{aligned} \tag{3}$$

利用矢量展开公式 $U\nabla\cdot\boldsymbol{C}=\nabla\cdot(U\boldsymbol{C})-\boldsymbol{C}\nabla U$，则方程 (3) 等号左边可整理为

$$\begin{aligned}&U_{\mathrm{M}}\nabla\cdot(\sigma\nabla U_{\mathrm{A}})-U_{\mathrm{A}}\nabla\cdot(\sigma\nabla U_{\mathrm{M}})\\=&[\nabla\cdot(U_{\mathrm{M}}\sigma\nabla U_{\mathrm{A}})-\sigma\nabla U_{\mathrm{A}}\nabla U_{\mathrm{M}}]-[\nabla\cdot(U_{\mathrm{A}}\sigma\nabla U_{\mathrm{M}})-\sigma\nabla U_{\mathrm{M}}\nabla U_{\mathrm{A}}]\\=&\nabla\cdot(U_{\mathrm{M}}\sigma\nabla U_{\mathrm{A}}-U_{\mathrm{A}}\sigma\nabla U_{\mathrm{M}})\end{aligned} \tag{4}$$

对方程 (3) 等号左右两边全空间积分，即

$$\begin{aligned}&\int\nabla\cdot(U_{\mathrm{M}}(\boldsymbol{r})\sigma\nabla U_{\mathrm{A}}(\boldsymbol{r})-U_{\mathrm{A}}(\boldsymbol{r})\sigma\nabla U_{\mathrm{M}}(\boldsymbol{r}))\mathrm{d}\boldsymbol{r}\\=&\int[-I(\boldsymbol{r})U_{\mathrm{M}}(\boldsymbol{r})\delta(\boldsymbol{r}-\boldsymbol{r}_{\mathrm{A}})+I(\mathbf{r})U_{\mathrm{A}}(\boldsymbol{r})\delta(\boldsymbol{r}-\boldsymbol{r}_{\mathrm{M}})]\mathrm{d}\boldsymbol{r}\end{aligned} \tag{5}$$

方程 (5) 等号左边利用散度定理，右边利用 δ 函数性质，整理后为

$$\int(U_{\mathrm{M}}(\boldsymbol{r})\sigma\nabla_n U_{\mathrm{A}}(\boldsymbol{r})-U_{\mathrm{A}}(\boldsymbol{r})\sigma\nabla_n U_{\mathrm{M}}(\boldsymbol{r}))\mathrm{d}S=-I(\boldsymbol{r}_{\mathrm{A}})U_{\mathrm{M}}(\boldsymbol{r}_{\mathrm{A}})+I(\boldsymbol{r}_{\mathrm{M}})U_{\mathrm{A}}(\boldsymbol{r}_{\mathrm{M}}) \tag{6}$$

由于 $U \propto \dfrac{1}{r}, \nabla_n U \propto \dfrac{1}{r^2}, \displaystyle\int \mathrm{d}S \propto r^2$，且对全空间积分，则公式 (6) 等号左边等于 0，即

$$-I(\boldsymbol{r}_\mathrm{A})U_\mathrm{M}(\boldsymbol{r}_\mathrm{A}) + I(\boldsymbol{r}_\mathrm{M})U_\mathrm{A}(\boldsymbol{r}_\mathrm{M}) = 0$$

$$\frac{U_\mathrm{A}(\boldsymbol{r}_\mathrm{M})}{I(\boldsymbol{r}_\mathrm{A})} = \frac{U_\mathrm{M}(\boldsymbol{r}_\mathrm{A})}{I(\boldsymbol{r}_\mathrm{M})}$$

第 3 章　分离变量法

分离变量法是解偏微分方程的最基本方法之一。用分离变量法可以获得某些偏微分方程的严格解 (一般用多项式或级数表示)。尽管用分离变量法只能对某些有理想边界的典型问题求得严格解，有局限性，但它作为一种基本方法仍具有重要意义。首先，许多由分离变量法求得的严格解可以作为实际问题的模型来处理和分析很多重要现象。例如，关于球体对平面波散射的解，可作为解决大气散射等问题的基础。其次，由分离变量法求得的严格解，可以作为建立、发展和检验其他近似方法或数值方法的基础。例如，若由分离变量法求得的无穷级数解是收敛的，则根据要求的精度取有限项之和，得到符合要求的近似解。又如在某种比较复杂的情况下，求得了问题的近似解或数值解，为了检验求得的解是否正确或合理，可以将该解在某种理想或特殊情况下求得的结果与同一情况下的已知严格解 (已由分离变量法求出的解) 求得的结果进行对比，如果两者一致，说明近似解或数值解是正确的或合乎要求的。地球物理勘探的实际问题往往可近似为较简单、规则的模型而用分离变量法或其他方法求解析解，因此，分离变量法是必须掌握的重要方法。近年来，在数值方法获得长足进展的基础上，又发展了一种将解析法 (分离变量法或其他求严格解的方法) 与数值法结合起来的方法，常称为“混合法”，这种方法的引入，扩大了可解决问题的范围。这些都说明了对于包括分离变量法在内的严格解法必须予以充分重视。

为了应用分离变量法求解电磁场方程，还必须了解有关特殊函数的性质。本章结合解题需要，归纳整理了部分性质 (常晋德，2017)，有关特殊函数的系统理论，可以参阅相关文献 (王竹溪等，2000)。对于一些基础知识或需要冗长证明的性质，只作简单介绍或直接应用。

3.1　斯图姆–刘维尔方程与解的正交性

3.1.1　斯图姆–刘维尔方程

数学物理方程导出的常微分方程是具有下列形式的二阶线性微分方程：

$$Lu + \lambda\omega u = 0 \tag{3.1.1}$$

式中，L 为二阶线性微分算子；$u = u(x)$，为待求函数 (x 为自变量)；λ 为函数 u 对于算子 L 的本征值；ω 为权函数。

当

$$Lu = (\omega p u')' - q\omega u \tag{3.1.2}$$

式 (3.1.1) 称为斯图姆–刘维尔 (S-L) 方程。式 (3.1.2) 中，撇代表自变量的导数，即 $u' = \dfrac{\mathrm{d}u}{\mathrm{d}x}$；$p$、$q$ 为 x 的函数；ω 为权函数，也是自变量的函数。因此，S-L 方程的形式为

$$(\omega p u')' + (\lambda - q)\omega u = 0 \tag{3.1.3}$$

物理学 (包括地球物理学)、化学等学科中常用的常微分方程都属于 S-L 方程。因此，只要研究式 (3.1.3) 解的性质，就可了解电磁场问题中遇到的二阶线性常微分方程解的性质。举下面几个例子说明式 (3.1.3) 的普遍性。

取 $\omega = 1$，$p = 1$，$q = 0$，式 (3.1.3) 变为

$$u' + \lambda u = 0$$

即为波动方程。

取 $\omega = r$，$p = 1$，$q = v^2/r^2$，式 (3.1.3) 变为

$$\frac{1}{r}\frac{\mathrm{d}}{\mathrm{d}r}\left(r\frac{\mathrm{d}u}{\mathrm{d}r}\right) + \left(\lambda - \frac{v^2}{r^2}\right)u = 0$$

即为贝塞尔方程。

取 $\omega = \sin\theta$，$p = 1$，$q = \dfrac{t^2}{\sin^2\theta}$，式 (3.1.3) 变为

$$\frac{1}{\sin\theta}\frac{\mathrm{d}}{\mathrm{d}\theta}\left(\sin\theta\frac{\mathrm{d}u}{\mathrm{d}\theta}\right) + \left(\lambda - \frac{t^2}{\sin^2\theta}\right)u = 0$$

即为缔合勒让德方程。

取 $\omega = R^2$，$p = 1$，$q = \dfrac{\mu}{R^2}$，式 (3.1.3) 变为

$$\frac{1}{R^2}\frac{\mathrm{d}}{\mathrm{d}R}\left(R\frac{\mathrm{d}u}{\mathrm{d}R}\right) + \left(\lambda - \frac{\mu^2}{R^2}\right)u = 0$$

即为球贝塞尔函数。

式 (3.1.3) 还有一些其他的表示形式，但实质一样。由式 (3.1.3) 的普遍形式，选择合适的 p、q、ω 等函数，可以得出各个具体的常微分方程。

3.1.2 斯图姆–刘维尔方程解的正交性

由式 (3.1.3) 可以看出，方程的解 u 与本征值 λ 有关。对于实际问题，由于边值条件的限制，λ 只能取某些值 (或某一范围内的值)，u 是与 λ 值对应的一组

本征函数。需要证明：当满足一定的边值条件时，对应不同本征值的本征函数具有正交性。这一性质对求边值问题的定解至关重要。

设 u_m、u_n 是 S-L 方程式 (3.1.3) 的两个线性独立解，其相应的本征值 λ_m、λ_n 是实数，则有

$$Lu_m + \lambda_m \omega u_m = 0 \tag{3.1.4}$$

式中，L 是式 (3.1.2) 表示的算子。一般来说，u 可能是复函数，u_n 的复共轭函数 $\widetilde{u}_n$ 也是方程的解：

$$L\widetilde{u}_n + \lambda_n \omega \widetilde{u}_n = 0 \tag{3.1.5}$$

以 $\widetilde{u}_n$ 乘以式 (3.1.4)，u_m 乘以式 (3.1.5)，相减得

$$\widetilde{u}_n L u_m - u_m L\widetilde{u}_n = (\lambda_n - \lambda_m)\,\omega u_m \widetilde{u}_n \tag{3.1.6}$$

在 x 的定义域 $[a,b]$，将式 (3.1.6) 两端对 x 积分，得

$$\int_a^b (\widetilde{u}_n L u_m - u_m L\widetilde{u}_n)\mathrm{d}x = (\lambda_n - \lambda_m)\int_a^b \omega u_m \widetilde{u}_n \mathrm{d}x$$

再将式 (3.1.2) 中 L 算子的表达式代入，得

$$\int_a^b [\widetilde{u}_n(\omega p u_m')' - u_m(\omega p \widetilde{u}_n')']\,\mathrm{d}x = (\lambda_n - \lambda_m)\int_a^b \omega u_m \widetilde{u}_n \mathrm{d}x$$

左端的被积函数是函数 $[\omega p u_m' \widetilde{u}_n - \omega p \widetilde{u}_n' \widetilde{u}_m]$ 的全微分，因此得

$$[\omega p (u_m' \widetilde{u}_n - \widetilde{u}_n' u_m)]_a^b = (\lambda_n - \lambda_m)\int_a^b \omega u_m \widetilde{u}_n \mathrm{d}x$$

如果式 (3.1.3) 的本征函数系 $\{u_l\}$ 满足边界条件

$$[\omega p (u_m' \widetilde{u}_n - \widetilde{u}_n' u_m)]_a^b = 0 \tag{3.1.7}$$

则有

$$(\lambda_n - \lambda_m)\int_a^b \omega u_m \widetilde{u}_n \mathrm{d}x = 0 \tag{3.1.8}$$

如果本征函数系中所有函数都是实函数，则 $\tilde{u}_n = u_m$。这时，如果本征函数系 $\{u_l\}$ 满足

$$[\omega p (u_m' u_n - u_n' u_m)]_a^b = 0 \tag{3.1.9}$$

则有

$$(\lambda_n-\lambda_m)\int_a^b \omega u_m u_n \mathrm{d}x=0 \tag{3.1.10}$$

许多实际情况可满足式 (3.1.7) 或式 (3.1.9)，如当

$$\begin{cases} u_l(a)=u(b) \\ u_l'(a)=u_l'(b) \end{cases} \tag{3.1.11}$$

或

$$\begin{cases} \alpha_1 u_l'(a)+\alpha_2 u_l(a)=0 \\ \beta_1 u_l'(b)+\beta_2 u_l(b)=0 \end{cases} \tag{3.1.12}$$

或

$$p\omega u_l' u_k|_b = p\omega u_l u_k'|_a \tag{3.1.13}$$

等等。

由式 (3.1.8) 可知，当 $\lambda_m \neq \lambda_n$ 时

$$\int_a^b \omega u_m \widetilde{u}_n \mathrm{d}x=0 \tag{3.1.14}$$

这种性质称为不同本征值的本征函数对于权函数 ω 正交，又称为不同本征值的本征函数具有广义正交性。

当 $\lambda_n=\lambda_m$ 时，式 (3.1.8) 中的积分一般不为零，有

$$\int_a^b \omega u_m \widetilde{u}_n \mathrm{d}x=\int_a^b \omega\left|u_n\right|^2 \mathrm{d}x=N \tag{3.1.15}$$

式中，N 称为函数系 $\{u_n\}$ 的模。

两种情况可合并写为

$$\int_a^b \omega u_m \widetilde{u}_n \mathrm{d}x=N\delta_{mn} \tag{3.1.16}$$

式中，$\delta_{mn}=\begin{cases} 1, & \text{当 } m=n \\ 0, & \text{当 } m\neq n \end{cases}$，$\delta$ 是克罗内克符号。

如果 $\{u_l\}$ 中的函数都是实函数，则

$$\int_a^b \omega u_m u_n \mathrm{d}x=N\delta_{mn} \tag{3.1.17}$$

满足式 (3.1.16) 或式 (3.1.17) 的函数系 $\{u_l\}$ 具有广义正交性。当 $\omega=1$ 时，得到通常的正交性。

3.1.3 朗斯基行列式

求解二阶线性常微分方程应得到两个线性独立解。在解方程时得到的两个解 u_i、u_j 是否线性独立，可由朗斯基行列式判断，其定义为

$$W(u_i, u_j) = \begin{vmatrix} u_i & u_j \\ u_i' & u_j' \end{vmatrix} = u_i u_j' - u_j u_i'$$

当 $W \neq 0$ 时，u_i、u_j 线性独立 (或称线性无关)；当 $W = 0$ 时，u_i、u_j 线性相关，必须设法求出另一线性无关解。

当 $W \neq 0$ 时，可以由定义求出其 (作为自变量 x 的函数) 表达式，这种表达式有时可以用来化简某些关系式，将在后面做进一步介绍。

3.2 直角坐标系中的分离变量解

本节将介绍几种常用的正交曲线坐标系中拉普拉斯方程和亥姆霍兹方程的分离变量法求解。理论上可以证明，并非所有的正交曲线坐标系中这两类方程都能分离变量。目前已知的坐标系中，只有 11 种正交曲线坐标系中，上述两类方程可以实现分离变量，即 ① 直角坐标系；② 柱坐标系；③ 球坐标系；④ 椭圆柱坐标系；⑤ 抛物柱坐标系；⑥ 抛物面坐标系；⑦ 旋转抛物面坐标系；⑧ 长旋转椭球坐标系；⑨ 扁旋转椭球坐标系；⑩ 圆锥坐标系；⑪ 椭球坐标系。另有两种坐标系，只有将拉普拉斯方程适当变换后，才可以分离变量，分别为 ⑫ 双球坐标系和 ⑬ 环坐标系。

在这些坐标系中，虽然拉普拉斯算子的具体形式不同导致解的具体形式 (常常是用某种特殊函数表示的) 有很大差异，但基本求解方法是相同的。因此，只讨论几种常用坐标系，即直角坐标系、柱坐标系、球坐标系。采用这几种坐标系可以解决大量的边值问题，同时在数学上又不太复杂，特别是这些坐标系中的分离变量解都可以用几种最常见、其性质也被研究的最透彻的特殊函数表示。

对于所要介绍的坐标系，主要介绍在该坐标系中的两类方程的分离变量方程和通解，以及与求解有关的一些特殊函数性质，并通过实例说明。本书关于方程的分离变量方程及通解采用列表形式给出，将重点放在如何确定边值问题的定解上，包括确定定解所需的一些特殊函数性质，并在所介绍的坐标系问题中举例说明。

3.2.1 拉普拉斯方程的通解

拉普拉斯方程的展开式为

$$\nabla^2\varphi(x,y,z) = \left(\frac{\partial^2}{\partial x^2} + \frac{\partial^2}{\partial y^2} + \frac{\partial^2}{\partial z^2}\right)\varphi(x,y,z) = 0 \tag{3.2.1}$$

采用分离变量法得到常微分方程。设

$$\varphi(x,y,z)=f_1(x)f_2(y)f_3(z)$$

则有

$$\begin{cases}\left(\dfrac{\mathrm{d}^2}{\mathrm{d}x^2}+K_1^2\right)f_1(x)=0\\ \left(\dfrac{\mathrm{d}^2}{\mathrm{d}y^2}+K_2^2\right)f_2(y)=0\\ \left(\dfrac{\mathrm{d}^2}{\mathrm{d}z^2}+K_3^2\right)f_3(z)=0\end{cases}\tag{3.2.2}$$

式中

$$K_1^2+K_2^2+K_3^2=0\tag{3.2.3}$$

令 $\Gamma_{ij}=(k_i^2+k_j^2)^{1/2}=-ik_m$，$i,j,m=1,2,3$，$i\neq j\neq m$，方程的通解见表 3.2.1。

表 3.2.1　直角坐标系中拉普拉斯方程的通解

$f_1(x)$			$f_2(y)$			$f_3(z)$		
$k_1^2>0$	$k_1^2=0$	$k_1^2<0<\Gamma_{23}^2$	$k_2^2>0$	$k_2^2=0$	$k_2^2<0<\Gamma_{13}^2$	$k_3^2>0$	$k_3^2=0$	$k_3^2<0<\Gamma_{12}^2$
$\cos k_1x$ $\sin k_1x$			$\cos k_2y$ $\sin k_2y$					$\mathrm{ch}\Gamma_{12}x$ $\mathrm{sh}\Gamma_{12}x$
$\cos k_1x$ $\sin k_1x$					$\mathrm{ch}\Gamma_{13}y$ $\mathrm{sh}\Gamma_{13}y$	$\cos k_3z$ $\sin k_3z$		
		$\mathrm{ch}\Gamma_{23}x$ $\mathrm{sh}\Gamma_{23}x$	$\cos k_2y$ $\sin k_2y$			$\cos k_3z$ $\sin k_3z$		
$\cos k_1x$ $\sin k_1x$					$\mathrm{ch}k_2y$ $\mathrm{sh}k_2y$			
		$\mathrm{ch}k_2y$ $\mathrm{sh}k_2y$	$\cos k_2y$ $\sin k_2y$					
	x 1			y 1			z 1	

根据实际问题确定三部分的组合。表 3.2.1 中的三角函数可用指数函数 $\mathrm{e}^{\pm ikx}$ 等表示，双曲函数可用指数函数 $\mathrm{e}^{\pm\Gamma x}$ 等表示。三角函数与双曲函数间的关系为

$$\mathrm{ch}(\mathrm{i}x)=\cos x,\quad \mathrm{sh}(\mathrm{i}x)=\mathrm{i}\sin x$$

3.2.2　亥姆霍兹方程

亥姆霍兹方程的展开式为

$$\left(\frac{\partial^2}{\partial x^2}+\frac{\partial^2}{\partial y^2}+\frac{\partial^2}{\partial z^2}+k^2\right)\varphi(x,y,z)=0\tag{3.2.4}$$

采用分离变量法得到常微分方程。设

$$\varphi(x,y,z)=f_1(x)f_2(y)f_3(z)$$

则有

$$\begin{cases}\left(\dfrac{\mathrm{d}^2}{\mathrm{d}x^2}+k_1^2\right)f_1(x)=0\\\left(\dfrac{\mathrm{d}^2}{\mathrm{d}y^2}+k_2^2\right)f_2(y)=0\\\left(\dfrac{\mathrm{d}^2}{\mathrm{d}z^2}+k_3^2\right)f_3(z)=0\end{cases}\tag{3.2.5}$$

式中

$$k_1^2+k_2^2+k_3^2=k^2\tag{3.2.6}$$

令 $\varGamma_{ij}=(k_i^2+k_j^2)^{1/2}=-\mathrm{i}k_m$，$i,j,m=1,2,3$，$i\neq j\neq m$，方程的通解见表 3.2.2。

表 3.2.2 直角坐标系中亥姆霍兹方程的通解

$f_1(x)$			$f_2(y)$			$f_3(z)$		
$k_1^2>0$	$k_1^2=0$	$k_1^2<0$	$k_2^2>0$	$k_2^2=0$	$k_2^2<0$	$k_3^2>0$	$k_3^2=0$	$k_3^2<0$
$\cos k_1x$ $\sin k_1x$			$\cos k_2y$ $\sin k_2y$			$\cos(k^2-\varGamma_{12}^2)^{1/2}z$ $\sin(k^2-\varGamma_{12}^2)^{1/2}z$		
$\cos k_1x$ $\sin k_1x$			$\cos k_2y$ $\sin k_2y$					$\mathrm{e}^{\pm z(\varGamma_{12}^2-k^2)^{1/2}}$
$\cos k_1x$ $\sin k_1x$			$\cos k_2y$ $\sin k_2y$			$\cos k_3z$ $\sin k_3z$		
	x 1		$\cos k_2y$ $\sin k_2y$					
	x 1		$\cos k_2y$ $\sin k_2y$					$\mathrm{e}^{\pm z(k_2^2-k^2)^{1/2}}$
	x 1			y 1		$\mathrm{e}^{\pm\mathrm{i}kz}$		
$\cos k_1x$ $\sin k_1x$			$\cos k_2y$ $\sin k_2y$				x 1	

需要指出的是，表 3.2.1 和表 3.2.2 中 x、y、z 的情况可以互换，如当 z 方向有界且需要满足某种齐次边界条件时，则 $f_3(z)$ 应取三角函数 (或虚指数的指数函数)。但在拉普拉斯方程和亥姆霍兹方程中，不必考虑对 k_1、k_2、k_3 的限制，因为这是由方程本身决定的。表 3.2.2 中，$k_3^2<0$ 的指数函数可以用双曲线函数 $\mathrm{ch}(\varGamma_{12}^2-k^2)^{1/2}z$ 与 $\mathrm{sh}(\varGamma_{12}^2-k^2)^{1/2}z$ 代替，三角函数 $\cos k_1x$、$\sin k_1x$ 等也可以用虚指数的指数函数 $\mathrm{e}^{\pm ik_1x}$ 等代替，两种表示是等价的。方程的通解由表 3.2.2 中三个函数的乘积构成。

3.2.3　分离变量解实例

下面举例说明直角坐标系中求拉普拉斯方程的定解过程和方法。设静电场在空间满足拉普拉斯方程

$$\nabla^2\varphi = 0$$

且已知场的分布与 z 无关，因此该问题为 x、y 二维空间的电场分布问题。若边界条件为：沿 x 轴 $(y=0)$ 电势呈周期性分布，电势 φ 轮流取 $\pm\varphi_0$，周期为 $2d$，如图 3.2.1 所示，$y=\pm\infty$ 处 φ 值有限。求空间的电势分布。

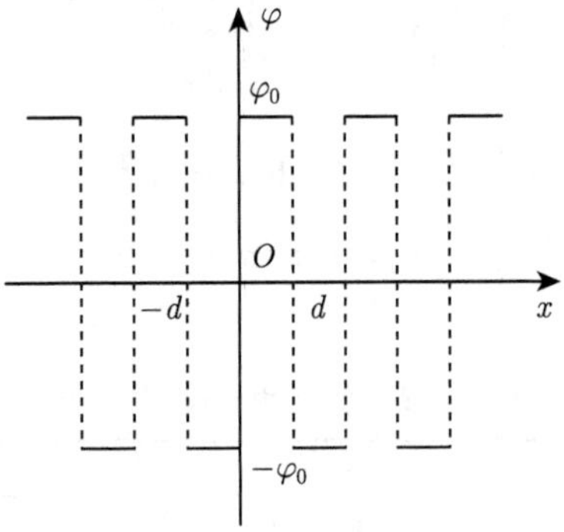

图 3.2.1　电势分布

由通解形式可知，解 $\varphi(x,y)$ 中含 x 或 y 的部分均可用三角函数表示，若选含 x 部分为三角函数，则由于

$$K_1^2 + K_2^2 = 0 \quad 或 \quad K_1^2 = -K_2^2$$

含 y 部分必为指数函数或双曲函数，因此通解可写为

$$\varphi(x,y) = \sum_{n=0}^{\infty}(A_n\cos K_n x + B_n \sin K_n x)(C_n\mathrm{e}^{K_n y} + D_n n\mathrm{e}^{-K_n y}) \tag{3.2.7}$$

各系数及 K_n 的值根据边界条件确定。

为了便于用边界条件确定通解中的系数，将边界条件写为与通解相同的形式，即当 $y=0$ 时

$$\varphi|_{y=0} = \sum_{n=0}^{\infty}(a_n\cos K_n x + b_n \sin K_n x) \tag{3.2.8}$$

由于已知 $\varphi|_{y=0}$ 是奇函数 (图 3.2.1)，在展开式 (3.2.8) 中应只有奇函数，因此，$a_n=0$，则

$$\varphi|_{y=0} = \sum_{n=0}^{\infty} b_n \sin K_n x$$

与函数的傅里叶级数展开式对比知

$$K_n = n\omega = n\frac{2\pi}{T}$$

周期是指空间变化周期，$T = 2d$，则 $K_n = \frac{n\pi}{d}$，于是有

$$\varphi|_{y=0} = \sum_{n=0}^{\infty} b_n \sin\frac{n\pi}{d}x$$

应用正弦函数的正交性确定展开式的系数 b_n。两端各乘以 $\sin\frac{n\pi}{d}x$，然后对 x 从 $-d$ 至 d 积分，由正弦函数的正交性，得

$$\int_{-d}^{d} \varphi \sin\frac{n\pi x}{d}\mathrm{d}x = b_n \int_{-d}^{d} \varphi \sin^2\frac{n\pi x}{d}\mathrm{d}x$$

式中，φ 是沿 x 轴 $(y = 0)$ 的电势。虽然它是交替取 $\pm\varphi_0$ 的奇函数，但因 $\sin\frac{n\pi x}{d}$ 也是奇函数，所以被积函数是偶函数，且在每个区间都取正值，因此

$$2\varphi_0\int_{0}^{d} \varphi \sin\frac{n\pi x}{d}\mathrm{d}x = 2b_n \int_{0}^{d} \varphi \sin^2\frac{n\pi x}{d}\mathrm{d}x$$

$$\varphi_0\left[-\frac{d}{n\pi}\cos\frac{n\pi x}{d}\mathrm{d}x\right]_0^d = b_n\left[\frac{x}{2} - \frac{1}{2}\frac{2d}{n\pi}\sin\frac{2n\pi x}{d}\right]_0^d$$

右边化为

$$b_n\frac{d}{2} - \frac{d}{n\pi}\left[\sin\frac{2n\pi x}{d}\right]_0^d = \frac{d}{2}b_n$$

左边化为

$$\varphi_0\left[\frac{d}{n\pi} - \frac{d}{n\pi}\cos nx\right]$$

则

$$b_n = \begin{cases} \frac{4\varphi}{n\pi}, & \text{当 } n \text{ 为奇数} \\ 0, & \text{当 } n \text{ 为偶数} \end{cases}$$

于是 $y = 0$ 时的边界条件为

$$\varphi_0|_{y=0} = \sum_{m=0}^{\infty} \frac{4\varphi_0}{(2m+1)\pi}\sin\frac{(2m+1)\pi x}{d}, \quad m = 0, 1, 2, \cdots \tag{3.2.9}$$

边界条件的表达式确定后，就可以确定式 (3.2.7) 中的系数以得到定解。由于 $y \to \pm\infty$ 时 φ 为有限值，故知

$$y > 0, \quad C_n = 0 \text{ 及 } y < 0, \quad D_n = 0$$

再应用 $y = 0$ 处的边界条件，由式 (3.2.9) 知，解应为奇函数，则 $A_n = 0$。

$$\varphi_0|_{y=0} = \sum B_{2m+1} \sin\frac{(2m+1)\,\pi x}{d}$$

与式 (3.2.9) 比较知，$B_{2m+n} = 4\varphi_0/[2m+1]\,\pi$。于是得到定解

$$\varphi = \begin{cases} \displaystyle\sum_{m=0}^{\infty} \frac{4\varphi_0}{(2m+1)\,\pi} \sin\frac{(2m+1)\,\pi x}{d} \mathrm{e}^{-\frac{(2m+1)\pi}{d}y}, & y > 0 \\ \displaystyle\sum_{m=0}^{\infty} \frac{4\varphi_0}{(2m+1)\,\pi} \sin\frac{(2m+1)\,\pi x}{d} \mathrm{e}^{\frac{(2m+1)\pi}{d}y}, & y < 0 \end{cases} \tag{3.2.10}$$

解中含 y 部分，也可以取双曲函数形式，确定系数的方法相同。这时得到的解虽然形式与式 (3.2.10) 不同，但根据唯一性定理，与式 (3.2.10) 实质上相同。

3.3　柱坐标系中的分离变量解

3.3.1　柱坐标系中电磁场方程的通解

1. 拉普拉斯方程

拉普拉斯方程的展开式为

$$\nabla^2\varphi(r,\varphi,z) = \left[\frac{1}{r}\frac{\partial}{\partial r}\left(r\frac{\partial}{\partial r} + \frac{1}{r^2}\frac{\partial^2}{\partial\varphi^2} + \frac{\partial^2}{\partial z^2}\right)\right]\varphi(r,\varphi,z) = 0 \tag{3.3.1}$$

采用分离变量法得到常微分方程。设 $\varphi(r,\varphi,z) = f_1(r)f_2(\varphi)f_3(z)$，则有

$$\begin{cases} \left[\dfrac{1}{r}\dfrac{\mathrm{d}}{\mathrm{d}r}\left(r\dfrac{\mathrm{d}}{\mathrm{d}r}\right) + \left(\lambda^2 - \dfrac{n^2}{r^2}\right)\right] f_1(r) = 0 \\ \left(\dfrac{\mathrm{d}^2}{\mathrm{d}\varphi^2} + n^2\right) f_2(\varphi) = 0 \\ \left(\dfrac{\mathrm{d}^2}{\mathrm{d}z^2} - \lambda^2\right) f_3(z) = 0 \end{cases} \tag{3.3.2}$$

式中，关于 $f_1(r)$ 的方程称为贝塞尔方程，第一类和第二类贝塞尔函数 $J_n(\lambda r)$、$N_n(\lambda r)$ 与第一类和第二类汉克尔函数都是它的解，这些函数的线性组合也构成

贝塞尔方程的解。在通解的构成 (表 3.3.1) 中，用 $B_n(\lambda r)$ 代表上述不同类型的主函数及其线性组合。$I_n(\xi r)$、$K_n(\xi r)$ 是变形贝塞尔函数。通解是三部分的组合，系数由边界条件确定。

表 3.3.1 柱坐标系中拉普拉斯方程通解的构成

$f_1(r)$			$f_2(\varphi)$		$f_3(z)$		
$\lambda^2>0$	$\lambda^2=0$	$-\xi^2=\lambda^2<0$	$n^2>0$	$n^2=0$	$h^2>0$	$h^2=0$	$-\xi^2=h^2<0$
$B_n(\lambda r)$			$\cos n\varphi$ $\sin n\varphi$		$\mathrm{ch}\lambda z$ $\mathrm{sh}\lambda z$		
$B_0(\lambda r)$				φ 1	$\mathrm{ch}\lambda z$ $\mathrm{sh}\lambda z$		
		$I_n(\xi r)$ $K_n(\xi r)$	$\cos n\varphi$ $\sin n\varphi$				$\cos\xi z$ $\sin\xi z$
		$I_0(\xi r)$ $K_0(\xi r)$		φ 1			$\cos\xi z$ $\sin\xi z$
	r^n r^{-n}		$\cos n\varphi$ $\sin n\varphi$	z 1			
	$\ln r$ 1			φ 1		z 1	

2. *亥姆霍兹方程*

亥姆霍兹方程的展开式为

$$\nabla^2\varphi(r,\varphi,z)=\left\{\left[\frac{1}{r}\frac{\partial}{\partial r}\left(r\frac{\partial}{\partial r}+\frac{1}{r^2}\frac{\partial^2}{\partial\varphi^2}+\frac{\partial^2}{\partial z^2}\right)\right]+k^2\right\}\varphi(r,\varphi,z)=0 \tag{3.3.3}$$

采用分离变量法得到常微分方程。设 $\varphi(r,\varphi,z)=f_1(r)f_2(\varphi)f_3(z)$，则有

$$\begin{cases}\left[\dfrac{1}{r}\dfrac{\mathrm{d}}{\mathrm{d}r}\left(r\dfrac{\mathrm{d}}{\mathrm{d}r}+\lambda^2-\dfrac{n^2}{r^2}\right)\right]f_1(r)=0\\ \left(\dfrac{\mathrm{d}^2}{\mathrm{d}\varphi^2}+n^2\right)f_2(\varphi)=0\\ \left(\dfrac{\mathrm{d}^2}{\mathrm{d}z^2}+h^2\right)f_3(z)=0\end{cases} \tag{3.3.4}$$

式中

$$\lambda^2+h^2=k^2 \tag{3.3.5}$$

在柱坐标系中亥姆霍兹方程的通解由 f_1、f_2、f_3 的乘积构成，具体见表 3.3.2。

表 3.3.2　柱坐标系中亥姆霍兹方程通解的构成

$f_1(r)$			$f_2(\varphi)$		$f_3(z)$		
$\lambda^2>0$	$\lambda^2=0$	$-\xi^2=\lambda^2<0$	$n^2>0$	$n^2=0$	$h^2>0$	$h^2=0$	$h^2<0$
$B_n(\lambda r)$			$\cos n\varphi$ $\sin n\varphi$		$\cos(k^2-\lambda^2)^{1/2}z$ $\sin(k^2-\lambda^2)^{1/2}z$		
$B_n(\lambda r)$			$\cos n\varphi$ $\sin n\varphi$			z 1	
$B_n(\lambda r)$			$\cos n\varphi$ $\sin n\varphi$				$\mathrm{ch}(\lambda^2-k^2)^{1/2}z$ $\mathrm{sh}(\lambda^2-k^2)^{1/2}z$
$B_0(\lambda r)$				φ 1	$\cos(k^2-\lambda^2)^{1/2}z$ $\sin(k^2-\lambda^2)^{1/2}z$		
$B_0(kr)$				φ 1		z 1	
$B_0(\lambda r)$				φ 1			$\mathrm{ch}(\lambda^2-k^2)^{1/2}z$ $\mathrm{sh}(\lambda^2-k^2)^{1/2}z$
	r^n r^{-n}		$\cos n\varphi$ $\sin n\varphi$		$\cos kz$ $\sin kz$		
	$\ln r$ 1			φ 1	$\cos kz$ $\sin kz$		
		$I_n(\xi r)$ $K_n(\xi r)$	$\cos n\varphi$ $\sin n\varphi$		$\cos(k^2+\xi^2)^{1/2}z$ $\sin(k^2+\xi^2)^{1/2}z$		
		$I_0(\xi r)$ $K_0(\xi r)$		φ 1			

3.3.2　柱函数的基本性质

式 (3.3.2) 第一式为贝塞尔方程，式中的 n 可以是整数或非整数。这两种情况下柱函数及相应的方程解有不同性质，因此需加以区分。一般将普遍情况下的方程写为

$$\left[\frac{1}{r}\frac{\mathrm{d}}{\mathrm{d}r}\left(r\frac{\mathrm{d}}{\mathrm{d}r}+\lambda^2-\frac{v^2}{r^2}\right)\right]f_1(r)=0 \tag{3.3.6}$$

当 v 为整数时则写作 n，方程变为式 (3.3.2) 中的第一式。由于一般情况下，解的单值性要求 v 为整数 n，故大多数情况下，方程取式 (3.3.2) 第一式的形式。以下采用这种习惯表示法。

1. 柱函数的性质

最基本的柱函数是由方程的幂级数解得到的第一类贝塞尔函数：

$$J_{\pm v}(x)=\left(\frac{x}{2}\right)^{\pm v}\sum_{m=0}^{\infty}\frac{(-1)^m(x/2)^{2m}}{m!\Gamma(m\pm v+1)} \tag{3.3.7}$$

式中，$\Gamma(m\pm v+1)$ 为 Γ 函数，其定义为

$$\Gamma(z)=\int_0^{\infty}\mathrm{e}^{-t}t^{z-1}\mathrm{d}t,\quad \mathrm{Re}(z)>0$$

在其余区域

$$\Gamma(z)=\frac{\Gamma(z+n+1)}{z(z+1)\cdots(z+n)},\quad -(N+1)<\mathrm{Re}(z)\leqslant 0$$

当 z 为整数 n 时，$\Gamma(z)=\Gamma(n)=(n-1)!$。因为在实际的解中，函数的宗量可以是 λr、Kr、ξr，也可以是其他变量，故用 x 代表。$J_{\pm v}(x)$ 是方程的两个线性独立解。当 $v=n$ 时，$J_{-n}(x)=(-1)^n J_n(x)$。因此，$J_{-n}(x)$ 与 $J_n(x)$ 线性相关，故取第二类贝塞尔函数

$$N_n(x)=\frac{\cos v\pi-J_{-v}(x)}{\sin v\pi} \tag{3.3.8}$$

或称为诺伊曼函数，为另一个线性独立解。

当 $v\neq n$ 时，由式 (3.3.8) 可得其级数展开式；当 $v=n$ 时，式 (3.3.8) 的分子、分母同时趋于零。这时应用洛必达法则，经过一系列运算得

$$\begin{aligned}N_n(x)=\lim_{v\to n}N_v(x)&=\frac{2}{\pi}J_n(x)\ln\frac{x}{2}-\frac{1}{\pi}\sum_{m=0}^{n-1}\frac{(n-m-1)!}{m!}\left(\frac{x}{2}\right)^{2m-n}\\&-\frac{1}{\pi}\sum_{m=0}^{\infty}(-1)^m\frac{1}{m!(n+m)!}\left[\psi(n+m+1)+\psi(m+1)\right]\left(\frac{x}{2}\right)^{2m+n}\\&n=0,1,2,\cdots,\quad |\arg|<\pi\end{aligned} \tag{3.3.9}$$

当 $n=0$ 时，等号右端第二项为零。式中

$$\psi(s)=\frac{\mathrm{d}}{\mathrm{d}s}\ln\Gamma(s)=\frac{\Gamma'(s)}{\Gamma(s)}$$

$\psi(1)=\Gamma'(1)=-\gamma,\gamma=0.5772156649$，是欧拉数，$\psi(n+1)=-\gamma\sum\limits_{k=1}^{n}\frac{1}{k}$。

由第一类、第二类贝塞尔函数构成汉克尔函数

$$\begin{cases}H_v^{(1)}(x)=J_v(x)+\mathrm{i}N_v(x)\\H_v^{(2)}(x)=J_v(x)-\mathrm{i}N_v(x)\end{cases} \tag{3.3.10}$$

也称为第三类贝塞尔函数，它的展开式可由 $J_v(x)$ 和 $N_v(x)$ 的展开式得出。

当 $x\to 0$ 时，由 $H_v^{(1)}(x)$、$H_v^{(2)}(x)$ 的渐进表达式可知，$H_v^{(1)}(x)$ 表示沿正方向传播的波，而 $H_v^{(2)}(x)$ 表示沿负方向传播的波。

当 $\lambda^2<0$，方程的两个线性无关解是 $J_{\pm v}(\mathrm{i}x)$。为了使 $v=n$ 时方程的解是实数 (x 为实数)，引进

$$\begin{cases}I_v(x)=\mathrm{e}^{-\mathrm{i}v\pi/2}J_v(\mathrm{e}^{\mathrm{i}\pi/2}x), & -\pi<\arg x\leqslant\dfrac{\pi}{2}\\I_v(x)=\mathrm{e}^{3\mathrm{i}v\pi/2}J_v(\mathrm{e}^{-3\mathrm{i}\pi/2}x), & \dfrac{\pi}{2}<\arg x\leqslant\pi\end{cases}$$

称为变形或虚宗量贝塞尔函数，其级数表达式为

$$I_v(x)=\sum_{m=0}^{\infty}\frac{1}{m!}\frac{(x/2)^{v+2m}}{\Gamma(v+m+1)},\quad |\arg x|<\pi \tag{3.3.11}$$

当 $v=n$ 时，引进函数

$$K_v(x)=\frac{\pi}{2\sin v\pi}\left[I_{-v}(x)-I_v(x)\right] \tag{3.3.12}$$

称为第二类变形贝塞尔函数。

2. 柱函数的递推关系

在由边界条件定常数等运算时，常用到相邻的柱函数间的关系，这些关系称为递推公式。以 $B_v(x)$ 代表贝塞尔方程的线性无关解的任意组合，则主要的递推公式有

$$\begin{cases}\dfrac{2v}{x}B_v(x)=B_{v-1}(x)+B_{v+1}(x)\\ \dfrac{\mathrm{d}}{\mathrm{d}x}B_v(x)=B_v'(x)=\dfrac{1}{2}\left[B_{v-1}(x)-B_{v+1}(x)\right]=-B_{v+1}(x)+\dfrac{x}{v}B_v(x)\\ \dfrac{\mathrm{d}}{\mathrm{d}x}\left[x^nB_n(x)\right]=x^nB_{n+1}(x)\\ \dfrac{\mathrm{d}}{\mathrm{d}x}\left[x^{-n}B_n(x)\right]=-x^{-n}B_{n+1}(x)\end{cases} \tag{3.3.13}$$

注意，以上各式都是对宗量 x 求导，当 $x=\lambda r$ 时，$\dfrac{\mathrm{d}}{\mathrm{d}x}=\dfrac{1}{\lambda}\dfrac{\mathrm{d}}{\mathrm{d}r}$。当 x 为其他形式时，也有类似的问题。

对于变形贝塞尔函数，有

$$\begin{cases}\dfrac{2v}{x}=I_{v-1}(x)-I_{v+1}(x)\\ \dfrac{\mathrm{d}}{\mathrm{d}x}I_v(x)=I_v'(x)=\dfrac{1}{2}\left[I_{v-1}(x)-I_{v+1}(x)\right]=-\dfrac{2v}{x}K_v(x)=K_{v-1}(x)+K_{v+1}(x)\\ -K_v'(x)=\dfrac{1}{2}\left[K_{v-1}(x)+K_{v+1}(x)\right]\end{cases} \tag{3.3.14}$$

$$\int_0^a rB_m(\lambda r)B_n(\lambda r)\mathrm{d}r=\delta_{mn}N \tag{3.3.15a}$$

$$\int_0^a rB_n(\lambda_i^{(n)}r)B_n(\lambda_j^{(n)}r)\mathrm{d}r=\delta_{ij}N \tag{3.3.15b}$$

式中，$\lambda_i^{(n)}$ 为 n 阶柱函数的第 i 个本征值；δ_{ij} 和 δ_{mn} 为克罗内克 δ 符号；N 为柱函数的模。

令 $\lambda r = x$，$\lambda a = x_0$，由式 (3.3.15a) 和式 (3.3.15b) 可得 n 阶柱函数的模如下所示：

$$
\begin{aligned}
N_i^{(n)} &= \frac{1}{(\lambda_i^{(n)})^2}\int_0^{x_0} J_n^2(x)x\mathrm{d}x \\
&= \frac{1}{2\lambda_i^2}\int_0^{x_0} J_n(x)\mathrm{d}(x^2) = \frac{1}{2\lambda_i^2}\left[x^2 J_n^2(x)\right]_0^{x_0} - \frac{1}{\lambda_i^2}\int_0^{x_0} x^2 J_n(x)J_n'(x)\mathrm{d}x \\
&= \frac{1}{2\lambda_i^2}\left[x^2 J_n^2(x)\right]_0^{x_0} - \frac{1}{\lambda_i^2}\int_0^{x_0}[x^2 J_n'' + xJ_n' - n^2 J_n]J_n'\mathrm{d}x \\
&= \frac{1}{2\lambda_i^2}\left[\lambda_i^2 a^2 J_n^2(\lambda a)\right] - \frac{n^2}{\lambda_i^2}\int_0^{x_0} J_n J_n'\mathrm{d}x + \frac{1}{\lambda_i^2}\int_0^{x_0}[x^2 J_n' + xJ_n']J_n'\mathrm{d}x \\
&= \frac{1}{2}\left(a^2 - \frac{n^2}{\lambda_i^2}\right)[J_n(\lambda_{ia})]^2 + \frac{1}{\lambda_i^2}\frac{1}{2}\left[x^2\left(J_n'(x)\right)^2\right]_0^{x_0}
\end{aligned}
\tag{3.3.16}
$$

在实际问题中 $\boldsymbol{N}_i$ 的具体结果与边界条件有关。对第一类齐次边界条件 $J_n(\lambda_i a) = 0$，有

$$
N_i^{(n)} = \frac{a^2}{2}\left[J_n(\lambda_i a)\right]^2 \tag{3.3.17a}
$$

对第二类齐次边界条件 $J_n'(\lambda a) = 0$，有

$$
N_i^{(n)} = \frac{1}{2}\left(a^2 - \frac{n^2}{\lambda^2}\right)\left[J_n(\lambda_i a)\right]^2 \tag{3.3.17b}
$$

对第三类齐次边界条件 (混合边界条件) $J_n(\lambda_i a) + \alpha\left[\frac{\mathrm{d}}{\mathrm{d}r}J_n(\lambda r)\right]_{r=a} = 0$，有

$$
N_i^{(n)} = \frac{1}{2}\left(a^2 - \frac{n^2}{\lambda_n^2} + \frac{a^2}{\lambda_i^2\alpha}\right)\left[J_n(\lambda_i a)\right]^2 \tag{3.3.17c}
$$

对非齐次边界条件，$N_i^{(n)}$ 值与已知的边界值有关。式 (3.3.16) 和式 (3.3.17) 中的 λ_i 是 $\lambda_i^{(n)}$ 的简化写法。

3. 柱函数的零点

对于具有齐次边界条件的问题，要考虑柱函数或其导数的零点。例如，当边界面上势函数为零或场强的切向分量为零 (理想导体表面) 时，要求解中包含的柱函数或者其导数在边界上取零值，即边界应为解中包含的柱函数或者其导数的零点。第一、二类贝塞尔函数在实轴上有无穷多个点，从图 3.3.1 所示整数阶柱函数的曲线可以看到第一、二类贝塞尔函数的零点，函数的极值处对应柱函数导数的零点。变形贝塞尔函数 $I_v(x)$ 和 $K_v(x)$ 在 $x > 0$ 无零点。

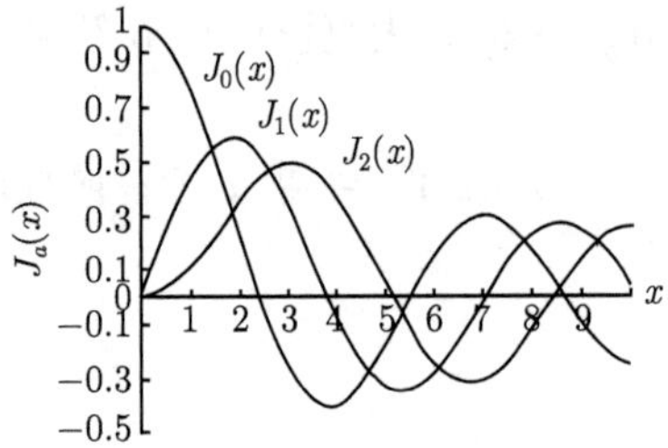

(a) $J_a(x)$ 函数曲线

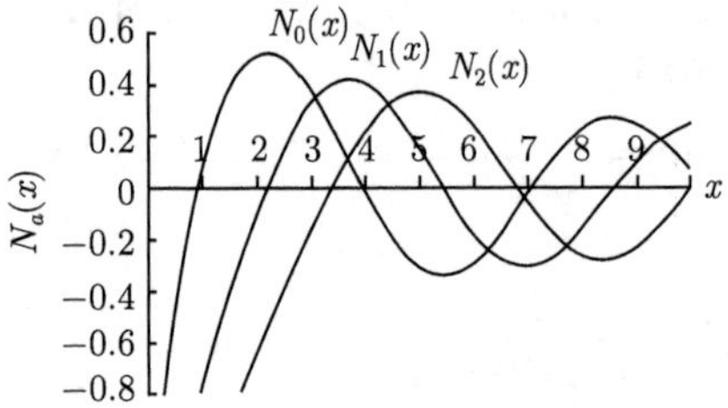

(b) $N_a(x)$ 函数曲线

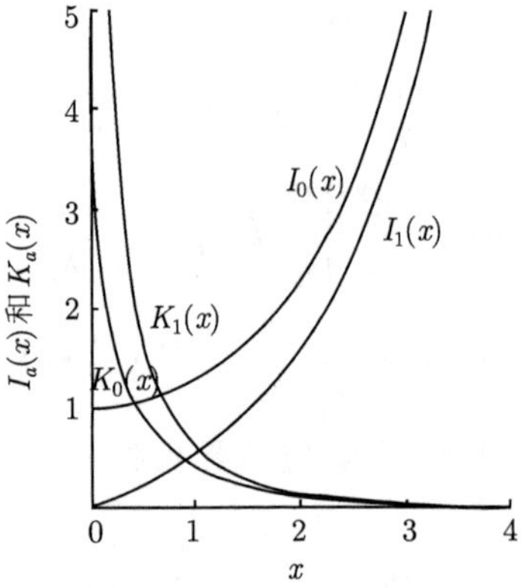

(c) $I_a(x)$ 和 $K_a(x)$ 函数曲线

图 3.3.1　函数曲线

4. 柱函数的渐近性质

在求贝塞尔方程的定解时，选择函数的组合，要考虑柱函数在 $x \to 0$，$x \to \infty$ 时的渐近性质，选取在极限点的渐近条件符合极限点给定性质的柱函数。此外，对于已求得的严格解有时取其在远区 $(kr = x \to \infty)$ 时的近似结果。因此，柱函数在极限点的渐近性质非常重要。表 3.3.3 列出了不同类型柱函数的渐近性质。

从表 3.3.3 中可以看出，在 $kr \to 0$ 时，有的柱函数有限，有的则趋于 ∞；在 $kr \to \infty$ 时，不同类型的柱函数具有不同性质。

在通解中，柱函数的选择需符合对解的有限性要求并正确反映场的客观性质。例如，对包含 $r = 0$ 的内域问题，不能选用 $N_v(kr)$、$K_v(kr)$，一般应取 $J_v(kr)$ 或 $I_v(kr)$。包含无穷远点的外域问题，对稳恒场或静态场应选用第一、二类贝塞尔函数或两者的组合；对交变场中的似稳场可选用第一、二类贝塞尔函数；对辐射场应选用代表行波的 $H_n^{(1)}(kr)$ 或 $H_n^{(2)}(kr)$。当辐射源 (包括二次辐射源) 分布在有限区域时，辐射场应是发散行波，在无限远处要满足辐射条件，使用时间因子 $e^{-i\omega t}$ 时，柱函数应选 $H_n^{(1)}(kr)$。

表 3.3.3 不同类型柱函数的渐近性质

$B_v(kr)$	小自变量的渐近公式 $\lim\limits_{kr\to 0} B_v(kr)$	大自变量的渐近公式 $\lim\limits_{kr\to\infty} B_v(kr)$	物理解释
$J_v(kr)$	$\left(\dfrac{kr}{2}\right)^v/\Gamma(v+1)$	$\sqrt{\dfrac{2}{\pi kr}}\cos\left(kr-\dfrac{v\pi}{2}-\dfrac{\pi}{4}\right)$	k 实数：驻波 k 虚数：两种衰减波 k 复数：局部化驻波
$J_n(kr)$	$\left(\dfrac{kr}{2}\right)^n/\Gamma(n!)$	$\sqrt{\dfrac{2}{\pi kr}}\cos\left(kr-\dfrac{n\pi}{2}-\dfrac{\pi}{4}\right)$	
$J_0(kr)$	$1-\left(\dfrac{kr}{2}\right)^2$	$\sqrt{\dfrac{2}{\pi kr}}\cos\left(kr-\dfrac{\pi}{4}\right)$	
$N_v(kr)$	$-\dfrac{\Gamma(v)}{\pi}\left(\dfrac{2}{kr}\right)^v$	$\sqrt{\dfrac{2}{\pi kr}}\sin\left(kr-\dfrac{v\pi}{2}-\dfrac{\pi}{4}\right)$	k 实数：驻波 k 虚数：两种衰减波 k 复数：局部化驻波
$N_n(kr)$	$-\dfrac{(n-1)!}{\pi}\left(\dfrac{2}{kr}\right)^n$	$\sqrt{\dfrac{2}{\pi kr}}\sin\left(kr-\dfrac{n\pi}{2}-\dfrac{\pi}{4}\right)$	
$N_0(kr)$	$-\dfrac{2}{\pi}\ln\dfrac{2}{ckr}$	$\sqrt{\dfrac{2}{\pi kr}}\sin\left(kr-\dfrac{\pi}{4}\right)$	
$H_n^{(1)}(kr)$	$\dfrac{1}{n!}\left(\dfrac{kr}{2}\right)^n-\mathrm{i}\dfrac{(n-1)!}{\pi}\left(\dfrac{2}{kr}\right)^n$	$\mathrm{e}\sqrt{\dfrac{2}{\pi kr}}\mathrm{e}^{\pm\mathrm{i}\left(kr-\frac{n\pi}{2}-\frac{\pi}{4}\right)}$	k 实数：$H_n^{(1)}(kr)$ 表示沿 r 方向的发散行波；$H_n^{(2)}(kr)$ 表示沿 $-r$ 方向的会聚行波； k 虚数：$H_n^{(1)}(kr)$ 和 $H_n^{(2)}(kr)$ 表示衰减场 k 复数： $H_n^{(1)}(kr)$ 表示衰减的发散行波， $H_n^{(2)}(kr)$ 表示衰减的会聚行波
$H_n^{(2)}(kr)$	$\dfrac{1}{n!}\left(\dfrac{kr}{2}\right)^n+\mathrm{i}\dfrac{(n-1)!}{\pi}\left(\dfrac{2}{kr}\right)^n$	$\sqrt{\mp\dfrac{2\mathrm{i}}{\pi kr}}\mathrm{i}^{\mp\pi}\mathrm{e}^{\pm\mathrm{i}kr}$	
$H_0^{(1)}(kr)$	$1-\mathrm{i}\dfrac{2}{\pi}\ln\dfrac{2}{ckr}$	$\sqrt{\dfrac{2}{\pi kr}}\mathrm{e}^{\pm\mathrm{i}\left(k-\frac{\pi}{4}\right)}$	
$H_0^{(2)}(kr)$	$1+\mathrm{i}\dfrac{2}{\pi}\ln\dfrac{2}{ckr}$	$\sqrt{\mp\dfrac{2\mathrm{i}}{\pi kr}}\mathrm{e}^{\pm\mathrm{i}kr}$	
$I_v(kr)$	$\left(\dfrac{kr}{2}\right)^v/\Gamma(v+1)$	$\sqrt{\dfrac{\pi}{2kr}}\mathrm{e}^{kr}$	$kr\to\infty$ 时 $I_v(kr)\to\infty$， 不是有限解
$I_0(kr)$	$1+\left(\dfrac{kr}{2}\right)^2$	$\sqrt{\dfrac{\pi}{2kr}}\mathrm{e}^{kr}$	
$K_v(kr)$	$\dfrac{\Gamma(v)}{2}\left(\dfrac{2}{kr}\right)^2$	$\sqrt{\dfrac{\pi}{2kr}}\mathrm{e}^{-kr}$	$kr\to\infty$ 时，$K_v(kr)$ 随着 r 的增加而衰减； $kr\to 0$ 时，$K_v(kr)\to\infty$
$K_0(kr)$	$\ln\dfrac{2}{kr}$	$\sqrt{\dfrac{\pi}{2kr}}\mathrm{e}^{-kr}$	

注: (1) 表中 n 代表整数，$B_n(kr)=\lim\limits_{v\to n} B_v(kr)$。表中对于各种类型的贝塞尔函数，把 $B_0(kr)$ 单独列出，故表达式中的 $n>0$。

(2) 表中常数 $C=1.781$。

(3) 表中的物理解释是对时间因子为 $\mathrm{e}^{-\mathrm{i}\omega t}$ 而言的，当时间因子为 $\mathrm{e}^{\mathrm{i}\omega t}$ 时，$H_n^{(2)}(kr)$ 表示发散波，$H_n^{(1)}(kr)$ 表示会聚行波。

5. 含柱函数的定积分

分离变量法中，偏微分方程的基本解由几个常微分方程解的乘积构成，而通解为对应于不同参数的基本解的叠加。如果对参数可取的值无限制，则叠加取积分形式；如果由于边界条件的要求参数只能取某些离散值，则叠加取累加和的形式。在前一种情况下，确定通解中的系数时，要把已知函数展开为含柱函数的积分。此外，在解偶极子的场等问题时也常会遇到含有柱函数的积分计算。因此，这里介绍几种常用的含柱函数的积分。

$$\frac{1}{R}=\frac{1}{(r^2+z^2)^{1/2}}=\int_0^\infty J_0(\lambda r)\mathrm{e}^{-\lambda z}\mathrm{d}\lambda=Q \tag{3.3.18}$$

$$\frac{\mathrm{e}^{\mathrm{i}kR}}{R}=\int_0^\infty \frac{\lambda}{(\lambda^2-k^2)^{1/2}}\mathrm{e}^{\pm(\lambda^2-k^2)^{1/2}z}J_0(\lambda r)\mathrm{d}\lambda=P \tag{3.3.19a}$$

令 $u=(\lambda^2-k^2)^{1/2}$，则式 (3.3.19a) 简化为

$$\frac{\mathrm{e}^{\mathrm{i}kR}}{R}=\int_0^\infty \frac{\lambda}{u}\mathrm{e}^{\pm uz}J_0(\lambda r)\mathrm{d}\lambda=P \tag{3.3.19b}$$

$$\int_0^\infty \frac{1}{u}\mathrm{e}^{-uz}J_0(\lambda r)\mathrm{d}\lambda=I_0\left[\frac{\mathrm{i}k}{2}(r+z)\right]K_0\left[\frac{\mathrm{i}k}{2}(r-z)\right]=N \tag{3.3.20}$$

$$\begin{aligned}\int_0^\infty \frac{1}{\lambda+u}\mathrm{e}^{-uz}J_0(\lambda r)\mathrm{d}\lambda&=\frac{1}{k^2}\left[\int_0^\infty \lambda\mathrm{e}^{-uz}J_0(\lambda r)\mathrm{d}\lambda-\int_0^\infty u\mathrm{e}^{-uz}J_0(\lambda r)\mathrm{d}\lambda\right]\\&=\frac{-1}{k^2}\left[\frac{\partial P}{\partial z}+\frac{\partial^2 N}{\partial z^2}\right]\end{aligned} \tag{3.3.21}$$

$$\int_0^\infty \frac{\lambda}{\lambda+u}\mathrm{e}^{-uz}J_0(\mathrm{d}\lambda)=\frac{-1}{k^2}\left[\frac{\partial^2 P}{\partial z^2}+\frac{\partial}{\partial z}\left(k^2N+\frac{\partial^2 N}{\partial z^2}\right)\right] \tag{3.3.22}$$

$$\int_0^\infty k^2\frac{\lambda}{\lambda+a}J_0(\lambda r)\mathrm{d}\lambda=\int_0^\infty(\lambda^2-\lambda u)J_0(\lambda r)\mathrm{d}\lambda=\left[\frac{\partial^2 Q}{\partial z^2}-\frac{\partial^2 P}{\partial z^2}\right]_{z=0} \tag{3.3.23}$$

$$\int_0^\infty \mathrm{e}^{-uz}J_1(\lambda r)\mathrm{d}\lambda=\frac{1}{r}\left[\mathrm{e}^{-\mathrm{i}kz}-\frac{z}{R}\mathrm{e}^{-\mathrm{i}kR}\right] \tag{3.3.24a}$$

式中，$z\geqslant 0$，当 $z\to 0$，得

$$\int_0^\infty J_1(\lambda r)\mathrm{d}r=\frac{1}{r} \tag{3.3.24b}$$

这是式 (3.3.24a) 的特殊情况。

如果式 (3.3.24a) 两端对 z 积分，可得

$$\int_0^\infty \frac{1}{u}\mathrm{e}^{-uz}J_1(\lambda r)\mathrm{d}\lambda=\frac{1}{\mathrm{i}kr}(\mathrm{e}^{-\mathrm{i}kz}-\mathrm{e}^{-\mathrm{i}kR}) \tag{3.3.25a}$$

当 $z\to 0$，得

$$\int_0^\infty \frac{1}{u}J_1(\lambda r)\mathrm{d}\lambda=\frac{1}{\mathrm{i}kr}(1-\mathrm{e}^{-\mathrm{i}kr}) \tag{3.3.25b}$$

如果式 (3.3.24a) 两端对 z 微分，得

$$\int_0^\infty uJ_1(\lambda r)\mathrm{d}\lambda=\frac{\mathrm{i}k}{r}\left(1-\frac{\mathrm{e}^{-\mathrm{i}kr}}{\mathrm{i}kr}\right) \tag{3.3.26}$$

$$\frac{1}{R}=\frac{1}{(r^2+z^2)^{1/2}}=\frac{2}{\pi}\int_0^\infty K_0(\lambda r)\cos\lambda z\mathrm{d}\lambda \tag{3.3.27}$$

6. 朗斯基行列式

无论是用朗斯基行列式还是用它的简化公式判断解的独立性，都需计算朗斯基行列式的值。下面说明其计算方法。以柱函数为例，设 g_1、g_2 是贝塞尔方程的线性独立解，则有

$$\frac{\mathrm{d}}{\mathrm{d}x}\left(x\frac{\mathrm{d}g_1}{\mathrm{d}x}\right)+\left(x-\frac{v^2}{x}\right)g_1=0$$

$$\frac{\mathrm{d}}{\mathrm{d}x}\left(x\frac{\mathrm{d}g_2}{\mathrm{d}x}\right)+\left(x-\frac{v^2}{x}\right)g_2=0$$

将第一式乘以 g_2，第二式乘以 g_1，相减得

$$g_2\frac{\mathrm{d}}{\mathrm{d}x}(xg_1')-g_1\frac{\mathrm{d}}{\mathrm{d}x}(xg_2')=0$$

$$\frac{\mathrm{d}}{\mathrm{d}x}(xg_1'g_2)-xg_1'g_2'-\frac{\mathrm{d}}{\mathrm{d}x}(xg_2'g_1)-xg_2'g_1=0$$

$$\frac{\mathrm{d}}{\mathrm{d}x}\left(xW\left[g_1,g_2\right]\right)=0$$

$$W\left[g_1,g_2\right]+x\frac{\mathrm{d}}{\mathrm{d}x}\left(W\left[g_1,g_2\right]\right)=0$$

$$\frac{\mathrm{d}W\left[g_1,g_2\right]}{W\left[g_1,g_2\right]}=-\frac{\mathrm{d}x}{x}$$

积分得 $\ln W=-\ln x$，$\ln(xW)=C'$，则

$$xW\left[g_1,g_2\right]=C \tag{3.3.28}$$

式中，C 为常数。因为式中右端的值为常数，各解组的朗斯基行列式可由式 (3.3.28) 在 $x\to 0$ 或 $x\to\infty$ 时的极限值得出。以第一、二类贝塞尔函数为例，式 (3.3.28) 当 $x\to\infty$ 时的极限为

$$\lim_{x\to\infty}\left\{xW\left[J_x(x),N_x(x)\right]\right\}=\lim_{x\to\infty}\left[x\left(J_nN_n'-J_n'N_n\right)\right]$$

$$=x\left[\sqrt{\frac{2}{\pi x}}\cos(x-\varphi)\left(\sqrt{\frac{2}{\pi x}}\sin(x-\varphi)\right)'\right.$$

$$
\begin{aligned}
&-\sqrt{\frac{2}{\pi x}}\sin(x-\varphi)\left(\sqrt{\frac{2}{\pi x}}\cos(x-\varphi)\right)'\Bigg]\\
&=x\frac{2}{\pi x}=\frac{2}{\pi}
\end{aligned}
$$

则

$$W\left[J_n(x),N_n(x)\right]=\frac{2}{\pi x}$$

用同样的方法可以求出各个线性独立解组的朗斯基行列式之值，由贝塞尔函数构成的解组的朗斯基行列式为

$$
\begin{cases}
W\left[J_n(x),J_{-n}(x)\right]=\dfrac{2\sin v\pi}{\pi x}, \quad v\neq n\\
W\left[J_n(x),N_n(x)\right]=\dfrac{2}{\pi x}\\
W\left[J_n(x),H_n^{(1)}(x)\right]=\dfrac{2\mathrm{i}}{\pi x}\\
W\left[J_n(x),H_n^{(2)}(x)\right]=-\dfrac{2\mathrm{i}}{\pi x}\\
W\left[N_n(x),H_n^{(1)}(x)\right]=\dfrac{2}{\pi x}
\end{cases}
\tag{3.3.29}
$$

变量贝塞尔函数的朗斯基行列式的值为

$$
\begin{cases}
W\left[I_v(x),I_{-v}(x)\right]=-\dfrac{2\sin v\pi}{\pi x}, \quad v\neq n\\
W\left[I_n(x),K_n(x)\right]=-\dfrac{1}{x}
\end{cases}
\tag{3.3.30}
$$

3.3.3 柱函数的变换

在解边值问题时，常常需要将一种坐标系中的谐函数转变为另一种坐标系中的谐函数。例如，平面波在柱体面上的散射问题中，平面波通常是用直角坐标系表示的，但边界条件是用柱坐标系表示的，因此将平面波用柱谐函数展开。

另一个问题是通解中柱函数的宗量是由原点起算的距离，角度部分是由坐标轴起算的角度。但实际中往往考虑观察点与源分布间的距离和观察点的矢径与源点矢径间的夹角，因此需要了解以这些量为宗量的函数和谐函数之间的关系，这相当于坐标平移和旋转对谐函数产生的变化，表示这种变换关系的结果称为加法定理。

以下给出谐函数变换和加法定理两方面的基本内容，可在解决实际问题时应用。

1. 柱谐函数的变换

不同坐标系中的谐函数间的变换问题，常可由生成函数出发来解决，因为遇到的都是直角坐标系中的三角函数和指数函数以及柱谐函数，故先讨论直角坐标系中的平面波函数与柱谐函数的变换问题。

柱函数的生成函数为 $\mathrm{e}^{\frac{x}{2}\left(t-\frac{1}{t}\right)}$ ($0<|t|<1$，x 为实数或复数)，即将 $\mathrm{e}^{\frac{x}{2}\left(t-\frac{1}{t}\right)}$ 在 $t=0$ 的邻域展开为 t 的幂级数：

$$\mathrm{e}^{\frac{x}{2}\left(t-\frac{1}{t}\right)}=\sum_{n=-\infty}^{\infty}J_n(x)t^n \tag{3.3.31}$$

式 (3.3.31) 中，令 $t=\mathrm{e}^{\mathrm{i}\varphi}$，则

$$t-\frac{1}{t}=\mathrm{e}^{\mathrm{i}\varphi}-\mathrm{e}^{-\mathrm{i}\varphi}$$

由式 (3.3.31) 得

$$\mathrm{e}^{\mathrm{i}x\sin\varphi}=\sum_{n=-\infty}^{\infty}J_n(x)\mathrm{e}^{\mathrm{i}x\varphi} \tag{3.3.32}$$

在式 (3.3.31) 中，令 $t=\mathrm{i}\mathrm{e}^{\mathrm{i}\varphi}$，则有

$$\begin{aligned}\mathrm{e}^{\mathrm{i}x\cos\varphi}&=\sum_{n=-\infty}^{\infty}\mathrm{i}^nJ_n(x)\mathrm{e}^{\mathrm{i}n\varphi}=J_0(x)+\sum_{n=1}^{\infty}[\mathrm{i}^nJ_n(x)\mathrm{e}^{\mathrm{i}n\varphi}+\mathrm{i}^{-n}J_{-n}(x)\mathrm{e}^{-\mathrm{i}n\varphi}]\\&=J_0(x)+2\sum_{n=1}^{\infty}\mathrm{i}^nJ_n(x)\cos n\varphi\end{aligned} \tag{3.3.33a}$$

这里应用了 $J_{-n}(x)=(-1)^nJ_n(x)$。如果引入符号 $\varepsilon_n=\begin{cases}1, & n=0\\2, & n\neq 0\end{cases}$，则式 (3.3.33a) 还可写为

$$\mathrm{e}^{\mathrm{i}x\cos\varphi}=\varepsilon_n\sum_{n=1}^{\infty}\mathrm{i}^nJ_n(x)\cos n\varphi \tag{3.3.33b}$$

如果 z 是实数，$J_n(x)$ 也是实数，使式 (3.3.32) 两端实部、虚部分别相等，得到

$$\cos(x\sin\varphi)=\sum_{n=-\infty}^{\infty}J_n(x)\cos n\varphi$$

$$\sin(x\sin\varphi)=\sum_{n=-\infty}^{\infty}J_n(x)\sin n\varphi \tag{3.3.34}$$

式 (3.3.32)~式 (3.3.34) 表示平面波可由柱面波合成 (或展开为柱面波的叠加)。

利用函数 $e^{in\varphi}$ 的正交性，还可以由以上诸式得到 $I_n(x)$ 的积分表达式。例如，以 $e^{in\varphi}$ 乘式 (3.3.32) 两端，并在区间 $[0,2\pi]$ 对 φ 积分，可得

$$J_n(x)=\frac{1}{2\pi}\int_0^{2\pi}e^{i(x\sin\varphi-n\varphi)}d\varphi \tag{3.3.35a}$$

当 x 为实数使，由式 (3.3.35a) 得

$$J_n(x)=\frac{1}{2\pi}\int_0^{2\pi}\cos(x\sin\varphi-n\varphi)d\varphi \tag{3.3.35b}$$

用类似方法由式 (3.3.33a) 得到

$$J_n(x)=\frac{i^n}{2\pi}\int_0^{2\pi}e^{i(x\cos\varphi-n\varphi)}d\varphi \tag{3.3.36}$$

式 (3.3.35) 和式 (3.3.36) 表示柱面波可以由平面波合成，即柱面波可以展开为平面波的叠加。式 (3.3.32)~式 (3.3.36) 的结果表示平面波与柱面波的相互转换。

由上面的基本公式，还可以得到一些特殊情况下的结果。例如，由于被积函数的周期性，式 (3.3.35b) 也可写为

$$J_n(x)=\frac{1}{2\pi}\int_{-\pi}^{\pi}\cos(x\sin\varphi-n\varphi)d\varphi \tag{3.3.37a}$$

由于余弦函数是偶函数，则

$$J_n(x)=\frac{1}{\pi}\int_0^{\pi}\cos(x\sin\varphi-n\varphi)d\varphi \tag{3.3.37b}$$

当 $n=0$ 时，有

$$J_0(x)=\frac{1}{\pi}\int_0^{\pi}\cos(x\sin\varphi)d\varphi \tag{3.3.38a}$$

因为被积函数是以 π 为周期的偶函数 (对称于 $x\sin\varphi=0$)，故可改写为

$$J_0(x)=\frac{1}{\pi}\int_{-\frac{\pi}{2}}^{\frac{\pi}{2}}\cos(x\sin\varphi)d\varphi=\frac{2}{\pi}\int_0^{\frac{\pi}{2}}\cos(x\sin\varphi)d\varphi \tag{3.3.38b}$$

引入新变量 $v=\sin\varphi$：

$$J_0(x)=\frac{2}{\pi}\int_0^1\frac{\cos(xv)}{\sqrt{1-v^2}}dv \tag{3.3.38c}$$

对于 $N_0(x)$、$I_0(x)$ 和 $K_0(x)$，相应有

$$N_0(x)=\frac{1}{\pi}\int_1^{\infty}\frac{\cos(xv)}{\sqrt{v^2-1}}dv \tag{3.3.39}$$

$$I_0(x) = \frac{1}{\pi}\int_{-1}^{1} \frac{\mathrm{e}^{xv}}{\sqrt{1-v^2}}\mathrm{d}v \tag{3.3.40}$$

$$K_0(x) = \int_{1}^{\infty} \frac{\mathrm{e}^{-xv}}{\sqrt{v^2-1}}\mathrm{d}v \tag{3.3.41}$$

2. 柱函数的加法定理

根据前面得到的结果，可以得到有关坐标轴平移的重要关系式。设 o 和 o_1 为两个不同的直角坐标系的原点，相距为 r_0。o_1x_1 和 o_1y_1 分别平行于 ox 和 oy。以 o_1 点为参考点的柱坐标内波动方程的解 $J_n(\lambda r_1)\mathrm{e}^{\mathrm{i}n\varphi}\mathrm{e}^{\pm\mathrm{i}hz_1-\mathrm{i}\omega t}$ 表示以 z_1 为参考轴的基本柱面波 (不同的 n 代表不同的基波，参数 λ、h 的意义见表 3.3.2 及有关的公式与说明)。很多情况下把上述解用相对于 o 点的变量表示 (即表示为相对 z_1 轴平行的柱面波) 很方便。可以理解为 o 是坐标系原点，o_1 是有场源分布的原点，而 P 是观察点。以上表示相当于把解用观察点和已知的原点坐标表示。接下来求这两种表示的关系，加法定理各参数示意图如图 3.3.2 所示。

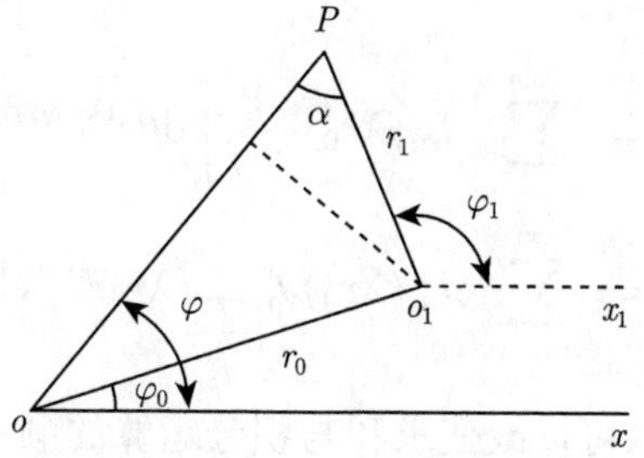

图 3.3.2 加法定理各参数示意图

根据式 (3.3.36) 给出的 $J_n(x)$ 的积分表示：

$$J_n(\lambda r_1)\mathrm{e}^{\mathrm{i}n\varphi_1} = \frac{1}{2\pi}\int_0^{2\pi} \mathrm{e}^{\mathrm{i}\lambda r_1\cos\theta - \mathrm{i}n\left(\theta-\varphi_1+\frac{\pi}{2}\right)}\mathrm{d}\theta \tag{3.3.42}$$

由图 3.3.2 可知 $\varphi_1 = \varphi + \alpha$，从图中的几何关系得

$$\begin{cases} r_1\cos\alpha = r_1\cos(\varphi-\varphi_1) = r - r_0\cos(\varphi-\varphi_0) \\ r_1\sin\alpha = r_1\sin(\varphi_1-\varphi) = r_0\sin(\varphi-\varphi_0) \end{cases} \tag{3.3.43}$$

由于被积函数的周期性，式 (3.3.37) 可以写为

$$J_n(\lambda r_1)\mathrm{e}^{\mathrm{i}n\varphi_1} = \frac{1}{2\pi}\int_0^{2\pi} \mathrm{e}^{\mathrm{i}\lambda r_1\cos(\theta+d) - \mathrm{i}n\left(\theta+\alpha-\varphi_1+\frac{\pi}{2}\right)}\mathrm{d}\theta \tag{3.3.44}$$

将被积函数中的 r_1 通过集合关系进行变换，改用 r、r_0 表示，同时将 φ_1 变换为 φ 和 φ_0，由式 (3.3.43) 可知

$$\begin{aligned} r_1\cos(\theta+\alpha) &= r_1\cos\theta\cos\alpha - r_1\sin\theta\sin\alpha \\ &= r\cos\theta - [r_0\cos\theta\cos(\varphi-\varphi_0) + r_0\sin(\varphi-\varphi_0)\sin\theta] \\ &= r\cos\theta - r_0[(\varphi-\varphi_0)-\theta] \end{aligned}$$

代入式 (3.3.44)，得

$$J_n(\lambda r_1)\mathrm{e}^{\mathrm{i}n\varphi_1} = \frac{1}{2\pi}\int_0^{2\pi} \mathrm{e}^{\mathrm{i}\lambda r\cos\theta - i\lambda r_0\cos(\varphi-\varphi_0-\theta) - \mathrm{i}n\left(\theta-\varphi+\frac{\pi}{2}\right)}\mathrm{d}\theta$$

在式 (3.3.31) 中，令 $x=\lambda r_0$，$t=-\mathrm{i}\mathrm{e}^{\mathrm{i}\theta}$，得

$$\mathrm{e}^{-\mathrm{i}\lambda r_0\cos(\varphi-\varphi_0-\theta)} = \sum_{m=-\infty}^{\infty} \mathrm{e}^{-m\mathrm{i}\frac{\pi}{2}} J_m(\lambda r_0)\mathrm{e}^{\mathrm{i}m(\varphi-\varphi_0-\theta)}$$

则

$$\begin{aligned} J_n(\lambda r_1)\mathrm{e}^{\mathrm{i}n\varphi_1} &= \sum_{m=-\infty}^{\infty} J_m(\lambda r_0)\cdot\frac{1}{2\pi}\int \mathrm{d}\theta\mathrm{e}^{\mathrm{i}\lambda r\cos\theta - \mathrm{i}(n+m)\left(\frac{\pi}{2}+\theta\right)} \\ &= \sum_{m=-\infty}^{\infty} J_m(\lambda r_0)J_{n+m}(\lambda r)\mathrm{e}^{\mathrm{i}n\varphi}\mathrm{e}^{\mathrm{i}m(\varphi-\varphi_0)} \end{aligned}$$

因为级数一致收敛，所以可以改变求和与积分运算的顺序。将 $\varphi_1=\varphi+\alpha$ 代入，消去两端的共同因子 $\mathrm{e}^{\mathrm{i}n\varphi}$，得

$$J_n(\lambda r_1)\mathrm{e}^{\mathrm{i}n\alpha} = \sum_{m=-\infty}^{\infty} J_m(\lambda r_0)J_{n+m}(\lambda r)\mathrm{e}^{\mathrm{i}m(\varphi-\varphi_0)} \tag{3.3.45}$$

第三类贝塞尔函数 (汉克尔函数)$H_n^{(1)}(\lambda r_1)\mathrm{e}^{\mathrm{i}n\alpha}$ 也可得到类似展开，当 $|r| = |r_0\cos(\varphi-\varphi_0)|$ 时，用与上面相同的方法可得

$$H_n^{(1)}(\lambda r_1)\mathrm{e}^{\mathrm{i}n\alpha} = \sum_{m=-\infty}^{\infty} J_m(\lambda r_0)H_{n+m}^{(1)}(\lambda r)\mathrm{e}^{\mathrm{i}m(\varphi-\varphi_0)} \tag{3.3.46a}$$

式 (3.3.46a) 左端是发展的柱面波。

当 $|r| < |r_0\cos(\varphi-\varphi_0)|$ 时，式 (3.3.46a) 右端的展开式不收敛，可以改写为

$$H_n^{(1)}(\lambda r_1)\mathrm{e}^{\mathrm{i}n\alpha} = \sum_{m=-\infty}^{\infty} H_m^{(1)}(\lambda r_0)J_{n+m}(\lambda r)\mathrm{e}^{\mathrm{i}m(\varphi-\varphi_0)} \tag{3.3.46b}$$

3.3.4 柱坐标系中边值问题的解

分别举例说明求解柱坐标内静态场、稳恒场和波场边值问题的一般步骤。

问题 1 一个半径为 b 的中空圆柱体，轴线与 z 轴重合，底面和顶面分别在 $z=0$ 和 $z=L$ 平面上，底面和顶面的电势为零，侧面的电势为已知函数 $V(\theta,z)$，试用分离变量法求出圆柱内部各点的势的级数解 (参考图 3.3.3)。

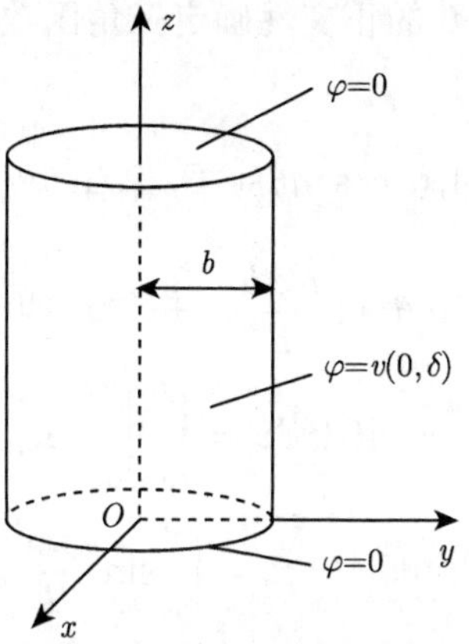

图 3.3.3 柱坐标模型图

解：柱侧面电势 $\varphi_1=V(\theta,z)$，因此场不具有轴对称性，场的分布是三维的，在轴坐标中拉普拉斯方程

$$\frac{\partial^2\varphi}{\partial r^2}+\frac{1}{r}\frac{\partial\varphi}{\partial r}+\frac{1}{r^2}\frac{\partial^2\varphi}{\partial\theta^2}+\frac{\partial^2\varphi}{\partial z^2}=0$$

设解的形式为 $\varphi=R(r)\Theta(\theta)Z(z)$，代入方程后，经分离变量得常微分方程

$$\begin{cases}r^2R^n+rR'+(\lambda^2r^2-m^2)R=0\\ \Theta^n+m^2\Theta=0\\ Z^n-\lambda^2Z=0\end{cases}$$

根据解的单值性要求，角函数 Θ 应为周期函数，$m^2>0$，解的相应部分为正弦、余弦函数，$z=0$、L 处是齐次边界条件，因此，解中含 z 部分只能是正弦函数，$\lambda^2<0$，可以改写为 $\lambda\alpha^2=-\xi^2<0$。于是 R 的方程变为

$$r^2R^n+rR'+(-\xi^2r^2-m^2)R=0$$

其解为变形贝塞尔方程，对于包括 $r=0$ 点的内域问题，只能取 $I_m(\xi r)$ 以保证解的有限性，因而通解为

$$\varphi=\sum_m\sum_\xi(A_{m\xi}\cos m\theta+B_{m\xi}\sin m\theta)\sin\xi zI_m(\xi r)$$

所以 $z=L,\varphi=0$，即要求 $\sin\xi L=0$，则 $\xi=\dfrac{n\pi}{L},n=1,2,\cdots$。于是求和实际是对不同的 m 和 n 进行，可以把系数的下标改为 m 和 n，有

$$\varphi=\sum_m\sum_n(A_{mn}\cos m\theta+B_{mn}\sin m\theta)I_m\left(\frac{n\pi}{L}r\right)\sin\frac{n\pi}{L}Z \tag{3.3.47}$$

上面已用底面和顶面的边界条件确定了某些常数，并选择了函数，接下来利用侧面的边界条件及三角函数的正交性确定三角函数的系数。

根据给定条件，$r=b$ 时

$$V(\theta,z)=\sum\sum(A_{mn}\cos m\theta+B_{mn}\sin m\theta)\sin\frac{n\pi}{L}zI_m\left(\frac{n\pi b}{L}\right)$$

为了求 A_{mn}，两端乘以 $\cos m'\theta\sin\dfrac{n'\pi b}{L}$，并对 θ 和 z 积分：

$$\int_0^L\int_0^{2\pi}V(\theta,z)\sin\frac{n\pi}{L}z\cos m\theta\mathrm{d}\theta\mathrm{d}z=\int_0^L\int_0^{2\pi}A_{mn}\cos^2m\theta\sin^2\frac{n\pi}{L}z\mathrm{d}\theta\mathrm{d}z$$

$$\int_0^{2\pi}\cos^2m\theta\mathrm{d}\theta=\pi,\quad\int_0^L\sin^2\frac{n\pi}{L}z\mathrm{d}z=\frac{L}{2}$$

则

$$A_{mn}=\frac{2}{\pi LI_m\left(\dfrac{n\pi}{L}b\right)}\int_0^L\int_0^{2\pi}V(\theta,z)\sin\frac{n\pi}{L}z\cos m\theta\mathrm{d}\theta\mathrm{d}z$$

用类似的方法可得

$$B_{mn}=\frac{2}{\pi LI_m\left(\dfrac{n\pi b}{L}\right)}\int_0^L\int_0^{2\pi}V(\theta,z)\sin\frac{n\pi}{L}z\sin m\theta\mathrm{d}\theta\mathrm{d}z$$

把 A_{mn}、B_{mn} 代入通解式 (3.3.47) 即得柱内电势的表达式，A_{mn} 和 B_{mn} 可根据 $V(\theta,z)$ 的具体形式计算出来。

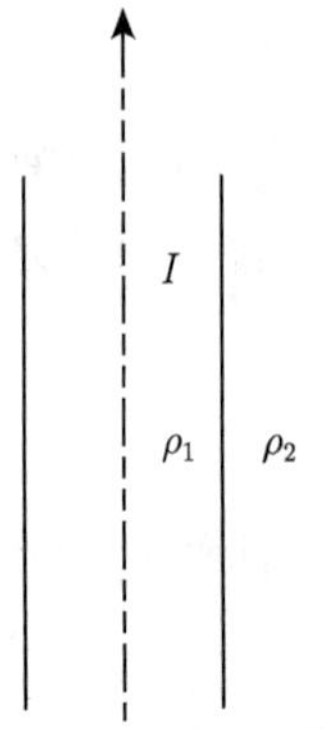

图 3.3.4　钻孔模型图

如果底面或顶面电势不为零，则称为非齐次边界条件，这时解中响应部分应选用指数函数或双曲函数，$\lambda^2>0$，含 r 部分相应取第一、二类贝塞尔函数。

问题 2　位于钻孔轴线上的点电流源的场。设在充满井液的钻孔轴线上有供电的点电流，求孔内外电势的分布。

解：问题可用图 3.3.4 所示模型近似表示。无限长圆柱空腔，半径为 a，充满电阻率为 ρ_1 的均匀导电煤质，在轴线上有点电流源 I。圆柱外是电

阻率为 ρ_2 的均匀导电煤质。求柱内、外的电势分布。

柱内、外的势 φ_1 和 φ_2 分别满足方程

$$\begin{cases}\nabla^2\varphi_1 = 0\ (\text{除源区外}), & r \leqslant a \\ \nabla^2\varphi_2 = 0, & r > a\end{cases}$$

边界条件：

① $r \to 0, z \to 0$：$\psi_1 \to \dfrac{I\rho_1}{4\pi R}$；

② $r \leqslant a$，$z \to \infty$：ψ_1 有限；

③ $r \to \infty$: $\psi_2 \to 0$；

④ $\psi_1\left|_{r=c} = \psi_2\right|_{r=c}$；

⑤ $\dfrac{1}{\rho_1}\dfrac{\partial\psi_1}{\partial r}\bigg|_{r=a} = \dfrac{1}{\rho_2}\dfrac{\partial\psi_2}{\partial r}\bigg|_{r=a}$。

根据场的分布特点和边界处的性质写出通解 (写通解时考虑部分边界条件可以省去一些系数，简化定系数的计算)：

(1) 根据源的形状及媒质形状可知 ψ_1、ψ_2 应不含 φ，这一方面使问题成为二维的，另一方面可确定 $n = 0$；

(2) 考虑到 $z \to \pm\infty$ 时，ψ_1 有限，含 z 部分应为 $e^{i\lambda z}$(或 $\cos\lambda z$、$\sin\lambda z$) 型，再考虑到场应对称于 $z = 0$，故以取 $\cos\lambda z$ 为宜；

(3) 当 $n = 0$，含 z 部分取三角函数时，相应的径向函数为 I_0 和 K_0，又根据 I_0、K_0 的渐进性质，ψ_1 中应取 I_0，ψ_2 取 K_0；

(4) 对于 λ 的取值没有限制，因此基本解的叠加可取积分形式。

于是可写出通解：

$$\psi_1 = \frac{I\rho_1}{4\pi R} + \int_0^\infty A(\lambda)I_0(\lambda r)\cos\lambda z\mathrm{d}\lambda, \quad \psi_2 = \int_0^\infty B(\lambda)K_0(\lambda r)\cos\lambda z\mathrm{d}\lambda$$

通解中尚未解出的两个系数可由边界条件 ④、⑤ 确定。为此，ψ_1 中的 $\dfrac{1}{R}$ 也必须展开为含 K_0 的积分。由式 (3.3.27) 可得

$$\frac{I\rho_1}{4\pi R} = \frac{I\rho_1}{4\pi}\cdot\frac{2}{\pi}\int_0^\infty K_0(\lambda r)\cos\lambda z\mathrm{d}\lambda$$

$$\psi_1 = \frac{I\rho_1}{2\pi^2}\int_0^\infty K_0(\lambda r)\cos\lambda z\mathrm{d}\lambda + \int_0^\infty A(\lambda)I_0(\lambda\gamma)\cos\lambda z\mathrm{d}\lambda$$

代入边界条件 ④、⑤ 得

$$\begin{cases} \dfrac{I\rho_1}{2\pi^2}K_0(\lambda a)+A(\lambda)I_0(\lambda a)=B(\lambda)K_0(\lambda a) \\ -\dfrac{I}{2\pi^2}K_1(\lambda a)+\dfrac{1}{\rho_1}A(\lambda)I_1(\lambda a)=-\dfrac{1}{\rho_2}B(\lambda)K_1(\lambda a) \end{cases}$$

这里应用了当 $n=0$ 时 $I_n(x)$ 和 $K_n(x)$ 的递推关系。利用朗斯基行列式的值 [式 (3.3.30)] 得

$$W\left[K_0(x),I_0(x)\right]=K_0I_0'-K_0'I_0=K_0I_1+K_1I_0=\frac{1}{x}=\frac{1}{\lambda r}$$

$$K_0(\lambda a)I_1(\lambda a)+K_1(\lambda a)I_0(\lambda a)=\frac{1}{\lambda a}$$

解关于 $A(\lambda)$ 和 $B(\lambda)$ 的方程，得

$$A(\lambda)=\frac{I\rho_1}{2\pi^2}\frac{\lambda a(1-k_{12})K_0(\lambda a)K_1(\lambda a)}{1+\lambda a(k_{12}-1)I_0(\lambda a)K_1(\lambda a)}$$

$$B(\lambda)=\frac{I\rho_1}{2\pi^2}\frac{1}{1+\lambda a(k_{12}-1)I_0(\lambda a)K_1(\lambda a)}$$

式中，$k_{12}=\rho_1/\rho_2$。

将求出的 $A(\lambda)$、$B(\lambda)$ 代入 ψ_1、ψ_2，即求得问题的解。图 3.3.5 是对 ψ_1、ψ_2 进行数值计算后得到的场的等势面。图中表示的是一个剖面内的等势线。

问题 3　无限长导体圆柱对平面波的散射。设有沿 x 方向传播的平面单色波投射到轴线沿 z 轴放置的无限长导体圆柱上，圆柱半径为 a，平面波电场沿 z 方向振动，模型如图 3.3.6 所示。

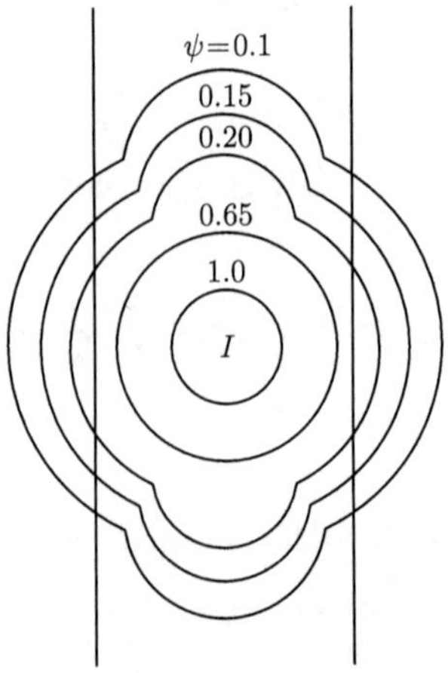

图 3.3.5　钻孔模型等势面分布图

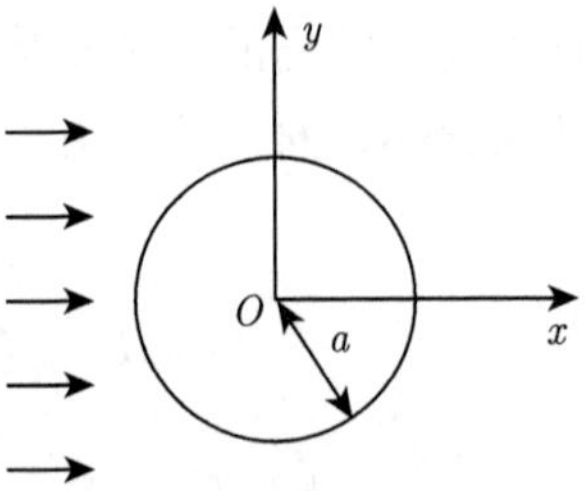

图 3.3.6　无限长导体圆柱模型图

解：入射的平面波场可以写为

$$\boldsymbol{E}^{\rm i}=\hat{e}_zE_0{\rm e}^{-{\rm i}(\omega t-kx)}=\hat{e}_zE_0{\rm e}^{-{\rm i}kr\cos\psi-{\rm i}\omega t}$$

由于 z 方向 (对 xy 平面) 的对称性，场应是含 r 和 φ 的二维场。空间总场 $\boldsymbol{E}$ 是入射场 $\boldsymbol{E}^{\rm i}$ 和圆柱导体的散射场 $\boldsymbol{E}^{\rm s}$ 的总和：

$$\boldsymbol{E}=\boldsymbol{E}^{\rm i}+\boldsymbol{E}^{\rm s}$$

边界条件为 ① $[\boldsymbol{E}^{\rm i}+\boldsymbol{E}^{\rm s}]_{r=a}=0$，② $r\to 0$ 时，散射场应只包括发散波。主要是在二维空间中散射源局限于有限区域。

因为入射场沿 z 方向，所以良导柱上的感应电流和散射场也是沿 z 方向的。又考虑到场对 x 轴的对称性，应有 $\boldsymbol{E}^{\rm s}(\varphi)=\boldsymbol{E}^{\rm s}(-\varphi)$，因此 $\boldsymbol{E}^{\rm s}$ 的通解可写为

$$\boldsymbol{E}^{\rm s}=\hat{e}_z\sum_n[a_nB_n^{(1)}(kr)+b_nB_n^{(2)}(kr)]\cos n\varphi$$

取累加和的形式及 $v=n$ (解应具有单值性，如果 $v\neq n$，则 $\cos[v(\psi+2n\pi)]=\cos v\psi$，解将是多值的)。确定通解的形式后，由边界条件决定解中的系数。

由边界条件 ② 知：$b_n=0, B_n^{(1)}(kr)=H^{(1)}(x)$，时谐因子 ${\rm e}^{-{\rm i}\omega t}$，于是

$$\boldsymbol{E}^{\rm s}=\sum_n a_nH_n^{(1)}(kr)\cos n\varphi$$

由边界条件 ① 确定 a_n 时，$\boldsymbol{E}^{\rm s}$ 是用柱函数展开的，因此平面波 $\boldsymbol{E}^{\rm i}$ 也必须展开为柱函数的叠加 (注意：因为时谐因子可以与 r,φ 部分分开表示，所以 $\boldsymbol{E}^{\rm i}$，$\boldsymbol{E}^{\rm s}$ 中都略去了时谐因子，在最后得到的解中乘上因子 ${\rm e}^{-{\rm i}\omega t}$ 即可)。

根据平面波的柱函数展开式 (3.3.33a)，$\boldsymbol{E}^{\rm i}=E_0{\rm e}^{{\rm i}kr\cos\varphi}$ 可展开为

$$\begin{aligned}\boldsymbol{E}^{\rm i}&=\hat{e}_zE_0\sum_{n=1}^{\infty}{\rm i}^nJ_n(kr)\cos n\varphi\\&=\hat{e}_zE_0[J_0(kr)+\sum_{n=1}^{\infty}J_n(kr)\cos n\varphi+\sum_{n=1}^{\infty}{\rm i}^{-n}J_{-n}(kr)\cos(-n\varphi)]\\&=\hat{e}_zE_0[J_0(kr)+\sum{\rm i}^nJ_n(kr)+\sum{\rm i}^{-n}(-1)^nJ_n(kr)\cos n\varphi]\\&=\hat{e}_zE_0[J_0(kr)+2\sum{\rm i}^nJ_n(kr)\cos n\varphi]\end{aligned}$$

如果引入

$$\varepsilon_n=\begin{cases}1, & n=0\\2, & n\neq 0\end{cases}$$

则

$$\boldsymbol{E}^{\mathrm{i}} = \hat{e}_z E_0 \sum_{n=0}^{\infty} \varepsilon_n \mathrm{i}^n J_n(kr) \cos n\varphi$$

代入边界条件 ①，当 $r = a$ 时

$$\sum [E_0 \varepsilon_n \mathrm{i}^n J_n(ka) + a_n H_n^{(1)}(ka)] \cos n\varphi = 0$$

式中，φ 为自变量。故得

$$a_n = -\frac{E_0 \varepsilon_n \mathrm{i}^n J_n(ka)}{a_n H_n^{(1)}(ka)} = \mathrm{i}^{n+2} \varepsilon_n E_0 \frac{J_n(ka)}{H_n^{(1)}(ka)}$$

$$\boldsymbol{E}^{\mathrm{s}} = \hat{e}_z \sum_{n=0}^{\infty} \mathrm{i}^{n+2} \varepsilon_n E_0 \frac{J_n(ka)}{H_n^{(1)}(ka)} H_n^{(1)}(kr) \cos n\varphi \mathrm{e}^{-\mathrm{i}\omega t}$$

由 $\boldsymbol{E} = \boldsymbol{E}^{\mathrm{i}} + \boldsymbol{E}^{\mathrm{s}}$，即可求得总场。

3.4　傅里叶–贝塞尔积分

满足一定条件的函数可以表示为三角函数的和或积分。如果函数表示某一电磁场，则此函数展开为傅里叶级数或傅里叶积分，相当于把场表示为简谐场或平面波的叠加。在求解方程时，傅里叶变换可以进行时间域–频率域间的变换或减少积分变量，确定通解中的系数等，因而具有重要意义。在柱坐标中，贝塞尔方程的基本解 (算子的本征函数) 是各类柱函数，因此相应地要求把满足一定条件的函数展开为柱函数的叠加 (积分)，称为傅里叶–贝塞尔积分，它在柱坐标问题中的作用相当于傅里叶积分在直角坐标问题中的作用。本节目的是求得傅里叶–贝塞尔积分的变换式，然后说明它是解柱坐标系中电磁场方程的一个有力工具，并举例说明其应用。

3.4.1　解的平面波展开

首先回顾解的时谐场展开，然后由直角坐标变换到柱坐标，就可得到傅里叶–贝塞尔积分的表达式。

波动方程的一个基本解是平面波解：

$$\psi = \mathrm{e}^{\mathrm{i}k\zeta - \mathrm{i}\omega t} = \mathrm{e}^{\mathrm{i}k\boldsymbol{n}\cdot\boldsymbol{R} - \mathrm{i}\omega t} = \mathrm{e}^{\mathrm{i}\boldsymbol{k}\cdot\boldsymbol{R} - \mathrm{i}\omega t}$$

式中，$\boldsymbol{n}$ 为波传播方向的单位矢量；$\boldsymbol{k} = k\boldsymbol{n}$ 为传播矢量；ζ 表示沿传播方向的距离；$\boldsymbol{R}$ 为矢径。用直角坐标系表示时，波函数表示为

$$\psi_1 = \mathrm{e}^{\mathrm{i}\boldsymbol{k}\cdot\boldsymbol{R} - \mathrm{i}\omega t} = \mathrm{e}^{\mathrm{i}(xk\sin\alpha\cos\beta + yk\sin\alpha\sin\beta + zk\cos\alpha)} \cdot \mathrm{e}^{-\mathrm{i}\omega t}$$

$$= \mathrm{e}^{\mathrm{i}k(x\sin\alpha\cos\beta+y\sin\alpha\sin\beta+z\cos\alpha)-\mathrm{i}\omega t}$$

式中，α 和 β 分别为纬度角和经度角，每一组 (α,β) 代表空间的一个传播方向。方程的通解为

$$\psi(x,y,z,t) = \mathrm{e}^{-\mathrm{i}\omega t}\int_0^{\pi}\mathrm{d}\alpha\left[\int_0^{2\pi}\mathrm{d}\beta\cdot g(\alpha,\beta)\mathrm{e}^{\mathrm{i}k(x\sin\alpha\cos\beta+y\sin\alpha\sin\beta+z\cos\alpha)}\right] \tag{3.4.1}$$

式 (3.4.1) 的物理意义是：任意时变场可视为沿各种可能方向传播的、具有适当振幅的平面波的叠加 (每个平面波的频率 ω 相同)。其中每个分量 $\mathrm{e}^{\mathrm{i}\boldsymbol{k}\cdot\boldsymbol{R}-\mathrm{i}\omega t}$ 在 ω 为实数时，表示一平面简谐波；当 ω 为复数时，表示更复杂的时间关系，一般是振幅随距离衰减的时变场。

除了把 ψ 展开为不同传播方向的平面场叠加外，还可以把 ψ 表示为不同频率的平面波的叠加 (频率域展开)。

令

$$\begin{cases} k\sin\alpha\cos\beta = k_1 \\ k\sin\alpha\sin\beta = k_2 \\ k\cos\alpha = k_3 \end{cases} \tag{3.4.2}$$

则

$$k^2 = k_1^2 + k_2^2 + k_3^2 = \omega^2\varepsilon'\mu = \omega^2\varepsilon\mu + \mathrm{i}\omega r\mu \tag{3.4.3}$$

这表明 k_1、k_2、k_3 和 ω 之间有确定关系 (k^2 是给定的)，因而四者中只有三个是独立的，故可写出 ψ 的傅里叶积分展开式：

$$\begin{aligned}&\psi(x,y,z,t)\\ &= \left(\frac{1}{2\pi}\right)^{3/2}\iiint g(k_i,k_j,\omega)\mathrm{e}^{\mathrm{i}(k_1x+k_2y+k_3z)-i\omega t}\mathrm{d}k_i\mathrm{d}k_j\mathrm{d}\omega, i,j=1,2,3; i\neq j\end{aligned} \tag{3.4.4}$$

在一定的边界条件或者起始条件下，可以确定出展开式中的系数。

(1) 若已知空间的边界条件，例如：

$$\psi|_{z=0} = [\psi(x,y,z,t)]_{z=0} = f(x,y,t) \tag{3.4.5}$$

若 $f(x,y,t)$ 满足傅里叶变换所需条件 (分区连续可微，绝对可积)，则

$$f(x,y,t) = \left(\frac{1}{2\pi}\right)^{3/2}\iiint g(k_1,k_2,\omega)\mathrm{e}^{\mathrm{i}(k_1x+k_2y)-\mathrm{i}\omega t}\mathrm{d}k_1\mathrm{d}k_2\mathrm{d}\omega \tag{3.4.6}$$

系数为

$$g(k_1,k_2,\omega) = \left(\frac{1}{2\pi}\right)^{3/2}\iiint f(x,y,t)\mathrm{e}^{-\mathrm{i}(k_1x+k_2y-\omega t)}\mathrm{d}x\mathrm{d}y\mathrm{d}t \tag{3.4.7}$$

式中，f 和 g 为傅里叶变换对。

(2) 若已知起始条件

$$\psi(x,y,z,t)|_{t=0}=f(x,y,z) \tag{3.4.8}$$

且 f 满足傅里叶变换条件时

$$f(x,y,z)=\left(\frac{1}{2\pi}\right)^{3/2}\iiint g(k_1,k_2,k_3)\mathrm{e}^{\mathrm{i}(k_1x+k_2y+k_3z)}\mathrm{d}k_1\mathrm{d}k_2\mathrm{d}k_3 \tag{3.4.9}$$

$$g(k_1,k_2,k_3)=\left(\frac{1}{2\pi}\right)^{3/2}\iiint f(x,y,z)\mathrm{e}^{-\mathrm{i}(k_1x+k_2y+k_3z)}\mathrm{d}x\mathrm{d}y\mathrm{d}z \tag{3.4.10}$$

3.4.2 傅里叶–贝塞尔积分表达式

$\psi(x,y,z,t)$ 的积分表达式如果改用柱坐标表示，则相应的变换称为傅里叶–贝塞尔变换或汉克尔变换。它提供一种在柱坐标系中求解的方法。

如果只考虑时谐场，可以不包括 ω-t 之间的变换 (因为只有一种频率)，对于非时谐场的普遍情况，只需再加一重 ω-t 间的变换即可。于是问题成为：已知 $\psi|_{z=0}=f(r,\phi)$，求空间任一点的 ψ。

对于分离变量法解，通常有

$$f(r,\phi)=\sum_n f_n(r,\phi)=\sum_n f_n(r)\mathrm{e}^{\mathrm{i}n\phi} \tag{3.4.11}$$

此时解可以表示成傅里叶–贝塞尔积分。根据

$$f(x,y)=\frac{1}{2\pi}\iint g(k_1,k_2)\mathrm{e}^{\mathrm{i}(k_1x+k_2y)}\mathrm{d}k_1\mathrm{d}k_2$$

进行坐标变换：

$$\begin{cases} x=r\cos\phi \\ y=r\sin\phi \end{cases} \tag{3.4.12a}$$

$$\begin{cases} k_1=k\sin\alpha\cos\beta=\lambda\cos\beta \\ k_2=k\sin\alpha\sin\beta=\lambda\sin\beta \end{cases} \tag{3.4.12b}$$

由此得

$$k_1x+k_2y=\lambda r\cos(\beta-\phi)$$

由坐标关系得 $\mathrm{d}x\mathrm{d}y=\mathrm{d}r\cdot r\mathrm{d}\phi=r\mathrm{d}r\mathrm{d}\phi$，$\mathrm{d}k_1\mathrm{d}k_2=\lambda\mathrm{d}\lambda\mathrm{d}\beta$，于是通解中每个成分可写为

$$f_n(r,\phi)=\frac{1}{2\pi}\int_0^{\infty}\lambda\mathrm{d}\lambda\int_0^{2\pi}g_n(\lambda,\beta)\mathrm{d}\beta\cdot\mathrm{e}^{\mathrm{i}\lambda r\cos(\beta-\phi)} \tag{3.4.13a}$$

相当于传播方向在 xoy 平面内且与 x 轴成 β 角、振幅为 $g(\lambda,\beta)$ 的平面波的叠加，其中 β 在 0 到 2π 之间、传播常数 λ 在 $0\to\infty$ 内变化。

$$g_n(\lambda,\beta)=\frac{1}{2\pi}\int_0^{\infty} r\mathrm{d}r\int_0^{2\pi} f_n(r,\phi)\mathrm{d}\phi\cdot \mathrm{e}^{-\mathrm{i}\lambda r\cos(\beta-\phi)} \tag{3.4.13b}$$

以下步骤是用柱函数表示 f_n 和 g_n。

$$\because\quad f_n(r,\phi)=f_n(r)\mathrm{e}^{\mathrm{i}n\phi}$$

$$\therefore\quad f_n(r)=\frac{1}{2\pi}\int_0^{\infty}\lambda\mathrm{d}\lambda\int_{-\pi}^{\pi} g_n(\lambda,\beta)\cdot\mathrm{e}^{\mathrm{i}\lambda r\cos(\beta-\phi)}\mathrm{e}^{\mathrm{i}n\phi}\mathrm{d}\phi \tag{3.4.14a}$$

$$g_n(\lambda,\beta)=\frac{1}{2\pi}\int_0^{r} r\mathrm{d}r\int_0^{2\pi} f_n(r)\mathrm{e}^{-\mathrm{i}\lambda r\cos(\beta-\phi)}\mathrm{e}^{\mathrm{i}n\phi}\mathrm{d}\phi \tag{3.4.14b}$$

在式 (3.4.14b) 中，令 $\theta=-\phi+\beta+\pi=\pi+(\beta-\phi)$，则

$$\begin{aligned}g_n(\lambda,\beta)&=\frac{1}{2\pi}\int_0^{r} r\mathrm{d}r\int_0^{2\pi} f_n(r)\int_{-\pi+\beta}^{\pi+\beta}\mathrm{e}^{-\mathrm{i}\lambda r\cos(\theta-\pi)}\mathrm{e}^{-\mathrm{i}n\theta+\mathrm{i}n\beta+\mathrm{i}n\pi}\mathrm{d}\theta\\&=\mathrm{e}^{\mathrm{i}n\left(\beta+\frac{3}{2}\pi\right)}\cdot\frac{1}{2\pi}\int_0^{r} rf_n(r)\mathrm{d}r\int_{-\pi+\beta}^{\pi+\beta}\mathrm{e}^{\mathrm{i}\lambda r\cos\theta-\mathrm{i}n\theta}\mathrm{d}\theta\cdot\mathrm{i}^{-n}\end{aligned}$$

由式 (3.3.36) 可得

$$J_n(x)=\frac{\mathrm{i}^{-n}}{2\pi}\int_{-\pi}^{\pi}\mathrm{e}^{\mathrm{i}nx\cos\theta-\mathrm{i}n\theta}\mathrm{d}\theta$$

在 $g(\lambda,\beta)$ 表达式对 θ 的积分中，被积函数是周期函数

$$\frac{\mathrm{i}^{-n}}{2\pi}\int_{-\pi+\beta}^{\pi+\beta}\mathrm{e}^{\mathrm{i}\lambda r\cos\theta-\mathrm{i}n\theta}\mathrm{d}\theta=\frac{\mathrm{i}^{-n}}{2\pi}\int_{-\pi}^{\pi}\mathrm{e}^{\mathrm{i}nx\cos\theta-\mathrm{i}n\theta}\mathrm{d}\theta=J_n(\lambda r)$$

$$g_n(\lambda,\beta)=\mathrm{e}^{\mathrm{i}n\left(\beta+\frac{3}{2}\pi\right)}\int_0^{r} f_n(r)J_n(\lambda r)r\mathrm{d}r=\mathrm{e}^{\mathrm{i}n(\beta+\frac{3}{2}\pi)}g_n(\lambda)$$

于是，当 $f_n(r,\phi)=f_n(r)\mathrm{e}^{\mathrm{i}n\phi}$ 时

$$g_n(\lambda,\beta)=\mathrm{e}^{\mathrm{i}n\left(\beta+\frac{3}{2}\pi\right)}g_n(\lambda)$$

式中

$$g_n=(\lambda)\int_0^{r} f_n(r)J_n(\lambda r)r\mathrm{d}r$$

代入 $f_n(r,\phi)$ 的展开式 (3.4.13) 可得

$$f_n(r,\phi)=\frac{1}{2\pi}\int_0^{\infty}\lambda\mathrm{d}\lambda g_n(\lambda)\int\mathrm{d}\beta\mathrm{e}^{\mathrm{i}\lambda r\cos(\beta-\phi)}\mathrm{e}^{\mathrm{i}n\beta+\frac{3}{2}\pi}$$

令 $\gamma=\phi-\beta$，第二个积分变为

$$\frac{\mathrm{i}^{-n}}{2\pi}\int \mathrm{d}r\mathrm{e}^{\mathrm{i}\lambda r\cos\gamma}\mathrm{e}^{\mathrm{i}n\gamma}\mathrm{e}^{\mathrm{i}n\phi}=J_n(\lambda r)\mathrm{e}^{\mathrm{i}n\phi}$$

$$f_n(r,\phi)=\int \lambda\mathrm{d}\lambda g_n(\lambda)J_n(\lambda r)\mathrm{e}^{\mathrm{i}n\phi}$$

另一方面

$$f_n(r,\phi)=f_n(r)\mathrm{e}^{\mathrm{i}n\phi}$$

则

$$f_n(r)=\int_0^\infty \lambda d\lambda g_n(\lambda)J_n(\lambda r)$$

于是得到傅里叶–贝塞尔变换对

$$\begin{cases} f_n(r)=\displaystyle\int_0^\infty \lambda\mathrm{d}\lambda g_n(\lambda)J_n(\lambda r) \\ g_n(\lambda)=\displaystyle\int_0^r f_n(r)J_n(\lambda r)r\mathrm{d}r \end{cases} \tag{3.4.15}$$

包含贝塞尔函数的通解

$$\psi=\mathrm{e}^{\mathrm{i}\omega t}\sum_{n=-\infty}^{\infty}\mathrm{e}^{\mathrm{i}n\phi}\int_0^\infty g_n(\lambda)J_n(\lambda r)\mathrm{e}^{\pm\mathrm{i}\sqrt{k^2-\lambda^2}}\lambda\mathrm{d}\lambda \tag{3.4.16}$$

式中，含 r 部分可以看作傅里叶–贝塞尔积分；系数 $g_n(\lambda)$ 可以由贝塞尔函数的正交性求出。

3.4.3　柱坐标系中电磁场问题的解

问题 1　一个半径为 a、高为 h 的金属圆筒，筒身接地，筒盖与筒身之间有极薄的绝缘层，使筒盖维持恒定电势 V_0，求筒内的电势和电场分布。

解：在写出通解前，先对场的情况 (如对称性等) 进行分析，可以看出：

(1) 场的分布具有轴对称性，即场应与 ϕ 的变化无关，所以 $n=0$；

(2) 因问题属于内域问题，柱函数应选用 $J_0(\lambda r)$ 或 $I_0(\lambda r)$；

(3) 如选用 $J_0(\lambda r)$，含 z 部分可用双曲函数或指数函数 (参考表 3.3.1)；

(4) $r=a$ 时，电位为零，故 λ 不能任意取值，只能取对应于 $J_0(\lambda r)$ 的零点的值。

综上分析，通解可以写为

$$\psi=\sum A_\lambda J_0(\lambda r)[C_\lambda\mathrm{ch}\lambda z+D_\lambda\mathrm{sh}\lambda z] \tag{3.4.17}$$

边界条件为

(1) $\psi|_{z=0} = 0$;

(2) $\psi|_{r=a} = 0$;

(3) $\psi|_{z=h} = V_0$。

由边界条件 (1) 可知，$C_\lambda = 0$，把 $J_0(\lambda r)$ 和 $\mathrm{sh}\lambda z$ 的系数合并，通解简化为

$$\psi = \sum_{\lambda} A_\lambda J_0(\lambda r)\mathrm{sh}\lambda z$$

由边界条件 (2) 可知，λ 必须满足 $J_0(\lambda a) = J_0(\xi_i^{(0)}) = 0$，其中 $\xi_i^{(0)}$ 是零阶贝塞尔函数的第 i 个零点的位置。故有

$$\lambda = \lambda_i = \xi_i^{(0)}/a, \quad i = 1, 2, 3, \cdots$$

于是

$$\psi = \sum_i A_i J_0\left(\frac{\xi_i^{(0)}}{a}r\right)\mathrm{sh}\left(\frac{\xi_i^{(0)}}{a}z\right)$$

由边界条件 (3) 可得

$$V_0 = \sum_i A_i J_0\left(\frac{\xi_i^{(0)}}{a}r\right)\mathrm{sh}\left(\frac{\xi_i^{(0)}}{a}z\right) \tag{3.4.18}$$

如果采用傅里叶-贝塞尔展开表示 (λ_i 只能取离散值，故为累加和形式):

$$V_0 = \sum_i g_i(\lambda) J_0\left(\frac{\xi_i^{(0)}}{a}r\right)$$

经比较可知 $g_i(\lambda) = A_i\mathrm{sh}\left(\frac{\xi_i^{(0)}}{a}z\right)$。接下来利用 J_0 的正交性确定 $g_i(\lambda)$。

将式 (3.4.18) 两端同时乘以 $r\mathrm{d}rJ_0(\lambda r)$，并对 r 积分：

$$\int_0^a V_0 J_0(\lambda_i r)r\mathrm{d}r = g_i(\lambda)\int_0^a J_0^2\left(\frac{\xi_i}{a}r\right)r\mathrm{d}r = g_i(\lambda)N = g_i(\lambda)\frac{a^2}{2}[J_1(\xi_i^{(0)})]^2$$

$$g_i = \frac{2}{a^2 J_1^2(\xi_i^{(0)})}\int V_0 J_0(\lambda_i r)r\mathrm{d}r \tag{3.4.19}$$

利用递推公式 $\frac{\mathrm{d}}{\mathrm{d}x}[xJ_1(x)] = xJ_0(x)$，得

$$g_i(\lambda) = \frac{2V_0 a^2}{a^2 J_1^2 \xi_i^2}\int J_0\left(\frac{\xi_i}{a}r\right)^r \left(\frac{\xi_i}{a}r\right)\mathrm{d}\left(\frac{\xi_i}{a}r\right) = \frac{2V_0}{J_1^2\xi_i^2}\left[J_1\left(\frac{\xi_i}{a}r\right)\frac{\xi_i}{a}r\right]_0^a$$

$$= \frac{2V_0}{J_1(\xi_i^{(0)})\xi_i^{(0)}}$$

代入式 (3.4.19) 得系数

$$A_i = \frac{g_i}{\mathrm{sh}\left(\frac{\xi_i}{a}h\right)} = \frac{2V_0}{\xi_i^{(0)}\mathrm{sh}\left(\frac{\xi_i^{(0)}}{a}h\right)J_1(\xi_i^{(0)})}$$

故有

$$\psi = \sum_i \frac{2V_0}{\xi_i^{(0)}\mathrm{sh}\left(\frac{\xi_i^{(0)}}{a}h\right)J_1(\xi_i^{(0)})} J_0\left(\frac{\xi_i^{(0)}}{a}r\right)\mathrm{sh}\left(\frac{\xi_i^{(0)}}{a}z\right)$$

以上推导中，ξ_i 是 $\xi_i^{(0)}$ 的省略写法。

问题 2　设自由空间中有半径为 a、电流强度为 I 的圆电流。假定频率很低，可看作似稳的。求自由空间中圆电流 I 的磁场。

解：在引入假想壁障的条件下，有

$$\boldsymbol{H} = -\nabla\psi_{\mathrm{m}}$$

分析场的特点可知：① 场具有轴对称性；② 属于包含 $r=0$ 点的似稳场问题；③ $z\to\pm\infty$ 时，场均应趋于零。故可取含 r 和 z 部分为 $J_0(\lambda)r\,\mathrm{e}^{-\lambda|z|}$。$z>0$ 与 $z<0$ 空间的磁标势

$$\psi_{\mathrm{m}}^{\pm} = \int_0^{+\infty} f_{\pm}(\lambda)\mathrm{e}^{-\lambda|z|}J_0(\lambda r)\mathrm{d}r \tag{3.4.20}$$

式中，f_+ 和 f_- 分别表示在 $z>0$ 和 $z<0$ 区域的展开系数，在公式中是合并书写的。也可以在两个区域分别采用 $\mathrm{e}^{-\lambda z}(z>0)$ 和 $\mathrm{e}^{\lambda z}(z<0)$。此处采用式 (3.4.20) 的形式写出边界条件 ($\boldsymbol{H}$ 的切向量和的 $\boldsymbol{B}$ 法向分量)：

(1) $\lim\limits_{\Delta z\to 0}[H_r^+(r,+\Delta z) - H_r^-(r,-\Delta z)] = I\delta(r-a)$；

(2) $\lim\limits_{\Delta z\to 0}\mu[H_r^+(r,+\Delta z) - H_r^-(r,-\Delta z)] = 0$。

式中，$\delta(r-a)$ 是狄拉克 δ 函数，表示在 $r=a$ 处的细线源，具有单位强度。

$$\int_{a^-}^{a^+}\delta(r-a)\mathrm{d}r = 1a \in (a^+, a^-)$$

$$H_z = -\frac{\partial\psi_{\mathrm{m}}}{\partial z}$$

故由边界条件 (2) 得

$$f_+(\lambda)\frac{\partial}{\partial z}\mathrm{e}^{-\lambda|z|}J_0(\lambda r)=f_-(\lambda)\frac{\partial}{\partial z}\mathrm{e}^{-\lambda|z|}J_0(\lambda r)$$

注意

$$z=\begin{cases}-|z|, & z<0\to\dfrac{\partial}{\partial z}=-\dfrac{\partial}{\partial|z|}\\[2ex] +|z|, & z>0\to\dfrac{\partial}{\partial z}=\dfrac{\partial}{\partial|z|}\end{cases}$$

故得

$$f_+\frac{\partial}{\partial z}\mathrm{e}^{-\lambda|z|}=-f_-\frac{\partial}{\partial z}\mathrm{e}^{-\lambda|z|}$$

$$f_+=-f_-=f(\lambda)$$

再利用边界条件 (1) 确定 $f(\lambda)$。

边界条件 (1) 的关系式左端包括 ψ_{m} 对 r 的导数，将出现 $J_1(\lambda r)$，因此为了确定 $f(\lambda)$，需将右端也展开为 $J_1(\lambda r)$ 的积分。考虑到 $\dfrac{\mathrm{d}}{\mathrm{d}x}J_0(x)=-J_1(x)$，把右端的展开式写为

$$I\delta(r-a)=\int_0^{+\infty}S(\lambda)J_1(\lambda r)\lambda\mathrm{d}r$$

$$S(\lambda)=\int_0^{+\infty}I\delta(r-a)J_1(\lambda r)\lambda\mathrm{d}r=I\int_0^{+\infty}\delta(r-a)J_1(\lambda r)\lambda\mathrm{d}r=IaJ_1(\lambda a)$$

$$I\delta(r-a)=\int_0^{+\infty}IaJ_1(\lambda r)J_1(\lambda a)\lambda\mathrm{d}\lambda$$

代入边界条件 (1) 得

$$2\int_0^{\infty}f(\lambda)J_1(\lambda r)\lambda\mathrm{d}\lambda=\int_0^{\infty}IaJ_1(\lambda r)J_1(\lambda a)\lambda\mathrm{d}\lambda$$

$$f(\lambda)=\frac{1}{2}IaJ_1(\lambda a)$$

于是得

$$\psi_{\mathrm{m}}^{+}(r,z)=\pm\frac{Ia}{2}\int_0^{\infty}J_1(\lambda a)J_0(\lambda r)\mathrm{e}^{-\lambda|z|}\mathrm{d}\lambda \tag{3.4.21}$$

由 ψ_{m} 可求得磁场强度的分量

$$H_r=-\frac{\partial\psi_{\mathrm{m}}}{\partial r},\quad H_z=-\frac{\partial\psi_{\mathrm{m}}}{\partial z}$$

有时用赫兹势 $\boldsymbol{\pi}_{\rm m}$ 表示磁场：

$$\psi_{\rm m} = -\nabla\cdot\boldsymbol{\pi}_{\rm m} = -\nabla\cdot(\boldsymbol{\pi}_{\rm m}\boldsymbol{e}_z) = -\frac{\partial\pi_{\rm m}}{\partial z}$$

故 $\pi_{\rm m}$ 可表示为

$$\pi_{\rm m} = -\int\psi_{\rm m}{\rm d}z = \frac{Ia}{2}\int_0^\infty\frac{J_1(\lambda a)}{\lambda}J_0(\lambda r){\rm e}^{-\lambda|z|}{\rm d}\lambda$$

$$H_r = \frac{\partial^2\pi_{\rm m}}{\partial r\partial z},\quad H_z = \frac{\partial^2\pi_{\rm m}}{\partial^2 z}$$

由上面得到的解可以讨论一个重要的特殊情况：当 a 很小时场的近似表示。由 $J_1(\lambda r)$ 的渐进性质知：

$$\lim_{\lambda a\to 0}J_1(\lambda a) = \lambda a/2$$

代入 $\pi_{\rm m}$ 的表达式：

$$\pi_{\rm m} = \frac{I\pi a^2}{4\pi}\int_0^\infty J_0(\lambda r){\rm e}^{-\lambda|z|}{\rm d}r = \frac{I\Delta A}{4\pi}\frac{1}{(r^2+z^2)^{1/2}} = \frac{I\Delta A}{4\pi R} = \frac{P_{\rm m}}{4\pi R}$$

式中，ΔA 为线圈的面积；$I\Delta A$ 为其磁矩，用 $P_{\rm m}$ 表示。推导中应用了索末菲积分式 (3.3.18)。由 $\pi_{\rm m}$ 的表达式可以得到磁标势和磁场：

$$\psi_{\rm m} = \frac{I\Delta A}{4\pi R^3}z = \frac{P_{\rm m}}{4\pi R^3} \tag{3.4.22}$$

$$H_r = \frac{P_{\rm m}}{4\pi}\frac{3rz}{R^5}H_z = \frac{P_{\rm m}}{4\pi}\left(\frac{3z^2}{R^5}-\frac{1}{R^5}\right) \tag{3.4.23}$$

3.5　柱坐标系中的横电场和横磁场

在一定条件下，电场或磁场没有沿某一坐标方向的分量，称为横场 (transverse field)。本节先介绍柱坐标的横场问题。

已知对于赫兹矢量有

$$\nabla^2\boldsymbol{\pi} - \mu\varepsilon\frac{\partial^2\boldsymbol{\pi}}{\partial t^2} = -\frac{\boldsymbol{P}'}{\varepsilon} \tag{3.5.1}$$

设柱坐标系的变量为 u_1、u_2、z (对于柱坐标 $u_1 = r, u_2 = \phi$)。如果

$$\boldsymbol{\pi} = \pi_z\boldsymbol{e}_z \tag{3.5.2}$$

并暂时假定只有电性源，则由

$$\boldsymbol{A} = \mu\varepsilon\frac{\partial\boldsymbol{\pi}}{\partial t} + \mu\gamma\boldsymbol{\pi}$$

$$\boldsymbol{E}^{(1)}=\nabla\times\nabla\times\boldsymbol{\pi},\quad \boldsymbol{H}^{(1)}=\left(\varepsilon\frac{\partial}{\partial t}+\gamma\right)\nabla\times\boldsymbol{\pi}$$

可得

$$\begin{cases} E_1^{(1)}=\dfrac{1}{h_1}\dfrac{\partial^2\pi_z}{\partial z\partial u_1} \\ E_2^{(1)}=\dfrac{1}{h_2}\dfrac{\partial^2\pi_z}{\partial z\partial u_2} \\ E_3^{(1)}=\dfrac{1}{h_1h_2}\left[\dfrac{\partial}{\partial u_1}\left(\dfrac{h_2}{h_1}\dfrac{\partial\pi_z}{\partial u_1}\right)-\dfrac{\partial}{\partial u_2}\left(\dfrac{h_1}{h_2}\dfrac{\partial\pi_z}{\partial u_2}\right)\right]\end{cases}\tag{3.5.3a}$$

式中，h_1 和 h_2 为坐标变换中的度规因子。

$$h_i=\left[\left(\frac{\partial x}{\partial u_i}\right)^2+\left(\frac{\partial y}{\partial u_i}\right)^2+1\right]^{1/2}$$

磁场强度

$$\begin{cases} H_1^{(1)}=\left(\varepsilon\dfrac{\partial}{\partial t}+\gamma\right)\dfrac{1}{h_2}\dfrac{\partial\pi_z}{\partial u_2} \\ H_2^{(1)}=-\left(\varepsilon\dfrac{\partial}{\partial t}+\gamma\right)\dfrac{1}{h_1}\dfrac{\partial\pi_z}{\partial u_1} \\ H_3^{(1)}=0\end{cases}\tag{3.5.3b}$$

故磁场没有沿 z 方向的分量，$\boldsymbol{H}^{(1)}$ 在与 z 轴垂直的平面内，因此由 $\boldsymbol{E}^{(1)}$、$\boldsymbol{H}^{(1)}$ 构成的场称为横磁 (TM) 场。

同理可以证明，若磁赫兹矢量

$$\boldsymbol{\pi}^{\mathrm{m}}=\pi_z^{\mathrm{m}}\boldsymbol{e}_z\tag{3.5.4}$$

则由

$$\boldsymbol{E}^{(2)}=-\mu\frac{\partial}{\partial t}\nabla\times\boldsymbol{\pi}^{\mathrm{m}}$$

$$\boldsymbol{H}^{(2)}=\nabla\times\nabla\times\boldsymbol{\pi}^{\mathrm{m}}$$

可得

$$\begin{cases} E_1^{(2)}=-\dfrac{\mu}{h_2}\dfrac{\partial^2\pi_z^{\mathrm{m}}}{\partial t\partial u_2} \\ E_2^{(2)}=\dfrac{\mu}{h_1}\dfrac{\partial^2\pi_z^{\mathrm{m}}}{\partial t\partial u_1} \\ E_3^{(2)}=0\end{cases}\tag{3.5.5a}$$

$$
\begin{cases}
H_1^{(2)} = \dfrac{1}{h_1}\dfrac{\partial^2 \pi_z^{\mathrm{m}}}{\partial z \partial u_1} \\
H_2^{(2)} = \dfrac{1}{h_2}\dfrac{\partial^2 \pi_z^{\mathrm{m}}}{\partial z \partial u_1} \\
H_3^{(2)} = -\dfrac{1}{h_1 h_2}\left[\dfrac{\partial}{\partial u_1}\left(\dfrac{h_2}{h_1}\dfrac{\partial \pi_z^{\mathrm{m}}}{\partial u_1}\right) - \dfrac{\partial}{\partial u_2}\left(\dfrac{h_1}{h_2}\dfrac{\partial \pi_z^{\mathrm{m}}}{\partial u_2}\right)\right]
\end{cases}
\tag{3.5.5b}
$$

没有沿 z 轴的电场分量，即 $\boldsymbol{E}^{(2)}$ 处于与 z 轴垂直的平面内，故称横电 (TE) 场。

以上讨论除要求方程能对 u_1、u_2、z 分离变量外，对 u_1、u_2 无其他限制。因为 TE、TM 场的计算比较简单，所以求解电磁场问题时，可以用 TE 场和 TM 场的适当叠加代替原有的场，根据原有的边界条件确定叠加时的系数，即可得到定解。

3.6 球坐标系中的分离变量解

3.6.1 球坐标系中的电磁场方程的通解

1. 拉普拉斯方程

拉普拉斯方程在球坐标系中的具体形式为

$$
\begin{aligned}
&\nabla^2\psi(R,\theta,\phi) \\
&= \left[\frac{1}{R^2}\frac{\partial}{\partial R}\left(R^2\frac{\partial}{\partial R} + \frac{1}{R^2\sin\theta}\frac{\partial}{\partial\theta}\left(\sin\theta\frac{\partial}{\partial\theta}\right) + \frac{1}{R^2\sin^2\theta}\frac{\partial^2}{\partial\varphi^2}\right)\right]\psi = 0
\end{aligned}
\tag{3.6.1}
$$

分离变量，设 $\psi = f_1(R)f_2(\theta)f_3(\phi)$，则有

$$
\begin{cases}
\left[\dfrac{\mathrm{d}}{\mathrm{d}R}\left(R^2\dfrac{\mathrm{d}}{\mathrm{d}R}\right) - n(n+1)\right] f_1(R) = 0 \\
\left[\dfrac{1}{\sin\theta}\dfrac{\mathrm{d}}{\mathrm{d}\theta}\left(\sin\theta\dfrac{\mathrm{d}}{\mathrm{d}\theta}\right) - \dfrac{m^2}{\sin^2\theta}\right] f_2(\theta) = 0 \\
\left(\dfrac{\mathrm{d}^2}{\mathrm{d}\phi^2} + m^2\right) f_3(\phi) = 0
\end{cases}
\tag{3.6.2}
$$

式 (3.6.2) 中第二个方程为缔合勒让德方程，该方程的两个线性独立解分别为第一类缔合勒让德函数 $P_n^m(\cos\theta)$ 和第二类缔合勒让德函数 $Q_n^m(\cos\theta)$，见表 3.6.1。通解由适当选择的三个部分的乘积构成。

表 3.6.1 球坐标系中拉普拉斯方程通解的构成

$f_1(R)$		$f_2(\theta)$		$f_3(\phi)$	
$n^2>0$	$n^2=0$	$m^2>0$	$m^2=0$	$m^2>0$	$m^2=0$
R^n $R^{-(n+1)}$		$P_n^m(\cos\theta)$ $Q_n^m(\cos\theta)$		$\cos m\phi$ $\sin m\phi$	
R^n $R^{-(n+1)}$			$P_n^m(\cos\theta)$ $Q_n^m(\cos\theta)$		ϕ 1
	1 R^{-1}		$P_0^m(\cos\theta)$ $Q_0^m(\cos\theta)$	$\cos m\phi$ $\sin m\phi$	
	1 R^{-1}	$\mathrm{tg}^m(\theta/2)$ $\mathrm{ctg}^m(\theta/2)$			ϕ 1

2. 亥姆霍兹方程

亥姆霍兹方程在球坐标系中的具体形式为

$$\left\{\frac{1}{R^2}\frac{\partial}{\partial R}\left[R^2\frac{\partial}{\partial R}+\frac{1}{R^2\sin\theta}\frac{\partial}{\partial\theta}\left(\sin\theta\frac{\partial}{\partial\theta}\right)+\frac{1}{R^2\sin^2\theta}\frac{\partial^2}{\partial\varphi^2}+k^2\right]\right\}\psi=0 \tag{3.6.3}$$

分离变量，设 $\psi=f_1(R)f_2(\theta)f_3(\phi)$，可得

$$\begin{cases}\left[\dfrac{\mathrm{d}}{\mathrm{d}R}\left(R^2\dfrac{\mathrm{d}}{\mathrm{d}R}\right)+(kR)^2-n(n+1)\right]f_1(R)=0\\ \left[\dfrac{1}{\sin\theta}\dfrac{\mathrm{d}}{\mathrm{d}\theta}\left(\sin\theta\dfrac{\mathrm{d}}{\mathrm{d}\theta}\right)+n(n+1)-\dfrac{m^2}{\sin^2\theta}\right]f_2(\theta)=0\\ \left(\dfrac{\mathrm{d}^2}{\mathrm{d}\phi^2}+m^2\right)f_3(\phi)=0\end{cases} \tag{3.6.4}$$

式 (3.6.4) 的第一个方程为球贝塞尔方程，该方程的两个线性独立解分别为 $b_n(kR)$ 和 $b_0(kR)$，见表 3.6.2。根据问题的性质适当选定 f_1、f_2、f_3，其乘积构成方程的通解。

表 3.6.2 球坐标系中亥姆霍兹方程通解的构成

$f_1(R)$		$f_2(\theta)$		$f_3(\phi)$	
$n^2>0$	$n^2=0$	$m^2>0$	$m^2=0$	$m^2>0$	$m^2=0$
$b_n(kR)$		$P_n^m(\cos\theta)$ $Q_n^m(\cos\theta)$		$\cos m\phi$ $\sin m\phi$	
$b_n(kR)$			$P_n^m(\cos\theta)$ $Q_n^m(\cos\theta)$		ϕ 1
	$b_0(kR)$	$\mathrm{tg}^m(\theta/2)$ $\mathrm{ctg}^m(\theta/2)$		$\cos m\phi$ $\sin m\phi$	
	$b_0(kR)$		$P_0^m(\cos\theta)$ $Q_0^m(\cos\theta)$		ϕ 1

3.6.2 球谐函数的基本性质

1. 第一类和第二类勒让德函数

缔合勒让德方程为

$$\frac{1}{\sin\theta}\frac{\mathrm{d}}{\mathrm{d}\theta}\left(\sin\theta\frac{\mathrm{d}f_2}{\mathrm{d}\theta}\right)+\left[S(S+1)-\frac{t^2}{\sin^2\theta}\right]f_2=0 \tag{3.6.5}$$

式中，S 可以是任意数值，但常用 S 为整数，即 $S=n$ 的情形，因此在式 (3.6.4) 中直接用 n 代替 S，含 ϕ 部分也与 t 有关，而对解的单值性要求限制 t 必须为整数，即 $t=m$。方程的两个线性独立解为 $P_S^t(\cos\theta)$ 和 $Q_S^t(\cos\theta)$，当 S、t 均为整数时变为 n 次多项式，令 $\cos\theta=x$，则

$$P_n(x)=\frac{1}{2^n n!}\frac{\mathrm{d}^n}{\mathrm{d}x^n}(x^2-1)^n \tag{3.6.6a}$$

$$P_n^m(x)=(-1)^m(1-x^2)^{m/2}\frac{\mathrm{d}^m}{\mathrm{d}x^m}P_n(x)=\frac{(-1)^m}{2^n n!}(1-x^2)^{m/2}\frac{\mathrm{d}^{n+m}}{\mathrm{d}x^{n+m}}P_n(x) \tag{3.6.6b}$$

$$Q_n(x)=P_n(x)\left(\frac{1}{2}\ln\frac{1+x}{1-x}\right)-\frac{2n-1}{1-n}P_{n-1}(x)-\frac{2n-5}{3n-1}P_{n-3}(x)-\cdots \tag{3.6.7a}$$

$$Q_n^m(x)=(-1)^m(1-x^2)^{m/2}\frac{\mathrm{d}^m}{\mathrm{d}x^m}Q_n(x) \tag{3.6.7b}$$

式中，$P_n(x)$ 和 $Q_n(x)$ 分别是 $m=0$ 时的 $P_n^m(x)$ 和 $Q_n^m(x)$。可以写出低阶的勒让德多项式的表达式：

$$P_0=1,\quad P_1=x=\cos\theta,\quad P_2=\frac{1}{2}(3x^2-1)=\frac{1}{4}(3\cos 2\theta+1)$$

$$P_3=\frac{1}{2}(5x^3-3x)=\frac{1}{8}(5\cos 3\theta+3\cos\theta)$$

$$P_4=\frac{1}{8}(35x^4-30x^2+3)=\frac{1}{64}(35\cos 4\theta+2\cos 2\theta+9)$$

$$Q_0=\frac{1}{2}\ln\frac{1+x}{1-x}=\ln\left(\mathrm{ctg}\frac{\theta}{2}\right)$$

$$Q_1=\frac{x}{2}\ln\frac{1+x}{1-x}-1=\cos\theta\ln\left(\mathrm{ctg}\frac{\theta}{2}\right)-1$$

$$Q_2=\frac{3x^2-1}{4}\ln\frac{1+x}{1-x}-\frac{3x}{2}=\frac{1}{2}\left(3\cos^2\theta-1\right)\ln\left(\mathrm{ctg}\frac{\theta}{2}\right)-\frac{3\theta}{2}$$

$$P_1^1=-(1-x^2)^{1/2},\quad P_1^2=3x(1-x^2)^{1/2},\quad P_2^2=3(1-x^2)$$

$$P_2^1=\frac{3}{2}(1-x^2)^{1/2}(1-5x^2),\quad P_3^2=15x(1-x^2)$$

$$P_3^3 = -15(1-x^2)^{3/2}$$

$$Q_1^1 = -(1-x^2)\left(\frac{1}{2}\ln\frac{1+x}{1-x} + \frac{x}{1-x^2}\right)$$

$$Q_2^2 = -(1-x^2)^{1/2}\left(\frac{3x}{2}\ln\frac{1+x}{1-x} + \frac{3x^2-2}{1-x^2}\right)$$

$$Q_3^3 = (1-x^2)^{1/2}\left[\frac{3}{2}\ln\frac{1+x}{1-x} + \frac{5x-3x^3+8}{(1-x^2)^2}\right]$$

当问题具有轴对称性时，$m=0$，这时的解为 $P_n(x)$ 和 $Q_n(x)$。$P_n(x)$ 的定义域为 $(-1,1), x=1$ 为其奇异点；$Q_n(x)$ 在 $x=\pm 1$ 有奇异点。

2. 递推公式

用 $L_n^m(x)$ 代表 $P_n^m(x)$、$Q_n^m(x)$ 等各种球谐函数的线性组合，可写出如下递推公式：

$$\begin{cases} L_n^{m+1}(x) = -2mx(1-x^2)^{1/2}L_n^m - (n+m)(n-m+1)L_n^{m-1}(x) \\ (1-x^2)\dfrac{\mathrm{d}}{\mathrm{d}x}L_n^m(x) = (n+m)(n-m+1)(1-x^2)^{1/2}L_n^{m-1}(x) + mxL_n^m(x) \\ (n-m+1)L_{n+1}^m(x) = (2n+1)xL_n^m(x) - (n+m)L_n^m(x) \\ (1-x^2)\dfrac{\mathrm{d}}{\mathrm{d}x}L_n^m(x) = -nxL_n^m(x) + (n+m)L_{n-1}^m(x) \end{cases} \tag{3.6.8}$$

$$\begin{cases} \dfrac{\mathrm{d}}{\mathrm{d}x}L_n(x) = -(1-x^2)^{-1/2}L_n^1(x) \\ \dfrac{\mathrm{d}}{\mathrm{d}\theta}P_n(cos\theta) = P_n^1(x) \end{cases} \tag{3.6.9}$$

3. 正交关系

作为斯图姆–刘维尔方程的解，$P_n^m(x)$ 和 $Q_n^m(x)$ 都满足正交归一关系。正交关系有许多类型，其中常用的有

$$\begin{cases} \displaystyle\int_{-1}^{1}\frac{P_n^s(x)P_n^t(x)}{1-x^2}\mathrm{d}x = \frac{1}{s}\frac{(n+s)!}{(n-s)!}\delta_{st}, \quad s>0,\ n、s、t \text{ 为整数} \\ \displaystyle\int_{-1}^{1}P_s^m(x)P_t^m(x)\mathrm{d}x = \int_0^{\pi}P_s^m(\cos\theta)P_t^m(\cos\theta)\sin\theta\mathrm{d}\theta \\ \displaystyle\qquad\qquad = \frac{2}{2s+1}\frac{(s+m)!}{(s-m)!}\delta_{st}, \quad s\geqslant m,\ m、s、t \text{ 为整数} \\ \displaystyle\int_{-1}^{1}P_s^m(x)P_t^{-m}(x)\mathrm{d}x = \frac{2}{2s+1}(-1)^m\delta_{st}, \quad s\geqslant m,\ m、s、t \text{ 为整数} \end{cases} \tag{3.6.10}$$

有时把通解中含 θ、ϕ 的部分合并，令

$$Y_{nm}(\theta,\phi)=(a_m\cos m\phi+b^m\sin m\phi)P_n^m(\cos\theta) \tag{3.6.11a}$$

则构成正交完备体系，称为球面谐函数，其模值为 $N=\dfrac{4\pi}{2n+1}\dfrac{(n+m)!}{(n-m)!}$。因此归一化球面谐函数

$$Y_{nm}(\theta,\phi)=\left[\frac{4\pi}{2n+1}\frac{(n+m)!}{(n-m)!}\right]^{1/2}P_n^m(\cos\theta)\mathrm{e}^{\mathrm{i}m\phi} \tag{3.6.11b}$$

4. 勒让德多项式的几个常用特殊值

$$P_n^m(\pm1)=\begin{cases}(\pm1)^n, & m=0\\ 0, & m>0\end{cases} \tag{3.6.12a}$$

$$P_n^m(0)=\begin{cases}(-1)^{(n-m)/2}\dfrac{1\cdot3\cdot5\cdots(n+m-1)}{2\cdot4\cdot6\cdots(n-m)}, & n+m\ \text{为偶数}\\ 0, & n+m\ \text{为奇数}\end{cases} \tag{3.6.12b}$$

$$Q_n^m(0)=\begin{cases}(-1)^{(n-m-1)/2}\dfrac{1\cdot3\cdot5\cdots(n+m-1)}{2\cdot4\cdot6\cdots(n-m)}, & n+m\ \text{为奇数}\\ 0, & n+m\ \text{为偶数}\end{cases} \tag{3.6.12c}$$

$$\left.\frac{\mathrm{d}^k}{\mathrm{d}x^k}P_n^m(x)\right|_{x=0}=(-1)^kP_n^{m+k}(0) \tag{3.6.12d}$$

$$\left.\frac{\mathrm{d}^k}{\mathrm{d}x^k}Q_n^m(x)\right|_{x=0}=(-1)^kQ_n^{m+k}(0) \tag{3.6.12e}$$

$$P_n^m(-x)=(-1)^{m+n}P_n^m(x) \tag{3.6.12f}$$

$$Q_n^m(-x)=(-1)^{m+n+1}Q_n^m(x) \tag{3.6.12g}$$

5. 任意函数按勒让德函数展开

勒让德函数作为斯图姆–刘维尔方程的本征函数系，具有正交性和完备性，有连续一、二阶导数的任意函数 $g(\theta,\phi)$ 可以用勒让德函数展开如下：

$$g(\theta,\phi)=\sum_{n=0}^{\infty}\left[a_{n0}P_n(\cos\theta)+\sum_{n=0}^{\infty}(a_{nm}\cos m\phi+b_{nm}\sin m\phi)P_n^m(\cos\theta)\right] \tag{3.6.13}$$

展开式的系数可由 $P_n^m(\cos\theta)$ 的正交归一性求出：

$$\begin{cases} a_{n0} = \dfrac{2n+1}{4\pi}\displaystyle\int_0^{2\pi}\int_0^{\pi} g(\theta,\phi)P_n^m(\cos\theta)\sin\theta\mathrm{d}\theta\mathrm{d}\phi \\ a_{nm} = \dfrac{2n+1}{2\pi}\dfrac{(n-m)!}{(n+m)!}\displaystyle\int_0^{2\pi}\int_0^{\pi} g(\theta,\phi)P_n^m(\cos\theta)\cos m\phi\sin\theta\mathrm{d}\theta\mathrm{d}\phi \\ b_{nm} = \dfrac{2n+1}{2\pi}\dfrac{(n-m)!}{(n+m)!}\displaystyle\int_0^{2\pi}\int_0^{\pi} g(\theta,\phi)P_n^m(\cos\theta)\sin m\phi\sin\theta\mathrm{d}\theta\mathrm{d}\phi \end{cases} \tag{3.6.14}$$

任意两点间距离 $R=(a^2+b^2-2ab\cos\theta)^{1/2}$ 的倒数也可用 $P_n^m(\cos\theta)$ 展开，在解包含点源的问题时经常用到。展开式为

$$\frac{1}{R} = (a^2+b^2-2ab\cos\theta)^{-\frac{1}{2}} = \frac{1}{b}\sum_n \left(\frac{a}{b}\right)^n P_n^m(\cos\theta) \tag{3.6.15}$$

6. 朗斯基行列式

$$W[P_n^m(x), Q_n^m(x)] = \frac{\mathrm{e}^{imx}2^{2m}\Gamma\left(1+\dfrac{n+m}{2}\right)\Gamma\left(\dfrac{1+n+m}{2}\right)}{(1-x^2)\Gamma\left(1+\dfrac{n-m}{2}\right)\Gamma\left(\dfrac{1+n-m}{2}\right)} \tag{3.6.16a}$$

$$W[P_n(x), Q_n(x)] = \frac{1}{1-x^2} \tag{3.6.16b}$$

$$W[P_s(x), Q_s(x)] = -\frac{2}{\pi}\frac{\sin s\pi}{1-x^2}, \quad s\neq n \tag{3.6.16c}$$

3.6.3 球贝塞尔函数的性质

1. 球贝塞尔函数

由球坐标系的波动方程分离变量得到关于自变量 R 方程，即式 (3.6.4) 的第一个方程

$$\left[\frac{\mathrm{d}}{\mathrm{d}R}\left(R^2\frac{\mathrm{d}}{\mathrm{d}R}\right) + (kR)^2 - n(n+1)\right] f_1(R) = 0$$

称为球贝塞尔方程。因为 n 通常取整数以保证解的单值性，所以只考虑整数的情形，而把方程中的 $s(s+1)$ 直接写作 $n(n+1)$。这时方程的解称为 (整数阶) 球贝塞尔方程：

$$b_n(x) = \left(\frac{\pi}{2x}\right)^{1/2} B_{n+1/2}(x) \tag{3.6.17a}$$

式中，x 表示宗量 kR；$B_{n+1/2}(x)$ 为半整数阶的贝塞尔函数。当右端的各类贝塞尔函数如 $J_{n+1/2}(x)$、$N_{n+1/2}(x)$、$H_{n+1/2}^{(1)}H(x)$、$H_{n+1/2}^{(2)}(x)$ 等，其相应的球贝塞

尔函数用对应的小写字母表示，即写为 $j_n(x)$、$n_n(x)$、$h_n^{(1)}(x)$、$h_n^{(2)}(x)$ 等时，由式 (3.3.7) 和式 (3.3.9) 可以得到球贝塞尔函数的级数展开式。

另一种定义由德拜和谢昆诺夫提出，表示为

$$\hat{B}_n(x) = xb_n(x) = \left(\frac{\pi x}{2}\right)^{1/2} B_{n+1/2}(x) \tag{3.6.17b}$$

满足的方程为

$$\left[\frac{\mathrm{d}^2}{\mathrm{d}x^2} + 1 - \frac{n(n+1)}{x^2}\right] \hat{B}_n(x) = 0$$

贝塞尔函数 $J_\nu(x)$ 和 $N_\nu(x)$ 的级数展开式 [式 (3.3.7) 和式 (3.3.9)] 虽然收敛，但当 x 很大时收敛很慢，不能在实际中应用。x 很大时，级数的前几项在数值上减小很快，且当 $\nu = n + \dfrac{1}{2}$ 时，级数中途被截断，成为多项式，不再有收敛与否的问题，所以半奇数阶贝塞尔函数或与之对应的球贝塞尔函数是可以用有限项表示的解析式，应用它表示电磁场问题的解很方便。

球贝塞尔函数与时间因子 $\mathrm{e}^{-\mathrm{i}\omega t}$ 的乘积有明确的物理意义，这点从它与贝塞尔函数的关系也可以看出。当 k 为实数时，$j_n(kR)$ 和 $n_n(kR)$ 表示驻波，$h^{(1)}(kR)$ 和 $h^{(2)}(kR)$ 则分别表示外向 (发散) 行波和内向 (汇聚) 行波。

2. 递推公式

$$\frac{2n+1}{x} b_n(\alpha x) = b_{n-1}(\alpha x) + b_{n+1}(\alpha x) \tag{3.6.18a}$$

$$(2n+1)b_n'(\alpha x) = nb_n(\alpha x) - (n+1)b_{n+1}(\alpha x) \tag{3.6.18b}$$

式中，α 为常数；$b_n'(\alpha x) = \dfrac{\mathrm{d}b_n(\alpha x)}{\mathrm{d}(\alpha x)} = \dfrac{\mathrm{d}b_n(\alpha x)}{\alpha \mathrm{d}(x)}$。

$$\frac{\mathrm{d}}{\mathrm{d}x}\left[x^{n+1} b_n(x)\right] = x^{n+1} b_{n-1}(x) \tag{3.6.18c}$$

$$\frac{\mathrm{d}}{\mathrm{d}x}\left[x^{-n} b_n(x)\right] = -x^{-n} b_{n+1}(x) \tag{3.6.18d}$$

$$\frac{\mathrm{d}}{\mathrm{d}x}\left[xb_n(x)\right] = xb_{n-1}(x) - nb_n(x) = xb_{n+1}(x) + (n+1)b_n(x) \tag{3.6.18e}$$

根据 $b_n(x) = \hat{B}_n(x)/x$ 的定义，可以推导出有关 $\hat{B}_n(x)$ 的递推公式。

3. 初等函数表示的球贝塞尔函数

前面已经提到，半整数阶贝塞尔函数可以用有限项表示，因此球贝塞尔函数也可以用有限项表示。特别是当 $n = 0$ 时，这种有限项的表示可以归结为初等函

数，阶数 $n>0$ 的球贝塞尔函数可以由递推关系得出。由式 (3.3.7) 得

$$J_{\frac{1}{2}}(x)=\sum_{m=0}^{\infty}(-1)^m\frac{1}{m!\Gamma\left(m+\dfrac{2}{3}\right)}\left(\frac{x}{2}\right)^{2m+\frac{1}{2}}$$

根据 Γ 函数的性质

$$\Gamma\left(m+\frac{3}{2}\right)=\Gamma(2m+2)\sqrt{\pi}/[2^{2m+1}\Gamma(m+1)] \tag{3.6.19}$$

故得

$$J_{\frac{1}{2}}(x)=\sqrt{\frac{2}{\pi x}}\sum_{m=0}^{\infty}(-1)^m\frac{1}{(2m+1)!}(x)^{2m+\frac{1}{2}}=\sqrt{\frac{2}{\pi x}}\sin x \tag{3.6.20}$$

因此利用递推关系及 $j_n(x)$ 和 $n_n(x)$ 的关系得

$$j_0(x)=\sin x/x \tag{3.6.21a}$$

$$j_{-1}(x)=\cos x/x \tag{3.6.21b}$$

$$J_n(x)=x^n\left(-\frac{\mathrm{d}}{x\mathrm{d}x}\right)^n\left(-\frac{\sin x}{x}\right) \tag{3.6.22a}$$

$$n_n(x)=(-1)^{n+1}j_{-n-1}(x) \tag{3.6.22b}$$

由式 (3.6.21a) 和式 (3.6.21b) 及递推公式可以得出各整数阶的 j_n 和 n_n，于是可以求得 $h_n^{(1)}(x)=j_n(x)+in_n(x)$ 和 $h_n^{(2)}(x)=j_n(x)-in_n(x)$。根据 $b_n(x)$ 的初等函数表达式不难求出另一类型的球贝塞尔函数 $\hat{B}_n(x)$ 的初等函数表达式。

4. 正交关系

主要正交关系有

$$\int_a^b x^2 b_n(\alpha x)b_m(\alpha x)\mathrm{d}x=\delta_{mn}N \tag{3.6.23a}$$

$$\int_a^b x^2\hat{B}_n(ax)\hat{B}_m(ax)\mathrm{d}x=\delta_{mn}\hat{N} \tag{3.6.23b}$$

式中

$$\begin{aligned}N&=\left[\frac{x^3}{2}(b_n^2(ax)-b_{n-1}(\alpha x)b_{n+1}(\alpha x))\right]_a^b\\&=\left[\frac{x^3}{2}\left\{b_n'^2(ax)+\left[1-\frac{n(n+1)}{\alpha^2x^2}\right]b_n^2(\alpha x)+\frac{1}{\alpha x}b_n(\alpha x)\cdot b_n'(ax)\right\}\right]_a^b\end{aligned}$$

$$\hat{N} = \left[\frac{x}{2}(\hat{B}_n^2(ax) - \hat{B}_{n-1}(\alpha x)\hat{B}_{n+1}(\alpha x))\right]_a^b$$

$$= \left[\frac{x}{2}\left\{\hat{B}_n'^2(ax) + \left[1 - \frac{n(n+1)}{\alpha^2 x^2}\right]\hat{B}_n^2(\alpha x) - \frac{1}{\alpha x}\hat{B}_n(\alpha x)\cdot\hat{B}_n'(ax)\right\}\right]_a^b$$

5. 渐进表达式

当 $ax \to 0$ 时

$$j_n(ax) = \left(\frac{\pi}{2ax}\right)^{1/2} J_{n+\frac{1}{2}}(ax) \to \frac{n!}{(2n+1)!}(2ax)^n \tag{3.6.24a}$$

$$n_n(ax) = \left(\frac{\pi}{2ax}\right)^{1/2} N_{n+\frac{1}{2}}(ax) \to -(2n-1)!(ax)^{-n+1} \tag{3.6.24b}$$

可得出 $h_n^{(1)}(ax)$ 和 $h_n^{(2)}(ax)$ 的渐进值。当 $ax \to \infty$ 时

$$j_n(ax) \to \frac{1}{ax}\cos\left[ax - \frac{\pi}{2}(2n+1)\right] \tag{3.6.25a}$$

$$n_n(ax) \to \frac{1}{ax}\sin\left[ax - \frac{\pi}{2}(2n+1)\right] \tag{3.6.25b}$$

很容易得到 $h_n^{(1)}(ax)$ 和 $h_n^{(2)}(ax)$ 的渐近值。

6. 傅里叶–贝塞尔积分

类似于对柱函数的讨论，可以得出函数 $f_n(R)$ 的球贝塞尔函数的展开式：

$$f_n(R) = \left(\frac{2}{\pi}\right)^{1/2}\int_0^\infty g_n(k) j_n(kR) k^2 \mathrm{d}k \tag{3.6.26a}$$

$$g_n(k) = \left(\frac{2}{\pi}\right)^{1/2}\int_0^R f_n(R) j_n(kR) R^2 \mathrm{d}R \tag{3.6.26b}$$

式中，f_n 和 g_n 是傅里叶–贝塞尔变换对。

7. 朗斯基行列式

比较常用的朗斯基行列式值有

$$W[j_n(ax), n_n(ax)] = j_n(ax)n_n'(ax) - j_n'(ax)\cdot n_n(ax) = \frac{1}{(ax)^2} \tag{3.6.27a}$$

$$W[j_n(ax), h_n^{(2)}(ax)] = -j/(ax)^2 \tag{3.6.27b}$$

$$W[\hat{j}_n(ax), \hat{N}_n(ax)] = 1 \tag{3.6.27c}$$

$$W[\hat{j}_n(ax), \hat{H}_n^{(2)}(ax)] = -j \tag{3.6.27d}$$

$$W[\hat{H}_n^{(2)}(ax), \hat{N}_n(ax)] = 1 \tag{3.6.27e}$$

$$W[R^n, R^{-(n+1)}] = -(2n+1)R^{-2} \tag{3.6.27f}$$

8. 球贝塞尔函数及其一次导数的零点

在球坐标系解电磁场问题时，也有齐次边界条件问题，即在 R 为常数的界面上势函数或场强为零，因此要求在 R 为常数的面上恰为 $b_n(x)$ 或 $b'_n(x)$ 的零点。

3.6.4 球谐函数的变换

1. 球谐函数与平面波函数

平面波表示为球谐函数的展开式可以由生成函数出发得到，也可以采用一个直接而且物理意义明确的方法。首先对特殊情形进行讨论，导出球谐函数的加法定理后，再导出普通情形下的结果。

取坐标的 z 轴与平面波传播方向 $\boldsymbol{k}$ 重合。这时在任意观察点 $\boldsymbol{R}$ 处的平面波可表示为 (省略时间因子 $\mathrm{e}^{-\mathrm{i}\omega t}$)$\mathrm{e}^{-\mathrm{i}\boldsymbol{kR}}=\mathrm{e}^{\mathrm{i}kR\cos\theta}$。它在空间 (包括 $R=0$) 处处连续，因而可用球坐标中波动方程的通解表示，通解的一般形式为

$$\sum_{n=0}^{\infty} j_n(kR)\left[a_{n0}P_n(\cos\theta)+\sum_{m=1}^{\infty}(a_{nm}\cos m\varphi+b_{nm}\sin m\varphi)P_n^m(\cos\theta)\right]$$

对于传播方向与 z 轴重合的情形，由于轴对称性，解应与 φ 无关，$m=0$，于是平面波解在球坐标系中可表示为

$$\mathrm{e}^{\mathrm{i}kR\cos\theta}=\sum_{n=0}^{\infty} a_n j_n(kR)P_n(\cos\theta) \tag{3.6.28}$$

用通常确定系数的方法，将式 (3.6.28) 两端乘以 $P_n(\cos\theta)\cdot\sin\theta$，并对 θ 从 0 到 π 积分，则由式 (3.6.10) 得

$$a^n j_n(kR)=\frac{2n+1}{2}\int_0^{\pi}\mathrm{e}^{\mathrm{i}kR\cos\theta}P_n(\cos\theta)\sin\theta d\theta$$

因其对所有 R 成立，以及被积函数对 R 的连续性，求其两端对 kR 的 n 次导数，并令 $R=0$，去掉 R 的影响。由式 (3.3.7)、式 (3.6.19) 及式 (3.6.17a) 得到

$$j_n(kR)=2^n(kR)^n\sum_{h=0}^{\infty}\frac{(-1)^h(n+h)!}{h!(2n+2h+1)!}(kR)^{2h}$$

因而

$$\left[\frac{\mathrm{d}^n j_n(kR)}{\mathrm{d}(kR)^n}\right]_{R=0}=\frac{2^n(n!)^2}{(2n+1)!}$$

于是得到

$$\frac{2^n(n!)^2}{(2n+1)!}a^n=\frac{2n+1}{2}\mathrm{i}^n\int_0^{x}\cos^n\theta P_n(\cos\theta)\sin\theta\mathrm{d}\theta$$

算出右端积分，得

$$a_n = \mathrm{i}^n(2n+1)$$

代入式 (3.6.28) 得平面波的球谐函数展开式：

$$\mathrm{e}^{\mathrm{i}kR\cos\theta} = \sum_{n=0}^{\infty} \mathrm{i}^n(2n+1)j_n(kR)P_n(\cos\theta) \tag{3.6.29}$$

2. 球谐函数的加法定理

1) 勒让德函数的加法定理

如果任意观察点矢径 $\boldsymbol{R}$ 的方向由 (θ,φ) 确定，其直角坐标系各分量为

$$\begin{cases} x = R\sin\theta\cos\theta \\ y = R\sin\theta\cos\varphi \\ z = R\cos\theta \end{cases}$$

设有另一点 Q，其矢径 $\boldsymbol{k}$ 与 $\boldsymbol{R}$ 的夹角为 γ，方向由 α、β 决定 (图 3.6.1)。

$$\begin{cases} k_x = k\sin\alpha\cos\beta \\ k_y = k\sin\alpha\sin\beta \\ k_z = k\cos\beta \end{cases}$$

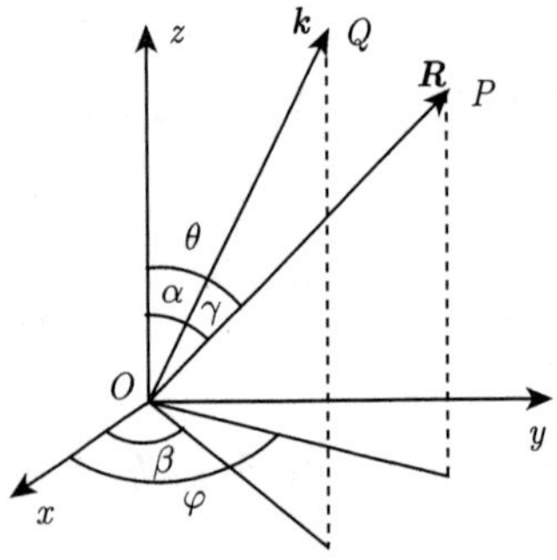

图 3.6.1　三维坐标分布图

如果以 OQ 为参考轴，则原解中的 $P_n(\cos\theta)$ 相应换为 $P_n(\cos\gamma)$。这样做的目的是用以 z 轴为参考的函数 $P_n(\cos\theta)$、$P_n(\cos\alpha)$ 表示 $P_n(\cos\gamma)$。这相当于求坐标系旋转引起的球谐函数变换关系。

为了后面的推导，先证明一个预备公式。根据式 (3.6.13)，任何符合展开条件的函数 (函数及其一、二阶导数连续) $g(\theta,\varphi)$ 可展开为

$$g(\theta,\varphi) = \sum_n \left[a_{n0}P_n(\cos\theta) + \sum_{m=1}^{n}(a_{nm}\cos m\varphi + b_{nm}\sin m\varphi)P_n^m(\cos\theta)\right]$$

当 $\theta=0$ 时，由于 $P_n(1)=1$，$P_n^m(1)=0$，则

$$[g(\theta,\varphi)]_{\theta=0} = \sum_{n=0}^{\infty} a_{n0} = \frac{1}{4\pi}\sum_{n=0}^{\infty}(2n+1)\int_0^{2\pi}\int_0^{\pi} g(\theta,\varphi)P_n(\cos\theta)\sin\theta\mathrm{d}\theta\mathrm{d}\varphi$$

后半部分是式 (3.6.14) 表示的展开式系数公式。根据

$$g(\theta,\varphi) = Y_n(\theta,\varphi) = P_n^m(\cos\theta)\cos m\varphi$$

右端由于球谐函数的正交性只余一项，于是可得各积分值

$$\begin{aligned}\int_0^{2\pi}\int_0^{\pi} Y_n(\theta,\varphi)P_n(\cos\theta)\sin\theta\mathrm{d}\theta\mathrm{d}\varphi &= \int_0^{2\pi}\int_0^{\pi} P_n^m(\cos\theta)\cos m\varphi P_n(\cos\theta)\sin\theta\mathrm{d}\theta\mathrm{d}\varphi\\ &= \frac{4\pi}{2n+1}[P_n^m(\cos\theta)\cos m\varphi]_{\theta=0}\end{aligned} \tag{3.6.30}$$

根据上述结果，则

$$\begin{aligned}\boldsymbol{k}\cdot\boldsymbol{R} = kR\cos\gamma &= kR[\sin\theta\cos\varphi\sin\alpha\cos\beta+\sin\theta\sin\varphi\sin\alpha\sin\beta+\cos\theta\cos\alpha]\\ &= kR[\sin\theta\sin\alpha\cos(\varphi-\beta)+\cos\theta\cos\alpha]\end{aligned}$$

故 $\cos\gamma=\sin\theta\sin\alpha\cos(\varphi-\beta)+\cos\theta\cos\alpha$ 是 φ 和 θ 的函数，因而 $P_n(\cos\gamma)$ 作为 θ 和 φ 的函数 (并在 $\theta\in[0,\pi]$ 满足展开条件) 可展成

$$P_n(\cos\gamma)=\frac{c_0}{2}P_n(\cos\theta)+\sum_{m=1}^{n}(c_m\cos m\varphi+d_m\sin m\varphi)P_n^m(\cos\theta)$$

两端乘以 $P_n^m(\cos\theta)\cos m\varphi$，在单位球面上积分，利用正交关系，得

$$\int_0^{2\pi}\int_0^{\pi} P_n(\cos\gamma)P_n^m(\cos\theta)\cos m\varphi\sin\theta\mathrm{d}\theta\mathrm{d}\varphi=\frac{2\pi}{2n+1}\frac{(n+m)!}{(n-m)!}c_m$$

因为坐标系旋转不改变立体角元的大小，即

$$\sin\theta\mathrm{d}\theta\mathrm{d}\varphi=\sin\gamma\mathrm{d}\gamma\mathrm{d}\delta$$

γ、δ 是 $\boldsymbol{R}$ 相对于 OQ 轴的经度角与纬度角，因此左端的积分可写为

$$\begin{aligned}\int_0^{2\pi}\int_0^{\pi} P_n^m(\cos\theta)\cos m\varphi P_n(\cos\gamma)\sin\gamma\mathrm{d}\gamma\mathrm{d}\varphi &= \frac{4\pi}{2n+1}[P_n^m(\cos\theta)\cos m\varphi]_{r=0}\\ &= \frac{4\pi}{2n+1}P_n^m(\cos\alpha)\cos m\beta\end{aligned}$$

应用式 (3.6.30)，当 $\gamma=0$ 时，相当于 OP 与 OQ 重合，此时 $Q=\alpha,\varphi=\beta$。故有

$$c_m=2\frac{(n-m)!}{(n+m)!}P_n^m(\cos\alpha)\cos m\beta$$

用同样方法可得

$$d_m=2\frac{(n-m)!}{(n+m)!}P_n^m(\cos\alpha)\cos m\beta$$

于是得加法定理:

$$P_n(\cos\gamma) = P_n(\cos\alpha)P_n(\cos\theta)+2\sum_{m=1}^{n}\frac{(n-m)!}{(n+m)!}P_n^m(\cos\alpha)P_n^m(\cos\theta)\cos m(\varphi-\beta) \tag{3.6.31}$$

式 (3.6.31) 的右端项都是相对于 z 轴的变量。

2) 球贝塞尔函数的加法定理

在球贝塞尔函数的加法定理中，简单而实用的是零阶球贝塞尔函数和球汉克尔函数的加法定理。$n = 0$，相当于球面波对称于源点的情形。设观察点 P 和源点 Q 与坐标系原点的距离分别为 R 和 R_0，观察点与源点距离为 R_1，OP 与 OQ 间的夹角为 γ (图 3.6.1)，则

$$j_0(kR_1) = \frac{\sin kR_1}{kR_1} = \sum_{n=0}^{\infty}(2n+1)P_n(\cos\gamma)j_n(kR_0)j_n(kR) \tag{3.6.32a}$$

$$h_0^{(1)}(kR_1) = \frac{\mathrm{e}^{\mathrm{i}kR_1}}{\mathrm{i}kR_1} = \begin{cases} \displaystyle\sum_{n=0}^{\infty}(2n+1)P_n(\cos\gamma)j_n(kR)h_n^{(1)}(kR_0), & R < R_0 \\ \displaystyle\sum_{n=0}^{\infty}(2n+1)P_n(\cos\gamma)j_n(kR_0)h_n^{(1)}(kR), & R > R_0 \end{cases} \tag{3.6.32b}$$

3. 平面波球谐函数展开式的普遍情形

前面在假定平面波沿 z 轴传播的情形下得到了平面波的展开式 (3.6.29)。借助于球谐函数的加法定理，可得到普遍情形下的结果。设平面波传播矢量 $\boldsymbol{k}$ 的方向由 α 和 β 确定 (图 3.6.1 的 OQ 方向)。平面波相对于 $\boldsymbol{k}$ 按式 (3.6.29) 展成

$$\mathrm{e}^{\mathrm{i}kR\cos\gamma} = \sum_{n=0}^{\infty}\mathrm{i}^n(2n+1)P_n(\cos\gamma)j_n(kR)$$

应用加法定理式 (3.6.31) 得

$$\mathrm{e}^{\mathrm{i}kR\cos\gamma} = \sum_{n=0}^{\infty}\mathrm{i}^n(2n+1)j_n(kR)\Bigg[P_n(\cos\alpha)P_n(\cos\theta) + 2\sum_{m=1}^{n}\frac{(n-m)!}{(n+m)!}P_n^m(\cos\alpha)P_n^m(\cos\theta)\cos m(\varphi-\beta)\Bigg] \tag{3.6.33}$$

对于式 (3.6.32)，平面波可以是沿空间任意方向传播的波。已知 $\boldsymbol{k}$ 的方向和 $\boldsymbol{R}$ 与 $\boldsymbol{k}$ 间的夹角，经过 P 点的平面波则可以用式 (3.6.32) 展开，式中右端的变量都是相对于坐标轴的 z 轴而言的。

4. 柱函数的展开

3.3 节中得到柱函数的积分表示，实际是把柱函数展开为平面波的叠加。有时也需要把柱函数用球谐函数展开，以适应球面界面的边界条件或其他变换的需要。

根据 $J_n(x)$ 的积分表达式 (3.3.35a)，柱坐标中波动方程的通解可以写成下列积分形式：

$$\cos m\varphi j_m(\lambda R)\mathrm{e}^{\mathrm{i}hx} = \sum \frac{\mathrm{i}^{-m}}{2\pi}\int_0^{2\pi} \mathrm{e}^{\mathrm{i}\lambda r\cos(\beta-\varphi)+\mathrm{i}hz}\cos m\beta \mathrm{d}\beta \tag{3.6.34}$$

为了把 $J_m(\lambda R)$ 展开为球谐函数的级数，应用 $\mathrm{e}^{\mathrm{i}kR\cos\gamma}$ 的展开式 (3.6.33)，则

$$\boldsymbol{k}\cdot\boldsymbol{R} = \lambda r\cos(\beta-\varphi)+hz = kR[\sin\alpha\sin\theta\cos(\beta-\varphi)+\cos\alpha\cos\theta]$$

应用式 (3.6.33)，并将式 (3.6.34) 对 β 积分，得

$$\cos m\varphi j_m(\lambda R)\mathrm{e}^{\mathrm{i}hz} = \sum_{n=0}^{\infty}\mathrm{i}^{n-m}(2n+1)\frac{(n-m)!}{(n+m)!}\cos m\varphi P_n^m(\cos\theta)j_n(kR)$$

因为 $m>n$ 的所有 P_n^m 均为零，前 m 项为零，于是

$$J_m(\lambda r)\mathrm{e}^{\mathrm{i}hz} = \sum_{n=0}^{\infty}\mathrm{i}^n(2n+2m+1)\frac{n!}{(n+2m)!}P_{n+m}^m(\cos\alpha)\cdot P_{n+m}^m(\cos\theta)j_{n+m}(kR)$$

为了得到 $j_m(\lambda r)$ 的展开式，考虑 $\alpha=\dfrac{\pi}{2}$ 的情形，此时 $h=k\cos\alpha=0$，$\lambda=k$ 且

$$P_{n+m}^m(0) = \begin{cases} 0, & n \text{ 为奇数} \\ \dfrac{(n+2m-1)!}{2^{n+m-1}\left(\dfrac{n}{2}\right)!\left(\dfrac{n}{2}+m-1\right)!}, & n \text{ 为偶数} \end{cases}$$

因此只有 $n=2l$，$l=0,1,2,\cdots$ 的各项不为零，故得

$$J_m(kR) = \sum_{i=0}^{\infty}\frac{(-1)^l}{2^{2l+m-1}}\frac{4l+2m+1}{2l+2m}\frac{2l!}{l!(l+m-1)!}\cdot P_{2l+m}^m(\cos\theta)j_{2l+m}(kR) \tag{3.6.35}$$

5. 球谐函数的积分表示

在平面波展开式 (3.6.33) 两端乘 $P_n^m(\cos\alpha)\cdot\cos m\beta$ 或 $P_n^m(\cos\alpha)\cdot\sin m\beta$，并乘以立体角元 $\sin\alpha d\alpha d\beta$，对 α 和 β 积分，利用正交关系式 (3.6.10) 得

$$J_n(kR)P_n^m(\cos\theta)\begin{matrix}\cos\\ \sin\end{matrix} m\varphi = \frac{\mathrm{i}^{-n}}{4\pi}\int_0^{2\pi}\int_0^{\pi}\mathrm{e}^{\mathrm{i}kR\cos\gamma}P_n^m(\cos\alpha)\begin{matrix}\cos\\ \sin\end{matrix} m\beta\sin\alpha\mathrm{d}\alpha\mathrm{d}\beta \tag{3.6.36}$$

式 (3.6.36) 被积函数中 $P_n^m(\cos\theta)\begin{matrix}\cos\\ \sin\end{matrix} m\beta = Y_{nm}(\alpha,\beta)$ 是球面谐函数，左端是 $j_n(kR)Y_{nm}(\theta,\varphi)$，两端乘以常数 a_{nm} 和 b_{nm} 并对 m 求和：

$$\sum_m P_n^m(\cos\theta)(a_{nm}\cos m\varphi + b_{nm}\sin m\varphi) = Y_n(\theta,\varphi)$$

故得

$$j_n(kR)Y_n(\theta,\varphi) = \frac{\mathrm{i}^{-n}}{4\pi}\int_0^{2\pi}\int_0^{\pi} \mathrm{e}^{\mathrm{i}kR\cos\gamma}Y_n(\theta,\varphi)\sin\alpha\mathrm{d}\alpha\mathrm{d}\beta \tag{3.6.37}$$

由此普遍结果可以导出一些有用的特殊情形。

选择 $m = 0$，$\theta = 0$，根据 $P_n(1) = 1$ 可得

$$j_n(kR) = \frac{\mathrm{i}^{-n}}{2}\int_0^{\pi} \mathrm{e}^{\mathrm{i}kR\cos\alpha}P_n(\cos\alpha)\sin\alpha\mathrm{d}\alpha$$

这个结果相当于把球贝塞尔函数表示为沿与 z 轴成各种 α 角传播 (因为 $m = 0$，故与 φ 无关，对每一 α 值都包含与 z 轴成 α 角的所有方向) 平面波的叠加，而 $P_n(\cos\theta)$ 是沿 α 传播的平面波的振幅。

求解式 (3.6.36) 对 kR 的 n 次导数，然后令 R 为零，根据前面得到的

$$\left.\frac{\mathrm{d}^n j_n(kR)}{\mathrm{d}(kR)^n}\right|_{R=0} = \frac{2^n(n!)^2}{(2n+1)!}$$

并令 φ =0，得

$$P_n^m(\cos\theta) = \frac{(2n+1)!}{4\pi 2^n(n!)^2}\int_0^{2\pi}\int_0^{\pi} \cos^n\gamma P_n^m(\cos\alpha)\cos m\beta\sin\alpha\mathrm{d}\alpha\mathrm{d}\beta$$

对 α 积分：

$$P_n^m(\cos\theta) = \frac{(n+m)!}{2\pi n!}\mathrm{i}^m\int_0^{2\pi} (\cos\theta + \mathrm{i}\sin\theta\cos\beta)^n\cdot\cos m\beta\mathrm{d}\beta \tag{3.6.38}$$

利用贝塞尔函数的积分表达式 (3.3.35a) 还可使式 (3.6.36) 减少一重积分，令 $\varphi =$ 0，式 (3.6.36) 可以写成

$$j_n(kR)P_n^m(\cos\theta) = \frac{\mathrm{i}^{-n}}{2}\int_0^{\pi} \mathrm{e}^{\mathrm{i}kR\cos\alpha\cos\theta}j_m(kR\sin\theta\sin\alpha)P_n^m(\cos\theta)\sin\alpha\mathrm{d}\alpha$$

3.6.5 球坐标系中电磁场问题的解

以下通过一个实例说明球坐标系中用分离变量法求解电磁场问题的一般步骤。

在半径为 b 的接地金属圆球壳内，有一同心的半径为 a 的圆环，上面均匀分布有电荷 Q，求球内电势分布以及球面上的场强。

解：首先对对称性进行分析。本题可以把势看作带电圆环的势和球壳电势的叠加，即

$$\psi = \psi_0 + \psi_r$$

两部分势都具有轴对称性，故解中 $m=0$，通解不含 φ，且因 $m=0$，r 部分的线性独立解为 r^n 和 $r^{-(n+1)}$。因此可将通解写为

$$\psi_r = \sum_n \left(A_n r^n + \frac{B_n}{r^{n+1}}\right) P_n(\cos\theta), \quad \psi_0 = \sum_s C_s r^s P_s(\cos\theta)$$

边界条件：

(1) $\psi|_{r=b} = (\psi_0 + \psi_r)_{r=b} = 0$；

(2) $\lim\limits_{p\to 0} \psi_r = \psi_A = \dfrac{Q}{4\pi\varepsilon_0}[z^2 + c^2 - 2cz\cos\alpha]^{-1/2}$。

边界条件 (2) 是利用圆环形均匀分布电荷在轴线上任一点产生的电势的已知结果 (可由电荷分布直接计算)。选取球内任一点 P，当 P 点趋于轴上一点 A 时，$\psi_r \to \psi_A$，ρ 表示 P 点与 A 点的水平距离，$r = (\rho^2 + z^2)^{1/2}$。

由边界条件 (2) 确定圆环的势 ψ_r 中的常数，ψ_r 是用 p_n 展开的，ψ_A 也以同样方式展开，$\dfrac{1}{R} = \dfrac{1}{[z^2 + c^2 - 2cz\cos\alpha]^{1/2}}$，展开为 $P_n(\cos\theta)$ 的函数时，应分为两个区域，即

$$\psi_A = \frac{Q}{4\pi\varepsilon_0(z^2 + c^2 - 2cz\cos\alpha)^{1/2}} = \begin{cases} \dfrac{Q}{4\pi\varepsilon_0 c}\sum\left(\dfrac{z}{c}\right)^n P_n(\cos\alpha), & z < c \\ \dfrac{Q}{4\pi\varepsilon_0 c}\sum\left(\dfrac{c}{z}\right)^{n+1} P_n(\cos\theta), & z \geqslant c \end{cases}$$

式中，$z < c$ 的区域包含 $z = 0$ 点；$z \geqslant c$ 的区域包含 $z \to \infty$ 点 (注意：ψ_r 表示环的电势，不考虑球的存在)。当 $\rho \to 0$ 时 $r \to \infty$，故在应用边界条件时

$$\lim_{p\to 0} \psi_r = (A_n z^n + B_n/z^{n+1}) P_n(\cos\theta)$$

对 $z < c$ 区域，应取 $B_n = 0$；$z \geqslant c$ 区域，应取 $A_n = 0$；两个区域均有 $\rho \to 0$，$r \to z$，$\theta \to 0$。故此时边界条件 (2) 应为

$$\sum A_n z^n P_n(1) = \frac{Q}{4\pi\varepsilon_0 c}\sum\left(\frac{z}{c}\right)^n P_n(\cos\alpha), \quad z < c$$

$$\sum \frac{B_n}{z^{n+1}} P_n(1) = \frac{Q}{4\pi\varepsilon_0 c} \sum \left(\frac{c}{z}\right)^{n+1} P_n(\cos\alpha), \quad z \geqslant c$$

于是得

$$A_n = \frac{Q}{4\pi\varepsilon_0 c} \left(\frac{1}{c}\right)^n P_n(\cos\alpha)$$

$$B_n = \frac{Q}{4\pi\varepsilon_0 c} c^{n+1} P_n(\cos\alpha)$$

以上讨论的是较本题更普遍的情形，即坐标原点 P 与圆环中心不重合的情形。回到本题情形，环心、球心与坐标原点三者是重合的，这时因 O 点与环中心重合，$\alpha = \frac{\pi}{2}$，$c = \alpha$，而在球谐函数性质中曾给出 [式 (3.6.11b)]

$$P_n\left(\cos\frac{\pi}{2}\right) = P_n(0) = \begin{cases} (-1)^{n/2} \dfrac{1\cdot3\cdot5\cdots(n-1)}{2\cdot4\cdot6\cdots n}, & n \text{ 为偶数} \\ 0, & n \text{ 为奇数} \end{cases}$$

如果把阶数写为 $2n$，则

$$P_{2n}\left(\cos\frac{\pi}{2}\right) = P_{2n}(0) = (-1)^n \frac{1\cdot3\cdot5\cdots(2n-1)}{2\cdot4\cdot6\cdots 2n} = (-1)^n \frac{(2n-1)!!}{2n!!}$$

故知

$$\psi_r = \begin{cases} \dfrac{Q}{4\pi\varepsilon_0\alpha} \sum (-1)^n \dfrac{(2n-1)!!}{2n!!} \left(\dfrac{r}{\alpha}\right)^{2n} P_{2n}(\cos\theta), & r < a \\ \dfrac{Q}{4\pi\varepsilon_0\alpha} \sum (-1)^n \dfrac{(2n-1)!!}{2n!!} \left(\dfrac{a}{r}\right)^{2n+1} P_{2n}(\cos\theta), & r \geqslant a \end{cases}$$

再由边界条件 (1) 确定 C，由两端每一项系数应分别为零，得

$$\left[\frac{Q}{4\pi\varepsilon_0\alpha} (-1)^n \frac{(2n-1)!!}{2n!!} \left(\frac{a}{r}\right)^{2n+1} P_{2n} + C_s r^s P_s\right]_{r=b} = 0$$

当 s 为奇数时，$C_s = 0$；实际上只有系数 C_{2n}。再将 $r = b$ 代入，得

$$C_{2n} = -\sum (-1)^n \frac{Q}{4\pi\varepsilon_0 a} \frac{(2n-1)!!}{2n!!} \frac{1}{b^{2n}} \left(\frac{a}{b}\right)^{2n+1}$$

$$\psi_0 = -\sum (-1)^n \frac{Q}{4\pi\varepsilon_0 a} \frac{(2n-1)!!}{2n!!} \left(\frac{a}{b}\right)^{2n+1} \left(\frac{r}{b}\right)^{2n} P_{2n}(\cos\theta), \quad n = 1, 2, 3, \cdots$$

球内的势分布

$\psi = \psi_r + \psi_0$

$$= \begin{cases} \dfrac{Q}{4\pi\varepsilon_0 a}\sum(-1)^n\dfrac{(2n-1)!!}{2n!!}\left[\left(\dfrac{r}{a}\right)^{2n}-\left(\dfrac{a}{b}\right)^{2n+1}\left(\dfrac{r}{b}\right)^{2n}\right]P_{2n}(\cos\theta), & r<a \\ \dfrac{Q}{4\pi\varepsilon_0 a}\sum(-1)^n\dfrac{(2n-1)!!}{2n!!}\left[\left(\dfrac{a}{r}\right)^{2n+1}-\left(\dfrac{a}{b}\right)^{2n+1}\left(\dfrac{r}{b}\right)^{2n}\right]P_{2n}(\cos\theta), & b\geqslant r\geqslant a \end{cases}$$

在球面上

$$\boldsymbol{E}_b = \boldsymbol{e}_r\frac{Q}{4\pi\varepsilon_0 a}\sum(-1)^n\frac{(2n-1)!!}{2n!!}\left(\frac{a}{b}\right)^{2n}\frac{4n+1}{b^2}P_{2n}(\cos\theta)$$

3.7 球坐标系中的横磁场和横电场

3.5 节曾提到，在柱坐标中，一定条件下可以出现横磁场和横电场。在球坐标系中，也有类似情况，但数学关系更复杂。

3.7.1 球坐标系中的德拜势

首先讨论德拜势 $\boldsymbol{\pi}$ 的方程。在球坐标系中，$\nabla^2\boldsymbol{\pi}$ 的展开式是比较复杂的，其 $\boldsymbol{R}$ 分量为

$$(\nabla^2\boldsymbol{\pi})_R = \nabla^2\pi_R - \frac{2\pi_R}{R^2} - \frac{2\text{ctg}\theta}{R^2}\pi_\theta - \frac{2}{R^2}\frac{2\pi_\theta}{\partial\theta} - \frac{2}{R^2\sin\theta}\frac{\partial\pi_\theta}{\partial\varphi}$$

假设场源为电性源，且

$$\boldsymbol{\pi} = \pi\boldsymbol{e}_R \tag{3.7.1}$$

即只有沿 R 的分量，则亥姆霍兹方程的 r 分量方程简化为

$$\nabla^2\pi - \frac{2\pi}{r^2} + k^2\pi = 0$$

再将其中第一项展开，得到

$$\frac{\partial^2\pi}{\partial R^2} + \frac{2}{R}\frac{\partial\pi}{\partial r} + \frac{1}{R^2\sin\theta}\frac{\partial}{\partial\theta}\left(\sin\theta\frac{\partial\pi}{\partial\theta}\right) + \frac{1}{R^2\sin^2\theta}\frac{\alpha^2\pi}{2\varphi^2} - \frac{2\pi}{R^2} + k^2\pi = 0$$

或

$$\frac{\partial}{\partial r}\left[\frac{1}{R^2}\frac{\partial}{\partial R}\left(R^2\frac{\partial\pi}{\partial r}\right)\right] + \frac{1}{R^2\sin\theta}\left(\sin\theta\frac{\partial\pi}{\partial\theta}\right) + \frac{1}{R^2\sin^2\theta}\frac{\partial^2\pi}{\partial\varphi^2} + k^2\pi = 0$$

不难看出，这和导致勒让德方程和球贝塞尔方程的波动方程形式不同 (区别在包含对 R 求导的第一项)，因此不能得到前面的典型解。但如果引入一个新函数，可以对该函数得到标准形式的方程式，这个函数就是德拜势。

保持 $\boldsymbol{\pi}$ 的定义不变：$\boldsymbol{A} = \mu\varepsilon\dfrac{\partial\boldsymbol{\pi}}{\partial t}$，$\boldsymbol{A}$ 为磁矢势，ε 为复介电常数。不再考虑

函数 $\varphi=-\nabla\cdot\boldsymbol{\pi}$，而是考虑另一种势函数，由 $\boldsymbol{A}$ 与 $\boldsymbol{\pi}$ 的关系得

$$\boldsymbol{H}=\varepsilon\frac{\partial}{\partial t}\nabla\times\boldsymbol{\pi}$$

$$\nabla\times\boldsymbol{E}=-\mu\frac{\partial\boldsymbol{H}}{\partial t}=-\nabla\times\mu\varepsilon\frac{\partial^2\boldsymbol{\pi}}{\partial t^2}$$

$$\nabla\times\left(\boldsymbol{E}+\mu\varepsilon\frac{\partial^2\boldsymbol{\pi}}{\partial t^2}\right)=0$$

则

$$\boldsymbol{E}+\mu\varepsilon\frac{\partial^2\boldsymbol{\pi}}{\partial t^2}=-\nabla W \tag{3.7.2}$$

这与 φ 的引入实质相同，因而

$$\boldsymbol{E}=-\nabla W-\mu\varepsilon\frac{\partial^2\boldsymbol{\pi}}{\partial t^2}$$

根据 $\boldsymbol{\pi}=\pi\boldsymbol{e}_R$ 的假设，$\boldsymbol{E}$ 的谱分量为

$$\begin{cases}E_R=-\dfrac{\partial W}{\partial R}+k^2\pi\\[2mm] E_\theta=-\dfrac{\partial W}{R\partial\theta}\\[2mm] E_\varphi=-\dfrac{1}{R\sin\theta}\dfrac{\partial W}{\partial\varphi}\end{cases} \tag{3.7.3a}$$

另一方面，由 $\boldsymbol{\pi}$ 的定义

$$\nabla\times\boldsymbol{H}=\varepsilon\frac{\partial}{\partial t}\nabla\times\nabla\times\boldsymbol{\pi}$$

对比麦克斯韦方程 $\nabla\times\boldsymbol{H}=\varepsilon\dfrac{\partial\boldsymbol{E}}{\partial t}$，则 $\boldsymbol{E}=\nabla\times\nabla\times\boldsymbol{\pi}$，其各分量为

$$\begin{cases}E_R=(\nabla\times\nabla\times\boldsymbol{\pi})_R=-\dfrac{1}{R^2\sin\theta}\dfrac{\partial}{\partial\theta}\left(\sin\theta\dfrac{\partial\pi}{\partial\theta}\right)-\dfrac{1}{R^2\sin^2\theta}\dfrac{\partial^2\pi}{\partial\varphi^2}\\[2mm] E_\theta=(\nabla\times\nabla\times\boldsymbol{\pi})_\theta=\dfrac{1}{r}\dfrac{\partial^2\pi}{\partial R\partial\theta}\\[2mm] E_\varphi=(\nabla\times\nabla\times\boldsymbol{\pi})_\varphi=\dfrac{1}{R\sin\theta}\dfrac{\partial^2\pi}{\partial R\partial\varphi}\end{cases} \tag{3.7.3b}$$

式 (3.7.3a) 和式 (3.7.3b) 应该是等价的，比较两式中的 E_θ 和 E_φ，可以取

$$W = -\frac{\partial \pi}{\partial R} \tag{3.7.4}$$

代入式 (3.7.3a) 使 E_R 的右端成为只含 π 的表达式。

比较式 (3.7.3a) 和式 (3.7.3b) 中的 E_R 得

$$\frac{\partial^2 \pi}{\partial R^2} + k^2\pi = -\frac{1}{R^2 \sin\theta}\frac{\partial}{\partial \theta}\left(\sin\theta \frac{\partial \pi}{\partial \theta}\right) - \frac{1}{R^2 \sin^2\theta}\frac{\partial^2 \pi}{\partial \varphi^2}$$

即

$$\frac{\partial^2 \pi}{\partial R^2} + \frac{1}{R^2 \sin\theta}\frac{\partial}{\partial \theta}\left(\sin\theta \frac{\partial \pi}{\partial \theta}\right) + \frac{1}{R^2 \sin^2\theta}\frac{\partial^2 \pi}{\partial \varphi^2} + k^2\pi = 0 \tag{3.7.5}$$

这就是前述关于 $\boldsymbol{\pi}$ 的假设条件公式 (3.7.1) 下 π 的方程。在式 (3.7.5) 中令

$$\pi = RP \tag{3.7.6}$$

得 P 满足的方程

$$\frac{1}{r^2}\frac{\partial}{\partial r}\left(r^2 \frac{\partial P}{\partial r}\right) + \frac{1}{r^2 \sin\theta}\frac{\partial}{\partial \theta}\left(\sin\theta \frac{\partial P}{\partial \theta}\right) + \frac{1}{r^2 \sin^2\theta}\frac{\partial^2 P}{\partial \varphi^2} + k^2 P = 0 \tag{3.7.7}$$

与标量亥姆霍兹方程的标准形式相同，式中 P 为德拜势。$\boldsymbol{E}$ 和 $\boldsymbol{H}$ 的分量可以用 P 表示为

$$\begin{cases} E_R = \dfrac{\partial^2}{\partial R^2}(RP) + k^2(RP) \\ E_\theta = \dfrac{1}{R}\dfrac{\partial^2}{\partial r \partial \theta}(RP) \\ E_\varphi = \dfrac{1}{R\sin\theta}\dfrac{\partial^2}{\partial R \partial \theta}(RP) \\ H_R = 0 \\ H_\theta = \dfrac{\varepsilon}{r\sin\theta}\dfrac{\partial}{\partial t}\dfrac{\partial}{\partial \varphi}(RP) \\ H_\varphi = -\dfrac{\varepsilon}{R}\dfrac{\partial}{\partial t}\dfrac{\partial}{\partial \theta}(RP) \end{cases} \tag{3.7.8}$$

$\boldsymbol{H}$ 没有径向分量，是 TM 场。

对于只有磁性源且 $\boldsymbol{\pi}_{\mathrm{m}} = \pi_{\mathrm{m}}\boldsymbol{e}_R$ 的情况，可做完全类似的处理，令

$$\boldsymbol{D} = -\mu\varepsilon\frac{\partial}{\partial t}\nabla \times \boldsymbol{\pi}_{\mathrm{m}} = -\mu\varepsilon\nabla \times \frac{\partial \boldsymbol{\pi}}{\partial t}$$

可得

$$\boldsymbol{H}=\nabla\times\nabla\times\boldsymbol{\pi}_{\mathrm{m}}=-\nabla W_{\mathrm{m}}-\mu\varepsilon\frac{\partial^2\boldsymbol{\pi}_{\mathrm{m}}}{\partial t^2}$$

对比 $\boldsymbol{H}$ 分量的两种表达式，并取

$$W_{\mathrm{m}}=-\frac{\partial\pi_{\mathrm{m}}}{\partial t}\tag{3.7.9}$$

$$\pi_{\mathrm{m}}=rP_{\mathrm{m}}\tag{3.7.10}$$

可得 P_{m} 的方程，与 P 的方程完全类似，由 P_{m} 的分离变量解可得 π_{m}。这时得到的场 $E_R=0$，因此是 TE 场。

以上结果是在 $\boldsymbol{\pi}$ 和 $\boldsymbol{\pi}_{\mathrm{m}}$ 只有 R 分量的条件下得出的。在许多情况下，可以把场写作 TM 场和 TE 场的线性组合，根据边界条件确定系数。

3.7.2 导数球对平面波的散射

设球外和球内的电参数分别为 ε_1 和 ε_2，球的半径为 a，入射波为 $\boldsymbol{E}^{\mathrm{i}}=\mathrm{e}^{\mathrm{i}kr-\mathrm{i}\omega t}\boldsymbol{e}_x$，这里假设入射波的振幅为 1，并不影响问题的普遍性。

用横磁波和横电波的线性组合来构成问题的解。一般来说，总场 $\boldsymbol{E}$ 和 $\boldsymbol{H}$ 都有可能具有三个分量，但可假设它们是由 $\boldsymbol{\pi}=\pi\boldsymbol{e}_R$ 和 $\boldsymbol{\pi}_{\mathrm{m}}=\pi_{\mathrm{m}}\boldsymbol{e}_R$ 共同确定的，两者合成的场可以有三个分量。解德拜势，可以使用已有的通解。

在球外空间，场分为入射场和散射场两部分：

$$\boldsymbol{E}=\boldsymbol{E}^{\mathrm{i}}+\boldsymbol{E}^{\mathrm{s}},\quad \boldsymbol{H}=\boldsymbol{H}^{\mathrm{i}}+\boldsymbol{H}^{\mathrm{s}}$$

在球内，场为透射场，用角码“t”表示：

$$\boldsymbol{E}=\boldsymbol{E}^{\mathrm{t}},\quad \boldsymbol{H}=\boldsymbol{H}^{\mathrm{t}}$$

$\boldsymbol{\pi}$、$\boldsymbol{\pi}_{\mathrm{m}}$ 和 P、P_{m} 情况也相同。

下面分析边界条件。在球面处，场的切向分量为 E_θ、E_φ 和 H_θ、H_φ，由前面场强分量表达式式 (3.7.3a) 和式 (3.7.3b) 可以看出，$\dfrac{\partial\pi}{\partial R}=\dfrac{\partial}{\partial R}(RP)=-W$，故 W、W_{m} 在边界上也应是连续的，因此可以有下列边界条件：

$$\begin{cases}\dfrac{\partial}{\partial R}[RP^{\mathrm{i}}+RP^{\mathrm{s}}]_{R=a}=\dfrac{\partial}{\partial R}[RP^{\mathrm{t}}]_{R=a}\\ \dfrac{\partial}{\partial R}[RP_{\mathrm{m}}^{\mathrm{i}}+RP^{\mathrm{s}}]_{R=a}=\dfrac{\partial}{\partial R}[RP_{\mathrm{m}}^{\mathrm{t}}]_{R=a}\\ \varepsilon_1=[RP^{\mathrm{i}}+RP^{\mathrm{s}}]_{R=a}=\varepsilon_2[RP^{\mathrm{t}}]_{R=a}\\ \varepsilon_1=[RP_{\mathrm{m}}^{\mathrm{i}}+RP_{\mathrm{m}}^{\mathrm{s}}]_{R=a}=\varepsilon_2[RP_{\mathrm{m}}^{\mathrm{t}}]_{R=a}\end{cases}\tag{3.7.11}$$

式 (3.7.11) 后两个式子是由磁场强度的切向分量连续得到的。P 满足典型的亥姆霍兹方程，其含 R 部分在球内应为 J_l 和 π_1 的线性组合，在球外的散射场部分应由 $h_i^{(1)}(k_1R)$ 构成，而 $\boldsymbol{\pi}=RP$ 和 $\pi_{\rm m}=RP_{\rm m}$ 应由 J_l、N_l (球内) 和 $H_{\rm l}^{(1)}$ (球外) 构成。

为了应用边界条件，还须把入射场的平面波用同类型的函数展开，下面求 $RP^{\rm i}$ 的展开式。式 (3.6.28) 沿 z 轴传播的平面波可以用球函数展开为

$$E^{\rm i}={\rm e}^{{\rm i}k_1R\cos\theta}=\sum_{l=1}^{\infty}{\rm i}^l(2l+1)j_l(k_1R)P_l(\cos\theta)=\sum_{l=1}^{\infty}{\rm i}^l(2l+1)\frac{\widehat{J}_l(k_1R)}{k_1R}P_l(\cos\theta)$$

通过 E_R 与 $RP=\boldsymbol{\pi}$ 的关系求出 $RP^{\rm i}$ 的展开式。由式 (3.7.8) 可得

$$E_R^{\rm i}=\frac{\partial^2}{\partial R^2}(RP^{\rm i})+k_1^2RP^{\rm i} \tag{3.7.12}$$

另一方面

$$\begin{aligned}E_R^{\rm i}&={\rm e}^{{\rm i}k_1R\cos\theta}\sin\theta\cos\varphi=-\frac{1}{{\rm i}k_1R}\frac{\partial}{\partial\theta}{\rm e}^{{\rm i}k_1R\cos\theta}\cdot\cos\varphi\\&=\cos\varphi\left(-\frac{1}{{\rm i}k_1R}\right)\sum_{l=1}^{\infty}{\rm i}^l(2l+1)\widehat{J}_l(k_1R)\frac{\partial}{\partial\theta}P_l(\cos\theta)\\&=\frac{1}{(k_1R)^2}\sum_{l=1}^{\infty}{\rm i}^{l-1}(2l+1)\widehat{J}_l(k_1R)P_l^1(\cos\theta)\cos\varphi\end{aligned}$$

令 $RP^{\rm i}=\dfrac{1}{k_1^2}\sum\limits_{l=1}^{\infty}a_l\widehat{J}_l(k_1R)P_l^1(\cos\theta)\cos\varphi$，将 $rP^{\rm i}$ 和 $E_R^{\rm i}$ 的展开式代入式 (3.7.12)，比较系数得

$${\rm i}^{l-1}(2l+1)\frac{\widehat{J}_l}{R^2}=a_l\left(k_1^2\widehat{J}_l+\frac{d^2\widehat{J}_l}{dR^2}\right)$$

由 J_l 的方程可以得到 $\widehat{J}_2$ 满足的方程为

$$\frac{{\rm d}^2\widehat{J}_l}{{\rm d}R^2}+\left[k_1^2-\frac{l(l+1)}{R^2}\right]\widehat{J}_l=0$$

则

$${\rm i}^{l-1}(2l+1)\frac{\widehat{J}_l}{R^2}=a_l\left[k_1^2\widehat{J}_l-K_1^2\widehat{J}_l+\frac{l(l+1)}{R^2}\widehat{J}_l\right]$$

故得 $a_l = \mathrm{i}^{l-1}\dfrac{(2l+1)}{l(l+1)}$，而

$$RP^{\mathrm{i}} = \frac{1}{k_1^2}\sum_{l=1}^{\infty}\mathrm{i}^{l-1}\frac{(2l+1)}{l(l+1)}\widehat{J}_l(k_1R)P_l^1(\cos\theta)\cos\varphi$$

类似可得

$$rP_{\mathrm{m}}^{\mathrm{i}} = \frac{1}{k_1^2}\sum_{l}\mathrm{i}^{l-1}\frac{k_1}{\omega\mu_0}\frac{(2l+1)}{l(l+1)}\widehat{J}_l(k_1R)P_l^1(\cos\theta)\cos\varphi$$

根据 $rP_{\mathrm{m}}^{\mathrm{i}}$ 的展开式的形式，将散射场和球内的透射场写为

$$\left.\begin{aligned}RP^{\mathrm{s}} &= \frac{1}{k_1^2}\sum_{l}B_l\widehat{H}_l^{(1)}(k_1R)P_l^1(\cos\theta)\cos\varphi\\ RP_{\mathrm{m}}^{\mathrm{s}} &= \frac{1}{k_1\omega\mu_0}\sum_{l}B_{lm}\widehat{H}_l^{(1)}(k_1R)P_l^1(\cos\theta)\cos\varphi\end{aligned}\right\}\text{球外散射场}$$

$$\left.\begin{aligned}RP^{\mathrm{s}} &= \frac{1}{k_2^2}\sum_{l}B_l\widehat{H}_l^{(1)}(k_2R)P_l^1(\cos\theta)\cos\varphi\\ RP_{\mathrm{m}}^{\mathrm{s}} &= \frac{1}{k_2\omega\mu_0}\sum_{l}B_{lm}\widehat{H}_l^{(1)}(k_2R)P_l^1(\cos\theta)\cos\varphi\end{aligned}\right\}\text{球外散射场}$$

代入边界条件式 (3.7.11)，解得

$$B_l = \mathrm{i}^{l+1}\frac{(2l+1)}{l(l+1)}\frac{k_2\widehat{J}_l'(k_1a)\widehat{J}_l(k_2a) - k_1\widehat{J}_l'(k_2a)\widehat{J}_l(k_1a)}{k_2\widehat{H}_l^{(1)\prime}(k_1a)\widehat{J}_l(k_2a) - k_1\widehat{J}_l'(k_2a)\widehat{H}_l^{(1)}(k_1a)}$$

$$B_{l\mathrm{m}} = \mathrm{i}^{l+1}\frac{(2l+1)}{l(l+1)}\frac{k_2\widehat{J}_l(k_1a)\widehat{J}_l'(k_2a) - k_1\widehat{J}_l'(k_1a)\widehat{J}_l(k_2a)}{k_2\widehat{H}_l^{(1)\prime}(k_1a)\widehat{J}_l'(k_2a) - k_1\widehat{H}_l^{(1)}(k_1a)\widehat{J}_l(k_2a)}$$

式中，$J_l'(ka) = \left[\dfrac{\mathrm{d}J_l(kR)}{\mathrm{d}(kR)}\right]_{R=a}$；$\widehat{H}_l^{(1)\prime}(ka) = \left[\dfrac{\mathrm{d}H_l^{(1)}(kR)}{\mathrm{d}(kR)}\right]_{R=a}$。

通常感兴趣的只是球外的场，故 A_l、A_{lm} 不再列出。

将 B_l、B_{lm} 代入 $RP^{\mathrm{i}} + RP^{\mathrm{s}} = RP$ 和 $RP_{\mathrm{m}}^{\mathrm{i}} + RP_{\mathrm{m}}^{\mathrm{s}} = RP_{\mathrm{m}}$，即可求出相应的电场和磁场，由 rP 和 rP_m 产生的电场之和及磁场之和即为总电场和总磁场，因为在德拜势的表达式中已包含了系数，并已由边界条件求出。

球体时平面波散射的解可以用于研究大气散射等许多问题。对于入射波长 λ 与球半径 a 的不同比例情况可以取相应的近似结果。

习 题

习题 3.1 柱坐标系中的分离变量法

点源在地下两层岩层中的场。地下有一厚度为 h，电阻率为 ρ_1 的均匀导电岩层，在此岩层下面有电阻率为 ρ_2 的均匀无限厚的导电岩层，如图习题 3.1 所示。两岩层的界面与地表平行，在地面 A 处有点电流源 I，求地下两岩层中的电势分布。

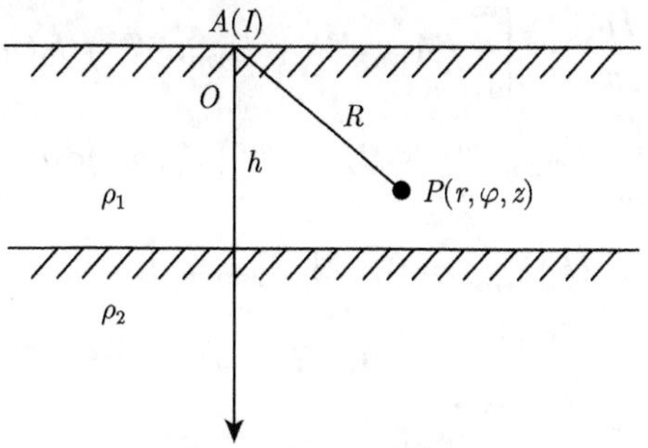

图习题 3.1 两层岩层模型图

解：本题考查柱坐标系中分离变量法在求解地球物理电场分布时的应用。

点源在半空间中的场分布是球对称的，但是增加了一层界面，场变为柱对称的，即场与 φ 无关，$U=U(r,z)$。ρ_1 介质和 ρ_2 介质的层界面处会出现积累电荷，ρ_1 介质中的电势由点源的电势和界面积累电荷产生的附加势共同组成。

选取 A 点为坐标原点，任一点 P 坐标为 (r,φ,z)，R 为 AP 的距离，$R=\sqrt{r^2+z^2}$。点源在第一层岩层中，则第一层岩层中的电势 $U_1=U_0+U_1'$，其中点电流源的电势 $U_0=\dfrac{I\rho_1}{2\pi R}$，附加势 U_1' 满足：

$$\nabla^2 U_1'(r,z)=0,\quad 0<z<h$$

第二层岩层中的电势满足：

$$\nabla^2 U_2(r,z)=0,\quad z\geqslant h$$

边界条件：

(1) 无限远处势为 0，即 $U_2|_{R\to\infty}=0$，$U_1|_{R\to\infty}=0$；

(2) 地表电流密度法向分量为 0，即 $\left.\dfrac{1}{\rho_1}\dfrac{\partial U_1}{\partial z}\right|_{z\to 0}=0$；

(3) 层界面处电流密度连续，即 $\left.\dfrac{1}{\rho_1}\dfrac{\partial U_1}{\partial z}\right|_{z\to h}=\left.\dfrac{1}{\rho_2}\dfrac{\partial U_2}{\partial z}\right|_{z\to h}$；

(4) 层界面处电势连续，即 $U_2|_{z\to h}=U_1|_{z\to h}$。

根据边界条件 (1)，可知通解形式为

$$U(r,z)=\int_0^{\infty}\left(E_m\mathrm{e}^{mz}+F_m\mathrm{e}^{-mz}\right)\left[A_0J_0(mr)+B_0Y_0(mr)\right]\mathrm{d}m$$

根据贝塞尔函数的极限值，当 $r\to 0$，$Y_0(mr)\to-\infty$，则 $B_0=0$。U_1 和 U_2 的通解形式为

$$U_1=\frac{I\rho_1}{2\pi R}+\int_0^{\infty}\left(A_{1m}\mathrm{e}^{mz}+B_{1m}\mathrm{e}^{-mz}\right)J_0(mr)\mathrm{d}m$$

$$U_2=\int_0^{\infty}\left(A_{2m}\mathrm{e}^{mz}+B_{2m}\mathrm{e}^{-mz}\right)J_0(mr)\mathrm{d}m$$

根据边界条件 (1)，$U_2|_{z\to\infty}=0$，则 $A_{2m}=0$。

根据边界条件 (2)，$\left.\dfrac{\partial U_1}{\partial z}\right|_{z\to 0}=0$，$R=\sqrt{r^2+z^2}$，有

$$\left.\frac{\partial U_1}{\partial z}\right|_{z\to 0}=\int_0^{\infty}\left(mA_{1m}-mB_{1m}\right)J_0(mr)\mathrm{d}m=0$$

则 $A_{1m}=B_{1m}$。进一步利用韦伯–李普希兹积分：

$$\frac{1}{R}=\frac{1}{\sqrt{r^2+z^2}}=\int_0^{\infty}\mathrm{e}^{-mz}J_0(mr)\mathrm{d}m$$

则 U_1 和 U_2 的通解形式简化为

$$U_1=\int_0^{\infty}\frac{I\rho_1}{2\pi}\mathrm{e}^{-mz}J_0(mr)\mathrm{d}m+\int_0^{\infty}A_{1m}\left(\mathrm{e}^{mz}+\mathrm{e}^{-mz}\right)J_0(mr)\mathrm{d}m$$

$$U_2=\int_0^{\infty}B_{2m}\mathrm{e}^{-mz}J_0(mr)\mathrm{d}m$$

根据边界条件 (3)，$\dfrac{1}{\rho_1}\left.\dfrac{\partial U_1}{\partial z}\right|_{z\to h}=\dfrac{1}{\rho_2}\left.\dfrac{\partial U_2}{\partial z}\right|_{z\to h}$，即

$$\frac{1}{\rho_1}\int_0^{\infty}\frac{I\rho_1}{2\pi}(-m)\,\mathrm{e}^{-mz}J_0(mr)\mathrm{d}m+\frac{1}{\rho_1}\int_0^{\infty}A_{1m}\left(m\mathrm{e}^{mz}-m\mathrm{e}^{-mz}\right)J_0(mr)\mathrm{d}m$$
$$=\frac{1}{\rho_2}\int_0^{\infty}B_{2m}(-m)\,\mathrm{e}^{-mz}J_0(mr)\mathrm{d}m$$

贝塞尔函数前的系数对应相等，即

$$\frac{1}{\rho_1}\frac{I\rho_1}{2\pi}(-m)\,\mathrm{e}^{-mz}+\frac{1}{\rho_1}A_{1m}\left(m\mathrm{e}^{mz}-m\mathrm{e}^{-mz}\right)=\frac{1}{\rho_2}B_{2m}(-m)\,\mathrm{e}^{-mz}\tag{1}$$

根据边界条件 (4)，$U_2|_{z\to h}=U_1|_{z\to h}$，即

$$\frac{I\rho_1}{2\pi}\mathrm{e}^{-mz}+A_{1m}\left(\mathrm{e}^{mz}+\mathrm{e}^{-mz}\right)=B_{2m}\mathrm{e}^{-mz} \tag{2}$$

联立 (1) 和 (2)，得

$$A_{1m}=\frac{I\rho_1}{2\pi}\frac{K\mathrm{e}^{-2mz}}{1-K\mathrm{e}^{-2mz}},\quad B_{2m}=\frac{I\rho_1}{2\pi}\frac{1+K}{1-K\mathrm{e}^{-2mz}}$$

式中，$K=\dfrac{\rho_2-\rho_1}{\rho_2+\rho_1}$，则岩层中的电势为

$$U_1=\frac{I\rho_1}{2\pi R}+\frac{I\rho_1}{2\pi}\int_0^{\infty}\frac{K\mathrm{e}^{-2mz}}{1-K\mathrm{e}^{-2mz}}\left(\mathrm{e}^{mz}+\mathrm{e}^{-mz}\right)J_0(mr)\mathrm{d}m$$

$$U_2=\frac{I\rho_1}{2\pi}\int_0^{\infty}\frac{1+K}{1-K\mathrm{e}^{-2mz}}\mathrm{e}^{-mz}J_0(mr)\mathrm{d}m$$

习题 3.2　直角坐标系中的分离变量法

如图习题 3.2 所示，两个无限大接地金属平板平行于 xz 平面放置，一个位于 $y=0$，另一个位于 $y=a$。在 $x=0$ 两板的左端点，被与两板绝缘的无限长带封闭，带子上维持特定的电势 $V_0(y)$，求这个“夹缝”中的电势。

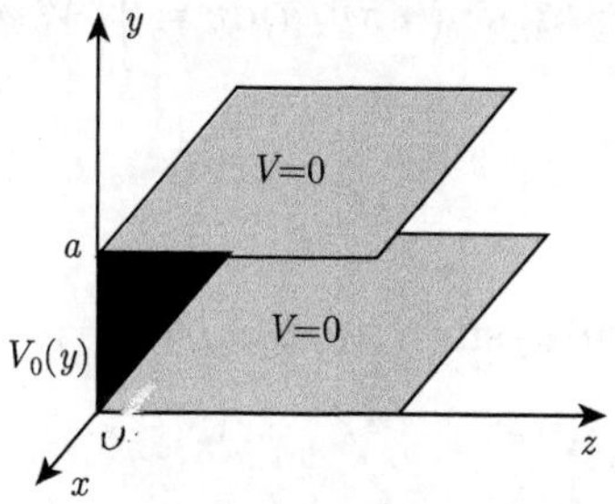

图习题 3.2　两个无限大接地金属平板分布图

解：本题考查直角坐标系中分离变量法在求解地球物理电场分布时的应用。这个构型不依赖于 z，所以是一个二维问题，电势满足的方程为

$$\frac{\partial^2 V}{\partial x^2}+\frac{\partial^2 V}{\partial y^2}=0$$

边界条件为

(1) 当 $y=0$ 时，$V=0$；

(2) 当 $y=a$ 时，$V=0$；

(3) 当 $x=0$ 时，$V=V_0(y)$；

(4) 当 $x\to\infty$ 时，$V\to 0$。

根据边界条件，采用分离变量法，得到的通解形式为

$$V(x,y)=\left(A\mathrm{e}^{kx}+B\mathrm{e}^{-kx}\right)(C\sin ky+D\cos ky)$$

根据边界条件 (4) 得 $A=0$，根据边界条件 (1) 得 $D=0$，根据边界条件 (2) 得 $\sin ka=0$，所以 $k=\dfrac{n\pi}{a},(n=1,2,3,\cdots)$。为了满足边界条件 (3)，将所有可能解叠加在一起构建一个更一般的通解为

$$V(x,y)=\sum_{n=1}^{\infty}C_n\mathrm{e}^{-n\pi x/a}\sin(n\pi y/a)$$

根据边界条件 (3)，即

$$V(0,y)=\sum_{n=1}^{\infty}C_n\sin(n\pi y/a)=V_0(y)$$

左右两边同时乘以 $\sin(n'\pi y/a)$ 并从 0 到 a 积分，即

$$\sum_{n=1}^{\infty}C_n\int_0^a\sin(n\pi y/a)\sin(n'\pi y/a)\mathrm{d}y=\int_0^a V_0(y)\sin(n'\pi y/a)\mathrm{d}y$$

利用积分公式

$$\int_0^a\sin(n\pi y/a)\sin(n'\pi y/a)\mathrm{d}y=\begin{cases}0, & n'\neq n\\ \dfrac{a}{2}, & n'=n\end{cases}$$

则

$$C_n=\frac{2}{a}\int_0^a V_0(y)\sin(n'\pi y/a)\mathrm{d}y$$

即该问题的解为

$$V(x,y)=\sum_{n=1}^{\infty}C_n\mathrm{e}^{-n\pi x/a}\sin(n\pi y/a)$$

习题 3.3　球坐标系中的分离变量法

在电阻率为 ρ_1 的均匀介质中 (如大地)，存在均匀电场 $\boldsymbol{E}_0\boldsymbol{e}_z$，放入一半径为 a 的均匀球体，电阻率为 ρ_2，如图习题 3.3 所示，求球体内外的电势分布。

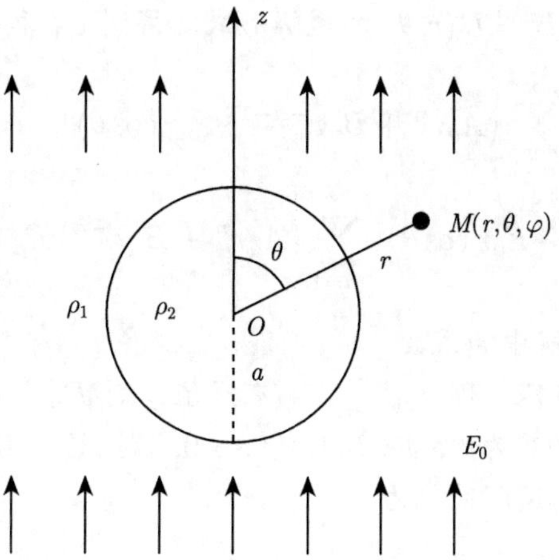

图习题 3.3　中梯装置探测地下球形目标体示意图

解：本题考查球坐标系中分离变量法在求解地球物理电场分布时的应用。

该题对应的典型地球物理勘探问题是采用中梯装置电阻率法探测地下球形目标体。采用球坐标系，球体中心为原点 O 点，z 轴方向与电场 E_0 同向，空间中任意一点 M 的坐标为 (r,θ,φ)。根据对称性，可知场分布与 φ 角无关，即所求的电势为 $U=U(r,\theta)$。球体内电势 U_1 满足拉普拉斯方程

$$\nabla^2 U_1(r,\theta)=0$$

球体外各点的势为均匀场的势和附加场的势的叠加，即 $U_2=U_0+U_2'$，其中附加势 U_2' 满足拉普拉斯方程

$$\nabla^2 U_2'(r,\theta)=0$$

根据电势与电场强度的关系，有 $E_0=-\dfrac{\mathrm{d}U_0}{\mathrm{d}z}$，因此均匀场的势 $U_0=-E_0z+C$，选取原点为标准点，均匀场的势表示为

$$U_0=-E_0z=-E_0r\cos\theta$$

满足的边界条件为

(1) 球体内电势有限，即 $U_1|_{r\to 0}\to$ 有限值；

(2) 无限远处附加势为 0，即 $U_2'|_{r\to\infty}\to 0$；

(3) 界面处电流密度连续，即 $\dfrac{1}{\rho_1}\dfrac{\partial U_1}{\partial r}\bigg|_{r\to a}=\dfrac{1}{\rho_2}\dfrac{\partial U_2}{\partial r}\bigg|_{r\to a}$；

(4) 界面处电势连续，即 $U_2|_{r\to a}=U_1|_{r\to a}$。

根据二维情况下 $U=U(r,\theta)$ 的通解形式，得到 U_1 和 U_2 的通解形式为

$$U_1=\sum_{n=1}^{\infty}\left(A_nr^n+B_nr^{-n-1}\right)P_n\left(\cos\theta\right)$$

$$U_2=-E_0r\cos\theta+\sum_{n=1}^{\infty}\left(A_n'r^n+B_n'r^{-n}\right)P_n\left(\cos\theta\right)$$

根据边界条件确定通解中的系数：

(1) 球体内电势有限，即 $U_1|_{r\to 0}\to$ 有限值，则 $B_n=0$；

(2) 无限远处附加势为 0，即 $U_2'|_{r\to\infty}\to 0$，则 $A_n'=0$。

因此 U_1 和 U_2 的通解简化为

$$U_1=\sum_{n=1}^{\infty}A_nr^nP_n\left(\cos\theta\right)$$

$$U_2=-E_0r\cos\theta+\sum_{n=1}^{\infty}B_n'r^{-n}P_n\left(\cos\theta\right)$$

根据边界上的连续性条件：

$$\frac{1}{\rho_1}\left.\frac{\partial U_1}{\partial r}\right|_{r\to a}=\frac{1}{\rho_2}\left.\frac{\partial U_2}{\partial r}\right|_{r\to a}$$

$$U_2|_{r\to a}=U_1|_{r\to a}$$

将 U_1 和 U_2 的通解简化表达式代入上述边界条件，得

$$\frac{1}{\rho_1}\sum_{n=1}^{\infty}nA_na^{n-1}P_n\left(\cos\theta\right)=\frac{1}{\rho_2}\left(-E_0\cos\theta+\sum_{n=1}^{\infty}nB_n'a^{-n-1}P_n\left(\cos\theta\right)\right)$$

$$\sum_{n=1}^{\infty}A_na^nP_n\left(\cos\theta\right)=-E_0a\cos\theta+\sum_{n=1}^{\infty}B_n'a^{-n}P_n\left(\cos\theta\right)$$

上述等式对于所有 θ 都成立，而且 $\cos\theta=P_1\left(\cos\theta\right)$，因此

$n\neq 1$ 时

$$A_n=B_n'=0$$

$n=1$ 时

$$\frac{1}{\rho_1}A_1=\frac{1}{\rho_2}\left(-E_0-B_1'a^{-2}\right)$$

$$A_1a=-E_0a+B_1'a^{-1}$$

解得

$$A_1 = \frac{-2\rho_1}{\rho_2+\rho_1}E_0, \quad B_1' = \frac{\rho_2-\rho_1}{\rho_2+\rho_1}E_0 a^2$$

柱体内外的电势为

$$U_1 = -\left(1-\frac{\rho_2-\rho_1}{\rho_2+\rho_1}\right)E_0 r\cos\theta = -\left(1-\frac{\rho_2-\rho_1}{\rho_2+\rho_1}\right)E_0 z$$

$$U_2 = \left(-1+\frac{\rho_2-\rho_1}{\rho_2+\rho_1}\frac{a^2}{r^2}\right)E_0 r\cos\theta$$

柱体内外的电场分布为

$$\boldsymbol{E}_1 = -\nabla U_1 = -\frac{\partial U_1}{\partial z}\hat{z} = \left(1-\frac{\rho_2-\rho_1}{\rho_2+\rho_1}\right)E_0\hat{z}$$

$$E_{2r} = -\frac{\partial U_2}{\partial r} = \left(\frac{\rho_2-\rho_1}{\rho_2+\rho_1}\frac{a^2}{r^2}+1\right)E_0\cos\theta$$

$$E_{2\theta} = -\frac{1}{r}\frac{\partial U_2}{\partial \theta} = \left(\frac{\rho_2-\rho_1}{\rho_2+\rho_1}\frac{a^2}{r^2}-1\right)E_0\sin\theta$$

第 4 章 格林函数

分离变量法是解电磁场方程的基本方法，但第 3 章中只讨论了无源区域的齐次微分方程的求解问题，这是因为用分离变量法直接解非齐次方程有困难，非齐次项 (非齐次项是随源分布而变化的，并无固定形式) 的加入，往往不能实现分离变量。通常用相应的齐次方程通解加非齐次方程特解构成非齐次方程通解的方法只适用于某些特殊情况，不能给出普遍的解法。对于有源场，用格林函数构成方程的解是一种有效的方法。在电磁场问题中，一般情况下 (主要是对标量场方程而言)，格林函数的物理意义是单位点源所产生的场 (至于具体是哪一种场量，由源的性质决定)，求出给定边值条件下场方程的格林函数，理论上可以通过叠加原理求得实际给定源的场分布。因此，用格林函数解电磁场方程的核心问题是确定给定条件下的格林函数 (符果行，1993)，这也是本章的中心内容。

实际求格林函数时一般把描述点源场的非齐次方程看作除点源邻区以外空间的齐次方程和点源处边界条件 (由场在该点的不连续性导出)，从而把解非齐次方程问题化转成在附加边界条件 (源点条件) 下解齐次方程问题。给定分布的场由相应格林函数的场叠加 (积分) 求出，或者由格林函数构成场的积分方程，通过解积分方程求场的分布。

一方面，物理问题中的点源并非几何点，在趋近点源位置时，场保持有限性；另一方面，点源分布又造成了场的不连续性。为了表征点源的这种特殊性质，引入了 δ 函数这一有力工具，使点源的性质有了适当而有效的数学表达。因此，本章首先介绍 δ 函数的基本性质，然后介绍确定格林函数的几种常用方法，并通过一些例题说明格林函数法的实际步骤和有关问题。

4.1 点激励函数的性质

4.1.1 点激励源的 δ 函数表示

能激发场或其他空间扰动 (如弦或膜的震动) 的作用 (如力) 或物质 (如电荷、电流) 称为激励源。如果激励源集中在一点，则称为点激励源或点源。

但物理和工程上的点源是个辩证的概念，并非真的几何点，在离开源的距离远大于源的线度 (大小) 时，可以把点源看作一个几何点。当距离 $R \to 0$ 时，点源实际具有一定的分布或结构。因此，在观察点趋近于点源时，场仍为有限值。为反映这种特性，20 世纪初，英国著名的物理学家狄拉克提出了 δ 函数来表征点源的特性，获得了重要应用。δ 函数不是通常意义下的函数，而是一种广义函数，有以下一些重要性质。

(1) 当 $x \neq 0$ 时

$$\delta(x) = 0, \quad \int_{-\infty}^{+\infty} \delta(x)\mathrm{d}x = 1 \tag{4.1.1}$$

有时也把式 (4.1.1)(图 4.1.1) 概括为

$$\int_a^b \delta(x)\mathrm{d}x = \begin{cases} 0, & x = 0 \notin (a, b) \\ 1, & x = 0 \in (a, b) \end{cases} \tag{4.1.2}$$

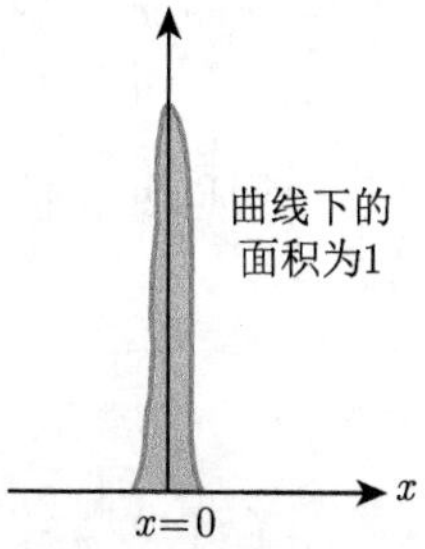

图 4.1.1　δ 函数

显然，δ 函数也可位于 x 轴上任意一点 $x = x_0$，因此更普遍地表示为

$$\int_a^b \delta(x - x_0)\mathrm{d}x = \begin{cases} 0, & x \notin (a, b) \\ 1, & x \in (a, b) \end{cases} \tag{4.1.3}$$

以上性质可以推广到三维空间

$$\int_v \delta(|\boldsymbol{r} - \boldsymbol{r}_0|)\mathrm{d}v = \begin{cases} 0, & \boldsymbol{r}_0 \notin V \\ 1, & \boldsymbol{r}_0 \in V \end{cases} \tag{4.1.4}$$

有时，把这一性质作为 δ 函数的定义。

(2) 当 $f(x)$ 在区域 R 存在并连续时

$$\int_{-\infty}^{+\infty} f(x)\delta(x - x_0)\mathrm{d}x = f(x_0), \quad x_0 \in R \tag{4.1.5}$$

或

$$\int_R f(x)\delta(x - x_0)\mathrm{d}x = \begin{cases} f(x_0), & x_0 \in R \\ 0, & x_0 \notin R \end{cases} \tag{4.1.6}$$

这个性质同样可以推广到三维空间

$$\int_{-\infty}^{+\infty} f(\boldsymbol{r})\delta(\boldsymbol{r}-\boldsymbol{r}_0)\mathrm{d}v = f(\boldsymbol{r}_0) \tag{4.1.7}$$

对矢量函数 $\boldsymbol{A}(\boldsymbol{r})$，有

$$\int_{-\infty}^{+\infty} \boldsymbol{A}(\boldsymbol{r})\delta(\boldsymbol{r}-\boldsymbol{r}_0)\mathrm{d}v = \boldsymbol{A}(\boldsymbol{r}_0) \tag{4.1.8}$$

(3) $\delta(x)$ 是无限可微的，其第 k 次导数用 $\delta^{(k)}(x)$ 表示，当 $f(x)$ 的 k 次导数存在并连续时

$$\int_{-\infty}^{+\infty} f(x)\delta^{(k)}(x-x_0)\mathrm{d}x = (-1)^k f^{(k)}(x_0) \tag{4.1.9}$$

式中，$f^{(k)}(x_0) = \left[\dfrac{\mathrm{d}^k}{\mathrm{d}x^k}f(x)\right]_{x=x_0}$。性质 2 和性质 3 称为 $\delta(x)$ 和 $\delta^{(k)}(x)$ 的选择性。

(4) 定义单位阶跃函数

$$H(x) = \begin{cases} 1, & x>0 \\ \dfrac{1}{2}, & x=0 \\ 0, & x<0 \end{cases} \tag{4.1.10}$$

则

$$\delta(x) = H'(x) \tag{4.1.11}$$

(5) $\delta(x)$ 是偶函数：

$$\delta(-x) = \delta(x) \tag{4.1.12}$$

而 $\delta'(x)$ 是奇函数：

$$\delta'(-x) = -\delta'(x) \tag{4.1.13}$$

(6)

$$\delta[\varphi(x)] = \sum_s \frac{\delta(x-x_{\mathrm{s}})}{|\varphi'(x_{\mathrm{s}})|} \tag{4.1.14}$$

式中，x_{s} 为 $\varphi(x)=0$ 的根。它的一个特例是

$$\delta(ax) = \frac{\delta(x)}{|a|} \tag{4.1.15}$$

式中，a 是常数。

有时，可以赋予 δ 函数解析形式。这种形式并不是唯一的，只要满足 δ 函数的基本性质即可。例如

$$\delta(x)=\lim_{a\to 0^+}\frac{1}{\pi}\frac{a}{a^2+x^2} \tag{4.1.16}$$

式中，$a\to 0^+$ 表示由 0 的右方趋于 0。或者

$$\delta(x)=\frac{1}{\pi}\lim_{k\to\infty}\frac{\sin kx}{x} \tag{4.1.17}$$

4.1.2 δ 函数的分离变量表示

在二维或三维问题中，表示点源分布的 δ 函数 $\delta(\boldsymbol{r}-\boldsymbol{r}_0)$ 实际包含 2 个或 3 个独立变量。在对拉普拉斯或亥姆霍兹方程分离变量时，方程右端的 δ 函数也必须分离变量，因此把它表示为相应的分离变量形式。

以三维空间中的点源为例，它应对三个变量都具有 δ 函数的性质，因此其分离变量表示为三个单变量 δ 函数的乘积，这种表示和 $\delta(\boldsymbol{r}-\boldsymbol{r}_0)$ 之间的关系根据 δ 函数的基本性质求出。

1. 三维问题

用 $u_i(i=1,2,3)$ 表示正交曲线坐标系中的独立变量。因为每个分离变量的 δ 函数都是一维的，三者的乘积表示点源分布，故应有

$$\int_{D_1}\delta(u_1-u_{10})\mathrm{d}u_1\int_{D_2}\delta(u_2-u_{20})\mathrm{d}u_2\int_{D_3}\delta(u_3-u_{30})\mathrm{d}u_3=1$$

式中，$D_i(i=1,2,3)$ 为变量 u_i 的变化范围，它们共同构成整个空间 V。因为

$$\begin{aligned}\iiint\limits_V\delta(\boldsymbol{R}-\boldsymbol{R}_0)\mathrm{d}V&=\iiint\delta(\boldsymbol{R}-\boldsymbol{R}_0)h_1\mathrm{d}u_1h_2\mathrm{d}u_2h_3\mathrm{d}u_3\\&=\int_{D_1}\delta(u_1-u_{10})\mathrm{d}u_1\int_{D_2}\delta(u_2-u_{20})\mathrm{d}u_2\int_{D_3}\delta(u_3-u_{30})\mathrm{d}u_3\\&=1\end{aligned}$$

所以

$$\delta(\boldsymbol{R}-\boldsymbol{R}_0)=\frac{1}{h_1h_2h_3}\delta(u_1-u_{10})\delta(u_2-u_{20})\delta(u_3-u_{30}) \tag{4.1.18}$$

式中，$h_i=\left[\left(\dfrac{\partial x}{\partial u_i}\right)^2+\left(\dfrac{\partial y}{\partial u_i}\right)^2+\left(\dfrac{\partial z}{\partial u_i}\right)^2\right]^{1/2}$ 是坐标系 u_1、u_2、u_3 的度量系数。

由式 (4.1.18) 容易求得常用的几种正交曲线坐标系中 δ 函数的分离变量表示。在直角坐标系中

$$\delta(\boldsymbol{R}-\boldsymbol{R}_0)=\delta(x-x_0)\delta(y-y_0)\delta(z-z_0) \tag{4.1.19}$$

在柱坐标系中

$$\delta(\boldsymbol{R}-\boldsymbol{R}_0)=\frac{\delta(r-r_0)\delta(\varphi-\varphi_0)\delta(z-z_0)}{r} \tag{4.1.20}$$

在球坐标系中

$$\delta(\boldsymbol{R}-\boldsymbol{R}_0)=\frac{\delta(R-R_0)\delta(\theta-\theta_0)\delta(\varphi-\varphi_0)}{r^2\sin\theta} \tag{4.1.21}$$

如果在球坐标系问题中，取 R、$\theta=\cos\theta$ 和 φ 为独立变量，则 $h_R=\sin\theta$，$h_\theta=R\csc\theta$，$h_\varphi=R$，故有

$$\delta(\boldsymbol{R}-\boldsymbol{R}_0)=\frac{\delta(R-R_0)\delta(\cos\theta-\cos\theta_0)\delta(\varphi-\varphi_0)}{R^2} \tag{4.1.22}$$

其他坐标系中的分离变量表示都可按式 (4.1.18) 求出。

2. 某些特殊点的 δ 函数分离变量表示

δ 函数能用式 (4.1.18) 表示的前提条件是 $h_1h_2h_3\neq 0$，如果在源点处某个坐标使在 $u_i=u_{i0}$ 时 $h_1h_2h_3=0$，则式 (4.1.19) 不能成立。例如，在柱坐标系中，$x=y=0$，$z=z_0$ 时 (即 z 轴上的任一点)，$r=0$，$z=z_0$，φ 可取任意值。即用 $r=0$，$z=z_0$ 可确定直角坐标系中 $x=y=0$，$z=z_0$ 点而不需要 φ 值，此时由 x,y,z 到 r,φ,z 的变换不是一一对应的。变换中取多值或不定值的坐标称为可忽略坐标。如果在点源分布位置出现可忽略坐标的情况，δ 函数的分离变量表示要另做处理。例如，当源点处 u_i 是可忽略坐标时，在该点 u_i 无定值，位于该点的源只需用 $\delta(u_j-u_{j0})$ 和 $\delta(u_k-u_{k0})$ 表示。于是在 u 坐标中源点处

$$\iiint\delta(\boldsymbol{R}-\boldsymbol{R}_0)h_ih_jh_k\mathrm{d}u_i\mathrm{d}u_j\mathrm{d}u_k=\iint\limits_{D_jD_k}\delta(u_j-u_{j0})\delta(u_k-u_{k0})\mathrm{d}u_j\mathrm{d}u_k=1$$

所以

$$\delta(\boldsymbol{R}-\boldsymbol{R}_0)=\frac{\delta(u_j-u_{j0})\delta(u_k-u_{k0})}{\displaystyle\int_{D_i}h_ih_jh_k\mathrm{d}u_i} \tag{4.1.23}$$

同样可以证明，当某点位置使 u_i、u_j 为可忽略坐标时，δ 函数在该点的分离变量表示为

$$\delta(\boldsymbol{R}-\boldsymbol{R}_0)=\frac{\delta(u_k-u_{k0})}{\displaystyle\iint_{D_jD_k}h_ih_jh_k\mathrm{d}u_j\mathrm{d}u_k} \tag{4.1.24}$$

可以把式 (4.1.18) ~ 式 (4.1.24) 应用到一些实际情况。在柱坐标系中，点源位于 z 轴 $z=z_0$ 点时，φ 是可忽略坐标，δ 函数在该点的分离变量表示为

$$\delta(\boldsymbol{R}-\boldsymbol{R}_0)=\frac{\delta(r)\delta(z-z_0)}{\displaystyle\int_0^{2\pi} r\mathrm{d}\varphi}=\frac{\delta(r)\delta(z-z_0)}{2\pi r}$$

在坐标原点，$z=0$：

$$\delta(\boldsymbol{R}-\boldsymbol{R}_0)=\delta(\boldsymbol{R})=\frac{\delta(r)\delta(z)}{2\pi r}$$

在球坐标系 z 轴上一点 $z=z_0$，$\theta=0$，φ 是可忽略的坐标：

$$\delta(\boldsymbol{R}-\boldsymbol{R}_0)=\frac{\delta(R-R_0)\delta(\theta)}{\displaystyle\int_0^{2\pi r} R^2\sin\theta\mathrm{d}\varphi}=\frac{\delta(R-R_0)\delta(\theta)}{2\pi R^2\sin\theta}$$

在坐标系原点，$R=0, \theta$ 和 φ 都成为可忽略坐标：

$$\delta(\boldsymbol{R}-\boldsymbol{R}_0)=\frac{\delta(R-R_0)}{\displaystyle\int_0^{2\pi}\int_0^{\pi} R^2\sin\theta\mathrm{d}\theta\mathrm{d}\varphi}=\frac{\delta(R-R_0)}{4\pi R^2}$$

3. 某些源分布的 δ 函数表示

δ 函数不仅可以表示点源分布，也可以表示线源和面源分布。如果源的分布是一维的 (如圆环状电流)，则它只对两个变量有 δ 函数性质，因此用二维 δ 函数表示，仍应有

$$\iiint_V \delta_{ij}(\boldsymbol{R}-\boldsymbol{R}_0)\mathrm{d}V=1$$

但其分离变量表示只是两个单变量 δ 函数的乘积，故有

$$\iiint \delta_{ij}(\boldsymbol{R}-\boldsymbol{R}_0)h_ih_jh_k\mathrm{d}u_i\mathrm{d}u_j\mathrm{d}u_k=\iint \delta(u_i-u_{i0})\delta(u_j-u_{j0})\mathrm{d}u_i\mathrm{d}u_j$$

所以

$$\delta_{ij}(\boldsymbol{R}-\boldsymbol{R}_0)=\frac{\delta(u_i-u_{i0})\delta(u_j-u_{j0})}{\displaystyle\int h_ih_jh_k\mathrm{d}u_k} \tag{4.1.25}$$

例如，柱坐标系中的平面圆环状源分布，沿 φ 方向为环状：

$$\delta_{rz}(\boldsymbol{R}-\boldsymbol{R}_0)=\frac{\delta(r-r_0)}{2\pi r}\delta(z-z_0)$$

球坐标中的圆环源：

$$\delta_{R\theta}(\boldsymbol{R}-\boldsymbol{R}_0)=\frac{\delta(R-R_0)\delta(\theta-\theta_0)}{2\pi r^2\sin\theta}$$

如果源分布是二维的，只有 u_k 方向具有 δ 函数的性质，不难证明

$$\delta_k(\boldsymbol{R}-\boldsymbol{R}_0)=\frac{\delta(u_k-u_{k0})}{\displaystyle\iint h_ih_jh_k\mathrm{d}u_i\mathrm{d}u_j} \tag{4.1.26}$$

如球坐标系中的球面源分布：

$$\delta_r(\boldsymbol{R}-\boldsymbol{R}_0)=\frac{\delta(R-R_0)}{4\pi R^2}$$

4. 二维场

如果问题本身是二维的，则只需两个单变量 δ 函数的乘积作 δ 函数的分离变量表示。为与三维问题区分，二维矢径用 $\boldsymbol{s}$ 表示，而源点的矢径用 $\boldsymbol{r}_0$ 表示。用与三维场完全类似的过程可以导出，对于二维问题：

$$\delta(\boldsymbol{r}-\boldsymbol{r}_0)=\frac{\delta(u_1-u_{10})\delta(u_2-u_{20})}{h_1h_2} \tag{4.1.27}$$

如柱坐标系 (二维问题相当于平面极坐标)：

$$\delta(\boldsymbol{r}-\boldsymbol{r}_0)=\frac{\delta(r-r_0)\delta(\varphi-\varphi_0)}{r}$$

如果源分布为一维的，则只对一个变量具有 δ 函数性质，这时 δ 函数 $\delta_i(\boldsymbol{r}-\boldsymbol{r}_0)$ 与其分离变量表示之间的关系为

$$\delta_i(\boldsymbol{r}-\boldsymbol{r}_0)=\frac{\delta(u_i-u_{i0})}{\displaystyle\int h_ih_j\mathrm{d}u_j} \tag{4.1.28}$$

如无限长圆柱面分布由于其对称性化为 r 和 φ 的二维问题时，在 r-φ 平面为一圆电流，可用 $\delta_r(\boldsymbol{r}-\boldsymbol{r}_0)$ 或分离变量形式表示，二者的关系为

$$\delta_r(\boldsymbol{r}-\boldsymbol{r}_0)=\frac{\delta(r-r_0)}{2\pi r}$$

4.1.3 δ 函数的展开

在求格林函数时，常常把含 δ 函数的非齐次方程化为原点以外的其次方程和源点附近的边界条件。在应用边界条件定通解中的系数时，须把 δ 函数按相应坐标系中的特殊函数展开。

(1) 直角坐标系中傅里叶展开：

$$\delta(x-x_0)=\frac{1}{2\pi}\int_{-\infty}^{+\infty}\mathrm{e}^{\mathrm{i}h(x-x_0)}\mathrm{d}h \tag{4.1.29}$$

展开式可以推广到二维、三维情况。

(2) 柱坐标系中傅里叶–贝塞尔展开：

$$\frac{\delta(r-r_0)}{r}=\int_0^{\infty}J_n(\lambda r_0)J_n(\lambda r)\lambda\mathrm{d}\lambda \tag{4.1.30}$$

$$\delta(\varphi-\varphi_0)=\frac{1}{2\pi}\sum_{m=-\infty}^{\infty}\mathrm{e}^{\mathrm{i}m(\varphi-\varphi_0)} \tag{4.1.31}$$

$$\delta(z-z_0)=\frac{1}{2\pi}\int_{-\infty}^{+\infty}\mathrm{e}^{\mathrm{i}h(z-z_0)}\mathrm{d}h=\frac{1}{\pi}\int_0^{\infty}\mathrm{d}h\cos[h(z-z_0)] \tag{4.1.32}$$

(3) 球坐标系中球函数展开：

$$\frac{\delta(R-R_0)}{R}=\frac{2}{\pi}\int_0^{\infty}J_n(\lambda R_0)J_n(\lambda R)\lambda^2\mathrm{d}\lambda \tag{4.1.33}$$

$$\begin{aligned}\delta(\boldsymbol{R}-\boldsymbol{R}_0)&=\frac{\delta(R-R_0)\delta(\cos\theta-\cos\theta_0)\delta(\theta-\theta_0)}{R^2}\\&=\frac{\delta(R-R_0)}{R^2}\sum_n\sum_m(a_{nm}\cos m\varphi+b_{nm}\sin m\varphi)P_n^m(\cos\theta)\end{aligned}$$

其中

$$a_{n0}=\frac{2n+1}{4\pi}P_n(\cos\theta_0)$$

$$a_{nm}=\frac{2n+1}{2\pi}\frac{(n-m)!}{(n+m)!}P_n^m(\cos\theta_0)\cos(m\varphi_0)$$

$$b_{nm}=\frac{2n+1}{2\pi}\frac{(n-m)!}{(n+m)!}P_n^m(\cos\theta_0)\sin(m\varphi_0)$$

$$\begin{aligned}\delta(\boldsymbol{R}-\boldsymbol{R}_0)&=\frac{\delta(R-R_0)}{R^2}\delta(\cos\theta-\cos\theta_0)\delta(\varphi-\varphi_0)\\&=\frac{\delta(R-R_0)}{R^2}\sum_{n=0}^{\infty}\sum_{m=1}^{n}\in\frac{2n+1}{4\pi}\frac{(n-m)!}{(n+m)!}\\&\quad P_n^m(\cos\theta_0)P_n^m(\cos\theta)\cos m(\varphi-\varphi_0)\end{aligned} \tag{4.1.34}$$

式中，$\varepsilon=\begin{cases}2, & n=0\\1, & n\neq 0\end{cases}$。如果含 θ 部分采用 θ 为变量，δ 函数为 $\delta(\theta-\theta_0)$，分母相应变为 $R^2\sin\theta$。

4.2　自由空间的格林函数

求格林函数的目的是解边值问题，因此本章重点介绍求边值问题的格林函数。自由空间 (无限空间) 的格林函数是边值问题的格林函数的基础，用 $G_0(\boldsymbol{r}/\boldsymbol{r}_0)$ 表示，简写作 G_0，本节首先介绍 $G_0(\boldsymbol{r}/\boldsymbol{r}_0)$ 的求法。

4.2.1　自由空间格林函数与场方程的解

二阶线性偏微分方程的普遍形式为

$$L\varphi(\boldsymbol{R}) = f(\boldsymbol{R}) \tag{4.2.1}$$

式中，L 为二阶线性微分算子，设自由项为单位点激励源时，相应的解为格林函数 $G_0(\boldsymbol{r}/\boldsymbol{r}_0)$，则

$$LG_0(\boldsymbol{R}/\boldsymbol{R}_0) = \delta(\boldsymbol{R} - \boldsymbol{R}_0) \tag{4.2.2}$$

由于方程是线性的，根据叠加性，源分布和解的对应关系如下：

源分布	方程的解
$\delta(\boldsymbol{R} - \boldsymbol{R}_0)$	$G_0(\boldsymbol{R}/\boldsymbol{R}_0)$
$f(\boldsymbol{R}_0)\delta(\boldsymbol{r} - \boldsymbol{r}_0)$	$f(\boldsymbol{R}_0)G_0$
$\iiint f(\boldsymbol{R}_0)\delta(\boldsymbol{R} - \boldsymbol{R}_0)\mathrm{d}v = f(\boldsymbol{R})$	$\iiint f(\boldsymbol{R}_0)G_0(\boldsymbol{R}/\boldsymbol{R}_0)\mathrm{d}v_0 = \varphi(\boldsymbol{R})$

因此，如 G_0 已知，则对于任意分布 $f(\boldsymbol{r})$，场的解由

$$\varphi(\boldsymbol{R}) = \iiint f(\boldsymbol{R}_0)\delta(\boldsymbol{R} - \boldsymbol{R}_0)\mathrm{d}v_0 = \iiint f(\boldsymbol{R}_0)G_0(\boldsymbol{R}/\boldsymbol{R}_0)\mathrm{d}v_0 \tag{4.2.3}$$

决定。因此，求出 G_0，原则上任意分布的解均可求出。这里，应用了格林函数的对易性：

$$G(\boldsymbol{R}/\boldsymbol{R}_0) = G(\boldsymbol{R}/\boldsymbol{R}_0)$$

4.2.2　泊松方程的格林函数

1. 自由空间中点源场的格林函数

先设自由空间中的点源位于 $\boldsymbol{R}_0 = 0$，这时场具有相对于原点的球对称性：

$$\nabla^2 G_0(\boldsymbol{R}/0) = -\delta(\boldsymbol{R}) \tag{4.2.4}$$

式 (4.2.4) 的非齐次方程可化作原点以外的齐次方程和原点处的边界条件，加上 $r \to \infty$ 时的边界条件得下列边值问题：

$$\begin{cases} \dfrac{\mathrm{d}^2 G_0(\boldsymbol{R}/0)}{\mathrm{d}R^2} = 0, \quad R \neq 0 \\ \lim\limits_{R \to 0} \dfrac{\mathrm{d}^2 G_0(\boldsymbol{R}/0)}{\mathrm{d}R^2} = -\delta(\boldsymbol{R}) \\ \lim\limits_{R \to \infty} G_0(\boldsymbol{R}/0) = 0 \end{cases} \tag{4.2.5}$$

由通解或直接积分可得

$$G_0 = A + \frac{B}{R} \tag{4.2.6}$$

由式 (4.2.5) 第三式 $R \to \infty$ 则 G_0=0，故 $A = 0$。当 $R \to 0$，把式 (4.2.4) 代入式 (4.2.5) 第二式，利用 δ 函数的性质：

$$\lim_{R \to 0} \iiint_{v_0} B \nabla^2 \left(\frac{1}{R} \right) \mathrm{d}v_0 = - \iiint \delta(\boldsymbol{R}) \mathrm{d}v = -1$$

可取 v_0 为以点源位置为中心的球体，应用高斯定理：

$$\lim_{R \to 0} \iiint_{v_0} B \nabla^2 \left(\frac{1}{R} \right) \mathrm{d}v_0 = \lim_{R \to 0} B \oiint \nabla \left(\frac{1}{R} \right) \cdot \mathrm{d}\boldsymbol{s} = -1$$

$$-B \oiint \frac{\boldsymbol{R} \cdot \mathrm{d}\boldsymbol{s}}{R^3} = -B \oiint \mathrm{d}\Omega = -4\pi B = -1$$

则 $B = \dfrac{1}{4\pi}$，故

$$G_0(\boldsymbol{R}/0) = G_0(\boldsymbol{R}) = \frac{1}{4\pi R}$$

式中，$G_0(\boldsymbol{R})$ 是 $G_0(\boldsymbol{R}/0)$ 的简化表示，以下继续使用这一简化表示。

若点源位于 $\boldsymbol{R}_0$，则只要作简单坐标变换即可得

$$G_0(\boldsymbol{R}/\boldsymbol{R}_0) = \frac{1}{4\pi |\boldsymbol{R} - \boldsymbol{R}_0|} \tag{4.2.7}$$

2. 二维问题的格林函数

对二维问题，点源的场具有轴对称性，用平面柱坐标系表示，$\dfrac{\partial}{\partial \varphi} = 0$，求二维空间的点源格林函数问题可表述为

$$\begin{cases} \nabla^2 G_0(\boldsymbol{r}) = 0, \quad r \neq 0 \\ \lim\limits_{r \to 0} \nabla^2 G_0(\boldsymbol{r}) = -\delta(\boldsymbol{r}) \\ \lim\limits_{r \to 0} G_0(\boldsymbol{r}) = 0 \end{cases} \tag{4.2.8}$$

式中，$r=a$ 为以源点位置为中心的圆周。式 (4.2.8) 实质上是为势函数选定参考点。采用与推导自由空间中点源场的格林函数类似的步骤解得

$$G_0(\boldsymbol{r})=-\frac{1}{2\pi}\ln\frac{a}{r}$$

当点源位于 $\boldsymbol{r}_0$ 时

$$G_0(\boldsymbol{r}/\boldsymbol{r}_0)=-\frac{1}{2\pi}\ln\frac{a}{|\boldsymbol{r}-\boldsymbol{r}_0|} \tag{4.2.9}$$

4.2.3 亥姆霍兹方程的格林函数

1. 辐射条件

对于波动方程，无限远处的边界条件应为

$$\lim_{R\to\infty}R\left(\frac{\partial}{\partial R}-\mathrm{i}k\right)\psi=0 \tag{4.2.10}$$

称为辐射条件。它的物理意义是当 $R\to\infty$ 时，应只有沿 R 正向传播的辐射 (发散) 波，而不应包括由 ∞ 向原点会聚的波。当 $R\to\infty$ 时，有限辐射源的波趋向球面波，容易证明，式 (4.2.10) 相当于只允许有 ψ $\left(\text{可表示为 }\dfrac{\mathrm{e}^{\mathrm{i}kR-\mathrm{i}\omega t}}{R}\text{ 的形式}\right)$ 的球面发射波存在。当时间因子用 $\mathrm{e}^{\mathrm{i}\omega t}$ 表示时，辐射条件式 (4.2.10) 括号内 “ − ” 号应换为 “ + ” 号。

2. 点源问题的格林函数

将原方程化为源点以外的齐次方程和源点处的边界条件。自由空间的点源场具有球对称性，$\dfrac{\partial}{\partial\theta}=\dfrac{\partial}{\partial\varphi}=0$。

$$\begin{cases}-(\nabla^2+K^2)G_0(\boldsymbol{R})=0, \quad R\neq 0\\ \lim\limits_{R\to0}[-(\nabla^2+K^2)G_0(\boldsymbol{R})]=\delta(\boldsymbol{R})\\ \lim\limits_{R\to\infty}R\left(\dfrac{\partial}{\partial R}-\mathrm{i}K\right)G_0(\boldsymbol{R})=0\end{cases} \tag{4.2.11}$$

齐次方程通解为

$$G_0(\boldsymbol{R})=A\frac{\mathrm{e}^{\mathrm{i}KR}}{R}+B\frac{\mathrm{e}^{-\mathrm{i}KR}}{R}$$

代入辐射条件式 (4.2.11) 第三式得 $B=0$。将 $G_0(\boldsymbol{R})=A\dfrac{\mathrm{e}^{\mathrm{i}KR}}{R}$ 代入 $R\to0$ 的边界条件式 (4.2.11) 第二式，由类似泊松方程时的运算得 $A=\dfrac{1}{4\pi}$。所以

$$G_0(\boldsymbol{R})=\frac{\mathrm{e}^{\mathrm{i}KR}}{4\pi R}$$

当点源在 $\boldsymbol{R}_0$ 时

$$G_0(\boldsymbol{R}/\boldsymbol{R}_0)=\frac{\mathrm{e}^{\mathrm{i}K|\boldsymbol{R}-\boldsymbol{R}_0|}}{4\pi|\boldsymbol{R}-\boldsymbol{R}_0|} \tag{4.2.12}$$

标量场和矢量场的格林函数都可根据源分布由 G_0 求出。

3. 二维平面的格林函数

二维或可化为二维的问题，点源分布的场具有轴对称性，可用平面极坐标系表示，$\dfrac{\partial}{\partial\varphi}=0$，于是点源场的问题可表示为

$$\begin{cases}(\nabla^2+k^2)G_0(\boldsymbol{r})=0, \quad r\neq 0\\ \lim\limits_{r\to 0}[-(\nabla^2+R^2)G_0(\boldsymbol{r})]=\delta(\boldsymbol{r})\\ \lim\limits_{r\to\infty}\sqrt{r}\left(\dfrac{\partial}{\partial r}-\mathrm{i}k\right)G_0(\boldsymbol{r})=0\end{cases} \tag{4.2.13}$$

式 (4.2.13) 第二式的齐次方程通解为

$$G_0(\boldsymbol{r})=AH_0^{(1)}(kr)+BH_0^{(1)}(kr) \tag{4.2.14}$$

将通解代入辐射条件式 (4.2.13) 第三式得 $B=0$，于是 $G_0(\boldsymbol{r})=AH_0^{(1)}(kr)$，代入边界条件式 (4.2.13) 第二式，应有

$$\lim_{r\to 0}\iint -(\nabla^2+k^2)AH_0^{(1)}(kr)\mathrm{d}s=1 \tag{4.2.15}$$

由二维高斯定理

$$\iint\limits_s \nabla\cdot\mathrm{d}s=\oint_c \boldsymbol{n}\cdot\mathrm{d}c \tag{4.2.16}$$

式中，s 是任意连续曲面；c 是作为 s 边界的闭曲线；$\boldsymbol{n}$ 为曲线的单位法向矢量。对于点源的邻区，s 可取为以点源位置为中心的圆，c 为包围 s 的圆周，$r=a$，因而式 (4.2.15) 变为

$$\begin{aligned}&\lim_{r\to 0}\iint_s[-(\nabla^2+k^2)AH_0^{(1)}(kr)\mathrm{d}s]\\ &=A\lim_{r\to 0}\left\{\left[-\oint\nabla H_0^{(1)}(kr)\cdot\boldsymbol{e}_r\mathrm{d}l\right]_{r=a}-\int_0^{2\pi}\int_0^a k^2H_0^{(1)}(kr)r\mathrm{d}r\mathrm{d}\varphi\right\}\\ &=A\lim_{r\to 0}\left\{-\int_0^{2\pi}\left[\frac{\partial}{\partial r}H_0^{(1)}(kr)\right]_{r=a}a\mathrm{d}\varphi-2\pi\int_0^{ka}(kr)H_0^{(1)}(kr)\mathrm{d}(kr)\right\}\end{aligned}$$

应用柱函数递推公式 (4.2.15) 和 $kr \to 0$ 时 $H^{(1)}(kr)$ 的渐进式，得

$$\lim_{r\to 0} - \iint_s (\nabla^2 + k^2) A H_0^{(1)}(kr)\mathrm{d}s = A \lim_{a\to 0}[2\pi ka H_1^{(1)}(ka)] - 2\pi \lim_{a\to 0}[H_0^{(1)}(kr)\cdot kr]_0^{ka}$$
$$= 2\pi A\left[ka\left(-\mathrm{i}\frac{0!}{\pi}\frac{2}{ka}\right)\right] = -4\mathrm{i}A = 1$$

则 $A = \mathrm{i}/4$，故知二维问题的格林函数为

$$G(\boldsymbol{r}/\boldsymbol{r}_0) = \frac{\mathrm{i}}{4}H_0^{(1)}(k\,|\boldsymbol{r}-\boldsymbol{r}_0|) \tag{4.2.17}$$

若时间因子为 $\mathrm{e}^{\mathrm{i}\omega t}$，可知 $G(\boldsymbol{r}/\boldsymbol{r}_0) = -\frac{\mathrm{i}}{4}H_0^{(2)}(k\,|\boldsymbol{r}-\boldsymbol{r}_0|)$。

4.3　边值问题的格林函数

边值问题可分为以下两种基本情况：

(1) 源分布在某一界面 s_1 之外，所考虑的空间 v 的界面 s 由 s_1 和半径 $R\to\infty$ 的球面 s_0 构成，即 $s = s_1 + s_0$；

(2) 所考虑的空间被封闭面 s 包围，即界面为有限封闭面 s (图 4.3.1)。

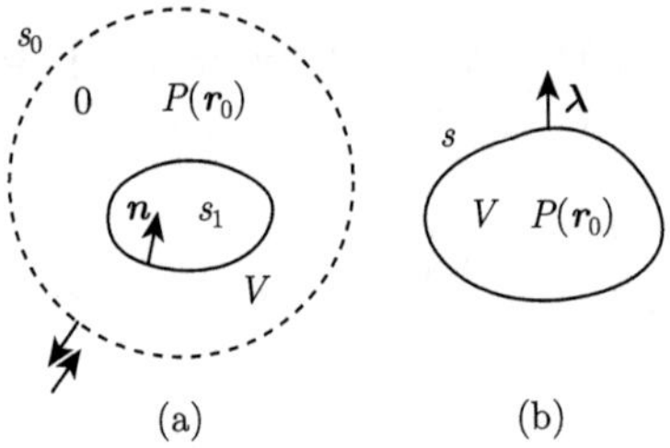

图 4.3.1　区域与边界

通常边界条件有以下三种类型：

(1) 第一类边界条件 (第一类格林函数)。格林函数法是定义格林函数 $G(\boldsymbol{r}/\boldsymbol{r}_0)$ 满足方程

$$\nabla^2 G(\boldsymbol{R}/\boldsymbol{R}_0) = -\delta(\boldsymbol{R}-\boldsymbol{R}_0)$$

或

$$\nabla^2 G(\boldsymbol{R}/\boldsymbol{R}_0) + k^2 G(\boldsymbol{R}/\boldsymbol{R}_0) = -\delta(\boldsymbol{R}-\boldsymbol{R}_0)$$

而边界条件则可以根据解题的需要设置。由于对泊松方程和亥姆霍兹方程在方法上的类似性，以下将主要讨论泊松方程的格林函数法求解。如果电磁场方程为

$$\nabla^2\varphi = -\rho/\varepsilon$$

则对 $\varphi(\boldsymbol{R})$ 和 $G(\boldsymbol{R}/\boldsymbol{R}_0)$ 应用格林第二恒等式得

$$\varphi(\boldsymbol{R})=\frac{1}{\varepsilon}\int_v G(\boldsymbol{R}/\boldsymbol{R}_0)\rho(\boldsymbol{R}_0)\mathrm{d}v_0+\oint_s\left[G(\boldsymbol{R}/\boldsymbol{R}_0)\frac{\partial\varphi(\boldsymbol{R})}{\partial n}-\varphi(\boldsymbol{R}_0)\frac{\partial G(\boldsymbol{R}/\boldsymbol{R}_0)}{\partial n}\right]\mathrm{d}s_0$$

注意这里对 $G(\boldsymbol{R}/\boldsymbol{R}_0)$ 在边界面 s 上的边界条件未有要求。因此，当 φ 满足第一类边界条件，即 φ 在边界上的值 $\varphi|_s$ 已知时，可以规定格林函数 (用 G_1 表示) 满足

$$G_1(\boldsymbol{R}/\boldsymbol{R}_0)|_s=0 \tag{4.3.1}$$

G_1 称为第一类格林函数，于是

$$\varphi(\boldsymbol{R})=\frac{1}{\varepsilon}\int_v G_1(\boldsymbol{R}/\boldsymbol{R}_0)\rho(\boldsymbol{R}_0)\mathrm{d}v_0-\oint_s\varphi(\boldsymbol{R}_0)\frac{\partial G_1(\boldsymbol{R}/\boldsymbol{R}_0)}{\partial n}\mathrm{d}s_0$$

当 $\varphi(\boldsymbol{R})|_s$ 为已知值或已知函数时，右端第二项可以求出，因此理论上 $\varphi(\boldsymbol{R})$ 的解已求出，只需对体积分和面积分进行具体计算即可。

(2) 第二类边界条件 (第二类格林函数)。第二类边界条件为 $\left.\dfrac{\partial\varphi}{\partial n}\right|_s$ 已知。为了简化求解，先仿照前面的情况规定 $\left.\dfrac{\partial G}{\partial n}\right|_s=0$，则面积分的第二项消失，可由已知的 $\left.\dfrac{\partial\varphi}{\partial n}\right|$ 和 $G(\boldsymbol{R}/\boldsymbol{R}_0)$ 计算 φ。但仔细分析可以发现 $\left.\dfrac{\partial G}{\partial n}\right|_s$ 的值是受到限制的，将

$$\nabla^2 G(\boldsymbol{R}/\boldsymbol{R}_0)=-\delta(\boldsymbol{R}-\boldsymbol{R}_0)$$

对体积 v 积分，应用高斯定理和 δ 函数的性质，得

$$\oint_s\frac{\partial G}{\partial n}\mathrm{d}s_0=-1$$

如果

$$\left.\frac{\partial G_2(\boldsymbol{R}/\boldsymbol{R}_0)}{\partial n}\right|_s=-\frac{1}{s} \tag{4.3.2}$$

s 为封闭面的总面积，则式 (4.3.2) 得到满足，相应的格林函数 $G_2(\boldsymbol{R}/\boldsymbol{R}_0)$ 称为第二类格林函数，此时方程的解

$$\varphi(\boldsymbol{R})=\frac{1}{\varepsilon}\int_v G_2(\boldsymbol{R}/\boldsymbol{R}_0)\rho(\boldsymbol{R}_0)\mathrm{d}v_0+\oint_s G_2(\boldsymbol{R}/\boldsymbol{R}_0)\frac{\partial\varphi(\boldsymbol{R}_0)}{\partial n}\mathrm{d}s+\langle\varphi\rangle$$

式中

$$\langle\varphi\rangle=-\oint_s\varphi\frac{\partial G_2}{\partial n}\mathrm{d}s=\frac{1}{s}\oint_s\varphi(\boldsymbol{R})\mathrm{d}s$$

为整个封闭面上的 φ 的平均值。对于前述情况 (2)，须求出 $\langle\varphi\rangle$，才能完全确定空间任一点的 $\varphi(\boldsymbol{R})$。对于情况 (1)，因为有限空间的分布在 ∞ 处产生的场趋于零，故实际上有

$$\begin{cases} \left.\dfrac{\partial G_2}{\partial n}\right|_s = -\dfrac{1}{s} \to 0 \\ \langle\varphi\rangle = \dfrac{1}{s}\oint_s \varphi(\boldsymbol{R})\mathrm{d}s \to 0 \end{cases} \tag{4.3.3}$$

所以

$$\varphi(\boldsymbol{R}) = \frac{1}{\varepsilon}\int_{v_0} G_2(\boldsymbol{R}/\boldsymbol{R}_0)\rho(\boldsymbol{R}_0)\mathrm{d}v_0 + \oint_s G_2(\boldsymbol{R}/\boldsymbol{R}_0)\frac{\partial\varphi}{\partial n}\mathrm{d}s$$

(3) 第三类边界条件 (第三类格林函数)。有时，把满足混合边界条件 ($s = s_1 + s_2, \varphi|_{s_1}$ 和 $\left.\dfrac{\partial\varphi}{\partial n}\right|_{s_2}$ 已知) 称为第三类边界条件，但它实质只是第一、二类边界条件的组合，并不是第三种类型。这里所说的第三类格林函数是指图 4.3.2 所表示的两个区域 v_1 和 v_2 的边值问题：s 是区域 v_1 和 v_2 间的界面，由于通常媒质的磁性与 μ_0 相差很小，认为 v_1 和 v_2 中磁导率均为 μ_0，只是介电常数不同。

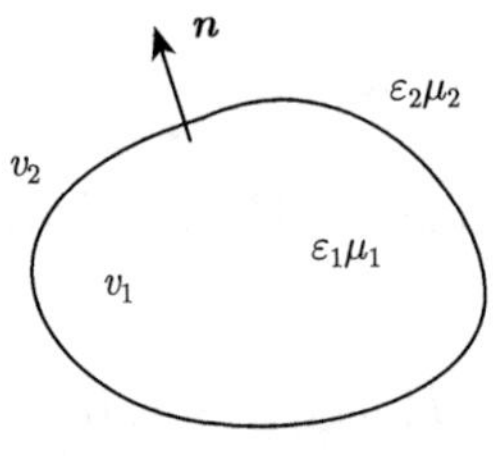

图 4.3.2 区域划分

s 上的 φ 值及 $\dfrac{\partial\varphi}{\partial n}$ 均未知，不能用第一类或第二类格林函数求解。因此引入第三类格林函数。设源在 v_1 内的 $\boldsymbol{R}_0$ 处，第三类格林函数满足方程

$$\begin{cases} \nabla^2 G_3^{11}(\boldsymbol{R}/\boldsymbol{R}_0) = -\delta(\boldsymbol{R}-\boldsymbol{R}_0), & \boldsymbol{R}_0 \in v_1 \\ \nabla^2 G_3^{21}(\boldsymbol{R}/\boldsymbol{R}_0) = 0, & \boldsymbol{R}_0 \in v_2 \end{cases}$$

式中，上标 11 表示源在 v_1 内时 v_1 的格林函数；上标 21 则表示源在 v_2 区域中各点的格林函数和边界条件。

$$\begin{cases} G_3^{11}(\boldsymbol{R}/\boldsymbol{R}_0) = G_3^{21}(\boldsymbol{R}/\boldsymbol{R}_0) \\ \varepsilon_1\dfrac{\partial G_3^{11}(\boldsymbol{R}/\boldsymbol{R}_0)}{\partial n} = \varepsilon_2\dfrac{\partial G_3^{21}(\boldsymbol{R}/\boldsymbol{R}_0)}{\partial n} \end{cases}, \quad \boldsymbol{r} \in s \tag{4.3.4}$$

仍利用格林第二恒等式，在 v_1 内有

$$\varphi_1(\boldsymbol{R})=\frac{1}{\varepsilon_1}\int_{v_1}G_3^{11}(\boldsymbol{R}/\boldsymbol{R}_0)\rho(\boldsymbol{R}_0)\mathrm{d}v_0+\oint\left(G_3^{11}\frac{\partial\varphi_1}{\partial n}-\varphi_1\frac{\partial G_3^{11}}{\partial n}\right)\mathrm{d}s$$

在 v_2 内应用格林第二恒等式，得

$$\varphi_2(\boldsymbol{R})=-\oint\left(G_3^{21}\frac{\partial\varphi_2}{\partial n}-\varphi_2\frac{\partial G_3^{21}}{\partial n}\right)\mathrm{d}s$$

由 φ 的边界条件和 G_3 的边界条件知，$\varphi_1(\boldsymbol{R})$ 表达式中的面积分也应为零，故得 v_1 中的解：

$$\varphi_1(\boldsymbol{R})=\frac{1}{\varepsilon_1}\int_{v_1}G_3^{21}(\boldsymbol{R}/\boldsymbol{R}_0)\rho(\boldsymbol{R}_0)\mathrm{d}v_1$$

v_2 中的解：

$$\varphi_2(\boldsymbol{R})=\frac{1}{\varepsilon_1}\int_{v_1}G_3^{21}(\boldsymbol{R}/\boldsymbol{R}_0)\rho(\boldsymbol{R}_0)\mathrm{d}v_1$$

注意式中是 $\dfrac{1}{\varepsilon_1}$，因为 ρ 分布在 v_1 区域，所以积分在 v_1 内进行。这个结果是应用格林第二恒等式，G_3 和 φ 的边界条件以及 G_3^{21} 和 G_3^{12}(设源分布在 v_2 时 v_1 内的格林函数) 的关系导出的。

由以上讨论可见，在用格林函数解题时，关键在于求出各种边界条件下的格林函数。接下来介绍几种常用的求格林函数的方法。

4.4 边值问题的格林函数的解法

4.4.1 镜像法

镜像法是把点电荷在边界 s 上感应的电荷分布用适当大小、位于适当位置的虚设镜像电荷代替，它对场的作用与 s 上原有的分布相同。于是原来的问题变为原点电荷与镜像在无界空间的场的问题。确定镜像电荷大小和位置的依据是在所考虑的区域满足原问题的方程和边界条件。

用镜像法确定格林函数的方法在有关数学物理方法或电磁理论的书籍中均有叙述，因此不再详细推导，只简单叙述几种基本情况。

1) 接地导体平面

设导体平面在 $z=0$ 平面，在 $\boldsymbol{R}_0(x_0,y_0,z_0)$ 处有点电荷 $\delta(\boldsymbol{R}-\boldsymbol{R}_0)$。已知无界空间的格林函数为 $G_0(\boldsymbol{R}/\boldsymbol{R}_0)=\dfrac{1}{4\pi|\boldsymbol{R}-\boldsymbol{R}_0|}$，根据 $z=0$ 处 $\varphi=0$ 的边界条件，可在 $\boldsymbol{R}_0'(x_0,y_0,-z_0)$ 处放置像电荷 $-\delta(\boldsymbol{R}-\boldsymbol{R}_0')$ 代替接地导体平面的作用，

格林函数为

$$G_1(\boldsymbol{R}/\boldsymbol{R}_0) = G_0(\boldsymbol{R}/\boldsymbol{R}_0) + G_1(\boldsymbol{R}/\boldsymbol{R}_0') = \frac{1}{4\pi\left|\boldsymbol{R}-\boldsymbol{R}_0\right|} - \frac{1}{4\pi\left|\boldsymbol{R}-\boldsymbol{R}_0'\right|} \tag{4.4.1}$$

式中

$$\begin{cases} \left|\boldsymbol{R}-\boldsymbol{R}_0\right| = [(x-x_0)^2+(y-y_0)^2+(z-z_0)^2]^{1/2} \\ \left|\boldsymbol{R}-\boldsymbol{R}_0'\right| = [(x-x_0)^2+(y-y_0)^2+(z+z_0)^2]^{1/2} \end{cases} \tag{4.4.2}$$

对于 $z>0$ 空间有电荷分布 $\rho(\boldsymbol{r}_0)$ 的情况，任一点电势为

$$\varphi(\boldsymbol{R}) = \frac{1}{\varepsilon}\int_v G_1(\boldsymbol{R}/\boldsymbol{R}_0)\mathrm{d}v_0$$

体积分实际只涉及 ρ 不为零的区域。当存在两个以上的理想导体面时，需要用多个或无穷多个镜像代替源分布。

现举例说明如何用镜像法求格林函数。用四块半无限导体平面围成楔形开口(图 4.4.1) 空间，高 $2h$，在距上、下底面各为 h 的中心线上、距楔形的棱为 a 处有一单位点电荷。

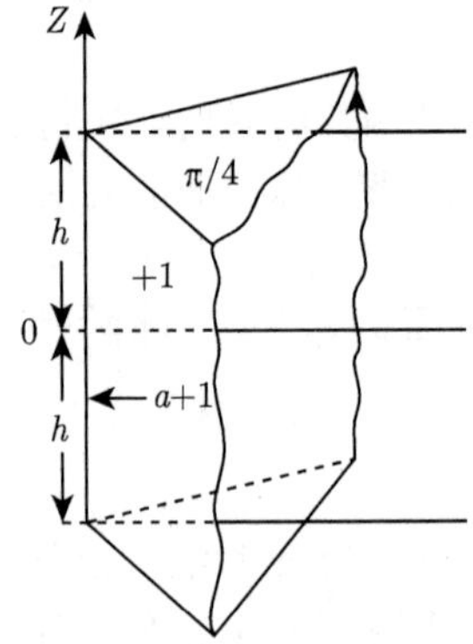

图 4.4.1　楔形开口模型

由于顶面和底面的作用，沿 $r=a(\varphi=0)$ 的直线上应有无穷多个镜像 $q_m = (-1)^m\cdot 1 = (-1)^m$，其位置应分别在 $r=a$ 线上 $z_m \pm 2mh$ 处，$m=1,2,\cdots$。由于导体平面 $\varphi=\pm\dfrac{\pi}{4}$ 的作用，点源和点源的像都在 $r=a$ 的圆周上产生镜像。因此在 $z=0$ 和 $z=\pm 2mh$ 平面上，$\varphi = 2n\dfrac{\pi}{4} = n\cdot\dfrac{\pi}{2}(n=1,2,3)$ 的各点产生电荷为 $q_{nm} = (-1)^{n+m}\cdot 1 = (-1)^{n+m}$ 的镜像。格林函数 $G_1(\boldsymbol{R}/\boldsymbol{R}_0)$ 是点源和各镜像 $\boldsymbol{R}(r,\varphi,z)$ 产生的势函数之和。如果在表示镜像的表达式中取 $m=$

$0,1,2,\cdots$, $n=0,1,2,3$, 则包括了源点和所有镜像，故有

$$G_1(\boldsymbol{R}/\boldsymbol{R}_0)=\frac{1}{4\pi\varepsilon_0}\sum_{m=-\infty}^{\infty}\sum_{n=0}^{3}\frac{q_{nm}}{|\boldsymbol{R}-\boldsymbol{R}_{nm}|}$$
$$=\frac{1}{4\pi\varepsilon_0}\sum_{m=-\infty}^{\infty}\sum_{n=0}^{3}\frac{1}{\left[a^2+r^2-2ar\cos\left(\varphi-n\frac{\pi}{2}\right)+(z+2mh)^2\right]^{1/2}}$$

2) 接地导体球面

设空间有半径为 a 的接地导体球，在 $\boldsymbol{R}_0$ 处有点电荷 q，求像电荷 q' 的位置和大小 (图 4.4.2)。

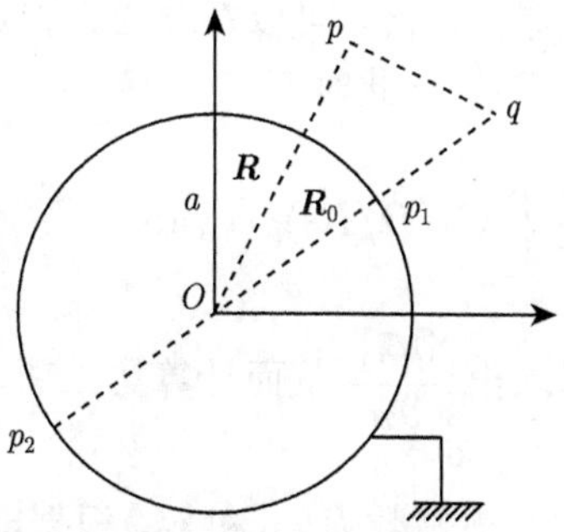

图 4.4.2 接地导体球

由球面相对于 q 点的对称性知 q' 也应在球心与 q 所在点的连线上，设 q' 距球心为 R_0'，为确定 q' 和 R_0'，应有两个方程，为此，在球面上取 p_1 点和 p_2 点，它们的电势均应为零，故得

$$\begin{cases}\dfrac{q}{R_0-a}+\dfrac{q'}{a-R_0'}=0\\[2mm]\dfrac{q}{R_0+a}+\dfrac{q'}{a+R_0'}=0\end{cases}$$

解得

$$q'=\frac{-a}{R_0}q,\quad R_0'=\frac{a^2}{R_0}=\left(\frac{a}{R_0}\right)^2R_0$$

第一类格林函数为

$$G_1(\boldsymbol{R}/\boldsymbol{R}_0)=\frac{1}{4\pi\,|\boldsymbol{R}-\boldsymbol{R}_0|}-\frac{a}{4\pi R_0\,|\boldsymbol{R}-\boldsymbol{R}_0|}\qquad(4.4.3)$$

式中

$$|\boldsymbol{R}-\boldsymbol{R}_0|=\left[\left(x-\frac{a^2}{R_0^2}x_0\right)^2+\left(y-\frac{a^2}{R_0^2}y_0\right)^2+\left(z-\frac{a^2}{R_0^2}z_0\right)^2\right]^{1/2} \tag{4.4.4}$$

对于球外有分布 $\rho(\boldsymbol{r}_0)$ 的情况：

$$\varphi(\boldsymbol{R})=\frac{1}{\varepsilon}\int_v G_1(\boldsymbol{R}/\boldsymbol{R}_0)\rho(\boldsymbol{R}_0)\mathrm{d}v_0$$

如果 q 在球内，也可类似地求得位于球外的电像大小及位置。

在以上两种情况下，都假设导体球面是接地的，$\varphi|_s=0$，因此 $\varphi(\boldsymbol{R})$ 的表达式中面积分一项为零，如果导体球面不接地，则边界条件为 $\varphi|_s=\varphi_0$，φ_0 为常数，由此求得 G_1(例如，在球面情况，可以在球心设置点电荷 q'' 以满足边界条件，G_1 与上面求得的相差一个常数)，此时

$$\varphi(\boldsymbol{R})=\frac{1}{\varepsilon}\int_v G_1(\boldsymbol{R}/R_0)\rho(\boldsymbol{r}_0)\mathrm{d}v-\frac{\varphi_0}{\varepsilon}\oint_s\frac{\partial G_1}{\partial n}\mathrm{d}s$$

理论上，已求得 G_1，可以求出 $\dfrac{\partial G_1}{\partial n}$ 从而计算第二项。

3) 充满不同电介质的半空间

设半空间 (图 4.4.3) 的介电常数为 ε_1 和 ε_2，根据电像法，可先用位于 $\boldsymbol{R}_0(x_0, y_0,-z_0)$ 的像 q' 代替下半空间的介质影响，而把空间换为介电常数为 ε_1 的全空间。

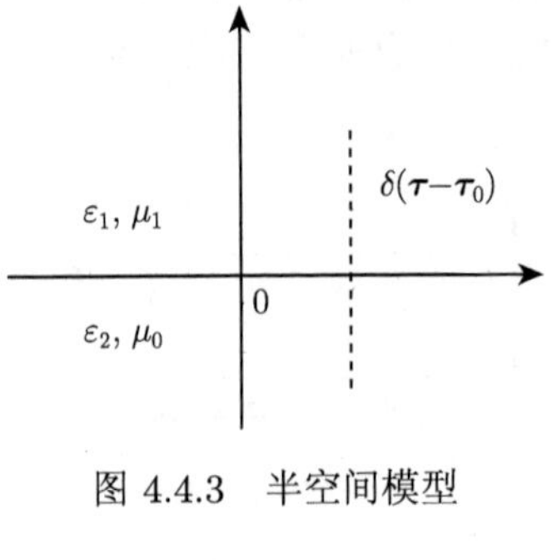

图 4.4.3　半空间模型

可以得到格林函数为

$$\begin{aligned}G_3^{11}(\boldsymbol{R}/\boldsymbol{R}_0)=&\frac{1}{4\pi}\left[\frac{1}{[(x-x_0)^2+(y-y_0)^2+(z-z_0)^2]^{1/2}}\right.\\&\left.+\frac{q'}{[(x-x_0)^2+(y-y_0)^2+(z+z_0)^2]^{1/2}}\right]\end{aligned}$$

求 G_3^{11} 时，在 $\boldsymbol{R}_0$ 处设置镜像电荷代替上半空间的介质影响，而令原电荷和镜像电荷的总电量为 q''，空间换为介电常数 ε_2 的全空间。

$$G_3^{21}(\boldsymbol{R}/\boldsymbol{R}_0)=\frac{1}{4\pi}\frac{q''}{[(x-x_0)^2+(y-y_0)^2+(z-z_0)^2]^{1/2}}$$

代入边界条件

$$G_3^{11}\Big|_{z=0}=G_3^{21}\Big|_{z=0},\quad \varepsilon_1\frac{\partial G_3^{11}}{\partial z}\bigg|_{z=0}=\varepsilon_2\frac{\partial G_3^{21}}{\partial z}\bigg|_{z=0}$$

解得

$$q'=\frac{\varepsilon_1-\varepsilon_2}{\varepsilon_1+\varepsilon_2},\quad q''=\frac{2\varepsilon_1}{\varepsilon_1+\varepsilon_2}$$

因此得

$$G_3^{11}(\boldsymbol{R}/\boldsymbol{R}_0)=\frac{1}{4\pi|\boldsymbol{R}-\boldsymbol{R}_0|}+\frac{\varepsilon_1-\varepsilon_2}{4\pi(\varepsilon_1+\varepsilon_2)}\frac{1}{|\boldsymbol{R}-\boldsymbol{R}_0|}\tag{4.4.5}$$

$$G_3^{21}(\boldsymbol{R}/\boldsymbol{R}_0)=\frac{\varepsilon_1}{2\pi(\varepsilon_1+\varepsilon_2)}\frac{1}{|\boldsymbol{R}-\boldsymbol{R}_0|}\tag{4.4.6}$$

由此计算在 ε_1 空间有分布 $\rho(\boldsymbol{r}_0)$ 时的势为

$$\varphi_1=\frac{1}{\varepsilon_1}\int_v G_3^{11}(\boldsymbol{R}/\boldsymbol{R}_0)\rho(\boldsymbol{R}_0)\mathrm{d}v$$

$$\varphi_2=\frac{1}{\varepsilon_2}\int_v G_3^{21}(\boldsymbol{R}/\boldsymbol{R}_0)\rho(\boldsymbol{R}_0)\mathrm{d}v$$

积分实际只涉及有电荷分布的区域。

对于时谐场，可根据相应的无界空间格林函数及边界条件 (辐射条件) 求格林函数。由于边界条件不同，往往需要用镜像法以外的方法。

4.4.2　正交函数展开法

正交函数展开法的基本思想是把格林函数的三维微分方程先在二维空间用正交函数展开为级数形式，代入方程中利用正交函数的正交归一性和 δ 函数的特性，得到一维变量的常微分方程。再根据边界条件确定展开式中的系数，从而得到格林函数的级数解。下面通过几个常用正交坐标系中的实例说明该方法的具体实现。

1) 直角坐标系

设平面导体板 $x=0$，$y=0$ 和 $y=b$ 围成一矩形截面的无限长槽状区域，在区域内 $\boldsymbol{r}_0(x_0,y_0,z_0)$ 处有一沿 z 方向无限延伸的线源 (图 4.4.4)，求形成的场的格林函数。

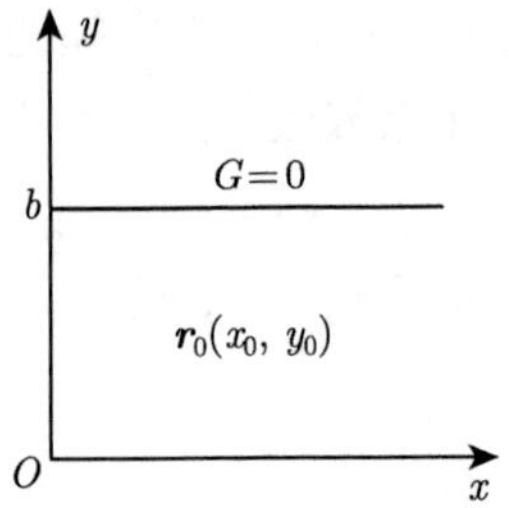

图 4.4.4 无限延伸的线源

因为 z 方向无限延伸，所以在有限区域 z 的每一截面情况相同。即场的分布应不随 z 改变，因此是二维场。格林函数 G 所满足的方程为

$$\frac{\partial^2 G}{\partial x^2}+\frac{\partial^2 G}{\partial y^2}=-\delta(x-x_0)(y-y_0) \tag{4.4.7}$$

边界条件：

$$G=0,\begin{cases} y=0,b, & x\geqslant 0\\ x=0, & 0\leqslant y\leqslant b\\ x\to\infty \end{cases}$$

所以它实际是第一类格林函数。设 G 的基本解为

$$G(x,y/x_0,y_0)=X(x)Y(y)$$

先考虑 $Y(y)$，根据 $y=0,b,G=0$，知其通解只包含 $\sin vx$，由 $y=b,G=0$ 得

$$v=\frac{n\pi}{b}$$

所以

$$Y_n(y)=\sin\frac{n\pi}{b}y,\quad n=1,2,3,\cdots \tag{4.4.8}$$

把对应于每个 n 值的 x 函数的解写作 $X_m(x)$：

$$G=\sum_{n=1}^{\infty}X_n(x)\sin\frac{m\pi}{b}y \tag{4.4.9}$$

代入原方程得

$$\sum_n\left[\frac{\partial^2}{\partial x^2}-\left(\frac{n\pi}{b}\right)^2\right]X_n(x)\sin\frac{n\pi}{b}y=-\delta(x-x_0)(y-y_0)$$

两端乘以 $\sin\frac{n\pi}{b}y\mathrm{d}y$ 并对区间 $[0,b]$ 积分，由函数的正交性和 δ 函数的性质得 X_n

的微分方程

$$\left[\frac{\mathrm{d}^2}{\mathrm{d}x^2}-\left(\frac{n\pi}{b}\right)^2\right]X_n(x)=-\frac{2}{b}\sin\frac{n\pi}{b}y_0\delta(x-x_0)$$

可以按通常解微分方程的方法求解。把方程化为 $x\neq x_0$ 处的齐次方程和 $x=x_0$ 附近的边界条件：

$$\left[\frac{\mathrm{d}^2}{\mathrm{d}x^2}-\left(\frac{n\pi}{b}\right)^2\right]X_n(x)=0,\quad x\neq x_0 \tag{4.4.10}$$

$$\lim_{x\to x_0}\left[\frac{\mathrm{d}^2}{\mathrm{d}x^2}-\left(\frac{n\pi}{b}\right)^2\right]X_n(x)=-\frac{2}{b}\sin\frac{n\pi}{b}y_0\delta(x-x_0) \tag{4.4.11}$$

$$\begin{cases} X_n\to 0, & \text{当 } x\to\infty \\ X_n=0, & \text{当 } x=0 \end{cases} \tag{4.4.12}$$

$X_n(x)$ 的通解为

$$X_n=A_n\mathrm{e}^{-\frac{n\pi}{b}x}+B_n\mathrm{e}^{\frac{n\pi}{b}x}$$

根据式 (4.4.12) 中给出的 $x=0$ 和 $x\to\infty$ 的边界条件知，在 $x<x_0$ 区，$A_n=-B_n$；在 $x>x_0$ 区，$B_n=0$。因此，$X_n(x)$ 须分区表示如下：

$$X_n(x)=\begin{cases} A_n\mathrm{e}^{-\frac{n\pi}{b}x}, & x>x_0 \\ B_n\mathrm{sh}\dfrac{n\pi}{b}x, & x<x_0 \end{cases} \tag{4.4.13}$$

再利用 $x=x_0$ 处的边界条件确定 A_n 和 B_n。把 X_n 代入 $x\to x_0$ 处的边界条件，根据 $\delta(x-x_0)$ 的性质，右端对 x 积分时，只在 $(x-\varepsilon,x+\varepsilon)$ 区间 (ε 为很小的值) 有贡献，故得

$$\lim_{\varepsilon\to 0}\int_{x_0-\varepsilon}^{x_0+\varepsilon}\frac{\mathrm{d}^2X_n}{\mathrm{d}x^2}\mathrm{d}x-\left(\frac{n\pi}{b}\right)^2\lim_{\varepsilon\to 0}\int_{x_0-\varepsilon}^{x_0+\varepsilon}X_n\mathrm{d}x=-\frac{2}{b}\sin\frac{n\pi}{b}y_0 \tag{4.4.14}$$

在 $x=x_0$ 时，格林函数应连续，故有

$$A_n\mathrm{e}^{-\frac{n\pi}{b}x_0}=B_n\mathrm{sh}\frac{n\pi}{b}x_0 \tag{4.4.15}$$

而式 (4.4.14) 左端第二项应为零：

$$\lim_{\varepsilon\to 0}\left[\frac{\mathrm{d}X_n}{\mathrm{d}x}\right]_{x_0-\varepsilon}^{x_0+\varepsilon}=\lim_{\varepsilon\to 0}\left[\left.\frac{\mathrm{d}X_n}{\mathrm{d}x}\right|_{x_0+\varepsilon}-\left.\frac{\mathrm{d}X_n}{\mathrm{d}x}\right|_{x_0-\varepsilon}\right]=-\frac{2}{b}\sin\frac{n\pi}{b}y_0$$

将 X_n 的通解代入

$$-\frac{n\pi}{b}A_n\mathrm{e}^{-\frac{n\pi}{b}x_0}-\frac{n\pi}{b}B_n\mathrm{ch}\frac{n\pi}{b}x_0=-\frac{2}{b}\sin\frac{n\pi}{b}y_0 \tag{4.4.16}$$

由式 (4.4.15) 和式 (4.4.16)，解得

$$A_n = \frac{2}{n\pi}\mathrm{sh}\frac{n\pi}{b}x_0 \sin\frac{n\pi}{b}, \quad B_n = \frac{2}{n\pi}\mathrm{e}^{-\frac{n\pi}{b}x_0}\sin\frac{n\pi}{b}y_0$$

第一类格林函数

$$G(x,y/x_0,y_0) = \frac{2}{\pi}\sum_n \frac{1}{n}\sin\frac{n\pi}{b}y_0\sin\frac{n\pi}{b}y\cdot\begin{cases}\mathrm{e}^{-\frac{n\pi}{b}x_0}\mathrm{sh}\frac{n\pi}{b}x, & 0\leqslant x\leqslant x_0\\ \mathrm{sh}\frac{n\pi}{b}x_0\mathrm{e}^{-\frac{n\pi}{b}x}, & x_0<x\leqslant\infty\end{cases}$$

2) 球坐标系

以导体球外的单位点源的场为例：

$$\nabla^2 G(\boldsymbol{R}/\boldsymbol{R}_0) = -\delta(\boldsymbol{R}-\boldsymbol{R}_0)$$

由于正交展开的需要，把 δ 函数表示为分离变量形式：

$$\nabla^2 G(R,\theta,\varphi/r_0,\theta_0,\varphi_0) = -\frac{\delta(R-R_0)}{R^2}\delta(\cos\theta-\cos\theta_0)\delta(\varphi-\varphi_0) \tag{4.4.17}$$

式中

$$\delta(\cos\theta-\cos\theta_0) = \frac{\delta(\theta-\theta_0)}{\sin\theta} \tag{4.4.18}$$

方程左端格林函数的正交展开可参照右端 δ 函数的展开式。由 δ 函数展开式 (4.1.34) 知

$$\begin{aligned}&\frac{\delta(\theta-\theta_0)}{\sin\theta}\delta(\varphi-\varphi_0)\\ =&\delta(\cos\theta-\cos\theta_0)\delta(\varphi-\varphi_0)\\ =&\sum_{n=0}^{\infty}\left[\frac{2\pi+1}{4\pi}P_n(\cos\theta_0)P_n(\cos\theta)\right.\\ &+\sum_{m=1}^{n}\frac{2n+1}{2\pi}\frac{(n-m)!}{(n+m)!}P_n^m(\cos\theta_0)\cos m\varphi_0 P_n^m(\cos\theta)\cos m\varphi\\ &\left.+\sum_{m=1}^{n}\frac{2n+1}{2\pi}\frac{(n-m)!}{(n+m)!}P_n^m(\cos\theta_0)\sin m\varphi_0 P_n^m(\cos\theta)\sin m\varphi\right]\end{aligned}$$

根据式 (4.4.18)，可等效地表示为

$$\begin{aligned}&\delta(\cos\theta-\cos\theta_0)\delta(\varphi-\varphi_0)\\ =&\sum_{n=0}^{\infty}\sum_{m=-n}^{n}\frac{2n+1}{4\pi}\frac{(n-m)!}{(n+m)!}P_n^m(\cos\theta)P_n^m(\cos\theta_0)\mathrm{e}^{-\mathrm{i}m\varphi_0}\mathrm{e}^{\mathrm{i}m\varphi}\end{aligned}$$

如果定义

$$Y_{nm}(\theta,\varphi)=\sqrt{\frac{2n+1}{4\pi}\frac{(n-m)!}{(n+m)!}}P_n^m(\cos\theta)\mathrm{e}^{\mathrm{i}m\varphi}$$

则可写成更简洁的形式：

$$\delta(\cos\theta-\cos\theta_0)\delta(\varphi-\varphi_0)=\sum_{n=0}^{\infty}\sum_{m=-n}^{n}\tilde{Y}_{nm}(\theta_0,\varphi_0)Y_{nm}(\theta,\varphi)$$

式中，$\tilde{Y}_{nm}$ 是 Y_{nm} 的复共轭。根据 δ 函数展开式，把 G 展开为

$$G(R/R_0)=\sum_{n=0}^{\infty}\sum_{m=-n}^{n}R_{nm}(R/R_0,\theta_0,\varphi_0)Y_{nm}(\theta,\varphi)$$

代入球坐标系中格林函数的泊松方程得

$$\sum_{n=0}^{\infty}\sum_{m=-n}^{n}\left[\frac{1}{R}\frac{\mathrm{d}^2}{\mathrm{d}R^2}(RR_{nm})Y_{nm}-\frac{n(n+1)}{r^2}R_{nm}Y_{nm}\right]$$
$$=-\frac{\delta(R-R_0)}{R^2}\sum_{n=0}^{\infty}\sum_{m=-n}^{n}\tilde{Y}_{nm}(\theta_0,\varphi_0)Y_{nm}(\theta,\varphi)$$

可令

$$R_{nm}(R,R_0,\theta_0,\varphi_0)=g_n(R/R_0)\tilde{Y}_{nm}(\theta,\varphi)$$

利用 Y_{nm} 的正交性化简后可得到关于变量 R 的常微分方程：

$$\frac{1}{R}\frac{\mathrm{d}^2}{\mathrm{d}R^2}[Rg_n(R/R_0)]-\frac{n(n+1)}{R^2}g_n(R/R_0)=-\frac{\delta(R-R_0)}{R^2}\tag{4.4.19}$$

仍化作 $R\neq R_0$ 的齐次方程和 $R=a$ 处的边界条件，加上原边界条件构成与原问题等效的问题如下：

$$\frac{1}{R}\frac{\mathrm{d}^2}{\mathrm{d}R^2}(Rg_n)-\frac{n(n+1)}{R^2}g_n=0,\quad r\neq r_0\tag{4.4.20}$$

$$\lim_{R\to R_0}\left[\frac{1}{R}\frac{\mathrm{d}^2}{\mathrm{d}R^2}(Rg_n)-\frac{n(n+1)}{R^2}g_n\right]=-\frac{\delta(R-R_0)}{R^2}\tag{4.4.21}$$

$$\begin{cases}R=a, & g_n=0\\ R\to\infty, & g_n\to 0\end{cases}\tag{4.4.22}$$

与直角坐标系情况类似，由齐次方程通解和后两个边界条件得

$$g_n=\begin{cases}A_n(R^n-a^{2n+1}R^{-(n+1)}), & r\leqslant r_0\\ B_nR^{-(n+1)}, & r>r_0\end{cases}\tag{4.4.23}$$

再利用 $R \to R_0$ 时，g_n 的连续性和方程的性质，可求得

$$A_n = \frac{R_0^{-(n+1)}}{2n+1}, \quad B_n = \frac{1}{2n+1} a^{2n+1} R_0^{-(n+1)}$$

外域问题的格林函数为

$$G(\boldsymbol{R}/\boldsymbol{R}_0) = \sum_{n=0}^{\infty} \sum_{m=-n}^{n} \frac{1}{2n+1} \tilde{Y}_{nm}(\theta_0, \varphi_0)$$

$$Y_{nm}(\theta, \varphi) \begin{cases} \dfrac{1}{R_0^{n+1}} \left(R^n - \dfrac{a^{2n+1}}{R^{n+1}} \right), & R \leqslant R_0 \\ \dfrac{1}{R^{n+1}} \left(R_0^n - \dfrac{a^{2n+1}}{R^{n+1}} \right), & R > R_0 \end{cases} \tag{4.4.24}$$

注意，以上都是通过具体例子说明方法的一般步骤，所得的展开式系数决定于给定问题的边界条件，并不是普遍结果。处理实际问题时，要根据边界条件灵活运用上述方法。展开式所用函数和普遍解的形式与方程的形式有关。例如，对于亥姆霍兹方程，含 R 部分的通解应是球贝塞尔函数而不是 R^n 和 $R^{-(n+1)}$。

3) 柱坐标系

在柱坐标系中方程的形式为

$$\nabla^2 G = \frac{1}{r} \frac{\partial}{\partial r} \left(r \frac{\partial G}{\partial r} \right) + \frac{1}{r^2} \frac{\partial^2 G}{\partial \varphi^2} + \frac{\partial^2 G}{\partial z^2} = -\frac{\delta(r - r_0)\delta(\varphi - \varphi_0)}{r} \tag{4.4.25}$$

以接地导体柱面和点电荷为例，先分析 G 和 δ 函数的展开形式。含 φ 部分应取 $\mathrm{e}^{\pm \mathrm{i} n\varphi}$，含 z 部分一般为 $\mathrm{e}^{\pm \mathrm{i}\lambda z}$，分离变量常数 λ 的值不受限制，但根据解的单值性要求，n 应为整数。含 r 部分由于必须满足 $r = a$ 时 $G = 0$，故应取 $J_n(\lambda_i r)$ 的形式，$\lambda_{ia} = \mu_{ni} (i = 1, 2, 3, \cdots)$ 是 n 阶贝塞尔函数的第 i 个根。因为

$$\int_0^a J_n(\lambda_i r) J_n(\lambda_j r) r \cdot \mathrm{d}r = \begin{cases} \dfrac{a^2}{2} J_{n+1}^2(\lambda_i a), & i = j \\ 0, & i \neq j \end{cases}$$

所以贝塞尔函数展开部分应为 $\dfrac{\sqrt{2}}{aJ_{n+1}(\lambda_i a)} J_n(\lambda_i r)$，含 φ 部分的归一化正交函数为

$$\sqrt{\frac{2 - \delta_0^n}{2\pi}} \begin{Bmatrix} \cos n\varphi \\ \sin n\varphi \end{Bmatrix}$$

其中，$\delta_0^n = \begin{cases} 1, & n=0 \\ 0, & n\neq 0 \end{cases}$。因此仿照球坐标系的情况，在 $0\leqslant r\leqslant a$，$0\leqslant\varphi\leqslant 2\pi$ 的二维空间取归一化正交完备系

$$F_{ni}(r,\varphi)=\frac{1}{a\sqrt{\pi}}\frac{\sqrt{2-\delta_0^n}}{J_{n+1}(\lambda_i a)}J_n(\lambda_i a)\begin{cases}\cos n\varphi\\ \sin n\varphi\end{cases} \tag{4.4.26}$$

展开二维空间的 δ 函数：

$$\frac{\delta(r-r_0)\delta(\varphi-\varphi_0)}{r}=\sum_{n=0}^{\infty}\sum_{i=1}^{\infty}\tilde{F}_{ni}(r_0,\theta_0)F_{ni}(r,\theta) \tag{4.4.27}$$

式中，$\tilde{F}_{ni}$ 是 F_{ni} 的复共轭。再根据这一展开式把 $G(\boldsymbol{R}/\boldsymbol{R}_0)$ 写为

$$G(\boldsymbol{R}/\boldsymbol{R}_0)=\sum_{n}\sum_{i}Z(z/z_0)\tilde{F}_{ni}(r_0,\theta_0)F_{ni}(r,\theta) \tag{4.4.28}$$

代入原方程，利用正交完备系的正交性、归一性和 δ 函数的性质，得关于 z 的常微分方程

$$\frac{\mathrm{d}^2Z}{\mathrm{d}z^2}-\lambda^2Z=-\delta(z-z_0)$$

等效地化作齐次方程和源点处的边界条件，配合原边界条件，得到

$$\frac{\mathrm{d}^2Z}{\mathrm{d}z^2}-\lambda^2Z=0 \tag{4.4.29}$$

$$\lim_{z\to z_0}\left(\frac{\mathrm{d}^2Z}{\mathrm{d}z^2}-\lambda^2Z\right)=-\delta(z-z_0) \tag{4.4.30}$$

$$z\to\pm\infty,\quad Z\to 0 \tag{4.4.31}$$

由通解和边界条件知

$$Z(z/z_0)=\begin{cases}A_i\mathrm{e}^{-\lambda\mathrm{i}z}, & z\geqslant z_0\\ B_i\mathrm{e}^{\lambda\mathrm{i}z}, & z<z_0\end{cases} \tag{4.4.32}$$

仍由 Z 在 $r=r_0$ 的连续性和方程在 $z=z_0$ 的性质确定 A_i 和 B_i，得

$$A_i=\frac{1}{2\lambda_i}\mathrm{e}^{\lambda\mathrm{i}z_0},\quad B_i=\frac{1}{2\lambda_i}\mathrm{e}^{-\lambda\mathrm{i}z_0}$$

于是得

$$G(\boldsymbol{r}/\boldsymbol{r}_0)=\frac{1}{2\pi a^2}\sum_{n=0}^{\infty}\sum_{i=1}^{\infty}\frac{2-\delta_0^n}{\lambda_iJ_{n+1}^2(\lambda_ia)}J_n(\lambda_ir_0)J_n(\lambda_ir)\cos n(\varphi-\varphi_0)\,\mathrm{e}^{-\lambda_i|z-z_0|} \tag{4.4.33}$$

注意，这里只是通过具体例子说明方法的一般步骤，正交完备系的选择、通解中常数的确定等，要根据所用坐标系中方程的通解和边界条件的具体性质确定。

4.4.3　S-L 方程的格林函数

由前面叙述可以看出，用正交函数展开法确定边值问题的格林函数可以分为三个主要步骤：

(1) 根据选用的坐标系和边界条件选择适当的正交函数系，把写作分离变量形式的格林函数的一部分用选定正交函数系展开。如果方程含有 i 个变量，则先对与 $(i-1)$ 个变量有关的部分展开。例如，球坐标系中，如果方程含 R、θ、φ 三个变量，则可先对含 θ、φ 部分展开。

(2) 把展开的部分代入假设的解，再把整个解与 δ 函数的展开式代入原方程两端，利用级数展开式中正交函数系的正交性以及 δ 函数的性质把原方程化简为只含有一个变量的常微分方程。

(3) 求解余下的非齐次常微分方程，通常的方法是把非齐次方程转换为源点邻区以外的其次方程和在源点处场的边界条件 (或极限条件)，与原有的边界条件构成一个与原点问题等效的问题。解此常微分方程，再结合结果中含其余 $(i-1)$ 个变量部分的展开式得到整个方程的解。解中的系数由给定的边界条件决定。

如前所述，最后余下的常微分方程都可归结为 S-L 方程。因此，可以根据 S-L 方程的普遍形式对 (3) 归纳出一套“公式化”的通用方法，以便在用正交函数展开法求格林函数时应用。当然，如果只含一个变量，可以直接用下面介绍的方法求解。

1. *求 S-L 方程的格林函数的通用方法*

δ 源分布的 S-L 方程为

$$L(G)=(\omega pG')'+(\lambda-q)\,\omega G=-\delta(x-x_0) \tag{4.4.34}$$

式中，x 代表正交曲线坐标系中任意自变量；G 是 $G(x/x_0)$ 的简写。化为 $x\to x_0$ 的其次方程和 $x\to x_0$ 时的边界条件：

$$(\omega pG')''+(\lambda-q)\,\omega G=0,\quad x\neq x_0 \tag{4.4.35}$$

$$\lim_{x\to x_0}\left[(\omega PG')'+(\lambda-q)\,\omega G\right]=-\delta(x-x_0) \tag{4.4.36}$$

将式 (4.4.36) 对 x 积分，因为右端的积分只在 $(x_0-\varepsilon,x_0+\varepsilon)$ 区间有贡献 (ε 为无限小量)，故得

$$\lim_{\varepsilon\to 0}\left[\int_{x_0-\varepsilon}^{x_0+\varepsilon}(\omega PG')'\,\mathrm{d}x+\int_{x_0-\varepsilon}^{x_0+\varepsilon}(\lambda-q)\,\omega G\mathrm{d}x\right]=-1$$

因为 q 和 W 是 x 的连续函数，G 在 $x=x_0$ 连续，所以 $\lim_{\varepsilon\to 0}\int_{x_0-\varepsilon}^{x_0+\varepsilon}(\lambda-q)\omega G\mathrm{d}x=0$，于是

$$\lim_{\varepsilon\to 0}\left[\omega PG'\right]_{x_0-\varepsilon}^{x_0+\varepsilon}=-1$$

若 $p(x)$ 在 $x=x_0$ 连续，则有

$$\lim_{\varepsilon\to 0}G'\bigg|_{x_0-\varepsilon}^{x_0+\varepsilon}=\frac{1}{\omega(x_0)P(x_0)}$$

故得格林函数 G 在 $x=x_0$ 的边界条件：

$$G(x)\Big|_{x_0^+}=G(x)\Big|_{x_0^-} \tag{4.4.37}$$

$$G'(x)\Big|_{x_0^+}-G'(x)\Big|_{x_0^-}=\frac{-1}{\omega(x_0)P(x_0)} \tag{4.4.38}$$

求 S-L 方程式 (4.4.34) 的格林函数可按下列步骤进行：

(1) 求出相应其次方程 $\boldsymbol{L}(G)=0$ 的线性独立解 G_α 和 G_β 。

(2) 由于在 $x=x_0$ 处 G' 不连续，以 x_0 为界，把 G 划分为两个区域，格林函数分别写作

$$G_1(x/x_0)=(A-\alpha)G_\alpha(x/x_0)+(B-\beta)G_\beta(x/x_0),\quad x\in(a,x_0) \tag{4.4.39}$$

$$G_2(x/x_0)=(A+\alpha)G_\alpha(x/x_0)+(B+\beta)G_\beta(x/x_0),\quad x\in(x_0,b) \tag{4.4.40}$$

式中，A、B 和 α、β 为待定系数。

(3) 由 G 在 $x=x_0$ 的性质 [式 (4.4.37) 和式 (4.4.38)] 确定 α、β。

把以 x_0 为界的两个区域的格林函数式 (4.4.39) 和式 (4.4.40) 代入式 (4.4.37) 和式 (4.4.38) 中，得

$$\begin{aligned}&(A-\alpha)G_\alpha(x_0)+(B-\beta)G_\beta(x_0)\\=&(A+\alpha)G_\alpha(x_0)+(B+\beta)G_\beta(x_0)(A+\alpha)G'_\alpha(x_0)\\&+(B+\beta)G'_\beta(x_0)-(A-\alpha)G'_\alpha(x_0)-(B-\beta)G'_\beta(x_0)\\=&-\frac{1}{\omega(x_0)P(x_0)}\end{aligned}$$

化简得

$$2\alpha G_\alpha x_0-2\beta G_\beta(x_0)=0$$

$$2\alpha G'_\alpha(x_0)+2\beta G'_\beta(x_0)=-\frac{1}{\omega(x_0)P(x_0)}$$

由此解得

$$\alpha=\frac{1}{2\omega\left(x_0\right)}\frac{G_\beta\left(x_0\right)}{G_\alpha\left(x_0\right)G_\beta'\left(x_0\right)-G_\beta\left(x_0\right)G_\alpha'\left(x_0\right)}$$

$$\beta=-\frac{1}{2\omega\left(x_0\right)P\left(x_0\right)}\frac{G_\alpha\left(x_0\right)}{G_\alpha\left(x_0\right)G_\beta'\left(x_0\right)-G_\beta\left(x_0\right)G_\alpha'\left(x_0\right)}$$

以上各式中，$G'\left(x_0\right)=G'\left(x\right)|_{x=x_0}=\left.\frac{\mathrm{d}G\left(x\right)}{\mathrm{d}x}\right|_{x=x_0}$。$\alpha$、$\beta$ 表达式的分母是 G_α、G_β 的朗斯基行列式在 $x=x_0$ 的值，在实际问题中，往往可以化简为很简单的形式。

把求得的 α、β 代入式 (4.4.39) 和式 (4.4.40)，即得 G_1 和 G_2 的表达式。

$$G_1\left(x/x_0\right)=AG_\alpha+BG_\beta-\left(\alpha G_\alpha+\beta G_\beta\right),\quad x\in\left(a,x_0\right) \tag{4.4.41}$$

$$G_2\left(x/x_0\right)=AG_\alpha+BG_\beta+\left(\alpha G_\alpha+\beta G_\beta\right),\quad x\in\left(x_0,b\right) \tag{4.4.42}$$

(4) 由边界条件确定 A、B。把 α、β 代入 G_1 和 G_2 的表达式后含常数 A、B。由 $x=a,x=b$ 处原有的边界条件确定 A、B 后即得确定解。

这里叙述的一般步骤与 4.4.2 小节略有不同。4.4.2 小节是先写出 G_α、G_β 组成的通解，由边界条件得到的通解中常数的关系以及 G、G' 在 x_0 的性质最后确定常数。两者实际是等效的，只是顺序不同，但边界条件是因问题而异的，所以得不出固定形式的表达式。本小节的步骤可使求格林函数的方法在一定程度上“公式化”，便于普遍应用。注意，选择 G_α、G_β 时就要考虑到边界条件。

2. 例题

例 1　设长度为 L 的弦，在 $x=x_0$ 点受到单位点激励 (时谐式)，边界条件为 $G'(0)=G(L)=0$，求格林函数。

解：因为场是时谐场，方程为

$$\left(\nabla^2+k^2\right)G\left(x/x_0\right)=-\delta\left(x-x_0\right)$$

$$\left(\frac{\mathrm{d}^2}{\mathrm{d}x^2}+k^2\right)G\left(x/x_0\right)=-\delta\left(x-x_0\right)$$

相当于 $p\left(x\right)=1,\omega\left(x\right)=1$。

取线性独立解 $G_\alpha=\cos kx,G_\beta=\sin kx$。由式 (4.4.35) 和式 (4.4.36) 求得

$$\alpha=\frac{1}{2}\frac{\sin kx_0}{k\left(\cos^2 kx+\sin^2 kx\right)}=\frac{1}{2k}\sin kx_0$$

$$\beta=-\frac{1}{2k}\cos kx_0$$

$$G_1 = (A-\alpha)\,G_\alpha + (B-\beta)\,G_\beta, \quad x \in (a, x_0)$$

$$G_2 = (A+\alpha)\,G_\alpha + (B+\beta)\,G_\beta, \quad x \in (x_0, L)$$

代入边界条件，$G'(0), G(L) = 0$，得

$$\begin{cases} B-\beta = 0 \\ (A+\alpha)\cos kL + (B+\beta)\sin kL = 0 \end{cases}$$

解得

$$B = \beta, A = \alpha + \frac{\sin(L-x_0)}{k\cos kL}$$

所以

$$G(x/x_0) = \frac{\sin(L-x_0)}{k\cos kL}\cos kx, \quad x \in (0, x_0)$$

$$G_2(x/x_0) = \frac{\cos kx_0}{k\cos kL}\sin(L-x), \quad x \in (x_0, L)$$

需要指出，$G_2(x/x_0) = G_1(x/x_0)$ 在一般情况下都成立。

例 2 在矩形截面的无限长空心导体柱面的 (x_0, y_0) 点有一平行于柱轴的无限长时谐式变化的线电流 (单位强度)。设截面宽度和高度分别为 a 和 b，导体柱面接地 (图 4.4.5)。

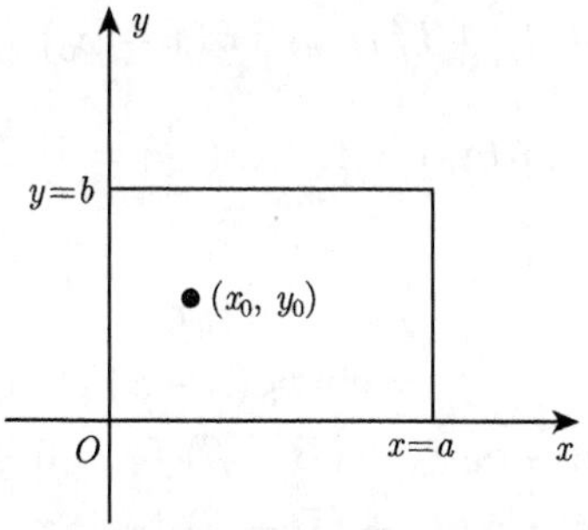

图 4.4.5 接地导体柱面

解：因为空腔和线源都是沿 z 轴无限延伸的，故为二维场，方程为

$$\frac{\partial^2 G}{\partial x^2} + \frac{\partial^2 G}{\partial y^2} + k_2 G = -\delta(x-x_0)\,\delta(y-y_0)$$

边界条件：

$$\begin{cases} x = 0, a; \quad G = 0 \\ y = 0, b; \quad G = 0 \end{cases}$$

因为是两个变量问题，先进行正交展开。设 $G(x,y)=\sum\limits_{n}X_n(x)Y_n(y)$，把 Y 按正交函数展开，根据 y 的边界条件知应取正弦函数

$$G=\sum X_n(x)\sin\frac{n\pi}{b}y$$

代入原方程

$$\sum\left[\frac{\partial^2}{\partial x^2}X_n\sin\frac{n\pi}{b}y+\left(k^2-\frac{n^2\pi^2}{b^2}\right)X_n\sin\frac{n\pi}{b}y\right]=-\delta(x-x_0)\,\delta(y-y_0)$$

两端乘以 $\sin\dfrac{n\pi}{b}y$ 并对 y 积分，得

$$\frac{\mathrm{d}^2X_n}{\mathrm{d}x^2}+\left(k^2-\frac{n^2\pi^2}{b^2}\right)X_n=-\frac{2}{b}\sin\frac{n\pi}{b}y_0\delta(x-x_0)$$

令 $k^2-\dfrac{n^2\pi^2}{b^2}=k_b^2$，则

$$\frac{d^2X_n}{dx^2}+k_b^2X_n=-\frac{2}{b}\sin\frac{n\pi}{b}y_0\delta(x-x_0)$$

令 $X_n=\dfrac{2}{b}\sin\dfrac{n\pi}{b}y_0f_n(x)$，则 $f_n(x)$ 满足

$$f_n''+k_b^2f_n=-\delta(x-x_0)$$

$$p(x_0)=1,\quad \omega(x_0)=1$$

取

$$\begin{aligned}
f_\alpha&=\sin k_bx\\
f_\beta&=\sin k_b(a-x)\\
f_{n1}&=(A-\alpha)f_\alpha+(B-\beta)f_\beta,\quad 0\leqslant x<x_0\\
f_{n2}&=(A+\alpha)f_\alpha+(B+\beta)f_\beta,\quad x_0\leqslant x\leqslant a
\end{aligned}$$

由式 (4.4.35) 和式 (4.4.36) 得

$$\alpha=\frac{1}{2}\frac{\sin k_b(a-x_0)}{k_b\sin k_bx_0\cos k_b(a-x_0)+k_b\sin k_b(a-x_0)\cos k_bx_0}=\frac{1}{2k_b}\frac{\sin k_b(a-x_0)}{\sin k_ba}$$

$$\beta=-\frac{1}{2k_b}\frac{\sin k_bx_0}{\sin k_ba}$$

由边界条件得 $B=\beta,A=-\alpha$。

$$f_{n1}=2\alpha f_\alpha,\quad f_{n2}=2\beta f_\beta$$

$$X_{n1}=\frac{2\sin k_b\left(a-x_0\right)\sin\dfrac{n\pi}{b}y_0}{bk_b\sin k_ba}\sin k_bx$$

$$X_{n2}=-\frac{2\sin k_bx_0\sin\dfrac{n\pi}{b}y_0}{bk_b\sin k_ba}\sin k_b\left(a-x\right)$$

最后得

$$G_1\left(x/x_0\right)=\sum_n\frac{2}{bk_b}\frac{\sin k_b\left(a-x_0\right)\sin\dfrac{n\pi}{b}y_0}{\sin k_ba}\sin k_bx\sin\frac{n\pi}{b}y,\quad x\in\left(0,x_0\right)$$

$$G_2\left(x/x_0\right)=\sum_n\frac{-2}{bk_b}\frac{\sin k_bx_0\sin\dfrac{n\pi}{b}y_0}{\sin k_ba}\sin k_b\left(a-x\right)\sin\frac{n\pi}{b}y,\quad x\in\left(x_0,a\right)$$

4.4.4 本征函数展开法

本征函数展开法是与正交函数展开法类似的一种方法，更适于解亥姆霍兹方程。设格林函数满足方程

$$\nabla^2G\left(\boldsymbol{r}/\boldsymbol{r}_0\right)+\lambda G\left(\boldsymbol{r}/\boldsymbol{r}_0\right)=-\delta\left(\boldsymbol{r}/\boldsymbol{r}_0\right)\tag{4.4.43}$$

及一定的边界条件，可以求它的函数展开解。通常的正交函数完备系满足方程

$$\nabla^2\psi_v\left(\boldsymbol{r}\right)+v\psi_v\left(\boldsymbol{r}\right)=0\tag{4.4.44}$$

式中，v 为常数或由常数构成的某种表达式，如果要求 ψ_v 满足一定的边界条件时，v 不可能为任意值而只能取某些特定值 λ_n，而 ψ 满足

$$\nabla^2\psi_n\left(\boldsymbol{r}\right)+v\psi_n\left(\boldsymbol{r}\right)=0\tag{4.4.45}$$

式中，ψ_n 称为相应算子的本征函数，而 λ_n 称为其本征值。这里的目的是把 $G\left(\boldsymbol{r}/\boldsymbol{r}_0\right)$ 表示为 ψ_n 的展开式，因此，在确定 λ_n 时，可令 ψ_n 与 G 满足相同的边界条件。例如，$\sin vx$ 满足

$$\frac{\mathrm{d}^2}{\mathrm{d}x^2}\left(\sin vx\right)+v^2\sin vx=0$$

当要求它在 $x=0,a$ 的值为零时，必须

$$v=\lambda_n=\frac{n\pi}{a},\quad n=0,1,2,\cdots$$

作为正交完备系，ψ_n 满足

$$\int_v\omega\tilde{\psi}_m\left(\boldsymbol{r}\right)\psi_n\left(\boldsymbol{r}\right)\mathrm{d}v=\begin{cases}N, & m=n\\0, & m\neq n\end{cases}\tag{4.4.46}$$

式中，$\tilde{\psi}_m$ 是 ψ_m 的复共轭；ω 是权函数。$\sqrt{N}$ 称为本征函数系的归一化系数，即函数系 $\left\{\frac{1}{\sqrt{N}}\psi_n(\boldsymbol{r})\right\}$ 构成归一化正交完备系，格林函数可用 ψ_n 或 $\frac{1}{\sqrt{N}}\psi_n$ 展开。为此，令

$$G(\boldsymbol{r}/\boldsymbol{r}_0)=\sum C_n\psi_n(\boldsymbol{R})$$

代入 G 所满足的方程得

$$-\sum_n C_n\left(\nabla^2\psi_n+\lambda\psi_n\right)=\delta(\boldsymbol{R}-\boldsymbol{R}_0)$$

利用本征函数 ψ_n 的方程式 (4.4.45) 得

$$\sum_n C_n(\lambda_n-\lambda)\psi_n=\delta(\boldsymbol{R}-\boldsymbol{R}_0)$$

两端乘以 $\psi_n(\boldsymbol{R})$ 并对空间积分，根据 ψ_n 的正交归一性和 δ 函数的选择性得

$$C_n=\frac{\tilde{\psi}_n(\boldsymbol{R}_0)}{(\lambda_n-\lambda)N} \tag{4.4.47}$$

式中，$N=\int_v\tilde{\psi}_n\psi_n\mathrm{d}v=\int_v\psi_n^2\mathrm{d}v=\|\psi_n\|^2$，称为本征函数系 $\{\psi_n\}$ 的模，当 ψ_n 为实函数时，$\tilde{\psi}_n=\psi_n$，于是得

$$G(\boldsymbol{R}/\boldsymbol{R}_0)=\sum_n\frac{\tilde{\psi}_n(\boldsymbol{R}_0)}{(\lambda_n-\lambda)N} \tag{4.4.48}$$

当方程含两个以上的变量时，可以先通过变换得到单变量方程，再用本征函数展开；也可以同时对多个 G 作多重展开。根据坐标系和 G 的边界条件选取本征函数。

习 题

习题 4.1 边值问题的格林函数

由 $x=0,a$ 和 $y=0,b$ 四个无限长导体平板形成的矩形截面空腔 (图习题 4.1) 内的 (x_0,y_0,z_0) 处有 y 方向的电流源 $\delta(\boldsymbol{r}-\boldsymbol{r}_0)$，设边界条件为

$$G=0,\ \text{当}\ x=0,a\ \text{和}\ z\to\pm\infty$$

$$\frac{\partial G}{\partial y}=0,\ \text{当}\ y=0,b$$

求格林函数 $G(\boldsymbol{r}/\boldsymbol{r}_0)$。

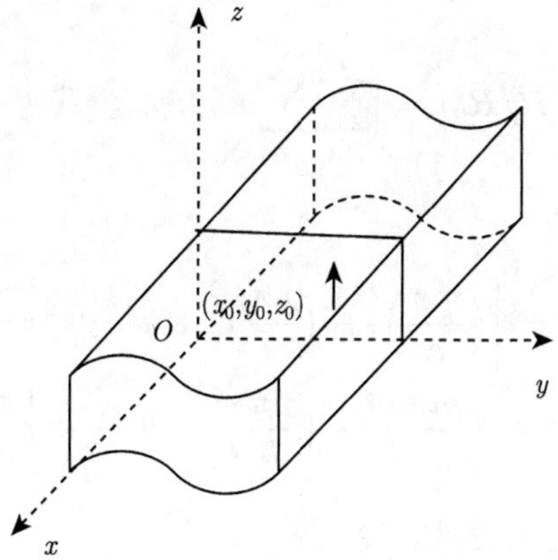

图习题 4.1　无限长导体板所围矩形空腔

解：本题考查边值问题的格林函数的求解方法。

$G(\boldsymbol{r}/\boldsymbol{r}_0)$ 满足方程

$$\nabla^2 G(\boldsymbol{r}/\boldsymbol{r}_0) + K^2 G(\boldsymbol{r}/\boldsymbol{r}_0) = -\delta(\boldsymbol{r}/\boldsymbol{r}_0)$$

根据直角坐标系内通解和给定的边界条件知应取本征函数

$$\psi_{nm}(\boldsymbol{r},h) = \sin\frac{m\pi}{a}x\cos\frac{n\pi}{b}y\mathrm{e}^{\mathrm{i}hz}$$

式中，$n=0,1,2,\cdots$；$m=1,2,3,\cdots$；$-\infty<h<\infty$ (因为 z 方向没有有限边界，h 可取任意值)，其方程为

$$\nabla^2\psi_{mn}(\boldsymbol{r},h) + \left[\left(\frac{m\pi}{a}\right)^2 + \left(\frac{n\pi}{b}\right)^2 + h^2\right]\psi_{nm}(\boldsymbol{r},h) = 0$$

本征值满足

$$\lambda'_{nm} = \left(\frac{m\pi}{a}\right)^2 + \left(\frac{n\pi}{b}\right)^2 + h^2$$

为求出 G 的本征函数展开式，还应求出本征函数的模：

$$\begin{aligned}
N &= \int_0^a\int_0^b\int_{-\infty}^{\infty}\tilde{\psi}_{n'm'}(\boldsymbol{r},h')_{\psi_{nm}}(\boldsymbol{r},h)\,\mathrm{d}x\mathrm{d}y\mathrm{d}z \\
&= \int_0^a\int_0^b\int_{-\infty}^{\infty}\sin\frac{m'\pi}{a}x\sin\frac{m\pi}{a}x\cos\frac{n'\pi}{b}y\cos\frac{n\pi}{b}y\mathrm{e}^{\mathrm{i}(h-h')z}z\mathrm{d}x\mathrm{d}y\mathrm{d}z \\
&= \begin{cases}\dfrac{\pi ab}{2\varepsilon}\delta(h-h'), & m=m',n=n' \\ 0, & m\neq m' \text{ 或 } n\neq n'\end{cases}
\end{aligned}$$

式中，$\varepsilon=\begin{cases}1, & n=0\\ 2, & n>0\end{cases}$。因此在 $G(\boldsymbol{R}/\boldsymbol{R}_0)$ 的展开式

$$G(\boldsymbol{R}/\boldsymbol{R}_0)=\int\sum_m\sum_n C_{mn}\psi_{mn}(\boldsymbol{R},h)\mathrm{d}h$$

中，系数 C_{mn} 的分母为

$$\begin{aligned}(\lambda_{mn}-\lambda)N&=\left[\left(\frac{m\pi}{a}\right)^2+\left(\frac{n\pi}{b}\right)^2+h^2-k^2\right]\frac{\pi ab}{2\varepsilon}\delta(h-h')\\&=\left[\left(\frac{m\pi}{a}\right)^2+\left(\frac{n\pi}{b}\right)^2+h^2-k^2\right]\frac{\pi ab}{2\varepsilon}\end{aligned}$$

对 $h\neq h'$ 的情况，C_{mn} 无意义。令

$$k^2-\left[\left(\frac{m\pi}{a}\right)^2+\left(\frac{n\pi}{b}\right)^2\right]=k_{mn}^2$$

$$\left(\frac{m\pi}{a}\right)^2+\left(\frac{n\pi}{b}\right)^2+h^2-k^2=h^2-k_{mn}^2$$

则

$$G(\boldsymbol{R}/\boldsymbol{R}_0)=\int_{-\infty}^{+\infty}\sum_m\sum_n\frac{\psi_{mn}(\boldsymbol{R}_0,h)}{(h^2-k_{mn}^2)}\psi_{mn}(\boldsymbol{R},h)\mathrm{d}h$$

可以看出，被积函数有奇点 $h=\pm k_{mn}$，应用复平面的留数定理，并考虑辐射条件 (当 $z\to\infty$，只有发射波)，可得

$$\begin{aligned}G(\boldsymbol{R}/\boldsymbol{R}_0)&=\frac{2\mathrm{i}}{ab}\sum_m\sum_n\frac{\varepsilon}{k_{mn}}\begin{cases}\psi_{mn}(\boldsymbol{R}_0,k_{mn})\cdot\psi(\boldsymbol{R},-k_{mn}), & z\leqslant z_0\\ \psi_{mn}(\boldsymbol{R}_0,-k_{mn})\cdot\psi(\boldsymbol{R},k_{mn}), & z>z_0\end{cases}\\&=\frac{2\mathrm{i}}{ab}\sum_m\sum_n\frac{\varepsilon}{k_{mn}}\sin\frac{m\pi}{a}x_0\sin\frac{m\pi}{a}x\cos\frac{n\pi}{b}y_0\cos\frac{n\pi}{b}y\\&\quad\times\begin{cases}\mathrm{e}^{-\mathrm{i}k_{mn}(z-z_0)}, & z\leqslant z_0\\ \mathrm{e}^{\mathrm{i}k_{mn}(z-z_0)}, & z>z_0\end{cases}\end{aligned}$$

第 5 章　矢量方程与并矢格林函数

通常，根据源的特点引入适当的势函数，可以把电磁场矢量方程转化为标量方程，以减少场方程的数量或简化方程。但有时这样做并不能简化问题。例如，当势函数包含不止一个自变量时，除直角坐标系外，其他正交坐标系中的方程形式往往复杂不易解；特别是需要半解析法或数值法解方程时，先解出势函数不便于求出场强分布。因此，有必要介绍矢量场方程 (主要是 $\boldsymbol{E}$、$\boldsymbol{H}$ 的方程，有时也用 $\boldsymbol{\pi}$、$\boldsymbol{A}$ 等方程) 的直接解法，作为解决电磁场问题的一种途径。解矢量场方程可以用矢量本征函数直接构成方程的解，也可以引入相应的格林函数——并矢格林函数 (戴振铎等，2005)，以下将依次介绍。

5.1　矢量本征函数

可以引入矢量本征函数系，把矢量场方程的解表示为这些正交矢量本征函数系数的展开式，然后根据边界条件或其他给定条件确定展开式的系数，从而求得矢量场方程的完备解。设 $\boldsymbol{F}$ 为某种电磁场矢量，如果 $\boldsymbol{F}$ 是时谐场，齐次场方程 (如在无源区) 形式为

$$\nabla^2 \boldsymbol{F} + k^2 \boldsymbol{F} = 0 \tag{5.1.1}$$

或

$$\nabla \times \nabla \times \boldsymbol{F} - \nabla (\nabla \cdot \boldsymbol{F}) - k^2 \boldsymbol{F} = 0 \tag{5.1.2}$$

式 (5.1.1) 和式 (5.1.2) 是完全等价的。如果 $\boldsymbol{F}$ 满足 $\nabla \cdot \boldsymbol{F} = 0$，则方程变为

$$\nabla \times \nabla \times \boldsymbol{F} - k^2 \boldsymbol{F} = 0 \tag{5.1.3}$$

因此，式 (5.1.3) 是有条件的，凡是 $\nabla \cdot \boldsymbol{F} \neq 0$ 的矢量场 $\boldsymbol{F}$，满足式 (5.1.1) 或式 (5.1.2)；涡旋场则满足式 (5.1.3)。方程中的 k^2 未做限制，它和 $\boldsymbol{F}$ 有关。对于一般电磁场问题，k 是电磁场的传播常数 K。

设 ψ_1、ψ_2 是标量方程

$$\nabla^2 \psi + k^2 \psi = 0 \tag{5.1.4}$$

的二线性独立解，可以由 ψ_1、ψ_2 定义矢量函数

$$\boldsymbol{L} = \nabla \psi_i \tag{5.1.5}$$

$$\boldsymbol{M} = \nabla \times (\psi_i \boldsymbol{C}) \tag{5.1.6}$$

$$\boldsymbol{N} = \frac{1}{k}\nabla \times \nabla \times (\psi_i \boldsymbol{C}) \tag{5.1.7}$$

式中，$\boldsymbol{C}$ 为常矢量；$i = 1, 2$。$\boldsymbol{L}$ 满足式 (5.1.1) 或式 (5.1.2) 而不满足式 (5.1.3)，$\boldsymbol{M}$ 和 $\boldsymbol{N}$ 则满足式 (5.1.1) 或式 (5.1.2)。$\boldsymbol{L}$、$\boldsymbol{M}$、$\boldsymbol{N}$ 根据解式 (5.1.1) 和式 (5.1.2) 所取的坐标系选取，一般就是该坐标系中方程 (5.1.4) 的本征函数。$\boldsymbol{L}$、$\boldsymbol{M}$、$\boldsymbol{N}$ 可以不用同一个 ψ_i(可分别用 ψ_1 或 ψ_2)，但多数情况下只采用一个 ψ_i。当三者用同一 ψ_i 时，相互间有以下正交关系：

$$\boldsymbol{M} = \nabla \times (\psi \boldsymbol{C}) = \psi \nabla \times \boldsymbol{C} + \nabla \psi \times \boldsymbol{C} = \nabla \psi \times \boldsymbol{C}$$

所以

$$\boldsymbol{L} \times \boldsymbol{M} = 0 \tag{5.1.8}$$

即 $\boldsymbol{L}$ 和 $\boldsymbol{M}$ 相互正交。

$$\boldsymbol{N} = \frac{1}{k}\nabla \times [\nabla \times (\psi \boldsymbol{C})] = \frac{1}{k}\nabla \times \boldsymbol{M} \tag{5.1.9}$$

而

$$\begin{aligned} \nabla \times \boldsymbol{N} &= \frac{1}{k}\nabla \times (\nabla \times \boldsymbol{M}) = \frac{1}{k}\nabla \times [\nabla \times (\nabla \times \psi \boldsymbol{C})] \\ &= \frac{1}{k}\left[\nabla\nabla \cdot (\psi \boldsymbol{C}) - \nabla^2 (\psi \boldsymbol{C})\right] = \frac{1}{k}\nabla \times \left[-\nabla^2 (\psi \boldsymbol{C})\right] \\ &= \frac{1}{k}\nabla \times \left(k^2 \psi \boldsymbol{C}\right) = k\boldsymbol{M} \end{aligned} \tag{5.1.10}$$

所以 $\boldsymbol{M} \cdot \boldsymbol{N} = 0$，即 $\boldsymbol{M}$ 和 $\boldsymbol{N}$ 也相互正交。

可以证明，$\boldsymbol{M}$、$\boldsymbol{N}$、$\boldsymbol{L}$ 在本征值 K 域相互正交；在空间域 $\boldsymbol{M}$、$\boldsymbol{N}$ 正交，$\boldsymbol{M}$、$\boldsymbol{L}$ 正交，但 $\boldsymbol{L}$、$\boldsymbol{N}$ 不正交。此外，还可以由定义直接证明 $\boldsymbol{L}$、$\boldsymbol{M}$、$\boldsymbol{N}$ 有以下性质：

$$\begin{cases} \nabla \times \boldsymbol{L} = 0, \quad \nabla \cdot \boldsymbol{L} = \nabla^2 \psi = -k^2 \psi \neq 0 \\ \nabla \cdot \boldsymbol{M} = 0 \\ \nabla \cdot \boldsymbol{N} = 0 \end{cases} \tag{5.1.11}$$

当式 (5.1.4) 具有解系 $\{\psi_n\}$ 时，$\boldsymbol{L}_n$、$\boldsymbol{M}_n$、$\boldsymbol{N}_n$ 中的任意两个都不共线，故任意矢量函数 [包括式 (5.1.1) ~ 式 (5.1.3) 的解]，都可以表示为相应的 $\boldsymbol{L}_n$、$\boldsymbol{M}_n$ 与 $\boldsymbol{N}_n$ 的某种线性组合。由于它们之间有正交关系，有可能确定这种展开式的系数，当 $\boldsymbol{F}$ 为涡旋场时，可以只用 $\boldsymbol{M}_n$ 和 $\boldsymbol{N}_n$ 表示；当 $\nabla \cdot \boldsymbol{F} \neq 0$ 时，$\boldsymbol{F}$ 的展开式中必须包含 $\boldsymbol{L}_n$。以上定义的 $\boldsymbol{L}$、$\boldsymbol{M}$、$\boldsymbol{N}$ 称为矢量波函数或矢量本征函数。

由于式 (5.1.9) 和式 (5.1.10) 所表示的 $\boldsymbol{M}$、$\boldsymbol{N}$ 和 $\boldsymbol{N}$、$\boldsymbol{M}$ 的旋度间的正比关系类似麦克斯韦方程所表示的 $\boldsymbol{E}$、$\boldsymbol{H}$ 和 $\boldsymbol{H}$、$\boldsymbol{E}$ 的旋度间的正比关系，故 $\boldsymbol{M}$、$\boldsymbol{N}$ 这两组矢量本征函数适于表示 $\boldsymbol{E}$ 和 $\boldsymbol{H}$。如果煤质中无自由电荷分布，则

$$\boldsymbol{E}=\frac{\mathrm{i}\omega\mu}{k^2}\nabla\times\boldsymbol{H},\quad \boldsymbol{H}=\frac{1}{\mathrm{i}\omega\mu}\nabla\times\boldsymbol{E}$$

式中，k 为传播常数，满足 $k^2=\omega^2\mu\hat{\varepsilon}=\omega^2\mu\left(\varepsilon+\mathrm{i}\dfrac{r}{\omega}\right)$。

若把磁矢位 $\boldsymbol{A}$ 展开为

$$\boldsymbol{A}=\frac{\mathrm{i}}{\omega}\sum_n\left(a_n\boldsymbol{M}_n+b_n\boldsymbol{N}_n+c_n\boldsymbol{L}_n\right) \tag{5.1.12}$$

则由 $\mu\boldsymbol{H}=\nabla\times\boldsymbol{A}$ 和 $\boldsymbol{M}$、$\boldsymbol{N}$、$\boldsymbol{L}$ 的性质即式 (5.1.9)、式 (5.1.10) 和式 (5.1.11) 可得

$$\boldsymbol{E}=-\sum_n\left(a_n\boldsymbol{M}_n+b_n\boldsymbol{N}_n\right) \tag{5.1.13}$$

$$\boldsymbol{H}=-\frac{k}{\mathrm{i}\omega\mu}\sum_n\left(a_n\boldsymbol{N}_n+b_n\boldsymbol{M}_n\right) \tag{5.1.14}$$

式中，$\boldsymbol{M}$、$\boldsymbol{N}$、$\boldsymbol{L}$ 中的常矢量 $\boldsymbol{C}$ 可以根据具体情况尽量选择便于计算的参数，如常沿着某一坐标轴的单位矢量位 $\boldsymbol{C}$。

5.2 常见正交坐标系中的矢量波函数

对于不同的坐标系，可以根据给定的边界条件等选择满足式 (5.1.4) 的基本解 ψ，按式 (5.1.5) $\sim$ 式 (5.1.7) 的定义构成 $\boldsymbol{L}$、$\boldsymbol{M}$、$\boldsymbol{N}$，再把所求的矢量场展开成由它们表示的表达式。本节介绍几种常用正交坐标系中矢量本征函数的具体形式，作为后文用矢量波函数展开求解的基础。

5.2.1 直角坐标系中的矢量波函数

矢量波函数是由式 (5.1.4) 的基本解构成的，因为最后构成的解必须满足给定的边界条件，其具体形式与问题的边界条件有关。此外，式 (5.1.4) 中的 k 是方程中的确定值，对于电磁场的亥姆霍兹方程来说满足 $k=K$，因此如果直角坐标系中的基本解为

$$\psi=\left(A\cos k_x x+B\sin k_x x\right)\left(C\cos k_y y+D\sin k_y y\right)\mathrm{e}^{\pm\mathrm{i}hz-\mathrm{i}\omega t} \tag{5.2.1}$$

则式中 $k_x^2+k_y^2+h^2=k^2$。第 3 章中已经说明并列表表示，解的形式与 k_x、k_y 和 h 的选择有关，如当 k_x^2 或 $k_y^2<0$ 时，解中含 k_x 或 k_y 部分变为双曲函数或指数函数；A、B 等系数由边界条件决定。常见的边界条件为

(1) 狄利克雷条件，又称为第一类边界条件：边界上的 $\boldsymbol{F}$ 值已知，对于良导体，边界上 $\boldsymbol{F}$ 的切向分量为零；$r\to\infty$ 时，场满足辐射条件。

(2) 诺伊曼条件，又称为第二类边界条件：边界上 $\boldsymbol{F}$ 的法向导数已知，$r\to\infty$ 时，$\boldsymbol{F}$ 满足辐射条件。

(3) 不同煤质的分界面上势函数的连续性，场矢量的切向或法向分量的连续性。

下面通过一个具体例子说明 ψ 的选择和矢量本征函数的构成。一个 z 方向为“无限长”的矩形截面的波导，边界面为 $x=0,a$ 和 $y=0,b$(图 5.2.1)，边界条件为

$$\begin{cases} \boldsymbol{n}\times\boldsymbol{M}\big|_{y=0,b}^{x=0,a}=0 \\ \boldsymbol{n}\times\boldsymbol{N}\big|_{y=0,b}^{x=0,a}=0 \end{cases} \tag{5.2.2}$$

式中，$\boldsymbol{n}$ 为面的法向单位矢量，在 $x=0,a$ 时，$\boldsymbol{n}=\pm\boldsymbol{e}_x$；在 $y=0,b$ 时，$\boldsymbol{n}=\pm\boldsymbol{e}_y$。

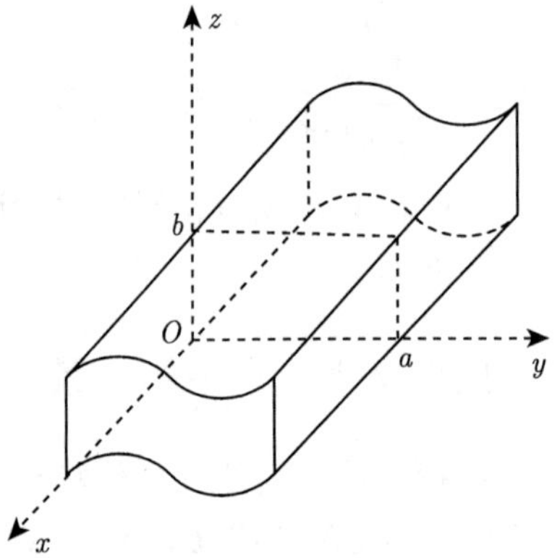

图 5.2.1　矩形波导示意图

根据给定的边界条件，取 $\psi=\cos k_x x\cos k_y y$，$\boldsymbol{C}=\boldsymbol{e}_z$。可以看出，要满足边界条件，必须使

$$k_x=\frac{m\pi}{a},\quad k_y=\frac{n\pi}{b},\quad m,n=0,1,2,\cdots$$

所以 k_x、k_y 只能取离散的一些特定值，式 (5.1.4) 的解为

$$\psi^{(1)}=\psi_{emn}=\cos\frac{m\pi}{a}x\cos\frac{n\pi}{b}y$$

下标 e 表示偶函数。通解是对 m、n 的累加和，基本矢量波函数为

$$\boldsymbol{M}_{emn}(h)=\nabla\times\left(\cos\frac{m\pi}{a}x\cos\frac{n\pi}{b}y\boldsymbol{e}_z\right)\mathrm{e}^{\mathrm{i}hz-\mathrm{i}\omega t}$$

$$\left(\frac{m\pi}{a}\right)^2+\left(\frac{n\pi}{b}\right)^2+h^2=k^2$$

如果令 $\boldsymbol{M}_{emn}(h)=\boldsymbol{m}_{emn}(h)\,\mathrm{e}^{-\mathrm{i}\omega t}$，则

$$\begin{aligned}\boldsymbol{m}_{emn}&=\nabla\times\left(\cos\frac{m\pi}{a}x\cos\frac{n\pi}{b}y\boldsymbol{e}_z\right)\mathrm{e}^{\mathrm{i}hz}\\&=\left(-\frac{n\pi}{b}\cos\frac{m\pi x}{a}\sin\frac{n\pi x}{a}\boldsymbol{e}_x+\frac{n\pi}{a}\sin\frac{m\pi}{a}x\cos\frac{n\pi}{b}y\boldsymbol{e}_y\right)\mathrm{e}^{\mathrm{i}hz}\end{aligned}$$

不难证明 $\boldsymbol{M}$、$\boldsymbol{m}$ 满足边界条件，即式 (5.2.2)。

同样，可以根据式 (5.1.13) 和式 (5.1.14) 中 $\boldsymbol{N}$ 的边界条件选择基本解 $\psi_{emn}=\sin\frac{m\pi}{a}x\sin\frac{n\pi}{b}y$ 和 $\boldsymbol{C}=\boldsymbol{e}_z$ 构成满足狄利克雷条件的另一矢量波函数：

$$\begin{aligned}\boldsymbol{N}_{emn}&=\boldsymbol{n}_{emn}\mathrm{e}^{-\mathrm{i}\omega t}=\frac{1}{k}\nabla\times\nabla\times\left(\boldsymbol{e}_x\sin\frac{m\pi}{a}x\sin\frac{n\pi}{b}y\right)\\&=\frac{1}{k}\left[\begin{array}{l}\boldsymbol{e}_x\mathrm{i}h\frac{m\pi}{a}\cos\frac{m\pi}{a}x\sin\frac{n\pi}{b}y+\boldsymbol{e}_y\mathrm{i}h\sin\frac{m\pi}{a}x\cos\frac{n\pi}{b}y\frac{n\pi}{b}\\+\boldsymbol{e}_y\left(\frac{m^2\pi^2}{a^2}+\frac{n^2\pi^2}{b^2}\right)\sin\frac{m\pi}{a}x\sin\frac{n\pi}{b}y\end{array}\right]\mathrm{e}^{\mathrm{i}hz}\end{aligned}$$

不难证明它也满足狄利克雷边界公式 (5.2.2)。

用完全类似的方法，可以构成满足良导体的诺伊曼条件 $\boldsymbol{n}\times\left\{\begin{array}{c}\nabla\times\boldsymbol{M}\\\nabla\times\boldsymbol{N}\end{array}\right\}=0$ 的矢量波函数 $\boldsymbol{M}_{emn}$ 和 $\boldsymbol{N}_{emn}$。

因此，得到了上述问题满足两类边界条件的矢量波函数

$$\left\{\begin{array}{l}\boldsymbol{m}^{e}_{omn}=\nabla\times\left[\psi^{e}_{omn}\,\boldsymbol{e}_y\right]\\[2mm]\boldsymbol{n}^{e}_{omn}=\dfrac{1}{k}\nabla\times\nabla\times\left[\psi^{e}_{omn}\,\boldsymbol{e}_x\right]\end{array}\right.\tag{5.2.3}$$

式中，基本标量本征函数

$$\psi^{e}_{omn}(h)=\left\{\begin{array}{l}\cos\dfrac{m\pi}{a}x\cos\dfrac{n\pi}{b}y\\\sin\dfrac{m\pi}{a}x\sin\dfrac{n\pi}{b}y\end{array}\right.\tag{5.2.4}$$

对于其他形式的边界条件，可通过选择不同形式的基本解 ψ 构成相应的矢量波函数以求得特定解。如何选择适当的 ψ 以构成满足给定边界条件的解，可以从后面一些具体实例问题中看到。显然选择 $\boldsymbol{C}=\boldsymbol{e}_x,\boldsymbol{e}_y$ 时，会得到不同形式的矢量波函数。$\boldsymbol{C}$ 的选择也根据满足边界条件和简化问题等原则。

矢量波函数的正交关系对于求解的矢量波函数展开式的系数是必要的，正交关系的具体形式也与 $\boldsymbol{M}$、$\boldsymbol{N}$ 的形式有关，对于上述问题 (矩形波导)，正交关系

可写成如下具体形式：

$$\int_0^a\int_0^b\int_{-\infty}^{\infty}\boldsymbol{A}_{imn}(h)\cdot\boldsymbol{B}_{jm'n'}(-h')\,\mathrm{d}x\mathrm{d}y\mathrm{d}z=0 \tag{5.2.5}$$

式中，$\boldsymbol{A}$ 和 $\boldsymbol{B}$ 代表 $\boldsymbol{M}$ 或 $\boldsymbol{N}$ [或 $\boldsymbol{m}(h),\boldsymbol{n}(h)$]；$i$、$j$ 代表下标 e 或 0；m、n、h 和 m'、n'、h' 代表两组不同的本征值，当这些符号满足下列条件之一时，正交关系式 (5.2.5) 成立：

(1) $\boldsymbol{A}$ 与 $\boldsymbol{B}$ 代表不同类型的波函数 (如 $\boldsymbol{M}$、$\boldsymbol{N}$)；

(2) i、j 代表不同的奇偶性 (如 i 代表 e，则 j 代表 0)；

(3) $m\neq m'$；

(4) $n\neq n'$。

例如，当 $\boldsymbol{A}$、$\boldsymbol{B}$ 分别为 $\boldsymbol{M}$、$\boldsymbol{N}$ 时，可以同时有 $i=j$，$m=m'$，$n=n'$，这时 $\iiint\boldsymbol{M}_{emn}(h)\cdot\boldsymbol{N}_{emn}(-h')\,\mathrm{d}v=0$，其他可以类推。

当 $\boldsymbol{A}$ 和 $\boldsymbol{B}$ 是同一函数，且 $m=m'$，$n=n'$ 时，式 (5.2.5) 左端的积分就是矢量本征函数的归一化系数。这时，将表达式进行体积积分，可得归一化系数 (把三重积分写作 $\int_v$)

$$\begin{cases}\displaystyle\int_v\boldsymbol{M}_{emn}(h)\cdot\boldsymbol{M}_{emn}(-h')\,\mathrm{d}v=(1+\delta_0)\frac{\pi ab}{2}k_{\mathrm{d}}^2\delta(h-h')\\ \displaystyle\int_v\boldsymbol{M}_{emn}(h)\cdot\boldsymbol{M}_{emn}(-h')\,\mathrm{d}v=\frac{\pi ab}{2}k_{\mathrm{d}}^2\delta(h-h'),\quad m,n\neq 0\\ \displaystyle\int_v\boldsymbol{N}_{emn}(h)\cdot\boldsymbol{N}_{emn}(-h')\,\mathrm{d}v=(1+\delta_0)\frac{\pi ab}{2kk'}k_{\mathrm{d}}^2\left(k_{\mathrm{d}}^2+hh'\right)\delta(h-h')\\ \displaystyle\int_v\boldsymbol{N}_{emn}(h)\cdot\boldsymbol{N}_{emn}(-h')\,\mathrm{d}v=\frac{\pi ab}{2kk'}k_{\mathrm{d}}^2\left(k_{\mathrm{d}}^2+hh'\right)\delta(h-h')\end{cases} \tag{5.2.6}$$

式中

$$\delta_0=\begin{cases}1, & m,n=0\\ 0, & m,n\neq 0\end{cases}$$

$$k_\alpha^2=\left(\frac{m\pi}{a}\right)^2+\left(\frac{n\pi}{b}\right)^2$$

$$k=\left(k_\alpha^2+h^2\right)^{1/2}=\left[\left(\frac{m\pi}{a}\right)^2+\left(\frac{n\pi}{b}\right)^2+h^2\right]^{1/2}$$

$$k'=\left(k_\alpha'^2+h'^2\right)^{1/2}=\left[\left(\frac{m'\pi}{a}\right)^2+\left(\frac{n'\pi}{b}\right)^2+h'^2\right]^{1/2}$$

5.2.2 柱坐标系中的矢量波函数

柱坐标系中亥姆霍兹方程的基本解为

$$\psi_{en\lambda}^{0}=\left\{\begin{array}{c}\cos n\psi\\ \sin n\psi\end{array}\right\}B_n(\lambda r)\,\mathrm{e}^{\mathrm{i}hz-\mathrm{i}\omega t} \tag{5.2.7}$$

式中，$B_n(\lambda r)$ 是某种类型的柱函数，可以根据问题性质和边界条件选择。如果令

$$\boldsymbol{L}=\boldsymbol{l}\mathrm{e}^{-\mathrm{i}\omega t},\ \boldsymbol{M}=\boldsymbol{m}\mathrm{e}^{-\mathrm{i}\omega t}\ 和\ \boldsymbol{N}=\boldsymbol{n}\mathrm{e}^{-\mathrm{i}\omega t}$$

则

$$\begin{cases}\boldsymbol{l}_{on\lambda}^{e}=\nabla\times\left(\left\{\begin{array}{c}\cos n\psi\\ \sin n\psi\end{array}\right\}B_n(\lambda r)\,\mathrm{e}^{\mathrm{i}hz}\boldsymbol{e}_z\right)\\ \quad=\left[\boldsymbol{e}_r\dfrac{\partial}{\partial r}B_n(\lambda r)\left\{\begin{array}{c}\cos n\psi\\ \sin n\psi\end{array}\right\}+\boldsymbol{e}_\varphi\dfrac{\partial}{r\,\partial\psi}\left(B_n(\lambda r)\left\{\begin{array}{c}\cos n\psi\\ \sin n\psi\end{array}\right\}\right)\right]\mathrm{e}^{\mathrm{i}hz}\\ \quad\quad+\boldsymbol{e}_zB_n\left\{\begin{array}{c}\cos n\psi\\ \sin n\psi\end{array}\right\}\dfrac{\partial}{\partial_z}\mathrm{e}^{\mathrm{i}hz}\\ \quad=\mathrm{e}^{\mathrm{i}hz}\left[\boldsymbol{e}_r\dfrac{\partial}{\partial r}B_n(\lambda r)\left\{\begin{array}{c}\cos n\psi\\ \sin n\psi\end{array}\right\}\mp\boldsymbol{e}_\varphi\dfrac{n}{r}B_n(\lambda r)\left\{\begin{array}{c}\sin n\psi\\ \cos n\psi\end{array}\right\}+\boldsymbol{e}_z\mathrm{i}h\right]\\ \boldsymbol{m}_{on\lambda}^{e}=\nabla\times\left(\left\{\begin{array}{c}\cos n\psi\\ \sin n\psi\end{array}\right\}B_n(\lambda r)\,\mathrm{e}^{\mathrm{i}hz}\boldsymbol{e}_z\right)\\ \quad=\left[\mp\boldsymbol{e}_r\dfrac{nB_n(r)}{r}\left\{\begin{array}{c}\sin n\psi\\ \cos n\psi\end{array}\right\}-\boldsymbol{e}_\varphi\left\{\begin{array}{c}\sin n\psi\\ \cos n\psi\end{array}\right\}\right.\\ \quad\quad\left.-\boldsymbol{e}_\varphi\dfrac{\partial_{B_n(r)}}{\partial_r}\left\{\begin{array}{c}\cos n\psi\\ \sin n\psi\end{array}\right\}\right]\mathrm{e}^{\mathrm{i}hz}\\ \boldsymbol{n}_{on\lambda}^{e}=\dfrac{1}{k}\nabla\times\nabla\times\left[\left\{\begin{array}{c}\cos n\psi\\ \sin n\psi\end{array}\right\}B_n(\lambda r)\,\mathrm{e}^{\mathrm{i}hz}\boldsymbol{e}_z\right]\\ \quad=\dfrac{1}{k}\left[\boldsymbol{e}_r\mathrm{i}h\dfrac{\partial B_n(\lambda r)}{\partial r}\left\{\begin{array}{c}\cos n\psi\\ \sin n\psi\end{array}\right\}\mp\boldsymbol{e}_\varphi\dfrac{\mathrm{i}hn}{r}\left\{\begin{array}{c}\cos n\psi\\ \sin n\psi\end{array}\right\}\right.\\ \quad\quad\left.+\boldsymbol{e}_z\lambda^2B_n(\lambda r)\left\{\begin{array}{c}\cos n\psi\\ \sin n\psi\end{array}\right\}\right]\mathrm{e}^{\mathrm{i}hz}\end{cases} \tag{5.2.8}$$

如果要求满足狄利克雷边界条件，则 $\lambda=q_{mn}/a, m=1,2,\cdots,q_{mn}$ 为 B_n 的零点，a 为圆柱边界的半径。要求满足诺伊曼边界条件时，$\lambda=p_{mn}/a, m=1,2,\cdots,p_{mn}$ 为 $B_n'(\lambda r)$ 的零点。否则，$B_n'(\lambda r)$ 可取连续值。

在柱矢量本征函数的正交关系中，所有 $\boldsymbol{L}$ 函数之间，$\boldsymbol{L}$ 与 $\boldsymbol{M}$、$\boldsymbol{N}$ 之间无正交关系。对于无源区 (散度为零) 的场，特别是 $\boldsymbol{E}$、$\boldsymbol{H}$，一般只用于 $\boldsymbol{M}$、$\boldsymbol{N}$ 展开，

因此无须有关 $\boldsymbol{L}$ 的正交关系。$\boldsymbol{M}$、$\boldsymbol{N}$ 的正交归一关系如下 [以 $B_n(\lambda r) = J_n(\lambda r)$ 为例]：

$$\int_v \boldsymbol{M}^e_{0n\lambda}(h) \cdot \boldsymbol{N}^e_{0n\lambda}(-h')\,\mathrm{d}v = 0$$

$$\int_v \boldsymbol{M}^e_{0n\lambda}(h) \cdot \boldsymbol{M}^e_{0n'\lambda'}(-h')\,\mathrm{d}v = \int_v \boldsymbol{N}^e_{0n\lambda}(h) \cdot \boldsymbol{N}^e_{0n'\lambda'}(-h')\,\mathrm{d}v$$
$$= \begin{cases} 0, & n \neq n', \lambda \neq \lambda' \\ (1+\delta_0)\, 2\pi^2\lambda^2 I_\lambda \delta(h-h'), & n = n', \lambda = \lambda' \end{cases} \tag{5.2.9}$$

式中，$\delta_0 = \begin{cases} 1, & n=0 \text{ 或 } \lambda = 0 \\ 0, & n \neq 0 \text{ 且 } \lambda \neq 0 \end{cases}$，$\delta(h-h')$ 为 δ 函数。要求满足狄利克雷条件时

$$I_\lambda = \int_0^a J_n^2(\lambda r)\, r\mathrm{d}r = \frac{a^2}{2\lambda^2}\left[\frac{\partial}{\partial(\lambda r) J(\lambda r)}\right]^2_{r=a} \tag{5.2.10}$$

式中，$\lambda = q_{nm}/a$，$m = 1, 2, \cdots$，是 $J(\lambda r)$ 的零点。要求满足诺伊曼条件时

$$I_\lambda = \int_0^a J_n^2(\lambda r)\, r\mathrm{d}r = \frac{a_n^2}{2\lambda^2}\left(\lambda^2 - \frac{n^2}{a^2}\right) J_n^2(\lambda a) \tag{5.2.11}$$

式中，$\lambda = p_{nm}/a$，$m = 1, 2, \cdots$，是 $J'(\lambda r)$ 的零点。当 $B_n(\lambda r)$ 是其他类型的柱函数时，可以类似地推导。

无限长导体圆柱对平面电磁波的散射可以作为柱坐标系用矢量本征函数求解的典型例子。设圆柱体的轴线与 z 轴重合，半径为 a，角频率为 ω 的平面波垂直于轴线入射，其磁场强度振动方向沿 z 轴方向，故可表示为

$$\boldsymbol{H}^{\mathrm{i}} = \boldsymbol{e}_z \sqrt{\frac{\varepsilon}{\mu}} E_0 \mathrm{e}^{\mathrm{i}kx - \mathrm{i}\omega t} \tag{5.2.12}$$

$$\boldsymbol{E}^{\mathrm{i}} = \boldsymbol{e}_y E_0 \mathrm{e}^{\mathrm{i}kx - \mathrm{i}\omega t} = E_0 \mathrm{e}^{-\mathrm{i}\omega t}\left[\boldsymbol{e}_r \sin\varphi + \boldsymbol{e}_\varphi \cos\varphi\right] \mathrm{e}^{\mathrm{i}kr\cos\varphi} \tag{5.2.13}$$

由于界面是圆柱面，E^{i} 应该用柱面波展开，应用第 3 章中得到的结果：

$$\mathrm{e}^{\mathrm{i}kr\cos\varphi} = \sum_{n=-\infty}^{n=\infty} \mathrm{i}^n J_n(kr)\, \mathrm{e}^{\mathrm{i}n\varphi}$$

进一步用矢量本征函数表示，由式 (5.2.13) 可以看出，$\boldsymbol{E}^{\mathrm{i}}$ 无 z 分量，且 $\nabla \cdot \boldsymbol{E}^{\mathrm{i}} = 0$，因此在展开式中只需 $\boldsymbol{m}$ 函数。$\boldsymbol{E}^{\mathrm{i}}$ 中的第二个分量可表示为

$$\boldsymbol{e}_\varphi E_0 \mathrm{e}^{-\mathrm{i}\omega t} \frac{1}{\mathrm{i}k}\frac{\partial}{\partial r} \mathrm{e}^{\mathrm{i}kr\cos\varphi} = \boldsymbol{e}_\varphi \frac{1}{\mathrm{i}k}\frac{\partial}{\partial r} \sum_{n=-\infty}^{n=\infty} \left(2 - \delta_n^0\right) \mathrm{i}^n J_n(kr) \cos n\varphi$$

根据问题的对称性，展开式取 $\cos n\varphi$ 与 $z_{en\lambda}$ 中的 $\boldsymbol{e}_\varphi$ 分量比较，得 $\lambda = k$，则

$$\boldsymbol{E}^{\mathrm{i}} = E_0 \sum \left(-\frac{1}{\mathrm{i}k}\right) \left(2 - \delta_n^0\right) \mathrm{i}^n \boldsymbol{M}_{enk}^{(1)} \tag{5.2.14}$$

式中，肩码 (1) 表示矢量本征函数中 $B_n(kr)$ 取 $J_n(kr)$。

由于问题属于包括 $r \to \infty$ 的外域问题，散射场 $\boldsymbol{E}^{\mathrm{s}}$ 可表示为

$$\boldsymbol{E}^{\mathrm{s}} = \sum d_n E_0 \boldsymbol{M}_{enk}^{(3)} \tag{5.2.15}$$

空间各点总场：

$$\boldsymbol{E} = \boldsymbol{E}^{\mathrm{i}} + \boldsymbol{E}^{\mathrm{s}} \tag{5.2.16}$$

边界条件为 $\left[\boldsymbol{e}_r \times \left(\boldsymbol{E}^{\mathrm{i}} + \boldsymbol{E}^{\mathrm{s}}\right)\right]_{r=a} = 0$。把式 (5.2.14) 和式 (5.2.15) 中 $\boldsymbol{E}^{\mathrm{i}}, \boldsymbol{E}^{\mathrm{s}}$ 代入边界条件，得

$$d_n = \frac{\left(2 - \delta_n^0\right) \mathrm{i}^n}{\mathrm{i}k} \frac{J_n'(ka)}{H_n^{(1)'}(ka)}$$

代入式 (5.2.15)，然后把得到的 $\boldsymbol{E}^{\mathrm{s}}$ 和式 (5.2.14) 的 $\boldsymbol{E}^{\mathrm{i}}$ 代入式 (5.2.16) 即得总电场强度：

$$\boldsymbol{E} = E_0 \sum \frac{\left(2 - \delta_n^0\right) \mathrm{i}^{n-1}}{k} \left[-\boldsymbol{M}_{enk}^{(1)} + \frac{J_n'(ka)}{H_n^{(1)'}(ka)} \boldsymbol{M}_{enk}^{(3)}\right]$$

式中，$\boldsymbol{M}_{enk} = \boldsymbol{m}_{enk} \mathrm{e}^{-\mathrm{i}\omega t}, \boldsymbol{m}_{enk}^{(1)}, \boldsymbol{m}_{enk}^{(3)}$ 的展开式见式 (5.2.8)。

5.2.3 球坐标系中的矢量波函数

球坐标系的矢量波函数同样可由标量亥姆霍兹方程的基本解构成，由第 3 章已知，矢量波函数为

$$\psi_{0mn}^{e} = b_m(kR) P_n^m(\cos\theta) \begin{Bmatrix} \cos m\varphi \\ \sin m\varphi \end{Bmatrix} \mathrm{e}^{-\mathrm{i}\omega t} \tag{5.2.17}$$

式中，$b_n(x) = \sqrt{\dfrac{\pi}{2x}} B_{2n+1}(x)$ 是各种类型的球贝塞尔函数。

取 $\boldsymbol{C} = \boldsymbol{R}$，并如前定义 $\boldsymbol{l}$、$\boldsymbol{m}$、$\boldsymbol{n}$，可得

$$\begin{aligned} \boldsymbol{l}_{omn}^{e} &= \nabla \left(b_n(kR) P_n^m(\cos\theta) \begin{Bmatrix} \cos m\psi \\ \sin m\psi \end{Bmatrix}\right) \\ &= \left[\boldsymbol{e}_R \frac{\partial}{\partial R} b_n(kR) P_n^m \begin{Bmatrix} \cos m\psi \\ \sin m\psi \end{Bmatrix} + \boldsymbol{e}_\theta \frac{1}{r} b_n(kR) \frac{\partial}{\partial \theta} P_n^m(\cos\theta)\right] \end{aligned}$$

$$\mp \boldsymbol{e}_{\varphi}\frac{m}{R\sin\theta}b_n(kR)P_n^m(\cos\theta)\left\{\begin{array}{c}\sin m\psi\\ \cos m\psi\end{array}\right\}$$

$$\boldsymbol{m}_{omn}^{e}=\nabla\times\left(b_n(kR)P_n^m(\cos\theta)\left\{\begin{array}{c}\cos m\psi\\ \sin m\psi\end{array}\right\}\boldsymbol{R}\right)$$

$$=b_n(kR)\left[\mp\boldsymbol{e}_{\theta}\frac{m}{\sin\theta}P_n^m(\cos\theta)\left\{\begin{array}{c}\sin m\theta\\ \sin m\theta\end{array}\right\}-\boldsymbol{e}_{\varphi}\frac{\partial P_n^m(\cos\theta)}{\partial\theta}\left\{\begin{array}{c}\cos m\psi\\ \sin m\psi\end{array}\right\}\right]$$

$$\boldsymbol{n}_{omn}^{e}=\frac{1}{k}\nabla\times\nabla\times\left(b_n(kR)P_n^m(\cos\theta)\left\{\begin{array}{c}\cos m\psi\\ \sin m\psi\end{array}\right\}\boldsymbol{R}\right)$$

$$=\boldsymbol{e}_R\frac{1}{kR}n(n+1)P_n^m(\cos\theta)\left\{\begin{array}{c}\cos m\psi\\ \sin m\psi\end{array}\right\}$$

$$+\boldsymbol{e}_{\theta}\frac{1}{kR}\frac{\partial}{\partial R}[Rb_n(kR)]P_n^m(\cos\theta)\left\{\begin{array}{c}\cos m\psi\\ \sin m\psi\end{array}\right\}$$

$$\mp\boldsymbol{e}_{\varphi}\frac{m}{kR\sin\theta}\frac{\partial}{\partial R}[Rb_n(kR)]P_n^m(\cos\theta)\left\{\begin{array}{c}\sin m\psi\\ \cos m\psi\end{array}\right\} \tag{5.2.18}$$

分别乘以因子 $\mathrm{e}^{-\mathrm{i}\omega t}$ 可得球坐标系中的矢量波函数 $\boldsymbol{L}$、$\boldsymbol{M}$、$\boldsymbol{N}$。

由上述矢量波函数中各因子的正交关系可得出球坐标系矢量波函数的正交关系。

(1) 由三角函数的正交性：

$$\int_0^{2\pi}\int_0^{\pi}\boldsymbol{M}_{em'n'}\cdot\boldsymbol{M}_{omn}\sin\theta\mathrm{d}\theta\mathrm{d}\varphi=0,\quad m\neq m',n\neq n' \tag{5.2.19}$$

$(\boldsymbol{N}_{omn},\boldsymbol{N}_{emn}),(\boldsymbol{M}_{omn},\boldsymbol{N}_{omn}),(\boldsymbol{M}_{omn},\boldsymbol{M}_{emn})$ 也分别有类似的正交关系。

(2) 由 $P_n^m(\eta)=(1-\eta)^{n/2}\dfrac{\mathrm{d}^m}{\mathrm{d}\eta^m}P_n(\eta)$, $P_n^m(\cos\theta)|_{\theta=0,\pi}=0$ 或 $P_n^m(\eta)|_{\eta=\pm1}=0$ 以及

$$m\int_0^{\pi}\left(P_n^m\frac{\mathrm{d}P_n^m}{\mathrm{d}\theta}+P_{n'}^{m'}\frac{\mathrm{d}P_{n'}^{m'}}{\mathrm{d}\theta}\right)\mathrm{d}\theta=P_n^mP_{n'}^{m'}|_0^{\pi}=0 \tag{5.2.20}$$

可证 $(\boldsymbol{M}_{emn},\boldsymbol{N}_{omn}),(\boldsymbol{N}_{emn},\boldsymbol{M}_{omn})$ 对 $m\neq m',n\neq n'$ 正交。

(3) 由勒让德方程可证：

$$2\sin\theta\left(\frac{\mathrm{d}P_n^m}{\mathrm{d}\theta}\frac{\mathrm{d}P_n^m}{\mathrm{d}\theta}+m^2\frac{P_n^mP_n^m}{\sin^2\theta}\right)=2n(n+1)P_n^mP_n^m\sin\theta$$
$$+\frac{\mathrm{d}}{\mathrm{d}\theta}\left(\sin\theta\frac{\mathrm{d}P_n^m}{\mathrm{d}\theta}P_n^m+\sin\theta\frac{\mathrm{d}P_n^m}{\mathrm{d}\theta}P_n^m\right)$$

再由 P_n^m 的正交关系可得

$$\int_0^{\pi}\left(\frac{\mathrm{d}P_n^m}{\mathrm{d}\theta}\frac{\mathrm{d}P_n^m}{\mathrm{d}\theta}+m^2\frac{P_n^m P_n^m}{\sin^2\theta}\right)\sin\theta\mathrm{d}\theta=0,\quad n\neq n', m\neq 0 \tag{5.2.21}$$

$(\boldsymbol{M}_{emn},\boldsymbol{M}_{emn'}),(\boldsymbol{M}_{omn},\boldsymbol{M}_{omn'}),(\boldsymbol{N}_{emn},\boldsymbol{N}_{emn'}),(\boldsymbol{N}_{omn},\boldsymbol{N}_{omn'})$ 对 $n\neq n'$, $m\neq 0$ 有类似的正交性。

当 $m=0$ 时，$\boldsymbol{M}_{o0n}=\boldsymbol{N}_{o0N}=0$，$\boldsymbol{M}_{e0n},\boldsymbol{N}_{e0n}$ 互相正交 (下标中 o 代表奇函数，0 表示 $m=0$)。

下面以平面波在导电球上的散射为例，说明球矢量本征函数的应用。设有半径为 a，传播常数为 k_1 的球，位于均匀无限媒质 k 中，现有 x 极化、沿 z 方向传播的平面波入射，求空间的散射场 (图 5.2.2)。

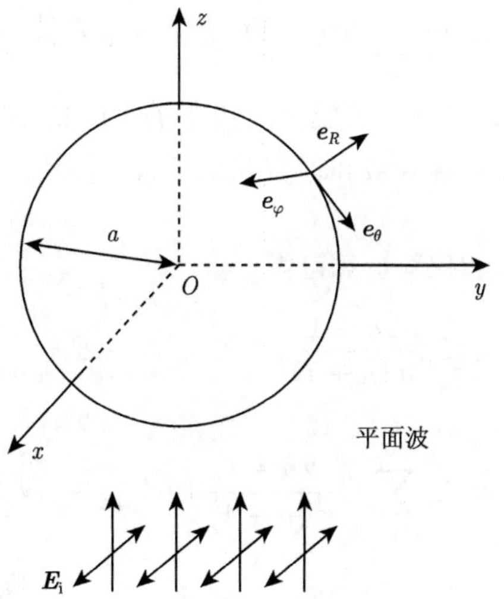

图 5.2.2 平面波场中的导体球

由于边界是球形，使用球坐标系，首先要把入射平面波

$$\boldsymbol{E}_{\mathrm{i}}=E_0\mathrm{e}^{\mathrm{i}kR\cos\theta-\mathrm{i}\omega t}\boldsymbol{e}_x$$

用球坐标系中的球矢量波函数展开，以便与散射场写成相似的展开式：

$$\boldsymbol{E}_{\mathrm{i}}=\sum_n\sum_m(B_{emn}\boldsymbol{M}_{emn}+B_{omn}\boldsymbol{M}_{omn}+A_{emn}\boldsymbol{N}_{emn}+A_{omn}\boldsymbol{N}_{omn}) \tag{5.2.22}$$

式中

$$B_{emn}=\frac{\displaystyle\int_0^{\pi}\int_0^{2\pi}\boldsymbol{E}_{\mathrm{i}}\cdot\boldsymbol{M}_{emn}\sin\theta\mathrm{d}\theta\mathrm{d}\varphi}{\displaystyle\int_0^{2\pi}\int_0^{\pi}|M_{emn}|^2\sin\theta\mathrm{d}\theta\mathrm{d}\varphi} \tag{5.2.23}$$

其他几个系数都有类似的形式，根据一些已知性质，可确定展开式 (5.2.22) 中的系数，从而得到入射场 $\boldsymbol{E}_{\mathrm{i}}$ 和 $\boldsymbol{H}_{\mathrm{i}}$ 的展开式。

在球坐标系中：

$$\boldsymbol{e}_x = \sin\theta\cos\varphi\boldsymbol{e}_R + \cos\theta\cos\varphi\boldsymbol{e}_\theta - \sin\varphi\boldsymbol{e}_\varphi$$

根据各系数的表达式和三角函数的正交性可知

$$B_{emn} = A_{omn} = 0$$

因为 $\boldsymbol{E}_{\mathrm{i}}$ 的 $\boldsymbol{e}_x$ 只含 $\cos\varphi$ 和 $\sin\varphi$，所以系数的分子除 $m=1$ 以外均为零，$\boldsymbol{E}_{\mathrm{i}}$ 可进一步写为

$$\boldsymbol{E}_{\mathrm{i}} = \sum_{n=1}^{\infty}\left(B_{o1n}\boldsymbol{M}_{o1n}^{(1)} + A_{e1n}\boldsymbol{N}_{e1n}^{(1)}\right)$$

式中，肩码 (1) 表示取第一类球贝塞尔函数 $j_n(kR)$，这是因为 j_n 代表球面波，适于平面波展开。根据勒让德函数和球贝塞尔函数的性质，可计算式 (5.2.23) 类型的系数表达式。

经一系列微、积分和代数运算可得

$$B_{o1n} = \mathrm{i}^n E_0 \frac{2n+1}{n(n+1)}, \quad A_{e1n} = -\mathrm{i}E_0\mathrm{i}^n\frac{2n+1}{n(n+1)}$$

故得

$$\boldsymbol{E}_{\mathrm{i}} = E_0\sum_n \mathrm{i}^n\frac{2n+1}{n(n+1)}\left(\boldsymbol{M}_{o1n}^{(1)} + \mathrm{i}\boldsymbol{N}_{e1n}^{(1)}\right)$$

$$\boldsymbol{E}_{\mathrm{i}\theta} = \boldsymbol{e}_\theta\frac{\cos\varphi}{\mathrm{i}k}\sum_{n=0}^{\infty}(2n+1)\mathrm{i}^n P_n(\cos\theta)\frac{\mathrm{d}b_n(kR)}{\mathrm{d}R}$$

$$\boldsymbol{E}_{\mathrm{i}\varphi} = -\boldsymbol{e}_\varphi\sin\varphi\sum_{n=0}^{\infty}(2n+1)\mathrm{i}^n(2n+1)\,b_n(kR)\,P_n(\cos\theta)$$

根据麦克斯韦方程可得

$$\boldsymbol{H}_{\mathrm{i}} = -\frac{k}{\omega\mu}E_0\sum_n \mathrm{i}^n\frac{2n+1}{n(n+1)}\left(\boldsymbol{M}_{e1n}^{(1)} + i\boldsymbol{N}_{e1n}^{(1)}\right)$$

把球外的场写作一次场和球体散射场的叠加，而把球内的场用 $\boldsymbol{E}_1$ 和 $\boldsymbol{H}_1$ 表示，并且球面上法线矢量 $\boldsymbol{n} = \boldsymbol{e}_R$，因而球面处的边界条件为

$$\begin{cases} \boldsymbol{e}_R\times(\boldsymbol{E}_{\mathrm{i}} + \boldsymbol{E}_{\mathrm{s}}) = \boldsymbol{e}_R\times\boldsymbol{E}_1 \\ \boldsymbol{e}_R\times(\boldsymbol{H}_{\mathrm{i}} + \boldsymbol{H}_{\mathrm{s}}) = \boldsymbol{e}_R\times\boldsymbol{H}_1 \end{cases}, \quad R = a \tag{5.2.24}$$

仿照平面波展开式把球内场的展开式写为

$$\boldsymbol{E}_1=\sum_{n=1}^{\infty}E_n\left(c_n\boldsymbol{M}_{o1n}^{(1)}-\mathrm{i}d_n\boldsymbol{N}_{e1n}^{(1)}\right)$$

$$\boldsymbol{H}_1=-\frac{k}{\omega\mu_1}\sum E_n\left(d_n\boldsymbol{M}_{o1n}^{(1)}-\mathrm{i}e_n\boldsymbol{N}_{e1m}^{(1)}\right)$$

式中，$E_n=\mathrm{i}^nE_0\dfrac{2n+1}{n\left(n+1\right)}$。

散射场为自球体向外辐射的发散播，其中球贝塞尔函数应选用 $h_n^{(1)}\left(kR\right)$，相应用肩码 (3) 表示，而散射场的展开式写为

$$\boldsymbol{E}_{\mathrm{s}}=\sum E_n\left(\mathrm{i}a_n\boldsymbol{N}_{e1n}^{(3)}-t_n\boldsymbol{M}_{o1n}^{(3)}\right),\quad \boldsymbol{H}_{\mathrm{s}}=\frac{1}{\omega\mu}\sum E_n\left(\mathrm{i}t_n\boldsymbol{N}_{o1n}^{(3)}+a_n\boldsymbol{M}_{e1n}^{(3)}\right)$$

把 $\boldsymbol{E}_1$、$\boldsymbol{E}_{\mathrm{i}}$、$\boldsymbol{E}_{\mathrm{s}}$ 等代入边界条件之前，将波函数的形式改写一下。令

$$\pi_n=P_n^1/\sin\theta,\quad \tau_n=\frac{\mathrm{d}P_n^1}{\mathrm{d}\theta}$$

由勒让德函数的递推公式可以导出

$$\begin{cases}\pi_n=\dfrac{2n-1}{n-1}\eta\pi_{n-1}-\dfrac{n}{n-1}\pi_{n-2}\\ \tau_n=n\eta\pi_n-\left(n+1\right)\pi_{n-1}\end{cases}\tag{5.2.25}$$

$$\pi_0=0,\quad \pi_1=1$$

虽然 $\{\pi_n\}$ 和 $\{\tau_n\}$ 都不满足正交关系，它们之间也无正交关系，但由 P_n^m 的正交关系和式 (5.2.21) 可以得出 $(\pi_n+\tau_n)$ 和 $(\pi_n-\tau_n)$ 都是正交关系。

$$\int_0^{\pi}\left(\pi_n+\tau_n\right)\left(\pi_m+\tau_m\right)\sin\theta\mathrm{d}\theta=\int_0^{\pi}\left(\pi_n-\tau_n\right)\left(\pi_m-\tau_m\right)\sin\theta\mathrm{d}\theta=0,\quad m\neq n$$

利用 τ_n 和 π_n，球坐标矢量波函数可写为

$$\boldsymbol{M}_{e1n}=\left[-\sin\varphi\pi_n\left(\cos\theta\right)b_n\left(kR\right)\boldsymbol{e}_\theta-\cos\varphi\tau_n\left(\cos\theta\right)b_n\left(kR\right)\boldsymbol{e}_\varphi\right]\mathrm{e}^{-\mathrm{i}\omega t}$$

$$\boldsymbol{M}_{o1n}=\left[\cos\psi\pi_n\left(\cos\theta\right)b_n\left(kR\right)\boldsymbol{e}_\theta-\sin\psi\tau_n\left(\cos\theta\right)b_n\left(kR\right)\boldsymbol{e}_\varphi\right]\mathrm{e}^{-\mathrm{i}\omega t}$$

$$\boldsymbol{N}_{o1n}=\left\{\sin\varphi\left(n+1\right)\sin\theta\pi_n\left(\cos\theta\right)\frac{b_n\left(kR\right)}{kR}\left(kR\right)\boldsymbol{e}_R\right.$$

$$+\sin\varphi\pi_n\left(\cos\theta\right)\frac{\left[kRb_n\left(kR\right)\right]'}{kR}\boldsymbol{e}_\theta$$

$$+\cos\varphi\pi_n(\cos\theta)\frac{[kRb_n(kR)]'}{kR}\boldsymbol{e}_\varphi\bigg\}\mathrm{e}^{-\mathrm{i}\omega t}$$

$$\begin{aligned}\boldsymbol{N}_{\mathrm{e}1n}=\bigg\{&\cos\varphi(n+1)\sin\theta\pi_n(\cos\theta)\frac{b_n(kR)}{kR}(kR)\boldsymbol{e}_R\\&+\cos\varphi\pi_n(\cos\theta)\frac{[kRb_n(kR)]'}{kR}\boldsymbol{e}_\theta\\&-\sin\varphi\pi_n(\cos\theta)\frac{[kRb_n(kR)]'}{kR}\boldsymbol{e}_\varphi\bigg\}\mathrm{e}^{-\mathrm{i}\omega t}\end{aligned}\tag{5.2.26}$$

当 $\boldsymbol{M}$、$\boldsymbol{N}$ 加肩码 (1) 时，式中的 $b_n(kR)$ 取 $j_n(kR)$；加肩码 (3) 时，式中的 $b_n(kR)$ 取 $h_n^{(1)}(kR)$。

在此介绍一下矢量波函数中所包含的基本函数的性质。由 j_n 和 n_n 的曲线 (图 5.2.3 和图 5.2.4) 可以看出它们的变化情况和 $\rho\to 0,\rho\to\infty$ 时的性质相同。当 ρ 增大时 j_n 和 n_n 都趋于衰减振荡，$h_n^1(\rho)$ 和 $h_n^2(\rho)$ 则由两者的性质综合决定。

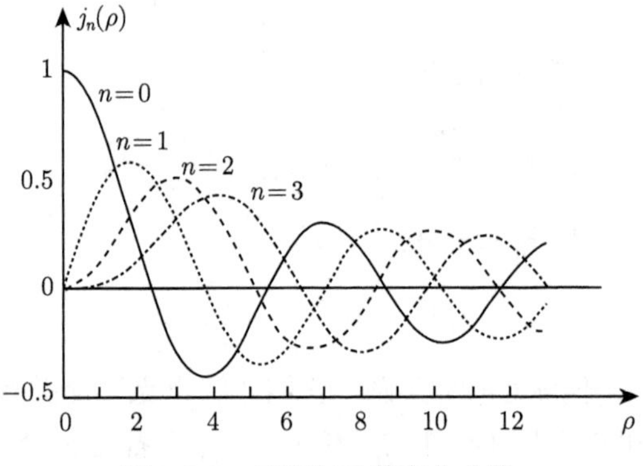

图 5.2.3　贝塞尔函数变化曲线

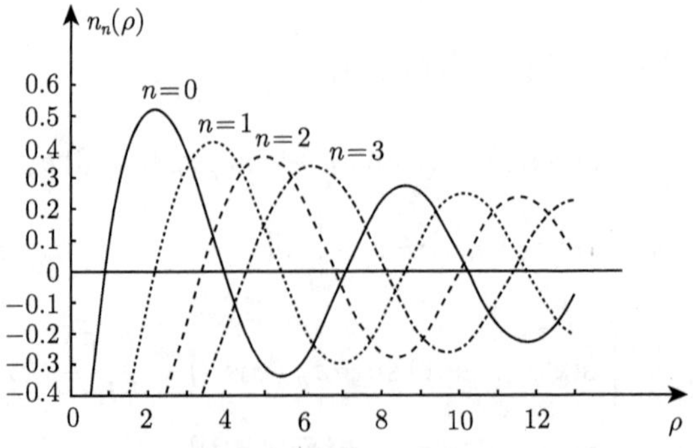

图 5.2.4　诺伊曼函数变化曲线

图 5.2.5 是 τ_n 和 π_n 的几种基本模式。τ_n、π_n 和 $\cos\varphi$、$\sin\varphi$ 的组合构成球坐标矢量波函数的角函数部分。

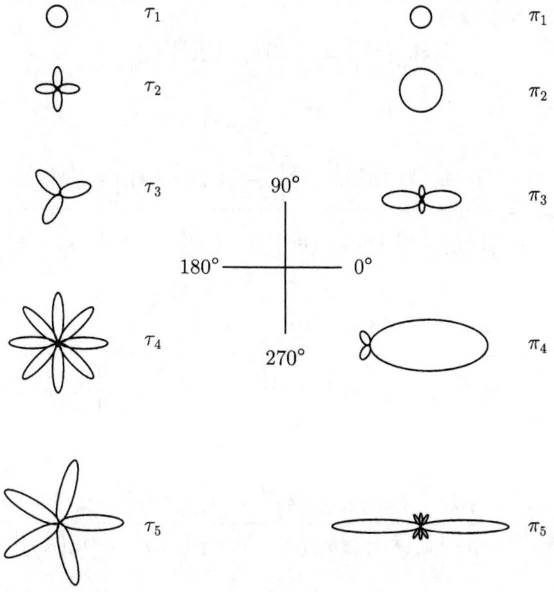

图 5.2.5 τ_n 和 π_n 的几种基本模式

矢量本征函数 $\boldsymbol{M}_n$、$\boldsymbol{N}_n$ 是由径向函数部分 $b_n(kR)$ 与含 θ、φ 的角函数部分构成的，可以认为每一组 $\boldsymbol{M}_n$、$\boldsymbol{N}_n$ 表示一组散射的基本模式，它们各乘以适当的系数 (幅度)a_n、b_n 的组合构成了散射场的实际模式。

下面确定 a_n、t_n 和 c_n、d_n 等系数，对于任意 n 值，边界条件式 (5.2.21) 有四个方程：

$$\begin{cases} E_{i\theta}+E_{s\theta}=E_{1\theta}, & E_{i\varphi}+E_{s\varphi}=E_{1\varphi} \\ H_{i\theta}+H_{s\theta}=H_{1\theta}, & H_{i\varphi}+H_{s\varphi}=H_{1\varphi} \end{cases}, \quad R=a$$

把式 (5.2.26) 中的 $\boldsymbol{M}$、$\boldsymbol{N}$ 表达式代入，由于对于 $R=a$ 上的任意 θ、φ，边界条件都必须成立，故每个式子两端 θ(或 φ) 函数的系数相等，由 θ 分量的方程得

$$\begin{cases} j_n(ks)\,c_n+h_n^{(1)}(s)\,t_n=j_n(s) \\ \mu\left[ksj_n(ks)\right]'c_n+\mu_1\left[sh_n^{(1)}(s)\right]'t_n=\mu_1\left[sj_n(s)\right]' \\ \mu kj_n(ks)\,d_n+\mu_1h_n^{(1)}(s)\,a_n=\mu_1j_n(s) \\ \left[ksj_n(ks)\right]'d_n+k\left[sh_n^{(1)}(s)\right]'a_n=k\left[sj_n(s)\right]' \end{cases}$$

式中，$k=\dfrac{k_1}{K}=\dfrac{N_1}{N}$，$N$、$N_1$ 分别表示球外媒质和球的折射率；$s=Ka=\dfrac{2\pi a}{\lambda_1}$，

$\lambda_1 = \lambda/N$ 是媒质的波长。

$$[ksj_n(ks)]' = [k_1Rj_n(k_1R)]'\big|_{R=a}$$

$$[sb_n(s)]' = [kRb_n(kR)]'\big|_{R=a}$$

解得内部场的系数

$$c_n = \frac{\mu_1 j_n(s)\left[sh_n^{(1)}(s)\right]' - \mu_1 h_n^{(1)}(s)\left[sj_n^{(1)}(s)\right]'}{\mu_1 j_n(ks)\left[sh_n^{(1)}(s)\right]' - \mu_1 h_n^{(1)}(s)\left[ksj_n^{(1)}(s)\right]}$$

$$d_n = \frac{\mu_1 kj_n(s)\left[sh_n^{(1)}(s)\right]' - \mu_1 kh_n^{(1)}(s)\left[sj_n^{(1)}(s)\right]'}{\mu_1 k^2 j_n(ks)\left[sh_n^{(1)}(s)\right]' - \mu_1 h_n^{(1)}(s)\left[ksj_n^{(1)}(s)\right]}$$

和散射场的系数

$$a_n = \frac{\mu k^2 j_n(ks)\left[sj_n(s)\right]' - \mu_1 j_n(s)\left[ksj_n(ks)\right]'}{\mu k^2 j_n(ks)\left[sh_n(s)\right]' - \mu_1 h_n(s)\left[ksj_n(ks)\right]'}$$

$$t_n = \frac{\mu j_n(s)\left[ksj_n(ks)\right]' - \mu_1 j_n(s)\left[ksj_n(ks)\right]'}{\mu h_n^{(1)}(s)\left[ksj_n(ks)\right]' - \mu_1 j_n(ks)\left[sh_n^{(1)}(ks)\right]'}$$

如果令 $\psi_n(\rho) = \rho j_n(\rho), \xi(\rho) = \rho h_n^{(1)}(\rho)$ ，则散射场系数可以简化为

$$a_n = \frac{\mu k\psi_n(k_1a)\psi_n'(ka) - \mu_1\psi_n(ka)\psi_n'(k_1a)}{\mu k\psi_n(k_1a)\xi_n(ka) - \mu_1\xi_n(ka)\psi_n'(k_1a)}$$

$$t_n = \frac{\mu k\psi_n(ka)\psi_n'(k_1a) - \mu_1\psi_n(k_1a)\psi_n'(ka)}{\mu k\xi_n(ka)\psi_n'(k_1a) - \mu_1\psi_n(k_1a)\xi_n'(ka)}$$

若球体与媒质具有同一磁导率 $\mu_1 = \mu$，则可以进一步化简为

$$a_n = \frac{k\psi_n(k_1a)\psi_n'(ka) - \psi_n(ka)\psi_n'(k_1a)}{k\psi_n(k_1a)\xi_n(ka) - \xi_n(ka)\psi_n'(k_1a)}$$

$$t_n = \frac{k\psi_n(ka)\psi_n'(k_1a) - \psi_n(k_1a)\psi_n'(ka)}{k\xi_n(ka)\psi_n'(k_1a) - \psi_n(k_1a)\xi_n'(ka)}$$

可以看出，它实质和第 3 章中用德拜势求得的结果相同 (坐标和传播常数的符号略有差异，实质相同)。但用德拜势直接求得的是赫兹势，还需进一步求 $\boldsymbol{E}$ 和 $\boldsymbol{H}$，用矢量本征函数法则直接得到 $\boldsymbol{E}$ 和 $\boldsymbol{H}$。

5.3 并矢格林函数

正如格林函数对于标量场的重要性一样，并矢格林函数对于解矢量场方程是有利的工具，而将矢量本征函数展开构成并矢格林函数则是求并矢格林函数的一种重要方法，在本节中介绍各种类型的并矢格林函数，后续各节中介绍其构成和应用。

5.3.1 无界空间的并矢格林函数

1. 并矢格林函数

在许多情况下，直接求解矢量场 $\boldsymbol{\pi}$ 或 $\boldsymbol{E}$、$\boldsymbol{H}$ 等比较方便且非常必要。但是矢量场方程相应的源都是矢量，因此格林函数要进行相应的变化，以便由已知的并矢源函数和矢量场的格林函数构成问题的解。

标量单位点源满足下面的方程：

$$\nabla^2 G_0 + k^2 G_0 = -\delta(\boldsymbol{R} - \boldsymbol{R}_0) \tag{5.3.1}$$

式中，矢量 $\boldsymbol{R}$ 表示由坐标系原点到观察点 (场点) 的矢径，不是球坐标系中的坐标；$\boldsymbol{R}_0$ 表示由坐标系原点到源点的矢径。当 $\omega = 0$ 时，方程变为泊松方程。

根据格林函数的定义，如果源是沿 x 方向的单位源，$\boldsymbol{e}_x\delta(\boldsymbol{r}-\boldsymbol{r}_0)$ 相应的格林函数应为 $\boldsymbol{e}_0 G_0$，记作 $\boldsymbol{G}_0^{(x)}$，单位源方向为 $\boldsymbol{e}_y$、$\boldsymbol{e}_z$ 时有类似的结果，于是有

$$\nabla^2 \boldsymbol{G}_0^{(x)} + k^2 \boldsymbol{G}_0^{(x)} = -\boldsymbol{e}_x \delta(\boldsymbol{R} - \boldsymbol{R}_0)$$
$$\nabla^2 \boldsymbol{G}_0^{(x)} + k^2 \boldsymbol{G}_0^{(x)} = -\boldsymbol{e}_y \delta(\boldsymbol{R} - \boldsymbol{R}_0)$$
$$\nabla^2 \boldsymbol{G}_0^{(x)} + k^2 \boldsymbol{G}_0^{(x)} = -\boldsymbol{e}_z \delta(\boldsymbol{R} - \boldsymbol{R}_0)$$

可见，任意取向的单位矢量源的场应由三个矢量格林函数决定，为了解矢量源的场问题及演算推导的方便，用这三个矢量格林函数构成并矢格林函数：

$$\overset{=}{\boldsymbol{G}}_0 = \boldsymbol{e}_x \boldsymbol{G}_0^{(x)} + \boldsymbol{e}_y \boldsymbol{G}_0^{(x)} + \boldsymbol{e}_z \boldsymbol{G}_0^{(x)} \tag{5.3.2}$$

由 $\boldsymbol{G}_0^{(x)}$、$\boldsymbol{G}_0^{(y)}$、$\boldsymbol{G}_0^{(z)}$ 满足的方程容易推得 $\overset{=}{\boldsymbol{G}}_0$ 满足下列方程：

$$\nabla^2 \overset{=}{\boldsymbol{G}}_0 + k^2 \overset{=}{\boldsymbol{G}}_0 = -\overset{=}{\boldsymbol{I}}\,\delta(\boldsymbol{R} - \boldsymbol{R}_0) \tag{5.3.3}$$

式中，$\overset{=}{\boldsymbol{I}} = \boldsymbol{e}_x\boldsymbol{e}_x + \boldsymbol{e}_y\boldsymbol{e}_y + \boldsymbol{e}_z\boldsymbol{e}_z$ 是单位并矢；$\overset{=}{\boldsymbol{G}}_0$ 是 $\overset{=}{\boldsymbol{G}}_0(\boldsymbol{r}/\boldsymbol{r}_0)$ 的简写。

从后面的讨论可以看出，由并矢格林函数可以得出矢量源的场的积分表达式，对于计算场量很有用。

2. 无界空间的并矢格林函数

无界空间问题是最简单的情况，无界空间的并矢格林函数不仅可以解决无界空间场的问题，也是求边值问题的并矢格林函数的基础。

由磁矢势 $\boldsymbol{A}$ 出发导出无界空间的并矢格林函数 $\overset{\Rightarrow}{\boldsymbol{G}}_0$ 是最简单的途径，已知无界空间的标量源的格林函数为

$$G_0=\frac{1}{4\pi}\frac{\mathrm{e}^{\mathrm{i}k|\boldsymbol{R}-\boldsymbol{R}_0|}}{|\boldsymbol{R}-\boldsymbol{R}_0|}$$

电流分布 $\boldsymbol{j}$ 的磁矢势为

$$\boldsymbol{A}=\frac{\mu_0}{4\pi}\int_V\frac{\boldsymbol{j}\mathrm{e}^{\mathrm{i}k|\boldsymbol{R}-\boldsymbol{R}_0|}}{|\boldsymbol{R}-\boldsymbol{R}_0|}\mathrm{d}V_0$$

式中，$\boldsymbol{j}$ 为电流密度。

故有

$$\boldsymbol{A}=\mu_0\int_V\boldsymbol{j}(\boldsymbol{R}_0)G\left(\boldsymbol{R}/\boldsymbol{R}_0\right)\mathrm{d}V_0 \tag{5.3.4}$$

式中，场强满足

$$\boldsymbol{B}=\nabla\times\boldsymbol{A}$$

$$\boldsymbol{E}=\mathrm{i}\omega\boldsymbol{A}-\nabla\psi=\mathrm{i}\omega\boldsymbol{A}-\frac{\nabla(\nabla\cdot\boldsymbol{A})}{\mathrm{i}\omega_0\varepsilon_0}=\mathrm{i}\omega\left[\boldsymbol{A}+\frac{\nabla\nabla\cdot\boldsymbol{A}}{k^2}\right] \tag{5.3.5}$$

当空间充满均匀各向同性媒质时，把 ε_0、μ_0 换为媒质的 ε、μ 即可，因此可以由式 (5.3.4) 导出由格林函数表示 $\boldsymbol{E}$、$\boldsymbol{H}$ 的解。为此，首先要求出与场强 $\boldsymbol{E}$ 和 $\boldsymbol{H}$ 相应的无界空间并矢格林函数，以下着重说明电场 $\boldsymbol{E}$ 的问题，因为 $\boldsymbol{H}$ 的方程形式与 $\boldsymbol{E}$ 相同，只是源的形式不同，很容易由 $\boldsymbol{E}$ 的解得到 $\boldsymbol{H}$ 的解，或用与 $\boldsymbol{E}$ 完全类似的方法导出 $\boldsymbol{H}$ 的解。

对于空间点电流源：

$$\boldsymbol{j}(\boldsymbol{R})=\frac{1}{\mathrm{i}\omega\varepsilon_0}\delta(\boldsymbol{R}-\boldsymbol{R}_0)\boldsymbol{e}_i,\quad i=x,y,z \tag{5.3.6}$$

磁矢势:

$$\begin{aligned}\boldsymbol{A}&=\mu_0\int_V\boldsymbol{j}G_0\left(\boldsymbol{R}/\boldsymbol{R}_0\right)\mathrm{d}V_0=\frac{\boldsymbol{e}_i}{\mathrm{i}\omega}\int_V G_0\left(\boldsymbol{R}/\boldsymbol{R}_0\right)\delta(\boldsymbol{R}-\boldsymbol{R}_0)\mathrm{d}V_0\\&=\frac{\boldsymbol{e}_i}{\mathrm{i}\omega}\lim_{\boldsymbol{\xi}\to\boldsymbol{R}_0}G_0\left(\boldsymbol{R}/\boldsymbol{\xi}\right)\int_V\delta(\boldsymbol{R}-\boldsymbol{R}_0)\mathrm{d}V_0=\frac{\boldsymbol{e}_i}{\mathrm{i}\omega}G_0\left(\boldsymbol{R}/\boldsymbol{R}_0\right)\end{aligned}$$

与式 (5.3.6) 相应的电场强度

$$\boldsymbol{G}_0^{(i)}\left(\boldsymbol{R}/\boldsymbol{R}_0\right)=\left(1+\frac{1}{k^2}\nabla\nabla\cdot\right)G_0^{(i)}\left(\boldsymbol{R}/\boldsymbol{R}_0\right)\boldsymbol{e}_i \tag{5.3.7}$$

它满足电场强度方程

$$\nabla \times \nabla \times \boldsymbol{G}_0^{(i)} - k^2 \boldsymbol{G}_0^{(i)} = \delta(\boldsymbol{R} - \boldsymbol{R}_0)\,\boldsymbol{e}_i$$

因此是格林函数。由 $\boldsymbol{G}^{(i)}$ 构成的并矢格林函数 $\overset{\rightrightarrows}{\boldsymbol{G}}{}^{(i)}$ 满足:

$$\nabla \times \nabla \times \overset{\rightrightarrows}{\boldsymbol{G}}_0 - k^2 \overset{\rightrightarrows}{\boldsymbol{G}}{}_0^{(i)} (\boldsymbol{R}/\boldsymbol{R}_0) = \overset{\rightrightarrows}{\boldsymbol{I}}\,\delta(\boldsymbol{R} - \boldsymbol{R}_0) \tag{5.3.8}$$

再加上一定的规范条件后，可以转化为式 (5.3.3) 的形式，由式 (5.3.7) 及 $\overset{\rightrightarrows}{\boldsymbol{G}}_0$ 的定义式 (5.3.2)，可得

$$\overset{\rightrightarrows}{\boldsymbol{G}}_0(\boldsymbol{R}/\boldsymbol{R}_0) = \left(1 + \frac{1}{k^2}\nabla\nabla\cdot\right) G_0\,\overset{\rightrightarrows}{\boldsymbol{I}} \tag{5.3.9}$$

这是由 $\boldsymbol{A}$ 出发得到的电流源场强的并矢格林函数，有时写作 $\overset{\rightrightarrows}{\boldsymbol{G}}_{0A}$，式中的 $G_0 = \dfrac{1}{4\pi}\dfrac{\mathrm{e}^{\mathrm{i}k|\boldsymbol{R}-\boldsymbol{R}_0|}}{|\boldsymbol{R}-\boldsymbol{R}_0|}$，$\overset{\rightrightarrows}{\boldsymbol{G}}_0$ 中包含的 $\boldsymbol{G}_0^{(i)}$ 是电流源 $\dfrac{1}{\mathrm{i}\omega\mu}\delta(\boldsymbol{R} - \boldsymbol{R}_0)\,\boldsymbol{e}_i$ 产生的电场强度。

根据 $G_0(\boldsymbol{R}/\boldsymbol{R}_0)$ 的性质可以证明 $\overset{\rightrightarrows}{\boldsymbol{G}}_0$ 具有互易性 (或称对称性):

$$\overset{\rightrightarrows}{\boldsymbol{G}}_0(\boldsymbol{R}/\boldsymbol{R}_0) = \overset{\rightrightarrows}{\boldsymbol{G}}_0(\boldsymbol{R}_0/\boldsymbol{R}) \tag{5.3.10}$$

并满足辐射条件

$$\lim_{R\to\infty} R\left[\nabla \times \overset{\rightrightarrows}{\boldsymbol{G}}_0 - \mathrm{i}k\boldsymbol{e}_R \times \overset{\rightrightarrows}{\boldsymbol{G}}_0(\boldsymbol{R}/\boldsymbol{R}_0)\right] = 0$$

5.3.2 任意电流源分布的电场

通过推导任意已知源分布的场强 $\boldsymbol{j}$ 与 $\overset{\rightrightarrows}{\boldsymbol{G}}_0$ 的关系，从而得到并矢格林函数求任意电流分布的场强基本公式。

1. 矢量格林函数

为了达到上述目的，先要导出矢量格林定理。在高斯定理 $\int_V \nabla\cdot\boldsymbol{F}\mathrm{d}V = \oint_S \boldsymbol{F}\cdot\mathrm{d}\boldsymbol{S}$ 中，令 $\boldsymbol{F} = \boldsymbol{Q}\times\nabla\times\boldsymbol{P} - \boldsymbol{P}\times\nabla\times\boldsymbol{Q}$，$\boldsymbol{P}$、$\boldsymbol{Q}$ 是有二阶导数的矢量函数，则

$$\begin{aligned}\nabla\cdot\boldsymbol{F} &= \nabla\cdot(\boldsymbol{Q}\times\nabla\times\boldsymbol{P}) - \nabla\cdot(\boldsymbol{P}\times\nabla\times\boldsymbol{Q})\\ &= \nabla\times\boldsymbol{P}\cdot\nabla\times\boldsymbol{Q} - \boldsymbol{Q}\cdot\nabla\times(\nabla\times\boldsymbol{P}) - \nabla\times\boldsymbol{Q}\cdot\nabla\times\boldsymbol{P} + \boldsymbol{P}\cdot\nabla\times(\nabla\times\boldsymbol{Q})\end{aligned}$$

所以可知

$$\begin{aligned}\int_V \nabla\cdot(\boldsymbol{Q}\times\nabla\times\boldsymbol{P} - \boldsymbol{P}\times\nabla\times\boldsymbol{Q})\mathrm{d}V &= \int_V (\boldsymbol{P}\cdot\nabla\times\nabla\times\boldsymbol{Q} - \boldsymbol{Q}\cdot\nabla\times\nabla\times\boldsymbol{P})\mathrm{d}V\\ &= \oint_S (\boldsymbol{Q}\times\nabla\times\boldsymbol{P} - \boldsymbol{P}\times\nabla\times\boldsymbol{Q})\cdot\mathrm{d}\boldsymbol{S}\end{aligned} \tag{5.3.11}$$

这个结果称为并矢格林定理。

2. 无界空间电场强度的表达式

在矢量格林定理式 (5.3.11) 中，把 $\boldsymbol{P}$ 看作是并矢 $\overset{=}{\boldsymbol{C}}$ 的一个矢量分量 $\boldsymbol{C}^{(i)}$，$i=x,y,z$ 依次代入矢量格林定理，再把所得的三个式子分别并上 $\boldsymbol{e}_i$，相加，即得并矢格林定理：

$$\int_V \left[\overset{=}{\boldsymbol{C}}\cdot\nabla\times\nabla\times\boldsymbol{Q}-\boldsymbol{Q}\cdot\nabla\times\nabla\times\overset{=}{\boldsymbol{C}}\right]\mathrm{d}V=\oint_S \mathrm{d}\boldsymbol{S}\cdot\left[\boldsymbol{Q}\times\nabla\times\overset{=}{\boldsymbol{C}}-\overset{=}{\boldsymbol{C}}\times\nabla\times\boldsymbol{Q}\right]$$

令 $\boldsymbol{Q}=\boldsymbol{E}(\boldsymbol{R})$，$\overset{=}{\boldsymbol{C}}=\overset{=}{\boldsymbol{G}}_0(\boldsymbol{R}/\boldsymbol{R}_0)$，由于 $\boldsymbol{E}$ 和 $\overset{=}{\boldsymbol{G}}_0$ 分别满足方程：

$$\nabla\times\nabla\times\boldsymbol{E}-k^2\boldsymbol{E}=\mathrm{i}\omega\mu\boldsymbol{j}$$

和

$$\nabla\times\nabla\times\overset{=}{\boldsymbol{G}}-k^2\overset{=}{\boldsymbol{G}}_0=\overset{=}{\boldsymbol{I}}\,\delta(\boldsymbol{R}-\boldsymbol{R}_0)$$

于是得

$$\begin{aligned}&\int_V\left[\overset{=}{\boldsymbol{G}}_0\cdot\nabla\times\nabla\times\boldsymbol{E}-\boldsymbol{E}\cdot\nabla\times\nabla\times\overset{=}{\boldsymbol{G}}_0\right]\mathrm{d}V\\&=\int_V\overset{=}{\boldsymbol{G}}_0\cdot(k^2\boldsymbol{E}+\mathrm{i}\omega\mu\boldsymbol{j})\mathrm{d}V-\int_V\boldsymbol{E}\cdot\left[k^2\overset{=}{\boldsymbol{G}}_0+\overset{=}{\boldsymbol{I}}\,\delta(\boldsymbol{R}-\boldsymbol{R}_0)\right]\mathrm{d}V\\&=\mathrm{i}\omega\mu\int_V\overset{=}{\boldsymbol{G}}_0(\boldsymbol{R}/\boldsymbol{R}_0)\cdot\boldsymbol{j}(R)\mathrm{d}V-\boldsymbol{E}(\boldsymbol{R}_0)\end{aligned}$$

另外由并矢格林定理及 $\boldsymbol{E}$、$\overset{=}{\boldsymbol{G}}_0$ 满足辐射条件，可得

$$\begin{aligned}&\int_V\left[\overset{=}{\boldsymbol{G}}_0\cdot\nabla\times\nabla\times\boldsymbol{E}-\boldsymbol{E}\cdot\nabla\times\nabla\times\overset{=}{\boldsymbol{G}}_0\right]\mathrm{d}V\\&=\oint_S\mathrm{d}S\boldsymbol{n}\cdot\left[\boldsymbol{E}\times\nabla\times\overset{=}{\boldsymbol{G}}_0-\overset{=}{\boldsymbol{G}}_0\times\nabla\times\boldsymbol{E}\right]\\&=\oint_S\mathrm{d}S\left[\boldsymbol{n}\times\boldsymbol{E}\times\nabla\times\overset{=}{\boldsymbol{G}}_0-\boldsymbol{n}\cdot\overset{=}{\boldsymbol{G}}_0\times\nabla\times\boldsymbol{E}\right]\\&=\oint_S\mathrm{d}S\left[\boldsymbol{n}\times\boldsymbol{E}\cdot\nabla\times\overset{=}{\boldsymbol{G}}_0-\nabla\times\boldsymbol{E}\cdot\boldsymbol{n}\times\overset{=}{\boldsymbol{G}}_0\right]\\&=0\end{aligned}$$

因为积分是对全空间的，S 可取 $R\to\infty$ 的球面。将结果对比，得

$$\boldsymbol{E}(\boldsymbol{R})=\mathrm{i}\omega\mu_0\int_V\overset{=}{\boldsymbol{G}}_0(\boldsymbol{R}/\boldsymbol{R}_0)\cdot\boldsymbol{j}(R)\mathrm{d}V$$

将 $\boldsymbol{R}$ 与 $\boldsymbol{R}_0$ 互换，利用对称性，得

$$\boldsymbol{E}(\boldsymbol{R}) = \mathrm{i}\omega\mu_0 \int_V \overset{\rightleftarrows}{\boldsymbol{G}}_0 (\boldsymbol{R}_0/\boldsymbol{R}) \cdot \boldsymbol{j}(R_0)\mathrm{d}V_0 \tag{5.3.12}$$

式中，$\mathrm{d}V_0$ 表示是含源区域的体积元，积分实际是对 $\boldsymbol{j} \neq 0$ 的区域进行的。

由式 (5.3.12) 求出 $\overset{\rightleftarrows}{\boldsymbol{G}}_0$ 就可以由已知的源分布求得场强 $\boldsymbol{E}$。$\boldsymbol{H}$ 可由 $\boldsymbol{E}$ 求出，或者由 $\boldsymbol{H}$ 与 $\boldsymbol{E}$ 的方程完全类似，只要把 $\mathrm{i}\omega\mu\boldsymbol{j}$ 换为 $\nabla \times \boldsymbol{j}$，就可以用类似的步骤求得相应的 $\overset{\rightleftarrows}{\boldsymbol{G}}_0$ 和 $\boldsymbol{H}$ 的表达式。

5.3.3 有界空间的并矢格林函数

大多数有实际意义的电磁场问题是有界空间的边值问题，因此要详细介绍常见的边值问题中各类型的并矢格林函数。

1. 第一类并矢格林函数

满足第一类边值条件的格林函数称为第一类并矢格林函数，用 $\overset{\rightleftarrows}{\boldsymbol{G}}_1$ 表示。设空间有电流 $\boldsymbol{j}$ 和良导面 S (图 5.3.1)，因而 $\boldsymbol{n} \times \boldsymbol{E}|_S = 0$(第一类边界条件)。这时对于无穷远边界处的界面 S_∞ 和 S 之间的空间应用并矢格林函数定理式 (5.3.11)(仍令 $\boldsymbol{Q} = \boldsymbol{E}(\boldsymbol{r}), \overset{\rightleftarrows}{\boldsymbol{C}} = \overset{\rightleftarrows}{\boldsymbol{G}}_1, \overset{\rightleftarrows}{\boldsymbol{G}}_1$ 为给定边界条件下的并矢格林函数)。

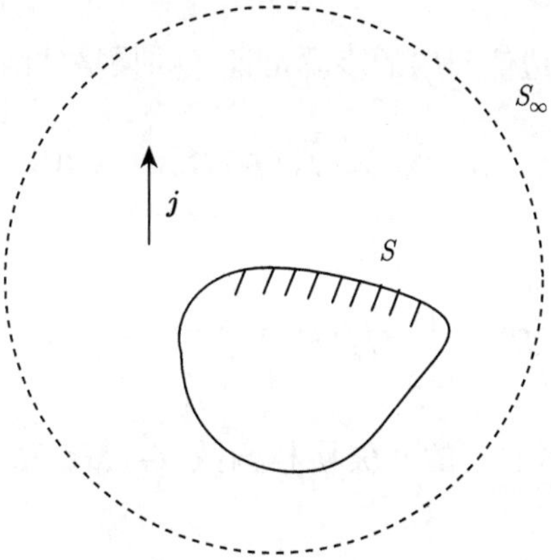

图 5.3.1 良导电面与边界

通过与前面类似的推导和计算，得到

$$\begin{aligned}\boldsymbol{E}(\boldsymbol{R}) = \mathrm{i}\omega\mu \int_V \overset{\rightleftarrows}{\boldsymbol{G}}_1 (\boldsymbol{R}/\boldsymbol{R}_0) \cdot \boldsymbol{j}(\boldsymbol{R}_0)\mathrm{d}V_0 \\ - \int_{S+S_\infty} \left[\nabla \times \overset{\rightleftarrows}{\boldsymbol{G}}_1 \cdot \boldsymbol{n} \times \boldsymbol{E} - \boldsymbol{n} \times \overset{\rightleftarrows}{\boldsymbol{G}}_1 \cdot \mathrm{i}\omega\mu\boldsymbol{H} \right] \mathrm{d}S_0\end{aligned}$$

根据在 $R \to \infty$ 处 $\boldsymbol{E}$ 和 $\overset{=}{\boldsymbol{G}}$ 的辐射条件，$\int_{S_\infty} = 0$，对于良导面 S 的面积分，由于给定的边界条件 $\boldsymbol{n} \times \boldsymbol{E}|_S = 0$，故积分的第一项为零，因此，只需要求 $\overset{=}{\boldsymbol{G}}_1$ 满足

$$\boldsymbol{n} \times \overset{=}{\boldsymbol{G}}_1 (\boldsymbol{R}/\boldsymbol{R}_0)\Big|_S = 0 \tag{5.3.13}$$

则 $\int_{S_\infty} = 0$，而

$$\boldsymbol{E}(\boldsymbol{R}) = \mathrm{i}\omega\mu \int_V \overset{=}{\boldsymbol{G}}_1 (\boldsymbol{R}/\boldsymbol{R}_0) \cdot \boldsymbol{j}(\boldsymbol{R}_0)\mathrm{d}V_0 \tag{5.3.14}$$

满足方程 $\nabla \times \nabla \times \overset{=}{\boldsymbol{G}}_1 - k^2\overset{=}{\boldsymbol{G}}_1 = \delta(\boldsymbol{R} - \boldsymbol{R}_0)$ 和边界条件式 (5.3.13) 的并矢格林函数 $\overset{=}{\boldsymbol{G}}_1$ 称为第一类并矢格林函数，它适用于第一类边界条件 (狄利克雷边界条件) 问题，根据 $\overset{=}{\boldsymbol{G}}_1$ 和 $\boldsymbol{j}$ 可由式 (5.3.14) 确定 $\boldsymbol{E}$。

2. 第二类并矢格林函数

对于第二类边值条件 (诺伊曼问题)，电场强度满足

$$\boldsymbol{n} \times \nabla \times \boldsymbol{E}|_S = 0 \tag{5.3.15}$$

这时，用类似于第一类边值问题的步骤可证，如果格林函数 $\overset{=}{\boldsymbol{G}}_2$ 满足

$$\boldsymbol{n} \times \nabla \times \overset{=}{\boldsymbol{G}}_2 (\boldsymbol{R}/\boldsymbol{R}_0)\Big|_S = 0 \tag{5.3.16}$$

则有

$$\boldsymbol{H}(\boldsymbol{R}) = \int_V \overset{=}{\boldsymbol{G}}_2 (\boldsymbol{R}/\boldsymbol{R}_0) \cdot \nabla \times \boldsymbol{j}(\boldsymbol{R}_0)\mathrm{d}V_0 \tag{5.3.17}$$

满足边界条件公式 (5.3.15) 的并矢格林函数 $\overset{=}{\boldsymbol{G}}_2 (\boldsymbol{R}/\boldsymbol{R}_0)$ 称为第二类并矢格林函数。

3. 第三类和第四类并矢格林函数

另一种常遇到的情况 (尤其是在地学问题上) 是两种各向同性均匀媒质形成的半空间问题。如图 5.3.2 所示，设二介质的平面界面为 S 并假设电流置于 k_1 区域，则两个半空间的场方程为

$$\begin{cases} \nabla \times \nabla \times \boldsymbol{E}_1 - k_1^2\boldsymbol{E}_1 = \mathrm{i}\omega\mu_1\boldsymbol{j} \\ \nabla \times \nabla \times \boldsymbol{E}_2 - k_2^2\boldsymbol{E}_2 = 0 \end{cases} \tag{5.3.18}$$

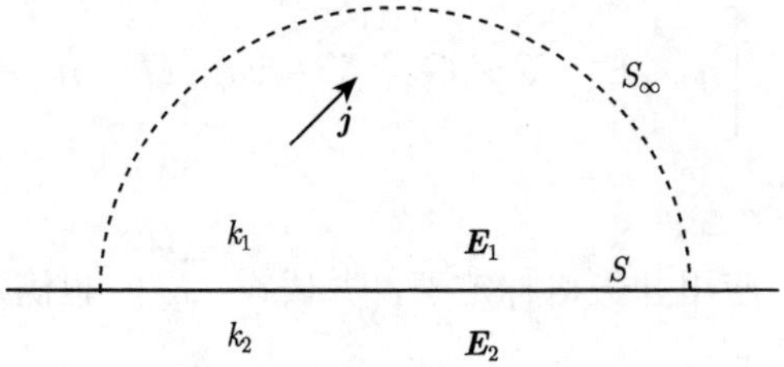

图 5.3.2 两种介质的分界面

S 上的边界条件为

$$\begin{cases} \boldsymbol{n}\times\boldsymbol{E}_1=\boldsymbol{n}\times\boldsymbol{E}_2 \\ \boldsymbol{n}\times\boldsymbol{H}_2=\boldsymbol{n}\times\boldsymbol{H}_2 \end{cases} \tag{5.3.19}$$

场强的切向分量连续以及当 $R\to\infty$ 时满足辐射条件，S 上的边界条件可以写为

$$\begin{cases} \dfrac{1}{\mu_1}\boldsymbol{n}\times\nabla\times\boldsymbol{E}_1=\dfrac{1}{\mu_2}\boldsymbol{n}\times\nabla\times\boldsymbol{E}_2 \\ \dfrac{1}{\varepsilon_1}\boldsymbol{n}\times\nabla\times\boldsymbol{H}_1=\dfrac{1}{\varepsilon_2}\boldsymbol{n}\times\nabla\times\boldsymbol{H}_2 \end{cases} \tag{5.3.20}$$

式中，ε_1、ε_2、μ_1、μ_2 可能为复量。

对于这种条件下的电磁场问题，可以引入第三类并矢格林函数 $\overset{=}{\boldsymbol{G}}_3$，满足下列方程：

$$\begin{cases} \nabla\times\nabla\times\overset{=}{\boldsymbol{G}}{}_3^{(11)}-k_1^2\overset{=}{\boldsymbol{G}}{}_3^{(11)}=\overset{=}{\boldsymbol{I}}\,\delta(\boldsymbol{R}-\boldsymbol{R}_0), & z\geqslant 0 \\ \nabla\times\nabla\times\overset{=}{\boldsymbol{G}}{}_3^{(21)}-k_2^2\overset{=}{\boldsymbol{G}}{}_3^{(21)}=0, & z<0 \end{cases} \tag{5.3.21}$$

式中，$\overset{=}{\boldsymbol{G}}_3$ 的第二个肩码表示是源在空间 1 情况下的解，第一个肩码则表示函数所属的空间。如果源置于空间 2，则函数和方程为

$$\begin{cases} \nabla\times\nabla\times\overset{=}{\boldsymbol{G}}{}_3^{(12)}-k_1^2\overset{=}{\boldsymbol{G}}{}_3^{(12)}=0, & z\geqslant 0 \\ \nabla\times\nabla\times\overset{=}{\boldsymbol{G}}{}_3^{(22)}-k_2^2\overset{=}{\boldsymbol{G}}{}_3^{(22)}=\overset{=}{\boldsymbol{I}}\,\delta(\boldsymbol{R}-\boldsymbol{R}_0), & z<0 \end{cases} \tag{5.3.22}$$

因为两种情况在方法上是完全类似的，所以只详细讨论源在区域 1 的情况，即 $\overset{=}{\boldsymbol{G}}{}_2^{(11)}$ 和 $\overset{=}{\boldsymbol{G}}{}_3^{(21)}$。

对于区域 1，可以取 S 和 $R\to\infty$ 半球面，S_∞ 构成的封闭面，对于 S 和 S_∞ 所包围的区域应用并矢格林定理，并考虑到场强 $\boldsymbol{E}_1$ 满足辐射条件，如果假设也满足 $\overset{=}{\boldsymbol{G}}{}_3^{(11)}$ 辐射条件，则

$$\boldsymbol{E}(\boldsymbol{R})=\mathrm{i}\omega\mu_1\int_V \boldsymbol{j}(\boldsymbol{R}_1)\cdot\overset{=}{\boldsymbol{G}}{}_3^{(11)}(\boldsymbol{R}/\boldsymbol{R}_0)\mathrm{d}V_0$$

$$-\int_{S+S_\infty}\left[\boldsymbol{n}\times\boldsymbol{E}_1\cdot\nabla\times\overrightarrow{\overrightarrow{\boldsymbol{G}}}_3^{(11)}\nabla-\mathrm{i}\omega\mu_1\boldsymbol{H}_1\cdot\boldsymbol{n}\times\overrightarrow{\overrightarrow{\boldsymbol{G}}}_3^{(11)}\right]\mathrm{d}S \tag{5.3.23}$$

沿 S_∞ 的面积分为零。

对 $\boldsymbol{E}_2$ 和 $\overrightarrow{\overrightarrow{\boldsymbol{G}}}_3^{(21)}$ 应用并矢格林定理，并假设 $\overrightarrow{\overrightarrow{\boldsymbol{G}}}_3^{(21)}$ 也满足辐射条件，则经过与上面相同的推导得到

$$\int_{S+S_\infty}\left[\boldsymbol{n}\times\boldsymbol{E}_2\cdot\nabla\times\overrightarrow{\overrightarrow{\boldsymbol{G}}}_3^{(21)}-\mathrm{i}\omega\mu_1\boldsymbol{H}_2\cdot\boldsymbol{n}\times\overrightarrow{\overrightarrow{\boldsymbol{G}}}_3^{(21)}\right]\mathrm{d}S=0 \tag{5.3.24}$$

考虑边界条件公式 (5.3.19)，如果构成 $\overrightarrow{\overrightarrow{\boldsymbol{G}}}_3$，它在 S 上满足

$$\begin{cases}\boldsymbol{n}\times\overrightarrow{\overrightarrow{\boldsymbol{G}}}_3^{(11)}=\boldsymbol{n}\times\overrightarrow{\overrightarrow{\boldsymbol{G}}}_3^{(21)}\\ \dfrac{1}{\mu_1}\boldsymbol{n}\times\nabla\times\overrightarrow{\overrightarrow{\boldsymbol{G}}}_3^{(11)}=\dfrac{1}{\mu_2}\boldsymbol{n}\times\nabla\times\overrightarrow{\overrightarrow{\boldsymbol{G}}}_3^{(21)}\end{cases} \tag{5.3.25}$$

则式 (5.3.23) 中的面积分和式 (5.3.24) 中左端的面积分只差一常数，因而也等于零，式 (5.3.23) 简化为

$$\boldsymbol{E}_1(\boldsymbol{R})=\mathrm{i}\omega\mu_1\int_V\boldsymbol{j}(\boldsymbol{R}_0)\cdot\overrightarrow{\overrightarrow{\boldsymbol{G}}}_3^{(11)}(\boldsymbol{R}/\boldsymbol{R}_0)\,\mathrm{d}V_0$$

可以证明 $\overrightarrow{\overrightarrow{\boldsymbol{G}}}_3^{(11)}$ 也具有对称性：

$$\widetilde{\overrightarrow{\overrightarrow{\boldsymbol{G}}}}_3^{(11)}(\boldsymbol{R}_0/\boldsymbol{R})=\overrightarrow{\overrightarrow{\boldsymbol{G}}}_3^{(11)}(\boldsymbol{R}/\boldsymbol{R}_0) \tag{5.3.26}$$

式中，$\widetilde{\overrightarrow{\overrightarrow{\boldsymbol{G}}}}_3^{(11)}$ 为 $\overrightarrow{\overrightarrow{\boldsymbol{G}}}_3^{(11)}$ 的转置，对并矢而言相当于前乘展开与后乘展开的转换，于是

$$\boldsymbol{E}_1(\boldsymbol{R})=\mathrm{i}\omega\mu_1\int_V\overrightarrow{\overrightarrow{\boldsymbol{G}}}_3^{(11)}(\boldsymbol{R}/\boldsymbol{R}_0)\,\boldsymbol{j}(\boldsymbol{R}_0)\mathrm{d}V_0 \tag{5.3.27}$$

还可以证明 $\overrightarrow{\overrightarrow{\boldsymbol{G}}}_3^{(12)}$ 和 $\overrightarrow{\overrightarrow{\boldsymbol{G}}}_3^{(21)}$ 之间有如下对称关系：

$$\frac{1}{\mu_1}\widetilde{\overrightarrow{\overrightarrow{\boldsymbol{G}}}}_3^{(12)}(\boldsymbol{R}_0/\boldsymbol{R})=\frac{1}{\mu_2}\overrightarrow{\overrightarrow{\boldsymbol{G}}}_3^{(21)}(\boldsymbol{R}/\boldsymbol{R}_0) \tag{5.3.28}$$

利用这一对称关系以及 $\boldsymbol{E}_1$ 和 $\boldsymbol{E}_2$ 的方程 (5.3.18)，由方程 (5.3.22) 可以证明:

$$\boldsymbol{E}_2(\boldsymbol{R})=\mathrm{i}\omega\mu_1\int_V\overrightarrow{\overrightarrow{\boldsymbol{G}}}_3^{(21)}(\boldsymbol{R}/\boldsymbol{r}_0)\,\boldsymbol{j}(\boldsymbol{R}_0)\mathrm{d}V_0 \tag{5.3.29}$$

满足方程 (5.3.21) 和在 S 上的边界条件式 (5.3.25) 以及辐射条件的并矢函数 $\overset{=}{\boldsymbol{G}}_3$ 称为第三类并矢格林函数 (以上讨论的是源分布在区域 1 的情况，源分布在区域 2 时的并矢格林函数 $\overset{=}{\boldsymbol{G}}_3^{(21)}$ 和 $\overset{=}{\boldsymbol{G}}_3^{(22)}$ 可以用类似的步骤讨论)。求得并矢格林函数 $\overset{=}{\boldsymbol{G}}_3$ 后，可由式 (5.3.27) 和式 (5.3.29) 求出空间各点的电场强度。当 $\boldsymbol{j}$ 在区域 2 时，$\boldsymbol{E}$ 的表达式形式类似。

第四类并矢格林函数 $\overset{=}{\boldsymbol{G}}_4$ 是对两种媒质半空间的磁场问题而言的，通过与 $\overset{=}{\boldsymbol{G}}_3$ 类似的讨论，可得磁场强度的积分表达式。

$$\left\{\begin{aligned} \boldsymbol{H}_1(\boldsymbol{R}) &= \int_V \overset{=}{\boldsymbol{G}}_4^{(11)}(\boldsymbol{R}/\boldsymbol{R}_0)\cdot\nabla\times\boldsymbol{j}(\boldsymbol{R}_0)\mathrm{d}V_0 \\ \boldsymbol{H}_2(\boldsymbol{R}) &= \int_V \overset{=}{\boldsymbol{G}}_4^{(21)}(\boldsymbol{R}/\boldsymbol{R}_0)\cdot\nabla\times\boldsymbol{j}(\boldsymbol{R}_0)\mathrm{d}V_0 \end{aligned}\right. \tag{5.3.30}$$

当 $\boldsymbol{j}$ 在区域 2 时，可得类似的结果，当然，格林函数要相应变为 $\boldsymbol{j}$ 在区域 2 中的并矢格林函数。

综上所述，在常见的边值问题中可以采用相应类型的并矢格林函数，场强可由相应的并矢格林函数及已知的源分布求出。用这种方法解电磁场问题时，求并矢格林函数成为问题的关键，在后文介绍构造并矢格林函数的常见方法。

理论上，求得 $\overset{=}{\boldsymbol{G}}$ 的解析式则可由式 (5.3.27)、式 (5.3.29) 和式 (5.3.30) 等求出场强分布，但实际上 $\boldsymbol{E}$ 和 $\boldsymbol{H}$ 的计算往往不易得到解析式，只能求出近似解或数值解。式 (5.3.27)、式 (5.3.29) 和式 (5.3.30) 等为 $\boldsymbol{E}$ 和 $\boldsymbol{H}$ 的近似解或数值解提供了基础，因此有重要意义。

5.4 并矢格林函数的解法

5.4.1 电型和磁型并矢格林函数

5.3 节中，无限空间的并矢格林函数式 (5.3.9) 是由电流源式 (5.3.6) 的电场强度出发引入的，因此有时用 $\overset{=}{\boldsymbol{G}}_{\mathrm{e}0}$ 表示，称为电型并矢格林函数，其后的边值问题的格林函数都是以 $\overset{=}{\boldsymbol{G}}_0$ 为基础的，有时由磁场强度出发引入另一种格林函数——磁型并矢格林函数 $\overset{=}{\boldsymbol{G}}_{\mathrm{m}}$ 比较方便。$\overset{=}{\boldsymbol{G}}_{\mathrm{e}}$ 和 $\overset{=}{\boldsymbol{G}}_{\mathrm{m}}$ 可以根据具体问题选用。

由麦克斯韦方程

$$\left\{\begin{aligned} \nabla\times\boldsymbol{E} &= \mathrm{i}\omega\mu\boldsymbol{H} \\ \nabla\times\boldsymbol{H} &= \boldsymbol{j}-\mathrm{i}\omega\hat{\varepsilon}\boldsymbol{E} \end{aligned}\right.$$

及 5.3 节可知，$\boldsymbol{G}_{\mathrm{e}0}^{(i)}$ 相当于电流源 $\boldsymbol{j}=\dfrac{\boldsymbol{e}_i}{\mathrm{i}\omega\mu}\delta(\boldsymbol{R}-\boldsymbol{R}_0)\boldsymbol{e}_i, i=x,y,z$ 的电场强度，

由各 $\boldsymbol{G}_{\mathrm{e0}}^{(i)}$ 可构成并矢格林函数 $\overset{\Rightarrow}{\boldsymbol{G}}_{\mathrm{e0}}$。根据麦克斯韦方程，如果取

$$\boldsymbol{G}_{\mathrm{m0}}^{(i)} = \nabla \times \boldsymbol{G}_{\mathrm{e0}}^{(i)} \tag{5.4.1}$$

则 $\boldsymbol{H}^{(i)} = \dfrac{1}{\mathrm{i}\omega\mu}\boldsymbol{G}_{\mathrm{m0}}^{(i)}$ 表示电流源 $\boldsymbol{j} = \dfrac{\boldsymbol{e}_i}{\mathrm{i}\omega\mu}\delta(\boldsymbol{R}-\boldsymbol{R}_0)$ 产生的磁场强度。由 $\boldsymbol{G}_{\mathrm{m0}}^{(i)}$ 可构成磁型并矢格林函数：

$$\overset{\Rightarrow}{\boldsymbol{G}}_{\mathrm{m0}} = \sum_i \boldsymbol{e}_i \boldsymbol{G}_{\mathrm{m0}}^{(i)} \tag{5.4.2}$$

$\overset{\Rightarrow}{\boldsymbol{G}}_{\mathrm{e0}}$ 与 $\overset{\Rightarrow}{\boldsymbol{G}}_{\mathrm{m0}}$ 分别满足方程：

$$\nabla \times \nabla \times \overset{\Rightarrow}{\boldsymbol{G}}_{\mathrm{e0}} - k^2 \overset{\Rightarrow}{\boldsymbol{G}}_{\mathrm{e0}} = \overset{\Rightarrow}{\boldsymbol{I}}\,\delta(\boldsymbol{R}-\boldsymbol{R}_0) \tag{5.4.3}$$

$$\nabla \times \nabla \times \overset{\Rightarrow}{\boldsymbol{G}}_{\mathrm{m0}} - k^2 \overset{\Rightarrow}{\boldsymbol{G}}_{\mathrm{m0}} = \nabla \times [\overset{\Rightarrow}{\boldsymbol{I}}\,\delta(\boldsymbol{R}-\boldsymbol{R}_0)] \tag{5.4.4}$$

由 $\overset{\Rightarrow}{\boldsymbol{G}}_{\mathrm{m}}$ 和 $\overset{\Rightarrow}{\boldsymbol{G}}_{\mathrm{e}}$ 的定义和麦克斯韦方程，已知二者之一即可求出另一个，但二者性质有一个重要的区别。求式 (5.4.3) 和式 (5.4.4) 的散度，可得

$$\nabla \cdot \overset{\Rightarrow}{\boldsymbol{G}}_{\mathrm{e0}} = -\frac{1}{k^2}\nabla \cdot [\overset{\Rightarrow}{\boldsymbol{I}}\delta(\boldsymbol{R}-\boldsymbol{R}_0)] = -\frac{1}{k^2}\nabla\delta(\boldsymbol{R}-\boldsymbol{R}_0) = 0$$

而

$$\nabla \cdot \overset{\Rightarrow}{\boldsymbol{G}}_{\mathrm{m0}} = 0$$

即 $\overset{\Rightarrow}{\boldsymbol{G}}_{\mathrm{m0}}$ 是无散的。因此由矢量本征函数展开求并矢格林函数时，用 $\overset{\Rightarrow}{\boldsymbol{G}}_{\mathrm{m0}}$ 比较方便。

在无界空间中，也可以由 $\boldsymbol{A}$ 直接引入并矢格林函数 $\overset{\Rightarrow}{\boldsymbol{G}}_A$, 因为由 5.3 节已知

$$\boldsymbol{A} = \mu \int_V \boldsymbol{j} G_0(\boldsymbol{R}/\boldsymbol{R}_0)\mathrm{d}V_0$$

令

$$\overset{\Rightarrow}{G}_{A0} = \overset{\Rightarrow}{I}\,G_0 \tag{5.4.5}$$

则

$$\boldsymbol{A} = \mu \int_V \overset{\Rightarrow}{\boldsymbol{G}}_{A0}(\boldsymbol{R}/\boldsymbol{R}_0)\cdot \boldsymbol{j}\mathrm{d}V_0 = \mu \int_V \boldsymbol{j}\cdot \overset{\Rightarrow}{\boldsymbol{I}} G_0 \mathrm{d}V_0$$

式中

$$G_0 = \frac{\mathrm{e}^{\mathrm{i}k|\boldsymbol{R}-\boldsymbol{R}_0|}}{4\pi|\boldsymbol{R}-\boldsymbol{R}_0|}$$

因此，有三种类型的并矢格林函数 $\overset{\Rightarrow}{\boldsymbol{G}}_{\mathrm{e0}}$、$\overset{\Rightarrow}{\boldsymbol{G}}_{\mathrm{m0}}$ 和 $\overset{\Rightarrow}{\boldsymbol{G}}_{A0}$, 可以按实际情况选用。

5.4.2 镜像法

已知对于无界空间，满足

$$\overset{=}{\boldsymbol{G}}_{e0}(\boldsymbol{R}/\boldsymbol{R}_0) = \left(\overset{=}{\boldsymbol{I}} + \frac{1}{k^2}\nabla\cdot\nabla\right) G_0(\boldsymbol{R}/\boldsymbol{R}_0) \tag{5.4.6}$$

式中，$G_0 = \dfrac{e^{ik|\boldsymbol{R}-\boldsymbol{R}_0|}}{4\pi|\boldsymbol{R}-\boldsymbol{R}_0|}$。

对于被理想导电面或理想导磁面分割的空间，可以用镜像法求出第一类或第二类并矢格林函数，方法和步骤与求标量格林函数类似 (4.3 节)。现以第一类并矢格林函数的一个简单情况为例说明用镜像法求并矢格林函数的步骤。

设 $z=0$ 为理想导电平面，在 $z>0$ 空间的 $\boldsymbol{r}_0$ 处有电流源 $\boldsymbol{j} = \dfrac{1}{i\omega\mu}\delta(\boldsymbol{R}-\boldsymbol{R}_0)\boldsymbol{e}_i$，$\boldsymbol{e}_i$ 为沿电流方向的单位矢量 (图 5.4.1)。

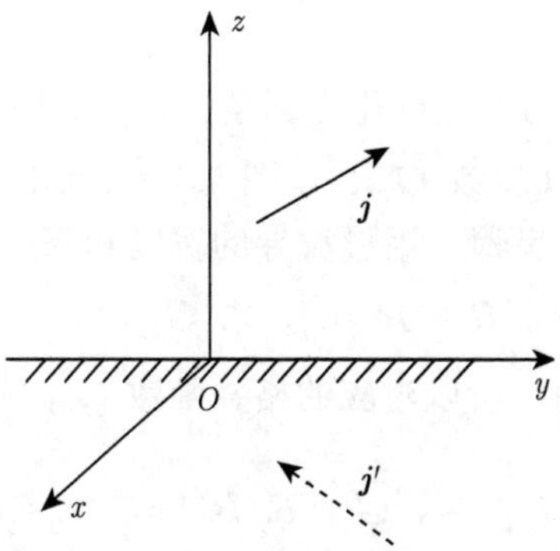

图 5.4.1 镜像电流源

根据镜像原理 (2.4 节)，导电面对 $z>0$ 空间的作用可用 $z<0$ 空间等效代替，即 $z>0$ 空间的电场可看作无界空间中 $\boldsymbol{v}_0$ 处的电流源 $\boldsymbol{j}$ 与 $\boldsymbol{v}_0'$ 处 (在 $z<0$ 空间) 镜像产生的电场的叠加，故格林函数也是两部分的叠加：

$$\overset{=}{\boldsymbol{G}}_{e1}(\boldsymbol{R}/\boldsymbol{R}_0) = \overset{=}{\boldsymbol{G}}_{e0}(\boldsymbol{R}/\boldsymbol{R}_0) + \overset{=}{\boldsymbol{G}}{}'_{e0}(\boldsymbol{R}/\boldsymbol{R}_0) \tag{5.4.7}$$

式中，$\overset{=}{\boldsymbol{G}}_{e0}(\boldsymbol{R}/\boldsymbol{R}_0)$ 可直接由式 (5.4.6) 计算。根据镜像原理，有

$$j_x' = -j_x,\quad j_y' = -j_y,\quad j_z' = +j_z$$

所以可以得到

$$\overset{=}{\boldsymbol{G}}_{e0}(\boldsymbol{R}/\boldsymbol{R}_0) = \Big[-\boldsymbol{e}_x\boldsymbol{e}_x - \boldsymbol{e}_y\boldsymbol{e}_y + \boldsymbol{e}_z\boldsymbol{e}_z$$

$$+\frac{1}{k^2}\left(-\frac{\partial}{\partial x}\boldsymbol{e}_x-\frac{\partial}{\partial y}\boldsymbol{e}_y+\frac{\partial}{\partial z}\boldsymbol{e}_z\right)\frac{\mathrm{e}^{\mathrm{i}k\left|\boldsymbol{R}-\boldsymbol{R}_0'\right|}}{4\pi\left|\boldsymbol{R}-\boldsymbol{R}_0'\right|}\Bigg]$$

式中，$\left|\boldsymbol{R}-\boldsymbol{R}_0'\right|=\sqrt{(x-x')^2+(y-y')^2+(z+z')^2}$ 。代入式 (5.4.7) 与已知的 $\overset{\rightrightarrows}{\boldsymbol{G}}_{\mathrm{e}0}(\boldsymbol{R}/\boldsymbol{R}_0)$ 相加，即得 $\overset{\rightrightarrows}{\boldsymbol{G}}_{\mathrm{e}1}(\boldsymbol{R}/\boldsymbol{R}_0)$，由求出的 $\overset{\rightrightarrows}{\boldsymbol{G}}_{\mathrm{e}1}(\boldsymbol{R}/\boldsymbol{R}_0)$ 可知

$$\overset{\rightrightarrows}{\boldsymbol{G}}_{\mathrm{e}1}(\boldsymbol{R}/\boldsymbol{R}_0)\neq\overset{\rightrightarrows}{\boldsymbol{G}}_{\mathrm{e}1}(\boldsymbol{R}_0/\boldsymbol{R})$$

且有

$$\overset{\rightrightarrows}{\boldsymbol{G}}_{\mathrm{e}1}(\boldsymbol{r}/\boldsymbol{r}_0)=\overset{\sim}{\overset{\rightrightarrows}{\boldsymbol{G}}}_{\mathrm{e}1}(\boldsymbol{r}_0/\boldsymbol{r}) \tag{5.4.8}$$

并矢上面的符号 “~” 表示前乘和后乘之间的转换，已见前述。并矢格林函数的对称或互易关系比标量格林函数要复杂些。

5.4.3　正交函数展开法

有些简单情况，$\overset{\rightrightarrows}{\boldsymbol{G}}_A$ 的方程可化为标量方程，这时可以先由标量完备正交函数系展开求得 $\overset{\rightrightarrows}{\boldsymbol{G}}_A$，再求 $\overset{\rightrightarrows}{\boldsymbol{G}}_{\mathrm{e}}$ 或 $\overset{\rightrightarrows}{\boldsymbol{G}}_{\mathrm{m}}$。以图 5.4.2 所示的矩形波导中的场为例，说明正交函数展开法的一般步骤。矩形波导的宽度和高度分别是 a 和 b，在 $\boldsymbol{r}_0$ 处有沿 y 方向的电流源 $\boldsymbol{j}=\delta(\boldsymbol{R}-\boldsymbol{R}_0)\boldsymbol{e}_y$，求 $\overset{\rightrightarrows}{\boldsymbol{G}}_{\mathrm{e}1}(\boldsymbol{R}/\boldsymbol{R}_0)$。

因为电流沿 y 轴方向，所以对应的格林函数 $\overset{\rightrightarrows}{\boldsymbol{G}}_{\mathrm{e}1}$ 满足方程

$$\nabla\times\nabla\times\overset{\rightrightarrows}{\boldsymbol{G}}_{\mathrm{e}1}(\boldsymbol{R}/\boldsymbol{R}_0)-k^2\overset{\rightrightarrows}{\boldsymbol{G}}_{\mathrm{e}1}(\boldsymbol{R}/\boldsymbol{R}_0)=-\boldsymbol{e}_y\boldsymbol{e}_y\delta(\boldsymbol{R}-\boldsymbol{R}_0) \tag{5.4.9}$$

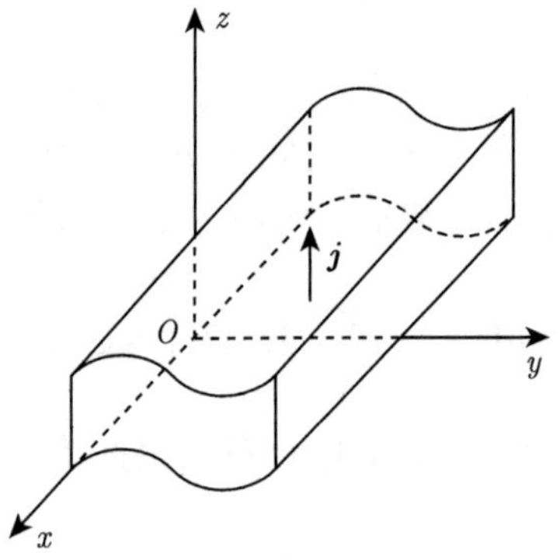

图 5.4.2　矩形波导

$\boldsymbol{j}$ 产生的电场不仅有 y 分量，一般也有 x、z 分量，因此不止一个元素，化为标量方程处理很困难。直接求解需要用矢量本征函数。但是 $\boldsymbol{j}$ 的矢位 $\boldsymbol{A}$ 只有

y 分量，对应的 $\overset{\Rightarrow}{G}_A$ 也只 $e_y e_y G_{yy}$ 一个分量，不妨将 G_{yy} 记为 G，则 $\overset{\Rightarrow}{G}_A$ 的方程 (5.4.9) 可以简化为

$$\nabla^2\overset{\Rightarrow}{G}(\boldsymbol{R}/\boldsymbol{R}_0)+k^2\overset{\Rightarrow}{G}(\boldsymbol{R}/\boldsymbol{R}_0)=-\delta(x-x_0)\delta(y-y_0)\delta(z-z_0) \tag{5.4.10}$$

$$\overset{\Rightarrow}{G}_{\mathrm{e}}=\overset{\Rightarrow}{G}_{\mathrm{e0}}=\left(1+\frac{1}{k^2}\nabla\nabla\cdot\right)\overset{\Rightarrow}{I}\,G_0 \tag{5.4.11}$$

$$\overset{\Rightarrow}{G}_{\mathrm{e}}=\overset{\Rightarrow}{G}_{\mathrm{e0}}=\overset{\Rightarrow}{I}\,G_0 \tag{5.4.12}$$

故得 $\overset{\Rightarrow}{G}_A$ 与 $\overset{\Rightarrow}{G}_{\mathrm{e}}$ 的关系为

$$\overset{\Rightarrow}{G}_{\mathrm{e}}=\left(1+\frac{1}{k^2}\nabla\nabla\cdot\right)\overset{\Rightarrow}{G}_A \tag{5.4.13}$$

故由 $\overset{\Rightarrow}{G}_{\mathrm{e}}$ 的边界条件 $\boldsymbol{n}\times\overset{\Rightarrow}{G}_{\mathrm{e}}=0$，可知 $\overset{\Rightarrow}{G}_A$ 的边界条件为

$$\boldsymbol{n}\times\overset{\Rightarrow}{G}_A=0,\quad \nabla\cdot\overset{\Rightarrow}{G}_A=0,\quad \begin{cases} x=0,a\\ y=0,b\end{cases} \tag{5.4.14}$$

对于本例的情况，上述边界条件简化为

$$\begin{aligned} &G=0,\quad x=0,a\\ &\frac{\partial G}{\partial y}=0,\quad y=0,b\\ &G\to 0,\quad z\to\pm\infty \end{aligned} \tag{5.4.15}$$

由 G 的边界条件不难看出，直角坐标系的归一化正交函数 $\sqrt{\dfrac{2}{a}}\sin\dfrac{m\pi}{a}x$ 和 $\sqrt{\dfrac{1+\delta_0^n}{b}}\cos\dfrac{n\pi}{b}y$ 可以作为展开式的基本单元，先求 δ 函数的展开式，可得

$$\delta(x-x')\delta(y-y')=\frac{2}{ab}\sum_{m=1}^{\infty}\sum_{n=0}^{\infty}(1+\delta_0)\sin\frac{n\pi}{a}x\sin\frac{m\pi}{a}x_0\cos\frac{n\pi}{b}y\cos\frac{n\pi}{b}y_0$$

把 $G(\boldsymbol{r}/\boldsymbol{r}_0)$ 写为

$$G(\boldsymbol{R}/\boldsymbol{R}_0)=\frac{2}{ab}\sum_m\sum_n(1+\delta_0^n)g_{mn}(z/z_0)\sin\frac{n\pi}{a}x\sin\frac{m\pi}{a}x_0\cos\frac{n\pi}{b}y\cos\frac{n\pi}{b}y_0$$

以上各式中的 δ_0^n 满足 $\delta_0^n=\begin{cases}1, & n=0\\ 0, & n>0\end{cases}$。

把 δ 函数展开式及 $G(\boldsymbol{R}/\boldsymbol{R}_0)$ 代入 G 的方程 (5.4.10) 得

$$\left(\frac{\mathrm{d}^2}{\mathrm{d}z^2}+h^2\right)g_m(z/z_0)=-\delta(z-z_0) \tag{5.4.16}$$

式中，$h^2=k^2-\left[\left(\frac{m\pi}{a}\right)^2+\left(\frac{n\pi}{b}\right)^2\right]$。根据 $z\to\infty$ 的条件，式 (5.4.16) 相应的齐次方程基本解应为 $\mathrm{e}^{\pm ihz}$，应用第 4 章中介绍的方法得

$$g_{mn}=\begin{cases}\dfrac{1}{\mathrm{i}h}\mathrm{e}^{-\mathrm{i}h(z-z_0)}, & z<z_0\\ \dfrac{1}{\mathrm{i}h}\mathrm{e}^{\mathrm{i}h(z-z_0)}, & z\geqslant z_0\end{cases}$$

于是得到

$$\overset{\rightrightarrows}{\boldsymbol{G}}_A(\boldsymbol{r}/\boldsymbol{r}_0)=\boldsymbol{e}_y\boldsymbol{e}_y\frac{2}{ab}\sum_{m=1}^{\infty}\sum_{n=0}^{\infty}\frac{(1+\delta_0)}{\mathrm{i}h}\sin\frac{n\pi}{a}x\sin\frac{m\pi}{a}x_0\cos\frac{n\pi}{b}y\cos\frac{m\pi}{b}y_0$$
$$\begin{cases}\mathrm{e}^{-\mathrm{i}h(z-z_0)}, & z<z_0\\ \mathrm{e}^{\mathrm{i}h(z-z_0)}, & z\geqslant z_0\end{cases}$$

再由 $\overset{\rightrightarrows}{\boldsymbol{G}}_{\mathrm{e}}$ 与 $\overset{\rightrightarrows}{\boldsymbol{G}}_A$ 的关系式 (5.4.13) 可得

$$\begin{aligned}\overset{\rightrightarrows}{\boldsymbol{G}}_{\mathrm{e}1}(\boldsymbol{r}/\boldsymbol{r}_0)&=-\left[\frac{1}{k^2}\frac{\partial^2 G}{\partial x\partial y}\boldsymbol{e}_x\boldsymbol{e}_y+\left(G+\frac{1}{k^2}\frac{\partial^2 G}{\partial y^2}\right)\boldsymbol{e}_y\boldsymbol{e}_y+\frac{1}{k^2}\frac{\partial^2 G}{\partial z\partial y}\boldsymbol{e}_z\boldsymbol{e}_y\right]\\&=-\overset{\rightharpoonup}{\boldsymbol{G}}^{(x)}\boldsymbol{e}_y\end{aligned}$$

$\overset{\rightrightarrows}{\boldsymbol{e}}_{\mathrm{e}1}$ 包含三项，表明 $\boldsymbol{j}\delta(\boldsymbol{R}-\boldsymbol{R}_0)$ 在一般情况下将产生包括 E_x、E_y 和 E_z 三个分量的电场。

5.4.4　矢量本征函数展开法

用矢量本征函数展开法可直接求出并矢格林函数，前面已求出三种常用正交坐标系中的矢量本征函数，为这种方法提供了基础。

以下先介绍方法的一般步骤，再通过一个对地球物理勘探工作有重要意义的实例——地下半空间问题的并矢格林函数说明方法的具体实现步骤。

1. *求解并矢格林函数的一般步骤*

(1) 根据场的性质、边界条件和选用的坐标系选择合适的本征函数及展开式。

无散场 (涡旋场) 可用 $\boldsymbol{M}$、$\boldsymbol{N}$ 表示，如磁场和均匀媒质中无源区的电场等都属于这种情况。当场量 $\boldsymbol{F}$ 的散度 $\nabla\cdot\boldsymbol{F}\neq 0$ 时，须用 $\boldsymbol{L}$、$\boldsymbol{M}$、$\boldsymbol{N}$ 表示。

(2) 将 $\overset{=}{\boldsymbol{G}}$ 满足方程的右端的 δ 函数项 $\overset{=}{\boldsymbol{I}}\delta(\boldsymbol{r}-\boldsymbol{r}_0)$ 用选定的本征函数展开，并利用适量本征函数的正交归一性质及函数的性质确定展开式的系数。

(3) 将待求的格林函数 $\overset{=}{\boldsymbol{G}}$ 用选定的矢量本征函数展开，其中系数待定。

(4) 将 $\overset{=}{\boldsymbol{I}}\delta(\boldsymbol{R}/\boldsymbol{R}_0)$ 和 $\overset{=}{\boldsymbol{G}}(\boldsymbol{R}/\boldsymbol{R}_0)$ 的展开式代入方程的两端，通过一定的计算和比较系数确定 $\overset{=}{\boldsymbol{G}}$ 的展开式中的待定系数。

2. 地下半空间问题的并矢格林函数

求边值问题的格林函数可以根据叠加原理，即把格林函数看作自由空间中的并矢格林函数与边界存在引起的二次场 $\overset{=}{\boldsymbol{G}}_{\rm s}$ 之和，先把 $\overset{=}{\boldsymbol{G}}_0$ 用矢量本征函数展开，由场源项 $\overset{=}{\boldsymbol{I}}\delta(\boldsymbol{R}-\boldsymbol{R}_0)$ 的展开式 $\overset{=}{\boldsymbol{G}}_0$ 的方程确定 $\overset{=}{\boldsymbol{G}}_0$ 中的系数，从而得到 $\overset{=}{\boldsymbol{G}}_0$ 的展开式。然后，把 $\overset{=}{\boldsymbol{G}}_{\rm s}$ 也展开成与 $\overset{=}{\boldsymbol{G}}_0$ 相似的展开式，由边界条件和 $R\to\infty$ 时的辐射条件决定 $\psi(\boldsymbol{R})$ 的选取和 $\overset{=}{\boldsymbol{G}}_{\rm s}$ 的展开式中的系数，从而求出 $\overset{=}{\boldsymbol{G}}_{\rm s}$ 的展开式，$\overset{=}{\boldsymbol{G}}_0$ 与 $\overset{=}{\boldsymbol{G}}_{\rm s}$ 之和即为所求的 $\overset{=}{\boldsymbol{G}}$。

1) 自由空间的并矢格林函数的展开

自由空间的并矢格林函数 $\overset{=}{\boldsymbol{G}}_0$ 的展开式为

$$\nabla\times\nabla\times\overset{=}{\boldsymbol{G}}_0-k^2\overset{=}{\boldsymbol{G}}_0=\overset{=}{\boldsymbol{I}}\delta(\boldsymbol{R}-\boldsymbol{R}_0)$$

根据前述步骤，首先要求出 $\overset{=}{\boldsymbol{I}}\delta(\boldsymbol{R}-\boldsymbol{R}_0)$ 的展开式，可以采用柱坐标系，对于半空间问题，本征函数系中 λ、h 值是连续的，令

$$\overset{=}{\boldsymbol{I}}\delta(\boldsymbol{R}-\boldsymbol{R}_0)=\int_0^\infty \mathrm{d}\lambda\int_0^\infty \mathrm{d}h\sum\left[\boldsymbol{M}^{\rm e}_{0n\lambda}(h)\boldsymbol{A}^{\rm e}_{0n\lambda}(h)+\boldsymbol{N}^{\rm e}_{0n\lambda}(h)\boldsymbol{B}^{\rm e}_{0n\lambda}(h)\right] \quad (5.4.17)$$

其中 $\boldsymbol{A}^{\rm e}_{0n\lambda}(h)$、$\boldsymbol{B}^{\rm e}_{0n\lambda}(h)$ 是待定的矢量函数系数，因为 $J_n(\lambda r)$ 和 $J_n(-\lambda r)$ 是线性相关的，所以 λ 只取正值。利用矢量本征函数的正交性，将式 (5.4.17) 两端前乘以 (即在各项前点乘以) $\boldsymbol{M}_{{\rm e}n'\lambda}(-h')$，并对全空间积分，由柱坐标系中的正交关系式 (5.2.9)、式 (5.2.10)、式 (5.2.11) 可得

$$\boldsymbol{M}_{{\rm e}n'\lambda'}(-h')=(1+\delta_0)2\pi^2\lambda'\boldsymbol{A}_{{\rm e}n'\lambda'}(h')$$

δ_0^n 意义同前，根据 δ_0 的定义，$\dfrac{1}{1+\delta_0}=\dfrac{2-\delta_0}{2}$，故有

$$\boldsymbol{A}_{{\rm e}n\lambda}(h)=\frac{2-\delta_0^n}{4\pi^2\lambda}\boldsymbol{M}^0_{{\rm e}n\lambda}(-h)$$

在计算过程中应用了 δ 函数的性质，函数的肩码 “0” 是指对 $\boldsymbol{r}_0$ 定义的，即将原来函数中的 $\boldsymbol{R}$ 换为 $\boldsymbol{R}_0$ 而得到的函数。

类似地，对式 (5.4.17) 前乘以 $\boldsymbol{N}^{\mathrm{e}}_{0n'\lambda'}$ 可得 $\boldsymbol{B}$，如此共得到四组矢量函数关系。

$$\begin{cases} \boldsymbol{A}^{\mathrm{e}}_{0n\lambda}(h) = \dfrac{2-\delta_0}{4\pi^2\lambda}\boldsymbol{M}^{0}_{\substack{\mathrm{e}\\0}n\lambda}(-h) \\ \boldsymbol{B}^{\mathrm{e}}_{0n\lambda}(h) = \dfrac{2-\delta_0}{4\pi^2\lambda}\boldsymbol{N}^{0}_{\substack{\mathrm{e}\\0}n\lambda}(-h) \end{cases} \tag{5.4.18}$$

代入式 (5.4.17) 即得 $\overset{\rightrightarrows}{\boldsymbol{I}}\,\delta(\boldsymbol{R}-\boldsymbol{R}_0)$ 的展开式。

自由空间的并矢格林函数 $\overset{\rightrightarrows}{\boldsymbol{G}}_0$ 也写成类似的形式：

$$\begin{aligned} \overset{\rightrightarrows}{\boldsymbol{G}}_0(\boldsymbol{r}/\boldsymbol{r}_0) = &\int_{-\infty}^{\infty}\mathrm{d}\lambda\int_{0}^{\infty}\mathrm{d}h\frac{2-\delta_0}{4\pi^2\lambda}\sum_n \\ &\times\left[a(h)\boldsymbol{M}^{\mathrm{e}}_{0n\lambda}(h)\boldsymbol{M}^{0}_{\substack{\mathrm{e}\\0}n\lambda}(-h)+b(h)\boldsymbol{N}^{\mathrm{e}}_{0n\lambda}(h)\boldsymbol{N}^{0}_{\substack{\mathrm{e}\\0}n\lambda}(-h)\right] \end{aligned} \tag{5.4.19}$$

把 $\overset{\rightrightarrows}{\boldsymbol{I}}\,\delta(\boldsymbol{R}-\boldsymbol{R}_0)$ 的展开式和式 (5.4.6) 代入 $\overset{\rightrightarrows}{\boldsymbol{G}}_0$ 的方程，由式 (5.1.9) 和式 (5.1.10) 的性质知

$$\nabla\times\nabla\times\boldsymbol{M}^{\mathrm{e}}_{0n\lambda} = k^2\boldsymbol{M}^{\mathrm{e}}_{0n\lambda}$$
$$\nabla\times\nabla\times\boldsymbol{N}^{\mathrm{e}}_{0n\lambda} = k^2\boldsymbol{N}^{\mathrm{e}}_{0n\lambda}$$

对于柱坐标系的本征函数 $\psi^{\mathrm{e}}_{0n\lambda}$, $k^2=\lambda^2+h^2$，故将 $\overset{\rightrightarrows}{\boldsymbol{G}}_0$ 和 $\overset{\rightrightarrows}{\boldsymbol{I}}\,\delta(\boldsymbol{R}-\boldsymbol{R}_0)$ 的展开式代入方程后，由比较系数可得

$$a(h)=\frac{1}{\lambda^2+h^2-k^2}=b(h)$$

于是，得到 $\overset{\rightrightarrows}{\boldsymbol{G}}_0(\boldsymbol{r}/\boldsymbol{r}_0)$ 的展开式为

$$\begin{aligned} \overset{\rightrightarrows}{\boldsymbol{G}}_0(\boldsymbol{r}/\boldsymbol{r}_0) = &\int_{0}^{\infty}\mathrm{d}\lambda\int_{-\infty}^{\infty}\mathrm{d}h\sum_n\frac{2-\delta_0}{4\pi^2\lambda(h^2+\lambda^2-k^2)} \\ &\times\left[a(h)\boldsymbol{M}^{\mathrm{e}}_{0n\lambda}(h)\boldsymbol{M}^{0}_{\substack{\mathrm{e}\\0}n\lambda}(-h)+b(h)\boldsymbol{N}^{\mathrm{e}}_{0n\lambda}(h)\boldsymbol{N}^{0}_{\substack{\mathrm{e}\\0}n\lambda}(-h)\right] \end{aligned} \tag{5.4.20}$$

在展开式的两重积分中，可通过计算消去一重。对于无限长柱体问题，一般计算对 λ 的积分，对半空间问题则计算对 h 的积分。

2) 半空间问题的第三类并矢格林函数

设空间被水平面分为两部分，地下为均匀有耗介质，其电磁参数为 ε、μ_0 和 σ, 上半空间为空气。两个区域的传播常数分别是 $k_1 = \omega\sqrt{\varepsilon_0\mu_0}$ 和 $k_2 =$

$\omega\sqrt{\mu_0\varepsilon\left(1+\mathrm{i}\dfrac{\sigma}{\omega\varepsilon}\right)}$。问题的性质决定了应取第三类或第四类并矢格林函数。只讨论电场问题和第三类并矢格林函数，具体还是先求得 G_0 的展开式 (在上面得到的结果上进一步计算)，然后通过叠加原理构成 $\overset{=}{\boldsymbol{G}}_3$($\overset{=}{\boldsymbol{G}}_4$ 方法相同)。

先计算 $\overset{=}{\boldsymbol{G}}_0$,对于半空间问题,可先计算对 h 的积分,根据留数定理,式 (5.4.20) 对 h 积分得到

$$\overset{=}{\boldsymbol{G}}_0(\boldsymbol{r}/\boldsymbol{r}_0)=\frac{\mathrm{i}}{4\pi}\int_0^\infty\mathrm{d}\lambda\sum_n\frac{2-\delta_0}{\lambda h_1}\times\begin{cases}\boldsymbol{M}^{\mathrm{e}}_{0n\lambda}(h_1)\boldsymbol{M}^{0}_{\substack{\mathrm{e}\\0}n\lambda}(-h_1)+\boldsymbol{N}^{\mathrm{e}}_{0n\lambda}(h_1)N^{0}_{\substack{\mathrm{e}\\0}n\lambda}(-h_1), & z\geqslant z_0\\ \boldsymbol{M}^{\mathrm{e}}_{0n\lambda}(-h_1)\boldsymbol{M}^{0}_{\substack{\mathrm{e}\\0}n\lambda}(h_1)+\boldsymbol{N}^{\mathrm{e}}_{0n\lambda}(-h_1)\boldsymbol{N}^{0}_{\substack{\mathrm{e}\\0}n\lambda}(h_1), & z<z_0\end{cases}\tag{5.4.21}$$

式中，$h_1=\sqrt{k_1^2-\lambda^2}$。

总场为自由空间的场与界面存在引起的二次场的叠加：

$$\begin{cases}\overset{=}{\boldsymbol{G}}{}_3^{(11)}(\boldsymbol{R}/\boldsymbol{R}_0)=\overset{=}{\boldsymbol{G}}_0(\boldsymbol{R}/\boldsymbol{R}_0)+\overset{=}{\boldsymbol{G}}{}_{3\mathrm{s}}^{(11)}(\boldsymbol{R}/\boldsymbol{R}_0)\\ \overset{=}{\boldsymbol{G}}{}_3^{(21)}(\boldsymbol{R}/\boldsymbol{R}_0)=\overset{=}{\boldsymbol{G}}{}_{3\mathrm{s}}^{(21)}(\boldsymbol{R}/\boldsymbol{R}_0)\end{cases}\tag{5.4.22}$$

为了满足辐射条件及便于用边界条件确定系数，把待求函数写为以下与 $\overset{=}{\boldsymbol{G}}_0$ 相似的形式：

$$\overset{=}{\boldsymbol{G}}{}_{3\mathrm{s}}^{(11)}=\frac{\mathrm{i}}{4\pi}\int_0^\infty\mathrm{d}\lambda\sum_n\frac{2-\delta_0}{\lambda h_1}\left[a\boldsymbol{M}^{\mathrm{e}}_{0n\lambda}(h_1)\boldsymbol{M}^{0}_{\substack{\mathrm{e}\\0}n\lambda}(h_1)+b\boldsymbol{N}^{\mathrm{e}}_{0n\lambda}(h_1)\boldsymbol{N}^{0}_{\substack{\mathrm{e}\\0}n\lambda}(h_1)\right]$$

$$\overset{=}{\boldsymbol{G}}{}_{3\mathrm{s}}^{(21)}=\frac{\mathrm{i}}{4\pi}\int_0^\infty\mathrm{d}\lambda\sum_n\frac{2-\delta_0}{\lambda h_1}\left[c\boldsymbol{M}^{\mathrm{e}}_{0n\lambda}(-h_2)\boldsymbol{M}^{0}_{\substack{\mathrm{e}\\0}n\lambda}(h_1)+d\boldsymbol{N}^{0}_{\substack{\mathrm{e}\\0}n\lambda}(-h_2)\boldsymbol{N}^{0}_{\substack{\mathrm{e}\\0}n\lambda}(h_1)\right]$$

式中，$h_2^2=\sqrt{k_2^2-\lambda^2}$。在 $\overset{=}{\boldsymbol{G}}{}_{3\mathrm{s}}^{(11)}$ 中采用 $\boldsymbol{M}(h_1)$ 和 $\boldsymbol{N}(h_1)$ 是为了在 $z\to\infty$ 时满足辐射条件，而在 $\overset{=}{\boldsymbol{G}}{}_{3\mathrm{s}}^{(21)}$ 中选用 $\boldsymbol{M}(-h_2)$ 和 $\boldsymbol{N}(-h_2)$ 则是地下媒质的电磁性质由 k_2 表示并且要在 $z\to\infty$ 时满足辐射条件，后一因子的宗量应与 $z\leqslant z_0$ 时的 $\overset{=}{\boldsymbol{G}}_0$ 相同以满足界面处的边界条件，由于已设 $\mu_1=\mu_2=\mu_0$ 和地表处 $\boldsymbol{n}=\boldsymbol{e}_z$，可将式 (5.3.25) 表示的边界条件简化为

$$\begin{cases}\boldsymbol{e}_z\times\overset{=}{\boldsymbol{G}}{}_3^{(11)}=\boldsymbol{e}_z\times\overset{=}{\boldsymbol{G}}{}_3^{(21)}\\ \boldsymbol{e}_z\times\nabla\times\overset{=}{\boldsymbol{G}}{}_3^{(11)}=\boldsymbol{e}_z\times\nabla\times\overset{=}{\boldsymbol{G}}{}_3^{(11)}\end{cases},\quad z=0\tag{5.4.23}$$

将 $\overleftrightarrow{G}_3^{(11)}$ 和 $\overleftrightarrow{G}_3^{(21)}$ 的表达式 (5.4.19) 代入得

$$\begin{cases} 1+a=c \\ h_1(1-a)=h_2c \\ \dfrac{h_1}{k_1}(1-b)=\dfrac{h_2}{k_2}d \\ k_1(1+b)=k_2d \end{cases}$$

由此可以解出

$$a=\frac{h_1-h_2}{h_1+h_2},\quad b=\frac{k_1^2h_1-k_2^2h_2}{k_1^2h_1+k_2^2h_2}=\frac{\widehat{n}^2h_1-h_2}{\widehat{n}^2h_1+h_2} \tag{5.4.24}$$

式中，$\widehat{n}=k_2/k_1$ 为地下媒质的复折射率。

$$\begin{aligned} &c=\frac{2h_1}{h_1+h_2},\quad d=\frac{2k_1k_2h_1}{k_2^2h_1+k_1^2h_2}=\frac{2\widehat{n}h_1}{\widehat{n}^2h_1+h_2} \\ &h_1=\sqrt{k_1^2-\lambda^2},\quad h_2=\sqrt{k_2^2-\lambda^2} \end{aligned} \tag{5.4.25}$$

于是得到第三类并矢格林函数的完整表达式如下：

$$\begin{cases} \overleftrightarrow{G}_3^{(11)}(\boldsymbol{r}/\boldsymbol{r}_0)=\dfrac{\mathrm{i}}{4\pi}\displaystyle\int_0^\infty\frac{\mathrm{d}\lambda}{\lambda h_1}\sum_{n=0}^\infty(2-\delta_0)\boldsymbol{M}_{0n\lambda}^{\mathrm{e}}(h_1) \\ \quad\times\left[\boldsymbol{M}_{{}^{\mathrm{e}}_{0}n\lambda}^{0}(-h_1)+a\boldsymbol{M}_{{}^{\mathrm{e}}_{0}n\lambda^0}^{0}(h_1)\right] \\ \quad+\boldsymbol{N}_{0n\lambda}^{\mathrm{e}}(h_1)\left[\boldsymbol{N}_{{}^{\mathrm{e}}_{0}n\lambda}^{0}(-h_1)+b\boldsymbol{N}_{{}^{\mathrm{e}}_{0}n\lambda^0}^{0}(h_1)\right],\qquad z\gg z_0 \\ \overleftrightarrow{G}_3^{(11)}(\boldsymbol{r}/\boldsymbol{r}_0)=\dfrac{\mathrm{i}}{4\pi}\displaystyle\int_0^\infty\frac{\mathrm{d}\lambda}{\lambda h_1}\sum_{n=0}^\infty(2-\delta_0) \\ \quad\times\left[\boldsymbol{M}_{0n\lambda}^{\mathrm{e}}(-h_1)+a\boldsymbol{M}_{0n\lambda}^{\mathrm{e}}(h_1)\right]\boldsymbol{M}_{{}^{\mathrm{e}}_{0}n\lambda^0}^{0}(h_1) \\ \quad+\left[\boldsymbol{N}_{0n\lambda}^{\mathrm{e}}(-h_1)+b\boldsymbol{N}_{0n\lambda}^{\mathrm{e}}(h_1)\right]\boldsymbol{N}_{{}^{\mathrm{e}}_{0}n\lambda^0}^{0}(h_1),\qquad z_0\gg z\gg 0 \end{cases} \tag{5.4.26}$$

$$\begin{aligned} \overleftrightarrow{G}_3^{(21)}(\boldsymbol{r}/\boldsymbol{r}_0)_3^{(11)}=&\frac{\mathrm{i}}{4\pi}\int_0^\infty\frac{\mathrm{d}\lambda}{\lambda h_1}\sum_{n=0}^\infty(2-\delta_0)[c\boldsymbol{M}_{0n\lambda}^{\mathrm{e}}(-h_2)\boldsymbol{M}_{{}^{\mathrm{e}}_{0}n\lambda}^{0}(h_1) \\ &+d\boldsymbol{N}_{0n\lambda}^{\mathrm{e}}(-h_2)\boldsymbol{N}_{{}^{\mathrm{e}}_{0}n\lambda}^{0}(h_1)],\quad z\ll 0 \end{aligned} \tag{5.4.27}$$

式中，a、b、c、d 由式 (5.4.24) 和式 (5.4.25) 给出。

第四类并矢格林函数 $\overleftrightarrow{G}_4$ 的求法与 $\overleftrightarrow{G}_3$ 相同，只是边界条件相应变为

$$\begin{cases} \boldsymbol{e}_z\times\overleftrightarrow{G}_4^{(11)}=\boldsymbol{e}_z\times\overleftrightarrow{G}_4^{(21)} \\ \dfrac{1}{\hat{\varepsilon}_1}\boldsymbol{e}_z\times\nabla\times\overleftrightarrow{G}_4^{(11)}=\dfrac{1}{\hat{\varepsilon}_2}\boldsymbol{e}_z\times\nabla\times\overleftrightarrow{G}_4^{(21)} \end{cases} \tag{5.4.28}$$

这是因为 $\overset{\Rightarrow}{\boldsymbol{G}}_4$ 代表特定的磁场强度。

已知 $\overset{\Rightarrow}{\boldsymbol{G}}_3$，可求出给定电流分布的电场强度：

$$\begin{cases} \boldsymbol{E}_1(\boldsymbol{R}) = \mathrm{i}\omega\mu_0 \displaystyle\int_V \overset{\Rightarrow}{\boldsymbol{G}}{}_3^{(11)}(\boldsymbol{R}/\boldsymbol{R}_0)\cdot \boldsymbol{j}(\boldsymbol{R}_0)\mathrm{d}V_0 \\ \boldsymbol{E}_2(\boldsymbol{R}) = \mathrm{i}\omega\mu_0 \displaystyle\int_V \overset{\Rightarrow}{\boldsymbol{G}}{}_3^{(21)}(\boldsymbol{R}/\boldsymbol{R}_0)\cdot \boldsymbol{j}(\boldsymbol{R}_0)\mathrm{d}V_0 \end{cases} \tag{5.4.29}$$

3. 地面上竖直和水平短天线的辐射

地面上短天线的辐射是一个具有实际意义的问题。设有竖直电偶极天线矩为 $c\boldsymbol{e}_z$，位于空气中的 $(0,0,z_0)$ 处，其电流强度可以写为

$$\boldsymbol{j}(\boldsymbol{R}_0) = c\boldsymbol{e}_z\delta(x-0)\delta(y-0)\delta(z-z_0)$$

为了与索末菲所得经典性结果进行比较，取 c 在数值上等于 $4\pi k_1^2/(\mathrm{i}\omega\mu_0)$。于是由式 (5.4.29) 得

$$\boldsymbol{E}_1(\boldsymbol{R}) = 4\pi k_1^2 \overset{\Rightarrow}{\boldsymbol{G}}{}_3^{(11)}(\boldsymbol{R}/\boldsymbol{R}_0)\cdot \boldsymbol{e}_z\big|_{\boldsymbol{r}_0=(0,0,z_0)} \tag{5.4.30}$$

应用前面得到的 $\overset{\Rightarrow}{\boldsymbol{G}}_3$ 的表达式，并把式 (5.4.17) 中矢量波函数的 $\boldsymbol{R}$ 换为 $R_0 = (0,0,z_0)$ 以得到 $\boldsymbol{M}^0_{\mathrm{e}n\lambda}$ 和 $\boldsymbol{N}^0_{\mathrm{e}n\lambda}$，可以看出只有 $\boldsymbol{N}_{\mathrm{e}0\lambda}\boldsymbol{e}_x$ 仍保留，根据实际需求，只需考虑 $\boldsymbol{E}_1(\boldsymbol{r})$，可得

$$\boldsymbol{E}_1(\boldsymbol{R}) = \mathrm{i}k_1 \int \frac{k_1}{h_1}\boldsymbol{N}_{\mathrm{e}0\lambda}(h_1)\left[\mathrm{e}^{-\mathrm{i}h_1z_0} + b\mathrm{e}^{-\mathrm{i}h_1z_0}\right]\mathrm{d}\lambda \tag{5.4.31}$$

式中，$b = \dfrac{\widehat{n}^2h_1 - h_2}{h_1^2 + h_2}$。对于电流相同但沿 x 方向放置在 $(0,0,z_0)$ 点的水平电偶极子，满足

$$\boldsymbol{E}_1(\boldsymbol{R}) = 4\pi k_1^2 \overset{\Rightarrow}{\boldsymbol{G}}_3(\boldsymbol{R}/\boldsymbol{R}_0)\cdot \boldsymbol{e}_z\big|_{\boldsymbol{R}_0=(0,0,z_0)} \tag{5.4.32}$$

这时，只有 $\boldsymbol{M}_{01\lambda}$ 的 $\boldsymbol{N}_{01\lambda}$ 仍存在，且满足

$$\begin{aligned} \boldsymbol{E}_1(\boldsymbol{R}) = \mathrm{i}k_1 \int_0^\infty &\left[\frac{k_1}{h_1}\boldsymbol{M}_{01\lambda}(h_1)\left(\mathrm{e}^{-\mathrm{i}h_1z_0} + a\mathrm{e}^{-\mathrm{i}h_1z_0}\right)\right. \\ &\left. - \mathrm{i}\boldsymbol{N}_{\mathrm{e}1\lambda}(h_1)\left(\mathrm{e}^{-\mathrm{i}h_1z_0} - b\mathrm{e}^{-\mathrm{i}h_1z_0}\right)\right]\mathrm{d}\lambda \end{aligned} \tag{5.4.33}$$

式中，$a = \dfrac{h_1 - h_2}{h_1 + h_2}$。可以证明，由式 (5.4.30)、式 (5.4.32) 得到的结果 [式 (5.4.31)、

式 (5.4.33)] 与索末菲所得结果是完全等价的。

总结来说，并矢格林函数满足的对称关系如表 5.4.1 所示。

表 5.4.1　并矢格林函数对称关系

对称关系	满足关系的函数
$\widetilde{\overset{\rightrightarrows}{\boldsymbol{G}}}(\boldsymbol{r}_0/\boldsymbol{r}) = \overset{\rightrightarrows}{\boldsymbol{G}}(\boldsymbol{r}/\boldsymbol{r}_0)$	$\overset{\rightrightarrows}{\boldsymbol{G}}_0$、$\overset{\rightrightarrows}{\boldsymbol{G}}_1$、$\overset{\rightrightarrows}{\boldsymbol{G}}_2$、$\overset{\rightrightarrows}{\boldsymbol{G}}_3^{(11)}$、$\overset{\rightrightarrows}{\boldsymbol{G}}_3^{(22)}$、$\overset{\rightrightarrows}{\boldsymbol{G}}_3^{(11)}$、$\overset{\rightrightarrows}{\boldsymbol{G}}_4^{(22)}$
$\frac{1}{\mu_1}\widetilde{\overset{\rightrightarrows}{\boldsymbol{G}}}_3^{(12)}(\boldsymbol{r}_0/\boldsymbol{r}) = \frac{1}{\mu_2}\overset{\rightrightarrows}{\boldsymbol{G}}_3^{(21)}(\boldsymbol{r}/\boldsymbol{r}_0)$	—
$\frac{1}{\hat{\varepsilon}_1}\widetilde{\overset{\rightrightarrows}{\boldsymbol{G}}}_4^{(12)}(\boldsymbol{r}_0/\boldsymbol{r}) = \frac{1}{\hat{\varepsilon}_2}\overset{\rightrightarrows}{\boldsymbol{G}}_4^{(21)}(\boldsymbol{r}/\boldsymbol{r}_0)$	—
$\widetilde{\nabla}_0 \times \overset{\rightrightarrows}{\boldsymbol{G}}_0(\boldsymbol{r}_0/\boldsymbol{r}) = \nabla \times \overset{\rightrightarrows}{\boldsymbol{G}}_0(\boldsymbol{r}/\boldsymbol{r}_0)$	—
$\widetilde{\nabla}_0 \times \overset{\rightrightarrows}{\boldsymbol{G}}_2(\boldsymbol{r}_0/\boldsymbol{r}) = \nabla \times \overset{\rightrightarrows}{\boldsymbol{G}}_1(\boldsymbol{r}/\boldsymbol{r}_0)$	—
$\widetilde{\nabla}_0 \times \overset{\rightrightarrows}{\boldsymbol{G}}_1(\boldsymbol{r}_0/\boldsymbol{r}) = \nabla \times \overset{\rightrightarrows}{\boldsymbol{G}}_2(\boldsymbol{r}/\boldsymbol{r}_0)$	—

注：∇_0 指对 $\boldsymbol{r}_0$ 求导。

5.5　基于等效源原理和并矢格林函数的电磁场问题

通过前面的讨论可知，并矢格林函数提供了一种由已知的源分布直接求解矢量场，尤其是电磁场强度的普遍方法。但对于形状较复杂的边界，$\overset{\rightrightarrows}{\boldsymbol{G}}$ 的解析式不易求出，或虽能得到 $\int \overset{\rightrightarrows}{\boldsymbol{G}} \cdot \boldsymbol{j}\mathrm{d}V_0$、$\int \overset{\rightrightarrows}{\boldsymbol{G}} \cdot \nabla \times \boldsymbol{j}\mathrm{d}V_0$ 等，但不易计算，往往要用数值法计算。

在有些情况下，$\boldsymbol{j}$ 可表示为 $\boldsymbol{E}$ 的函数，于是并矢格林函数和 $\boldsymbol{j}$ 的分布求 $\boldsymbol{E}$ 的积分表达式成为 $\boldsymbol{E}$ 的积分方程，可以用解析法或数值法求解，但对一些具有实际意义的情况，往往要用数值法。

本书不系统讲解磁场积分方程的建立和求解，关于电磁场积分方程的一些实际求法可以参阅相关文献 (张钧，1989)。这里只介绍一种近年来发展的把等效源原理的并矢格林函数结合起来的方法。其要点是把媒质中的导电异常体化为等效电源，然后用并矢格林函数方法求解。这种方法解媒质中异常体内、外电磁场是很有效的，因此也适用于许多地球物理勘探。

5.5.1　等效源原理

设在电磁参数为 ε_1、σ_1、μ_0 的均匀各向同性媒质中有一任意形状，电磁参数为 ε_2、σ_2、μ_0 的异常体，空间的总场为 $\boldsymbol{E}$、$\boldsymbol{H}$(图 5.5.1)。

设无异常体存在时的场为 $\boldsymbol{E}^{\mathrm{i}}$、$\boldsymbol{H}^{\mathrm{i}}$，由于异常体存在而产生的二次场为 $\boldsymbol{E}^{\mathrm{s}}$、$\boldsymbol{H}^{\mathrm{s}}$，则

$$
\begin{aligned}
\boldsymbol{E} &= \boldsymbol{E}^{\mathrm{i}} + \boldsymbol{E}^{\mathrm{s}} \\
\boldsymbol{H} &= \boldsymbol{H}^{\mathrm{i}} + \boldsymbol{H}^{\mathrm{s}}
\end{aligned}
$$

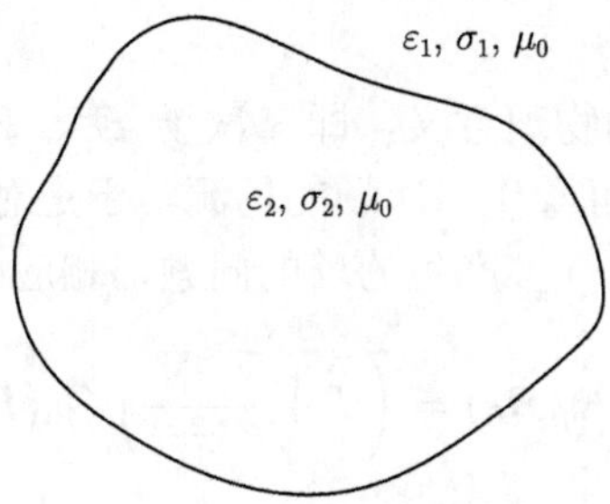

图 5.5.1 区域与边界

其中，$\boldsymbol{E}^{\mathrm{i}}$、$\boldsymbol{H}^{\mathrm{i}}$ 满足

$$\begin{cases}\nabla\times\boldsymbol{H}^{\mathrm{i}}=\sigma_1\boldsymbol{E}^{\mathrm{i}}-\mathrm{i}\omega\varepsilon_1\boldsymbol{E}^{\mathrm{i}}=-\mathrm{i}\omega\hat{\varepsilon}_1\boldsymbol{E}^{\mathrm{i}}\\ \nabla\times\boldsymbol{E}^{\mathrm{i}}=\mu_0\boldsymbol{H}^{\mathrm{i}}\end{cases}\tag{5.5.1}$$

式中，$\hat{\varepsilon}_1=\varepsilon_1+\dfrac{\sigma_1}{\omega\varepsilon_1}$。

$\boldsymbol{E}$、$\boldsymbol{H}$ 满足的方程为分为异常体外和异常体内两种情况。

异常体外：

$$\begin{cases}\nabla\times\boldsymbol{H}=-\mathrm{i}\omega\varepsilon_1\boldsymbol{E}\\ \nabla\times\boldsymbol{E}=\mathrm{i}\omega\mu_0\boldsymbol{H}\end{cases}\tag{5.5.2}$$

异常体内：

$$\begin{cases}\nabla\times\boldsymbol{H}=\sigma_2\boldsymbol{E}=-\mathrm{i}\omega\left(\varepsilon_2+\mathrm{i}\dfrac{\sigma_2}{\omega}\right)\boldsymbol{E}=-\mathrm{i}\omega\hat{\varepsilon}_2\boldsymbol{E}\\ \qquad=\left[-\mathrm{i}\omega(\hat{\varepsilon}_2-\hat{\varepsilon}_1)-\mathrm{i}\omega\hat{\varepsilon}_1\right]\boldsymbol{E}=\boldsymbol{j}_{\mathrm{eq}}-\mathrm{i}\omega\hat{\varepsilon}_1\boldsymbol{E}\\ \nabla\times\boldsymbol{E}=\mathrm{i}\omega\mu_0\boldsymbol{H}\end{cases}\tag{5.5.3}$$

式中，$\boldsymbol{j}_{\mathrm{eq}}=-\mathrm{i}\omega(\hat{\varepsilon}_2-\hat{\varepsilon}_1)\boldsymbol{E}$ 称为等效电流密度。

容易看出，在异常体内 $\boldsymbol{j}_{\mathrm{eq}}\neq 0$，而在异常体外每一处都满足 $\boldsymbol{j}_{\mathrm{eq}}=0$，因此，可将存在异常体时，异常体内、外的场方程写作统一的形式：

$$\begin{cases}\nabla\times\boldsymbol{E}=\mathrm{i}\omega\mu_0\boldsymbol{H}\\ \nabla\times\boldsymbol{H}=\boldsymbol{j}_{\mathrm{eq}}-\mathrm{i}\omega\hat{\varepsilon}_1\boldsymbol{E}\end{cases}\tag{5.5.4}$$

式 (5.5.3) 与一次场方程 (5.5.1) 的两个方程分别相减，得二次场方程：

$$\begin{cases}\nabla\times\boldsymbol{H}^{\mathrm{s}}=\boldsymbol{j}_{\mathrm{eq}}-\mathrm{i}\omega\hat{\varepsilon}_1\boldsymbol{E}\\ \nabla\times\boldsymbol{E}^{\mathrm{s}}=\mathrm{i}\omega\mu_0\boldsymbol{H}^{\mathrm{s}}\end{cases}\tag{5.5.5}$$

化为分别只含 $\boldsymbol{E}^{\mathrm{s}}$ 和 $\boldsymbol{H}^{\mathrm{s}}$ 的方程：

$$\begin{cases}\nabla\times\nabla\times\boldsymbol{E}^{\mathrm{s}}-k_1^2\boldsymbol{E}^{\mathrm{s}}=\mathrm{i}\omega\mu_0\boldsymbol{j}_{\mathrm{eq}}\\ \nabla\times\nabla\times\boldsymbol{H}^{\mathrm{s}}-k_1^2\boldsymbol{H}^{\mathrm{s}}=\nabla\times\boldsymbol{j}_{\mathrm{eq}}\end{cases}\tag{5.5.6}$$

式中，$k_1^2=\omega_2\hat{\varepsilon}_1\mu_0$。

方程 (5.5.6) 有明显的物理意义，即二次场 $\boldsymbol{E}^{\mathrm{s}}$、$\boldsymbol{H}^{\mathrm{s}}$ 可以看作是由等效电流分布 $\boldsymbol{j}_{\mathrm{eq}}$ 产生的，或 $\boldsymbol{j}_{\mathrm{eq}}$ 可看作二次场的场源，于是对 $\boldsymbol{E}^{\mathrm{s}}$ 和 $\boldsymbol{H}^{\mathrm{s}}$ 而言，问题化作无界媒质 k_1 中电流分布 $\boldsymbol{j}_{\mathrm{eq}}$ 产生的场的问题，相应的并矢格林函数为

$$\overset{\rightrightarrows}{\boldsymbol{G}}=(\boldsymbol{R}/\boldsymbol{R}_0)=\left(\overset{\rightrightarrows}{\boldsymbol{I}}+\frac{\nabla\cdot\nabla}{k_1^2}\right)G_0(\boldsymbol{R}/\boldsymbol{R}_0)$$

式中，$G_0=\dfrac{\mathrm{e}^{\mathrm{i}k_1}|\boldsymbol{R}-\boldsymbol{R}_0|}{4\pi|\boldsymbol{R}-\boldsymbol{R}_0|}$，而又有

$$\boldsymbol{E}^{\mathrm{s}}(\boldsymbol{R})=\mathrm{i}\omega\mu_0\int_V\overset{\rightrightarrows}{\boldsymbol{G}}(\boldsymbol{R}/\boldsymbol{R}_0)\cdot\boldsymbol{j}_{\mathrm{eq}}(\boldsymbol{R}_0)\mathrm{d}V_0 \tag{5.5.7}$$

因此，由等效源分布和并矢格林函数可计算空间的电场，把 $\boldsymbol{j}_{\mathrm{eq}}$ 换为 $\nabla_0\times\boldsymbol{j}_{\mathrm{eq}}$ 得到磁场强度的表达式。

5.5.2 电场的计算

得出式 (5.5.7) 并不等于问题完全解决。在实际求 $\boldsymbol{E}(\boldsymbol{R})$ 时会遇到以下两个问题。

(1) $\boldsymbol{j}_{\mathrm{eq}}$ 是由总场 $\boldsymbol{E}$ 和媒质与异常体的性质决定的，因此总场 $\boldsymbol{E}$ 的求解实质上是解积分方程:

$$\boldsymbol{E}(\boldsymbol{R})=\boldsymbol{E}^{\mathrm{i}}(\boldsymbol{R})+\mathrm{i}\omega\mu_0\int_V\overset{\rightrightarrows}{\boldsymbol{G}}(\boldsymbol{R}/\boldsymbol{R}_0)\cdot\mathrm{i}\omega(\hat{\varepsilon}_2-\hat{\varepsilon}_1)\boldsymbol{E}(\boldsymbol{R}_0)\mathrm{d}V_0 \tag{5.5.8}$$

在计算式 (5.5.8) 中的积分时，若场点在 V 内 (为了求 $\boldsymbol{j}_{\mathrm{eq}}$，要涉及 V 内各点的电场), 即满足 $\boldsymbol{R}=\boldsymbol{R}_0$，因而出现奇异点。

(2) 奇异点问题。在计算 $\boldsymbol{R}_0$ 点的场强时，可在 $\boldsymbol{R}_0$ 的邻区取小体积 V_0，于是式 (5.5.8) 中的积分可分为对 $V-V_0$ 的积分和对 V_0 的积分两部分，前者称为积分的主值，在积分号前加缩写 P.V. 表示；后者为 V_0 内部的 $\boldsymbol{j}_{\mathrm{eq}}$ 时 $\boldsymbol{r}_0$ 点的电场贡献，称为修正项，以 $[\boldsymbol{E}^{\mathrm{s}}(\boldsymbol{r})]_{\mathrm{c}}$ 表示。于是异常体内、外的场可以分别写作：

$$\boldsymbol{E}(\boldsymbol{R})=\boldsymbol{E}^{\mathrm{i}}(\boldsymbol{R})+\int_V\mathrm{i}\omega\mu_0\overset{\rightrightarrows}{\boldsymbol{G}}(\boldsymbol{R}/\boldsymbol{R}_0)\cdot\boldsymbol{j}_{\mathrm{eq}}(\boldsymbol{R}_0)\mathrm{d}V_0(\text{异常体外})$$

$$\boldsymbol{E}(\boldsymbol{R})=\boldsymbol{E}^{\mathrm{i}}(\boldsymbol{R})+\mathrm{P.V.}\int_V\mathrm{i}\omega\mu_0\overset{\rightrightarrows}{\boldsymbol{G}}(\boldsymbol{R}/\boldsymbol{R}_0)\cdot\boldsymbol{j}_{\mathrm{eq}}(\boldsymbol{R})\mathrm{d}V_0+[\boldsymbol{E}^{\mathrm{s}}(\boldsymbol{R})]_{\mathrm{c}}\,(\text{异常体内})$$

如果规定了小体积 V_0 的形状并取 V_0 充分小使其中媒质是均匀的，则 $[\boldsymbol{E}^{\mathrm{s}}(\boldsymbol{R})]_{\mathrm{c}}$ 可以计算出来。特别是可以取 V_0 为规则的形状，修正项更容易计算。例如，取 V_0 为球体或正方体时得到

$$[\boldsymbol{E}^{\mathrm{s}}]_{\mathrm{c}}=\frac{\hat{\varepsilon}_2-\hat{\varepsilon}_1}{3\hat{\varepsilon}_1}\boldsymbol{E}$$

一般情况下，可写作 $[\boldsymbol{E}^{\mathrm{s}}]_{\mathrm{c}}=f(\boldsymbol{R})\boldsymbol{E}$，$f(\boldsymbol{R})$ 根据 V_0 的形状计算。

再来看问题 (1)，即解积分方程 (5.5.8)。积分方程有各种解法，这里介绍一种有实用价值的数值解法。首先，把积分方程化为矩阵形式：

$$\overleftrightarrow{\boldsymbol{G}}\cdot\boldsymbol{j}_{\mathrm{eq}}=\overleftrightarrow{\boldsymbol{G}}\cdot[-\mathrm{i}\omega(\hat{\varepsilon}_2-\hat{\varepsilon}_1)]\,\boldsymbol{E}=\overleftrightarrow{\boldsymbol{G}}\cdot\tau\boldsymbol{E}$$

对于媒质均匀的区域 (在地球物理勘探中，异常体可看作是均匀或分区均匀的，如果属于一种情况，可以分为几个均匀区域计算)。

$$\overleftrightarrow{\boldsymbol{G}}\cdot\boldsymbol{j}_{\mathrm{eq}}=\tau\overleftrightarrow{\boldsymbol{G}}\cdot\boldsymbol{E} \tag{5.5.9}$$

式中，$\tau=-\mathrm{i}\omega(\hat{\varepsilon}_2-\hat{\varepsilon}_1)$。写成矩阵形式为

$$\overleftrightarrow{\boldsymbol{G}}(\boldsymbol{R}/\boldsymbol{R}_0)\cdot\boldsymbol{E}(\boldsymbol{R}_0)=\begin{bmatrix}G_{xx}&G_{xy}&G_{xz}\\G_{yx}&G_{yy}&G_{yz}\\G_{zx}&G_{zy}&G_{zz}\end{bmatrix}\begin{bmatrix}E_x\\E_y\\E_z\end{bmatrix} \tag{5.5.10}$$

为了便于用普通式表示，把 x、y、z 改写为 x_1、x_2、x_3，以 x_p、x_q 表示，p、$q=1$、2、3。由前述的 $\overleftrightarrow{\boldsymbol{G}}$ 的表达式可知

$$G_{x_px_q}(\boldsymbol{R}/\boldsymbol{R})=\mathrm{i}\omega\mu_0\left[\delta_{pq}+\frac{1}{k_1^2}\frac{\partial^2}{\partial x_p\,\partial x_q}\right]G_0(\boldsymbol{R}/\boldsymbol{R}) \tag{5.5.11}$$

此处满足

$$\delta_{pq}=\begin{cases}1, & p=q\\0, & p\neq q\end{cases}$$

在式 (5.5.11) 中，把式 (5.5.8) 积分中的因子 $\mathrm{i}\omega\mu_0$ 吸收到 $\overleftrightarrow{\boldsymbol{G}}$ 的元素中，使得方程的书写更简单些。根据 $G_{x_px_q}$ 和修正项 $[\boldsymbol{E}^{\mathrm{s}}]_c=f(\boldsymbol{R})\boldsymbol{E}$ 的写法，可以把 $\boldsymbol{E}$ 的积分方程写成标量型的分量式：

$$[1-f(\boldsymbol{R})]\,E_{x_p}(\boldsymbol{R})-\mathrm{P.V.}\int_V\left[\sum_{q=1}^{3}G_{x_px_q}(\boldsymbol{R}/\boldsymbol{R}_0)E_{x_q}(\boldsymbol{R}_0)\right]\mathrm{d}V_0=E^{\mathrm{i}}_{x_p}(\boldsymbol{R}) \tag{5.5.12}$$

式中，右端的一次场分量可以根据一次场场源算出或直接写出，实际是已知项，E_{x_p} 是待求的未知数，因此下一步是计算出 $G_{x_px_q}$，以使式 (5.5.12) 成为只含未知数 E_{x_q} 的代数方程。

为了计算 $G_{x_px_q}$，把异常体的体积 V 剖分为 N 个单元 (图 5.5.2)，近似认为每一单元中的 $\boldsymbol{E}(\boldsymbol{R})$ 为常量，因此，可以根据计算要求的精度确定 N 的值。由

前面提出的 $\boldsymbol{E}$ 的求法可知，必须先求得异常体内部的场强 $\boldsymbol{E}$ 以确定 $\boldsymbol{j}_{\text{eq}}$，然后才能根据 $\boldsymbol{j}_{\text{eq}}$ 求外部的场。把异常体划分为 N 块，近似认为每块中的电场 (因而 $\boldsymbol{j}_{\text{eq}}$) 为常量，相当于把连续的电流分布近似看成 N 块均匀的电流分布，也即把连续分布的等效电流离散化。如果 N 个单元都取相同的规则几何形状，则每一单元的等效电流在空间任一点的电场表达式是可以求出的，在求异常体中每个单元所在的场强时，应计算 N 块等效电流在该点的贡献。

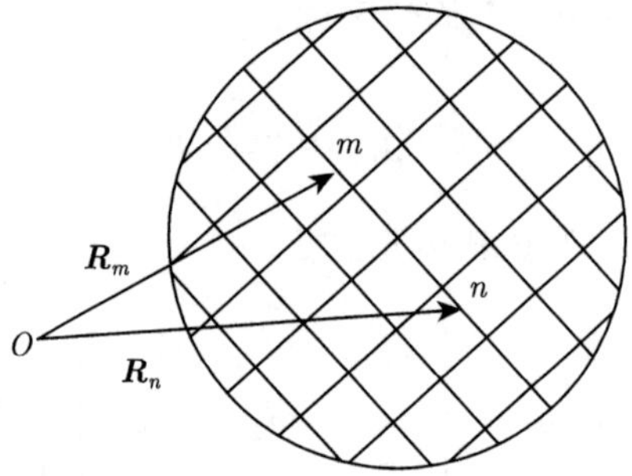

图 5.5.2　单元与剖分

设 $\boldsymbol{R}_m$ 为任一单元 m 的中心点的矢径，则 $\boldsymbol{R}_m$ 处电场强度的 x_p 分量满足方程

$$[1-f(\boldsymbol{R}_m)]\,E_{x_p}(\boldsymbol{R}_m)-\sum_{q=1}^{3}\sum_{n=1}^{N}\left[\tau(\boldsymbol{R}_n)\text{P.V.}\int_V G_{x_px_q}(\boldsymbol{R}_m/\boldsymbol{R}_n)\boldsymbol{E}_{x_q}\text{d}V_0\right]=E^{\text{i}}_{x_p}(\boldsymbol{R}_m)$$

因为已假设在 v_n 范围内 $E_{x_q}(\boldsymbol{r}_n)$ 可视为常量，所以，如果令

$$\tau(\boldsymbol{r}_n)\text{P.V.}\int_V G_{x_px_q}(\boldsymbol{r}_m/\boldsymbol{r}_n)\text{d}V_0=g^{mn}_{x_px_q} \tag{5.5.13}$$

则方程简化为

$$[1-f(\boldsymbol{R})]\,E_{x_p}(\boldsymbol{R}_m)-\sum_{q}\sum_{n}g^{mn}_{x_px_q}E_{x_q}(\boldsymbol{R}_n)=E^{\text{i}}_{x_p}(\boldsymbol{R}_m)$$

对 n 的累加应遍历所有 N 个单元，但当 $n\neq m$ 时，无奇异点出现，无须区分主值与修正值，又因为左端第一项的下标 x_p 与右端已知项的下标相同，可以通过下列方式把左端都写在累加号内：

$$\sum_{q=1}^{3}\sum_{n=1}^{N}\left\{g^{mn}_{x_px_q}-\delta_{pq}\delta_{mn}[1-f(\boldsymbol{R})]\right\}E_{x_q}(\boldsymbol{R}_n)=-E^{\text{i}}_{x_p}(\boldsymbol{R}_m) \tag{5.5.14}$$

式中，$m=1,2,3,\cdots,N$, 故共有 N 个方程；$p=1,2,3$。每个 $E_{x_p}(\boldsymbol{r}_m)$ 代表在 $\boldsymbol{r}_n$ 处的 $\boldsymbol{E}$ 的一个分量。对每一组固定的 x_px_q，将有 $N\times N$ 个 $G_{x_px_q}^{mn}$，因此大括号内的项

$$G_{x_px_q}^{mn}=g_{x_px_q}^{mn}-\delta_{pq}\delta_{mn}\left[1-f(\boldsymbol{R}_m)\right] \tag{5.5.15}$$

是矩阵

$$\left[G_{x_px_q}\right]=\begin{matrix} G_{x_px_q}^{11} & G_{x_px_q}^{12} & \cdots & G_{x_px_q}^{1N} \\ G_{x_px_q}^{21} & G_{x_px_q}^{22} & \cdots & G_{x_px_q}^{2N} \\ \vdots & \vdots & & \vdots \\ G_{x_px_q}^{N1} & G_{x_px_q}^{N2} & \cdots & G_{x_px_q}^{NN} \end{matrix} \tag{5.5.16}$$

的一个元素，式中

$$\begin{aligned} g_{x_px_q}^{mn}&=\tau(\boldsymbol{r}_n)\int_V G_{x_px_q}(\boldsymbol{R}_m/\boldsymbol{R}_n)\mathrm{d}V_0 \\ &=\tau(\boldsymbol{r}_m)\int_V \mathrm{i}\omega\mu_0\left[\delta_{pq}+\frac{1}{k_1^2}\frac{\partial^2}{\partial x_p\partial x_q}\right]G_0(\boldsymbol{R}_m/\boldsymbol{R}_n)\mathrm{d}V_0 \end{aligned} \tag{5.5.17}$$

其中，$G_0=\dfrac{\mathrm{e}^{\mathrm{i}k_1|\boldsymbol{R}_m-\boldsymbol{R}_n|}}{4\pi|\boldsymbol{R}_m-\boldsymbol{R}_n|}$。由于离散化，使得式 (5.5.10) 矩阵 $[G]$ 中的每个元素 $G_{x_px_q}$ 实际上成为 $N\times N$ 的矩阵，而场方程式 (5.5.10) 成为

$$\begin{bmatrix} [G_{x_1x_1}] & [G_{x_1x_2}] & [G_{x_1x_3}] \\ [G_{x_2x_1}] & [G_{x_2x_2}] & [G_{x_2x_3}] \\ [G_{x_3x_1}] & [G_{x_3x_2}] & [G_{x_3x_3}] \end{bmatrix}\begin{bmatrix} E_{x_1} \\ E_{x_2} \\ E_{x_3} \end{bmatrix}=-\begin{bmatrix} [E_{x_1}^{\mathrm{i}}] \\ [E_{x_2}^{\mathrm{i}}] \\ [E_{x_3}^{\mathrm{i}}] \end{bmatrix} \tag{5.5.18}$$

式中，$\left[G_{x_px_q}\right]$ 由式 (5.5.16)、式 (5.5.17) 和式 (5.5.18) 计算。

$$\left[E_{x_p}\right]=\begin{bmatrix} E_{x_p}(\boldsymbol{r}_1) \\ E_{x_p}(\boldsymbol{r}_2) \\ \vdots \\ E_{x_p}(\boldsymbol{r}_N) \end{bmatrix},\quad \left[E_{x_p}^{\mathrm{i}}\right]=\begin{bmatrix} E_{x_p}^{\mathrm{i}}(\boldsymbol{r}_1) \\ E_{x_p}^{\mathrm{i}}(\boldsymbol{r}_2) \\ \vdots \\ E_{x_p}^{\mathrm{i}}(\boldsymbol{r}_N) \end{bmatrix} \tag{5.5.19}$$

则是含有 N 个元素的列向量。

式 (5.5.18) 是求解异常体内部场强 E_{x_1}、E_{x_2}、E_{x_3} 的矩阵方程

$$[G]\,[E]=-\left[E^{\mathrm{i}}\right]$$

的展开式，实际是包含 $3N$ 个方程的代数方程组，由它可以解得异常体内每个单元处 $E_{x_p}(\boldsymbol{r}_m)$ 的值 $(p=1,2,3;m=1,2,\cdots,N)$, 由 $E_{x_p}(\boldsymbol{r}_m)$ 值可以求得离散化

的等效电流分布 $\boldsymbol{j}_{\mathrm{eq}}=\tau\boldsymbol{E}$，然后把

$$\boldsymbol{E}^{\mathrm{s}}(\boldsymbol{R})=\int_V \mathrm{i}\omega\mu_0\overset{\rightrightarrows}{\boldsymbol{G}}\cdot\boldsymbol{j}_{\mathrm{eq}}\mathrm{d}V_0$$

也化作矩阵方程求解，解得体内外各点的 $\boldsymbol{E}^{\mathrm{s}}$ 后即可由 $\boldsymbol{E}^{\mathrm{i}}$ 和 $\boldsymbol{E}^{\mathrm{s}}$ 的叠加得到各点的总场 $\boldsymbol{E}$。

第 6 章 各向同性水平层状介质中的电磁场

平行分层介质中的电磁场问题应用很广，不仅是地球物理勘探中许多方法 (如电阻率法、电磁法、电磁测深等) 的理论基础，而且在其他领域如光学中也有应用。解决平面波、点源、偶极源在分层介质中的场的问题，除通常用的解方程方法外，还有一些特殊的方法，因此，本章主要介绍有关的基本理论和方法。

电磁场在不同的介质分界面处的性质是分层介质问题的基础，有关的基本概念和物理量大多是由此引入的。这一问题在电动力学或电磁场理论方面的书籍 (Zhdano，2009；Nabighian，1988) 中都有叙述，为了方便说明问题，仅对与分层介质有关的问题作简要叙述。

6.1 均匀全空间中的平面波

所谓平面波指的是电磁场的同相位面可近似为一平面，即具有平面波阵面。平面波又分为均匀的和不均匀的。前者指的是在同一相位面上场的振幅相同，后者是同相位面和同振幅面不重合。

6.1.1 电磁场的解

设在电阻率为 ρ 的均匀各向同性无限介质中，传播单色均匀平面波，求介质中任一点的电场 $\boldsymbol{E}$ 和磁场 $\boldsymbol{H}$ 的分量。选择遵循右手法则的直角坐标 x、y、z，其 x、y 轴位于极化平面上，z 轴方向与波的传播方向相同。介质的波数为 k，采用负谐时 $\mathrm{e}^{-\mathrm{i}\omega t}$。解题的基本公式为

$$\frac{\partial^2 \boldsymbol{A}}{\partial x^2}+\frac{\partial^2 \boldsymbol{A}}{\partial y^2}+\frac{\partial^2 \boldsymbol{A}}{\partial z^2}=\boldsymbol{k}^2 \boldsymbol{A} \tag{6.1.1}$$

$$\boldsymbol{H}=\nabla\times\boldsymbol{A} \tag{6.1.2}$$

$$\boldsymbol{E}=\mathrm{i}\omega\mu\left(\boldsymbol{A}-\frac{1}{k^2}\nabla\nabla\cdot\boldsymbol{A}\right) \tag{6.1.3}$$

式中，$k^2=-\mathrm{i}\omega\sigma\mu-\omega^2\varepsilon\mu$。令 $k=b-\mathrm{i}a$，则

$$b=\left\{\frac{\omega^2\varepsilon\mu}{2}\left[\sqrt{(\omega\varepsilon\rho)^{-2}+1}-1\right]\right\}^{\frac{1}{2}} \tag{6.1.4}$$

$$a=\left\{\frac{\omega^2\varepsilon\mu}{2}\left[\sqrt{(\omega\varepsilon\rho)^{-2}+1}+1\right]\right\}^{\frac{1}{2}} \tag{6.1.5}$$

由麦克斯韦方程组第二方程，可得到传导电流密度 $\boldsymbol{j}_\sigma$ 和位移电流密度 $\boldsymbol{j}_\varepsilon$ 的比值为

$$n=\frac{\boldsymbol{j}_\sigma}{\boldsymbol{j}_\varepsilon}\frac{\sigma}{\omega\varepsilon} \tag{6.1.6}$$

式中，n 称为电磁系数。于是可以将式 (6.1.4) 和式 (6.1.5) 重写为

$$b=\left\{\frac{\omega^2\varepsilon\mu}{2}\left[\sqrt{n^2+1}-1\right]\right\}^{\frac{1}{2}} \tag{6.1.7}$$

$$a=\left\{\frac{\omega^2\varepsilon\mu}{2}\left[\sqrt{n^2+1}+1\right]\right\}^{\frac{1}{2}} \tag{6.1.8}$$

由于场是均匀的，矢量位 $\boldsymbol{A}$ 的振幅在 xoy 平面上没有变化，即 $\dfrac{\partial \boldsymbol{A}}{\partial x}=\dfrac{\partial \boldsymbol{A}}{\partial y}=0$，故式 (6.1.1) 可以写为

$$\frac{\partial^2 \boldsymbol{A}}{\partial z^2}=k^2\boldsymbol{A} \tag{6.1.9}$$

考虑到 $\nabla\cdot\boldsymbol{A}=\dfrac{\partial A_z}{\partial z}$，式 (6.1.9) 分解为三个分量的标量方程

$$\begin{cases}\dfrac{\partial^2 A_x}{\partial z^2}=k^2A_x\\[2mm]\dfrac{\partial^2 A_y}{\partial z^2}=k^2A_y\\[2mm]\dfrac{\partial^2 A_z}{\partial z^2}=k^2A_z\end{cases}$$

其解分别为

$$\begin{cases}A_x=C_{1x}\mathrm{e}^{-kz}+C_{2x}\mathrm{e}^{kz}\\A_y=C_{1y}\mathrm{e}^{-kz}+C_{2y}\mathrm{e}^{kz}\\A_z=C_{1z}\mathrm{e}^{-kz}+C_{2z}\mathrm{e}^{kz}\end{cases}$$

式中，第一项是观察点远离场源时振幅衰减，即为正向行波；第二项是正向振幅增加，即反振幅衰减的反射行波。因为在无限介质中不可能出现反射现象，所以 $C_{2x}=C_{2y}=C_{2z}=0$。故解的形式为

$$\begin{cases}A_x=C_x\mathrm{e}^{-kz}\\A_y=C_y\mathrm{e}^{-kz}\\A_z=C_z\mathrm{e}^{-kz}\end{cases} \tag{6.1.10}$$

由式 (6.1.2) 和式 (6.1.3)，得

$$\begin{cases} H_x = \dfrac{\partial A_x}{\partial y} - \dfrac{\partial A_y}{\partial z} = -\dfrac{\partial A_y}{\partial z} = C_y k \mathrm{e}^{-kz} \\ H_y = \dfrac{\partial A_x}{\partial z} - \dfrac{\partial A_z}{\partial x} = \dfrac{\partial A_x}{\partial z} = C_x k \mathrm{e}^{-kz} \\ H_z = \dfrac{\partial A_y}{\partial x} - \dfrac{\partial A_x}{\partial y} = 0 \end{cases} \tag{6.1.11}$$

$$\begin{cases} E_x = \mathrm{i}\omega\mu\left(A_x - \dfrac{1}{k^2}\dfrac{\partial^2 A_z}{\partial x \partial z}\right) = \mathrm{i}\omega\mu C_x \mathrm{e}^{-kz} \\ E_y = \mathrm{i}\omega\mu\left(A_y - \dfrac{1}{k^2}\dfrac{\partial^2 A_x}{\partial y \partial z}\right) = \mathrm{i}\omega\mu C_y \mathrm{e}^{-kz} \\ E_z = 0 \end{cases} \tag{6.1.12}$$

为了写出相位矢量，应考虑 $\mathrm{e}^{-\mathrm{i}\omega t}$ 项，并考虑 $k = b - \mathrm{i}a$ 的关系，可得

$$E_x = E_x \mathrm{e}^{-\mathrm{i}\omega t} = \mathrm{i}\omega\mu C_x \mathrm{e}^{-kz}\mathrm{e}^{-\mathrm{i}\omega t} = \omega\mu C_x \mathrm{e}^{\mathrm{i}\frac{\pi}{2}}\mathrm{e}^{-(b-\mathrm{i}a)z}\mathrm{e}^{-\mathrm{i}\omega t}$$

故 $E_x = \omega\mu C_x \mathrm{e}^{-bz}\mathrm{e}^{-\mathrm{i}\left(\omega t - az - \frac{\pi}{2}\right)}$，其中振幅为

$$|E_x| = \omega\mu C_x \mathrm{e}^{-bz} \tag{6.1.13}$$

总相位为

$$\varphi(t) = \omega t - az - \frac{\pi}{2} \tag{6.1.14}$$

在地下电磁场中，e^{-bz} 项是不可缺少的，它决定了电磁场的衰减规律。

利用式 (6.1.14) 可以求出相速度。令在 Δt 时间内波阵面位移 Δz 距离，则

$$\varphi(t + \Delta t) = \omega(t + \Delta t) - a(z + \Delta z) - \frac{\pi}{2} \tag{6.1.15}$$

考虑相同相位情况，由式 (6.1.14) 和式 (6.1.15) 得

$$\omega t - az - \frac{\pi}{2} = \omega t + \omega\Delta t - az - a\Delta z - \frac{\pi}{2}$$

故 $-az = -\omega\Delta t$，由此可得波阵面位移速度或相速度为

$$v = \frac{\Delta z}{\Delta t} = \frac{\omega}{a}$$

将式 (6.1.8) 代入，得

$$v = \left[\frac{\varepsilon\mu}{2}\left(\sqrt{n^2+1}+1\right)\right]^{-\frac{1}{2}} \tag{6.1.16}$$

当介质电导率很低，频率为兆周级次的高频时，电磁系数 n 趋于零，即可忽略传导电流密度作用，故在这一情况下的相速度为 $v=\dfrac{1}{\sqrt{\varepsilon\mu}}$。在导电介质中，低频情况下 $n\gg 1$，即可忽略位移电流密度作用，故相速度为

$$v=\sqrt{\frac{2\omega}{\mu\sigma}}$$

当介质无磁性时，$v=\sqrt{10^7\{f\}_{\mathrm{H_z}}\{\rho\}_{\Omega\cdot\mathrm{m}}}\mathrm{m/s}$，波长为 $\lambda=vT=-2\pi/a$，因此，对于以上三种情况：

(1) 在一般介质中，$\lambda=2\pi\left\{\dfrac{\omega^2\varepsilon\mu}{2}\left[\sqrt{n^2+1}+1\right]\right\}^{-\frac{1}{2}}$；

(2) 在高阻介质中，$\lambda=T(\sqrt{\varepsilon\mu})^{-1}=(f\sqrt{\varepsilon\mu})^{-1}$；

(3) 在良导介质中，$\lambda=\sqrt{\dfrac{4\pi T}{\mu\sigma}}$；

(4) 在良导无磁性介质中，$\lambda=\sqrt{10^7\{T\}_{\mathrm{s}}\{\rho\}_{\Omega\cdot\mathrm{m}}}(\mathrm{m})$。

对于导电介质考虑波数 $k=\sqrt{-\mathrm{i}\omega\mu/\rho}$，在无磁性介质中 $k=\dfrac{2\pi\sqrt{2}}{\sqrt{T\rho 10^7}}\sqrt{-\mathrm{i}}$。因为 $\sqrt{-\mathrm{i}}=\dfrac{\sqrt{2}}{2}(1-\mathrm{i})=\mathrm{e}^{-\mathrm{i}\frac{\pi}{4}}$，所以

$$k=b-\mathrm{i}a=\frac{2\pi}{\sqrt{T\rho 10^7}}(1-\mathrm{i})$$

$$|k|=\frac{2\pi\sqrt{2}}{\sqrt{\{T\}_{\mathrm{s}}\{\rho\}_{\Omega\cdot\mathrm{m}}10^7}}=2.81\sqrt{\frac{\{f\}_{\mathrm{H_z}}}{\{\rho\}_{\Omega\cdot\mathrm{m}}}}(\mathrm{km}^{-1})$$

在无磁性导电介质中可以引入无量纲参数 p，满足

$$p=|k|r=2.81\{r\}_{\mathrm{km}}\sqrt{\frac{\{f\}_{\mathrm{H_z}}}{\{\rho\}_{\Omega\cdot\mathrm{m}}}} \tag{6.1.17}$$

6.1.2 波阻抗

为了避开式 (6.1.11) 和式 (6.1.12) 中的未知系数 C_x 和 C_y，考虑相位矢量的比值：

$$Z_{xy}=\frac{E_x}{H_y}=-\mathrm{i}\frac{\omega\mu}{k},\quad Z_{yx}=\frac{E_y}{H_x}=\mathrm{i}\frac{\omega\mu}{k}$$

式中，Z_{xy} 和 Z_{yx} 称为"波阻抗"，它们的幅值相同，但相位相反。波阻抗表示了介质的特性。将 k 代入，得

$$Z_{xy}=\frac{-\mathrm{i}\omega\mu}{\sqrt{-\mathrm{i}\omega\mu/\rho}}=\sqrt{-\mathrm{i}}\sqrt{\omega\mu\rho}=|Z|\,\mathrm{e}^{-\mathrm{i}\frac{\pi}{4}}$$

故 $|Z| = \sqrt{\omega\mu\rho}$，则

$$\rho = \frac{1}{\omega\mu}|Z|^2 \tag{6.1.18}$$

如果介质电阻率已知，则根据电磁测量可以计算介质的磁导率：

$$\mu = \frac{1}{\omega\rho}|Z|^2 \tag{6.1.19}$$

6.2 平面波在两层介质分界面的反射与折射

电磁波投射到两个不同媒质分界面时，由于面的两侧性质不同，场必然不同，而两侧的场在界面处又必须遵守电磁场的边界条件，因此两侧的场之间有确定的关系。这就是场在界面处的反射和折射定律，包括传播方向关系和振幅关系两个方面。

6.2.1 电磁波在媒质界面的反射与折射

设有两种介质，电磁参数分别是 ε、μ 和 ε_{t}、μ_{t}(如果介质有导电性，电导率可归入复介电常数内，相应的传播常数为复数)，界面为平面，界面上的介质用 “0” 表示，界面下的介质则用 “t” 表示。设入射波由介质 0 射入界面，传播矢量为 $\boldsymbol{k}$，与界面法线夹角为 θ；在界面处的二次波向媒质 0 传播的波称为反射波，其传播矢量 $\boldsymbol{k}_{\mathrm{r}}$ 与界面法线成 θ_{r} 角；在媒 t 内传播的波称为折射波，其传播矢量 $\boldsymbol{k}_{\mathrm{t}}$ 与界面法线夹角为 θ_{t}，见图 6.2.1。

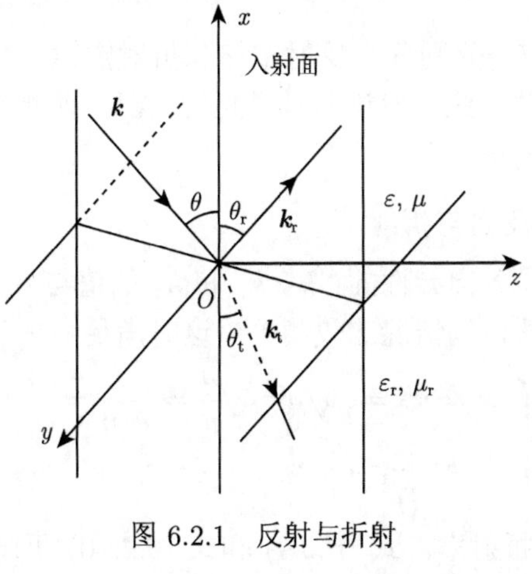

图 6.2.1 反射与折射

在界面上，电场和磁场强度的切向分量连续，如果把界面取作坐标 y-z 平面，则

$$\boldsymbol{e}_x \times (\boldsymbol{E} + \boldsymbol{E}_{\mathrm{r}}) = \boldsymbol{e}_x \times \boldsymbol{E}_{\mathrm{t}} \tag{6.2.1}$$

$$\boldsymbol{e}_x \times (\boldsymbol{H} + \boldsymbol{H}_{\rm r}) = \boldsymbol{e}_x \times \boldsymbol{H}_{\rm t} \tag{6.2.2}$$

暂不考虑振幅，式 (6.2.1) 和式 (6.2.2) 满足的必要条件为 y-z 平面上任一点三个波的相位相等。设空间任一点的矢径为 $\boldsymbol{R}$，则三个波的相位因子分别为

$$\text{入射波：}\quad {\rm e}^{{\rm i}(\boldsymbol{k}\cdot\boldsymbol{R}-\omega t)} \tag{6.2.3}$$

$$\text{反射波：}\quad {\rm e}^{{\rm i}(\boldsymbol{k}_{\rm r}\cdot\boldsymbol{R}-\omega_{\rm r} t)} \tag{6.2.4}$$

$$\text{透射波：}\quad {\rm e}^{{\rm i}(\boldsymbol{k}_{\rm t}\cdot\boldsymbol{R}-\omega_{\rm t} t)} \tag{6.2.5}$$

边界条件要求三种波的相位 (式中的指数部分) 对所有的 y、z 在表面两侧连续，即必须有

$$k_y = k_{{\rm r}y} = k_{{\rm t}y} \tag{6.2.6}$$

$$k_z = k_{{\rm r}z} = k_{{\rm t}z} \tag{6.2.7}$$

$$\omega = \omega_{\rm r} = \omega_{\rm t} \tag{6.2.8}$$

由式 (6.2.6)、式 (6.2.7) 和式 (6.2.8) 可得以下结论：

(1) 反射波、透射波与入射波频率相同；

(2) $\boldsymbol{k}$、$\boldsymbol{k}_{\rm r}$ 和 $\boldsymbol{k}_{\rm t}$ 都在同一平面内，称为入射面；

(3) 反射角 $\theta_{\rm r}$ 满足

$$\boldsymbol{k}\sin\theta = \boldsymbol{k}_{\rm r}\sin\theta_{\rm r} \tag{6.2.9}$$

(4) 折射角 $\theta_{\rm r}$ 与入射角 θ 的关系为

$$\boldsymbol{k}\sin\theta = \boldsymbol{k}_{\rm t}\sin\theta_{\rm t} \tag{6.2.10}$$

式 (6.2.9) 和式 (6.2.10) 分别称为反射定律和折射定律。显然具体的反射和折射情况与媒质的性质有关，此处讨论两种常见的情况：两种介质都是各向同性电介质和 t 是导电介质的情况。

6.2.2 电介质界面的反射与折射

如果两侧媒质都是各向异性的，$\boldsymbol{k}$、$\boldsymbol{k}_{\rm r}$ 和 $\boldsymbol{k}_{\rm t}$ 的值与方向有关。如果两侧媒质都是各向同性的电介质，则情况比较简单。这时满足

$$\begin{cases} \boldsymbol{k} = \boldsymbol{k}_{\rm r} = \omega\sqrt{\mu\varepsilon} = \dfrac{\omega}{v} = \dfrac{\omega}{c/n} = \dfrac{\omega}{c}n \\ k_{\rm t} = \dfrac{\omega}{v_{\rm t}} = \dfrac{\omega}{c}n_{\rm t} \end{cases} \tag{6.2.11}$$

式中，$n_{\rm t}$ 是媒质 t 的折射率。式 (6.2.9) 和式 (6.2.10) 可简化为

$$\theta = \theta_{\rm r} \tag{6.2.12}$$

$$\sin\theta = \frac{v}{v_{\rm t}}\sin\theta_{\rm t} = \frac{n_t}{n}\sin\theta_{\rm t} \tag{6.2.13}$$

6.2.3 电介质和导电介质界面的反射和折射

考虑由电介质 (介质 0) 向导电介质 (介质 t) 传播时的反射和折射，由于

$$k^2 = \omega^2 \varepsilon \mu, \quad k = \omega\sqrt{\varepsilon\mu}$$

是实数，且

$$\boldsymbol{k}_{\mathrm{t}}^2 = \omega^2 \varepsilon_{\mathrm{t}} \mu_{\mathrm{t}} + \mathrm{i}\omega\mu_{\mathrm{t}}\sigma_{\mathrm{t}} = \omega^2 \mu_{\mathrm{t}} \left(\varepsilon_{\mathrm{t}} + \mathrm{i}\frac{\sigma_{\mathrm{t}}}{\omega}\right)$$

$\boldsymbol{k}_{\mathrm{t}}$ 可以写作 $\boldsymbol{k}_{\mathrm{t}} = \alpha + \mathrm{i}\beta$，不难求出

$$\begin{cases} \alpha = \omega\left(\dfrac{\varepsilon_{\mathrm{t}}\mu_{\mathrm{t}}}{2}\sqrt{1+\dfrac{\sigma_{\mathrm{t}}^2}{\omega^2\varepsilon_{\mathrm{t}}^2}}+1\right)^{1/2} \\ \beta = \omega\left(\dfrac{\varepsilon_{\mathrm{t}}\mu_{\mathrm{t}}}{2}\sqrt{1+\dfrac{\sigma_{\mathrm{t}}^2}{\omega^2\varepsilon_{\mathrm{t}}^2}}-1\right)^{1/2} \end{cases} \tag{6.2.14}$$

1. 折射波

首先考察折射定律以了解折射波 (图 6.2.2) 的传播情况：

$$\sin\theta_{\mathrm{t}} = \frac{k}{\boldsymbol{k}_{\mathrm{t}}}\sin\theta = \frac{k}{\alpha^2+\beta^2}(\alpha - \mathrm{i}\beta)\sin\theta = (a - \mathrm{i}b)\sin\theta \tag{6.2.15}$$

式中，$a = \dfrac{k\alpha}{\alpha^2+\beta^2}$；$\beta = \dfrac{k\beta}{\alpha^2+\beta^2}$。因此，如果 $\sin\theta$ 是实数，则 $\sin\theta_{\mathrm{t}}$ 是复数，其意义后面再作讨论。

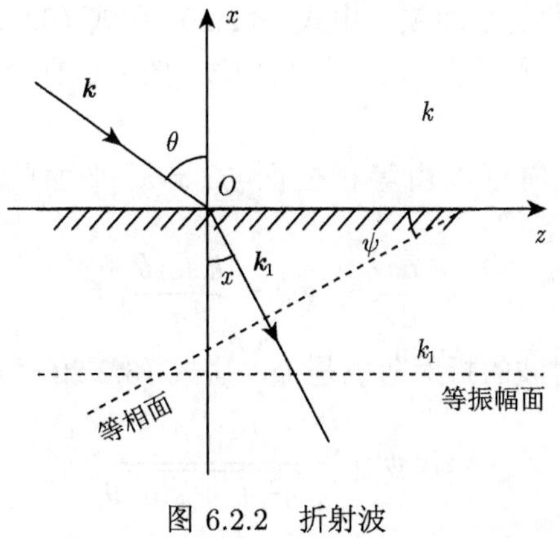

图 6.2.2 折射波

折射波相位为

$$\boldsymbol{k}_{\mathrm{t}} \cdot \boldsymbol{R} - \omega t = \boldsymbol{k}_{\mathrm{t}}(-\cos\theta_{\mathrm{t}} x + \sin\theta_{\mathrm{t}} z) - \omega t$$

$$= (\alpha + \mathrm{i}\beta)(-x\cos\theta_{\mathrm{t}}) + kz\sin\theta - \omega t \tag{6.2.16}$$

复量 $\cos\theta_{\mathrm{t}}$ 可写成模及振幅的形式，具体如下：

$$\cos\theta_{\mathrm{t}} = \sqrt{1-\sin^2\theta} = \sqrt{1-(a^2-b^2-2ab\mathrm{i})\sin^2\theta} = \rho\mathrm{e}^{\mathrm{i}\varphi} \tag{6.2.17}$$

式中，ρ 和 φ 的表达式可根据式 (6.2.16)，并应用式 (6.2.14) 和式 (6.2.15) 写出，它们显然都是电磁参数和入射角 θ 的函数，因公式较烦琐，此处不再写出。把式 (6.2.17) 代入相位表达式 (6.2.16) 中，求出折射波相位表达式，折射波可表示为

$$\boldsymbol{E}_{\mathrm{t}} = \boldsymbol{E}_{\mathrm{t0}}\mathrm{e}^{\mathrm{i}(\boldsymbol{k}\cdot\boldsymbol{R}-\alpha t)} = \boldsymbol{E}_{\mathrm{t0}}\mathrm{e}^{px+\mathrm{i}(-qx+kx\sin\theta-\omega t)} \tag{6.2.18}$$

式中

$$\begin{cases} p = \rho(\beta\cos\varphi + \alpha\sin\varphi) \\ q = \rho(\alpha\cos\varphi - \beta\sin\varphi) \end{cases} \tag{6.2.19}$$

故得折射波的等振幅面方程：

$$px = 常量$$

这是平行于界面的平面族，由于导电介质的损耗作用，平面波的能量应随进入导电介质的距离而衰减。等相位面方程则为

$$-qx + kz\sin\theta = 常量 \tag{6.2.20}$$

或

$$z = \frac{qx}{k\sin\theta} + 常量 \tag{6.2.21}$$

这是与界面成一定夹角的平面族。由式 (6.2.20) 和式 (6.2.21) 可见，此时折射波的等相位面与等振幅面不重合，称为不均匀波 (图 6.2.2)，沿同一等相面上有振幅衰减。

折射波的传播方向可以由等相位面与 x-z 平面的交线的斜率求出。由式 (6.2.20) 可得斜率为

$$\frac{\mathrm{d}x}{\mathrm{d}z} = \mathrm{tg}\psi = \frac{k\sin\theta}{q} \tag{6.2.22}$$

由图 6.2.2 可知，透射波的折射角也是 ψ，由式 (6.2.22) 可得

$$\sin\psi = \frac{k\sin\theta}{\sqrt{q^2+k^2\sin^2\theta}}$$

所以实际的折射定律为

$$\frac{\sin\theta}{\sin\psi} = \frac{\sqrt{q^2+k^2\sin^2\theta}}{k} = \frac{n_{\mathrm{t}}}{n} \tag{6.2.23}$$

式中，n_t 和 n 分别是导电媒质 k_t 和电介质 k 的折射率。式 (6.2.23) 表明导电媒质的折射率与入射角有关，写作 $n_t(\theta)$。

以上的讨论表明在导电媒质中的透射波按式 (6.2.23) 沿等相面衰减，透射波的传播速度：

$$v_t = \frac{v}{n_t}n = \frac{\omega}{k}\frac{n}{n_t} = \frac{\omega}{\sqrt{q^2 + k^2\sin^2\theta}} \tag{6.2.24}$$

p、q 等可以用介质的电磁参数 ε、μ、ε_t、μ_t、σ_t 等表示，但计算过程很烦琐。因此只讨论 $\eta = \dfrac{\sigma_t}{\omega\varepsilon_t} \gg 1$ 的情况，以说明折射波传播情况。

当 $\eta = \dfrac{\sigma_t}{\omega\varepsilon_t} \gg 1$ 时

$$\alpha \approx \beta \approx \sqrt{\frac{\omega\mu_t\sigma_t}{2}}$$

$$p \approx q \approx \sqrt{\frac{\omega\mu_t\sigma_t}{2}}$$

$$\frac{n_t}{n} = \sqrt{\frac{q^2 + k^2\sin^2\theta}{2}} \approx \sqrt{\frac{\mu_t\sigma_t}{2\omega\mu_t\varepsilon_t}} \tag{6.2.25}$$

当 $\sigma_t \to \infty$ 时，$\dfrac{n_t}{n} \to \infty$，由式 (6.2.23) 可知这时 $\psi \to 0$。等相面趋于与等振幅面重合，也近似平行于界面，即折射波近似垂直于界面传播。

折射波振幅衰减为界面处振幅的 $\dfrac{1}{\mathrm{e}}$ 的距离，称为透射波的趋肤深度。由式 (6.2.18) 可知，趋肤深度

$$\delta = \frac{1}{p} \tag{6.2.26}$$

在上述条件下，满足

$$\delta = \frac{1}{p} \approx \sqrt{\frac{2}{\omega\mu_t\sigma_t}}$$

例如，某变质岩的 $\mu_t = \mu_0$，当 $\omega = 2\pi \times 10^6$ 时，$\sigma_t = 10^{-3}$，则 $\delta = \dfrac{1}{p} \approx 11.3\mathrm{m}$。

2. 反射波

根据反射定律式 (6.2.8)，由于媒质 k 是各向同性的并与方向无关，因此仍有 $\theta = \theta_r$，即波将按反射规律传播。但是，由对边界条件的全面讨论 (包括振幅关系) 可知，这时入射波和反射波之间的相位关系必须与振幅一起讨论，因为在反射波与入射波振动之间存在相位差。对于入射波中沿任意方向振动的电场，可以看作垂直于入射面与平行于入射面的电场的合成；对于边界条件，当 k_t 为导电介质时，无论是垂直入射面的电场振动还是平行入射面的电场振动，反射波和入射波

之间都发生相位差。因此，如果入射波是平面偏振波，则由于垂直入射面和平行入射面的分量之间经反射发生相位差，反射波一般是椭圆偏振波。由介质的电磁参数及入射角可以计算出反射波与入射波振动之间的相位差，从而确定有关椭圆偏振波的参数。

6.3　反射系数和折射系数

以上主要从相位关系讨论了平面波在两种不同媒质表面的反射波和折射波的性质。为了进一步了解场的反射特性以及在存在不同介质界面 (一个或多个) 的情况下计算电磁场，引进反射系数和折射系数，描述折射场、反射场与入射场的振幅之间的关系。由于入射平面波中的电场和磁场振动可以取垂直于传播方向的任意方向，会使问题的研究复杂化，考虑到任意振动都等价于垂直和平行于入射面的两种波，因此通过研究 $\boldsymbol{E}$ 垂直和平行于入射面的两种波，就可以了解 $\boldsymbol{E}$ 为任意方向的平面波在两种介质分界面上的反射与折射的振幅关系。

6.3.1　电场垂直于入射面时波的反射系数和折射系数

1. 反射系数和折射系数

取坐标系的 x-z 平面与入射面重合，垂直于入射面的振动用圆点表示 (图 6.3.1)，平行于入射面的振动 (如图 6.3.1 中的 $\boldsymbol{H}$) 则用短横表示。将振幅考虑在内时，入射波 $\boldsymbol{E}_{\mathrm{i}}$、反射波 $\boldsymbol{E}_{\mathrm{r}}$、折射波 $\boldsymbol{E}_{\mathrm{t}}$ 的表达式可写为

$$\boldsymbol{E}_{\mathrm{i}}=\boldsymbol{e}_y E_0 \mathrm{e}^{-\mathrm{i}k_x x+\mathrm{i}k_z-\mathrm{i}\omega t} \tag{6.3.1}$$

$$\boldsymbol{E}_{\mathrm{r}}=\boldsymbol{e}_y R^{\mathrm{E}} E_0 \mathrm{e}^{\mathrm{i}k_x x+\mathrm{i}k_z z-\mathrm{i}\omega t} \tag{6.3.2}$$

$$\boldsymbol{E}_{\mathrm{t}}=\boldsymbol{e}_y T^{\mathrm{E}} E_0 \mathrm{e}^{-\mathrm{i}k_x x+\mathrm{i}k_z z-\mathrm{i}\omega t} \tag{6.3.3}$$

式中

$$R^{\mathrm{E}}=E_{\mathrm{r}0}/E_0 \tag{6.3.4}$$

$$T^{\mathrm{E}}=E_{\mathrm{t}0}/E_0 \tag{6.3.5}$$

分别称为反射系数和折射系数 [上标 (肩码 E) 表示 $\boldsymbol{E}$ 垂直入射面]，物理意义是反射波振幅及折射波振幅与入射波振幅的比值，可以表示界面的反射及折射特征。

$$k_x=k\cos\theta,\quad -k_x=k\cos(\pi-\theta)$$

$$-k_{\mathrm{t}x}=k\cos(\pi-\theta_{\mathrm{t}}),\quad k_z=k\sin\theta=k_{\mathrm{t}}\sin\theta_t=k_{\mathrm{t}z}$$

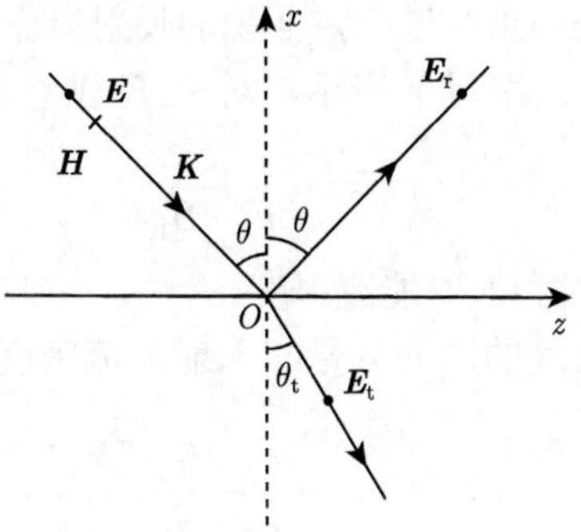

图 6.3.1 入射面、反射面、折射面

根据麦克斯韦方程，可得磁场强度的表达式为

$$\boldsymbol{H}_{\mathrm{i}}=-\frac{E_0}{\omega\mu}(\boldsymbol{e}_x k_x+\boldsymbol{e}_z k_z)\mathrm{e}^{-\mathrm{i}k_x x+\mathrm{i}k_z-\mathrm{i}\omega t} \tag{6.3.6}$$

$$\boldsymbol{H}_{\mathrm{r}}=-R^E\frac{E_0}{\omega\mu}(-\boldsymbol{e}_x k_x+\boldsymbol{e}_z k_z)\mathrm{e}^{\mathrm{i}k_x x+\mathrm{i}k_z z-\mathrm{i}\omega t} \tag{6.3.7}$$

$$\boldsymbol{H}_{\mathrm{t}}=-T^E\frac{E_0}{\omega\mu_{\mathrm{t}}}(\boldsymbol{e}_x k_{\mathrm{t}x}t+\boldsymbol{e}_z k_z)\mathrm{e}^{-\mathrm{i}k_{\mathrm{t}x}x+\mathrm{i}k_z z-\mathrm{i}\omega t} \tag{6.3.8}$$

由于电场和磁场切向分量的边界条件 $x=0$ 处 E_y、H_z 连续 (图 6.3.1)，将式 (6.3.1)~ 式 (6.3.3) 和式 (6.3.6)~ 式 (6.3.8) 的 E_y、H_z 代入边界条件得

$$\begin{cases} 1+R^{\mathrm{E}}=T^{\mathrm{E}} \\ \dfrac{k_x}{\mu}(-1+R^E)=-\dfrac{k_{\mathrm{t}z}}{\mu_{\mathrm{t}}}T^{\mathrm{E}} \end{cases} \tag{6.3.9}$$

联立解得

$$R^{\mathrm{E}}=\frac{1-(\mu k_{\mathrm{t}x}/\mu_{\mathrm{t}}k_x)}{1+(\mu k_{\mathrm{t}x}/\mu_{\mathrm{t}}k_x)} \tag{6.3.10}$$

$$T^{\mathrm{E}}=\frac{2}{1+(\mu k_{\mathrm{t}x}/\mu_{\mathrm{t}}k_x)} \tag{6.3.11}$$

可见反射系数和折射系数取决于界面两侧介质性质，由于式中出现 k_x 和 $k_{\mathrm{t}x}$，说明 R 和 T 与入射角及折射角也有关。事实上由式 (6.3.10) 和式 (6.3.11) 可以求出 R、T 用介质电磁参数与入射角表示的公式，此处不具体写出。

2. 反射率和折射率

实际观测中，有时直接接收和测量的是电磁场的功率。因此除反射系数与折射系数外，还定义反射率与折射率。

反射率为电磁场中任一点穿过给定面积的反射能流密度的法向分量与入射能流密度的法向分量之比，用字母 r 表示，对于 $\boldsymbol{E}$ 垂直于入射面的情况：

$$r^{\mathrm{E}} = \frac{\boldsymbol{e}_x \cdot \boldsymbol{S}_{\mathrm{r}}}{-\boldsymbol{e}_x \cdot \boldsymbol{S}_{\mathrm{i}}} \tag{6.3.12}$$

式中，$\boldsymbol{S}_{\mathrm{r}}$、$\boldsymbol{S}_{\mathrm{i}}$ 分别为反射和入射能流密度。

折射率为折射能流密度的法向分量与入射能流密度法向分量之比，用字母 t 表示：

$$t^{\mathrm{E}} = \frac{-\boldsymbol{e}_x \cdot \boldsymbol{S}_{\mathrm{t}}}{-\boldsymbol{e}_x \cdot \boldsymbol{S}_{\mathrm{i}}} \tag{6.3.13}$$

式中，$\boldsymbol{S}_{\mathrm{t}}$ 是折射能流密度。

根据能流密度的定义

$$\begin{aligned}
\boldsymbol{S}_{\mathrm{i}} &= \left(-\boldsymbol{e}_x \frac{k_x}{\omega\mu} + \boldsymbol{e}_z \frac{k_z}{\omega\mu}\right) |E_0|^2 \\
\boldsymbol{S}_{\mathrm{r}} &= \left(\boldsymbol{e}_x \frac{k_x}{\omega\mu} + \boldsymbol{e}_z \frac{k_z}{\omega\mu}\right) \left|R^{\mathrm{E}}\right|^2 |E_0|^2 \\
\boldsymbol{S}_{\mathrm{t}} &= \left(-\boldsymbol{e}_x \frac{k_x}{\omega\mu} + \boldsymbol{e}_z \frac{k_z}{\omega\mu}\right) \left|T^{\mathrm{E}}\right|^2 |E_0|^2
\end{aligned}$$

可以得到

$$r^{\mathrm{E}} = \left|R^{\mathrm{E}}\right|^2 \tag{6.3.14}$$

$$t^{\mathrm{E}} = \frac{\mu k_{\mathrm{t}x}}{\mu_{\mathrm{t}} k_x} \left|T^{\mathrm{E}}\right|^2 \tag{6.3.15}$$

为了和实际测量值对比，上述能流密度均应为时间平均值，但不影响式 (6.3.14) 和式 (6.3.15) 的结果，因为对 $\boldsymbol{S}$ 取时间平均的结果，只是增加因子 1/2 (指时谐场)，不影响比值。将式 (6.3.10) 和式 (6.3.11) 的 R^{E}、T^{E} 代入式 (6.3.14) 和式 (6.3.15) 可证：

$$r^{\mathrm{E}} + t^{\mathrm{E}} = 1$$

这是能量守恒的结果。

6.3.2 电场位于入射面内时波的反射系数和折射系数

当电场强度在入射面内时，几何关系较电场垂直于入射面情况复杂些。但是，由于平面电磁波的性质，这时 $\boldsymbol{H}$ 垂直入射面，情况与电场垂直于入射面类似，因此可仿照前面先讨论 $\boldsymbol{H}$。这时的反射和折射用肩码 M 表示，事实上，根据对偶性原理，在 R^{E} 和 T^{E} 的计算中进行 $\boldsymbol{E} \to \boldsymbol{H}$，$\boldsymbol{H} \to -\boldsymbol{E}$ 和 $\mu \rightleftharpoons \varepsilon$ 代换就可以将从上面得到的关于 E 波的结果转换成 M 波的结果，可得

$$\text{反射系数 } R^{\mathrm{M}} = \frac{1 - (\varepsilon k_{\mathrm{t}x}/\varepsilon_{\mathrm{t}} k_x)}{1 + (\varepsilon k_{\mathrm{t}x}/\varepsilon_{\mathrm{t}} k_x)} \tag{6.3.16}$$

$$\text{折射系数 } T^{\mathrm{M}} = \frac{2}{1+(\varepsilon k_{\mathrm{t}x}\varepsilon_{\mathrm{t}}k_x)} \tag{6.3.17}$$

$$\text{反射率 } r^{\mathrm{M}} = \left|R^{\mathrm{M}}\right|^2 \tag{6.3.18}$$

$$\text{折射率 } t^{\mathrm{M}} = \frac{\varepsilon k_{\mathrm{t}x}}{\varepsilon_{\mathrm{t}}k_x}\left|T^{\mathrm{M}}\right|^2 \tag{6.3.19}$$

在以上两种情况下，当介质 t 是理想导体时，$\sigma_{\mathrm{t}} \to \infty$，$R^{\mathrm{E}} = R^{\mathrm{M}} = 1$。

6.4　层状介质中的平面波场

在 6.2 节和 6.3 节的基础上，讨论存在分层介质时平面波场的性质和计算方法。

6.4.1　分层介质中波的振幅

设有如图 6.4.1 所示的电磁性质不同的平行分层介质，按图中所取坐标，各层界面分别位于 $x=0,-d_1,-d_2,\cdots,-d_n$。第 $n+1$ 层为半空间，用 t 来标记，即 $n+1=t$，分层介质上方的半空间则用 0 标记。取 x 轴垂直于层面，y 轴垂直于纸面。入射面为 x-z 平面。任意振动方向的波可分为电场垂直于入射面 (E 波) 和电场在入射面内 (M 波)。可以只讨论 E 波的性质，M 波的结果利用对偶性类比得出。

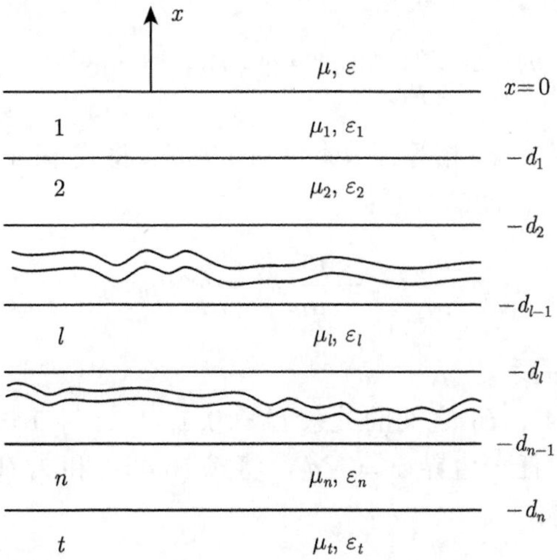

图 6.4.1　水平层状模型

地下分层介质往往是各向异性的，普遍情况可用并矢 $\overleftrightarrow{\boldsymbol{\varepsilon}}$ 和 $\overleftrightarrow{\boldsymbol{\mu}}$ 表示电磁性质，大多数实际岩层电磁参数在沿层面方向和垂直层面方面具有不同性质，可以称为双轴介质。当 $\overleftrightarrow{\boldsymbol{\varepsilon}} = \varepsilon \overleftrightarrow{\boldsymbol{I}}$，$\overleftrightarrow{\boldsymbol{\mu}} = \mu \overleftrightarrow{\boldsymbol{I}}$ 时，介质是各向同性的。为了便于说明问题，考虑垂直层面入射 (入射角 $\theta = 0°$) 的最简单情况，并假设介质为双轴介质，对于 E 波：

$$\boldsymbol{E} = \boldsymbol{e}_y E_y, \quad \frac{\partial}{\partial y} = 0 \tag{6.4.1}$$

因此，麦克斯韦方程组中的 $\boldsymbol{E}$ 的旋度方程为

$$H_z = -\frac{1}{\mathrm{i}\omega\mu_z}\frac{\partial E_y}{\partial z} \tag{6.4.2}$$

$$H_x = -\frac{1}{\mathrm{i}\omega\mu_x}\frac{\partial E_y}{\partial x} \tag{6.4.3}$$

代入 $\boldsymbol{H}$ 的旋度方程，得到任意层中 $\boldsymbol{E}$ 满足的波动方程：

$$\left(\frac{\mu_y}{\mu_z}\frac{\partial^2}{\partial x^2} + \frac{\mu_y}{\mu_x}\frac{\partial^2}{\partial z^2} + \omega^2\varepsilon_y\mu_y\right)E_y = 0 \tag{6.4.4}$$

在第 l 层中 E 波的通解可以写为

$$E_{ly} = (A_l \mathrm{e}^{\mathrm{i}k_{lx}x} + B_l \mathrm{e}^{-\mathrm{i}k_{lx}x})\mathrm{e}^{\mathrm{i}k_z z} \tag{6.4.5}$$

$$H_{lx} = -\frac{k_x}{\omega\mu_{lx}}(A_l \mathrm{e}^{\mathrm{i}k_{lx}x} + B_l \mathrm{e}^{-\mathrm{i}k_{lx}x})\mathrm{e}^{\mathrm{i}k_z z} \tag{6.4.6}$$

$$H_{lz} = \frac{k_{lx}}{\omega\mu_{lz}}(A_l \mathrm{e}^{\mathrm{i}k_{lx}x} - B_l \mathrm{e}^{-\mathrm{i}k_{lx}x})\mathrm{e}^{\mathrm{i}k_z z} \tag{6.4.7}$$

根据折射定律，各层的 k_z 相等，故不再写下标 l。将式 (6.4.5) 代入式 (6.4.4) 可得电磁参数与频率 ω 之间的关系：

$$\frac{\mu_{ly}}{\mu_{lz}}k_{lx}^2 + \frac{\mu_{ly}}{\mu_{lx}}k_z^2 = \omega^2\mu_{ly}\varepsilon_{ly} \tag{6.4.8}$$

称其为色散 (频散) 关系。

不同层的波幅 A_l、B_l 之间的关系 $(l = 0, 1, \cdots, n+1 = t)$ 由各界面上的边界条件确定。在其中任一边界 $x = -d_l$，将式 (6.4.5) 和式 (6.4.7) 代入场切向分量连续的边界条件得

$$\begin{cases} A_l \mathrm{e}^{-\mathrm{i}k_{lx}d_l} + B_l \mathrm{e}^{\mathrm{i}k_{lx}d_l} = A_{l+1}\mathrm{e}^{-\mathrm{i}k_{(l+1)x}d_l} + B_{l+1}\mathrm{e}^{\mathrm{i}k_{(l+1)x}d_l} \\ \dfrac{k_{lx}}{\omega\mu_{lz}}(A_l \mathrm{e}^{-\mathrm{i}k_{lx}d_l} - B_l \mathrm{e}^{\mathrm{i}k_{lx}d_l}) = \dfrac{k_{(l+1)x}}{\omega\mu_{(l+1)z}}[A_{l+1}\mathrm{e}^{-\mathrm{i}k_{(l+1)x}d_l} - B_{l+1}\mathrm{e}^{\mathrm{i}k_{(l+1)x}d_l}] \end{cases} \tag{6.4.9}$$

式中，$l=0,1,2,\cdots,n$。共 $(n+1)$ 个界面，$2(n+1)$ 个方程。$l=0$ 时，零区中的系数 $A_0=E_0$，$B_0=R^{\mathrm{E}}E_0$；$l=n$ 时，$A_{l+1}=A_{n+1}=A_t=T^{\mathrm{E}}E_{n0}$，$B_{n+1}=B_t=0$。故未知数中 A_l、B_l 类系数共有 $2n$ (对应于 $l=1,\cdots,n$) + 2 (特殊层 0 层和 t 层中的 R^{E} 和 T^{E}) 个。因此可以得到关于系数 A_l、$B_l(l=1,2,\cdots,n)$ 和 R^{E}、T^{E} 的确定解，从而得到各层中波的振幅。可以把式 (6.4.9) 的 $2n+2$ 个方程化为矩阵式。然而由于包含 $(2n+2)$ 个未知数构成的列矩阵和 $(2n+2)\times(2n+2)$ 的系数矩阵，运算过程非常冗长，下面介绍几种简化的处理方法。

6.4.2 波阻抗

波阻抗是计算半空间或分层介质的场的常用工具。定义第 l 层中两个反向传播的波 (可视为 $x=-d_l$ 层面的入射波和反射波) 的比值为复反射系数：

$$R_l(x)=\frac{A_l}{B_l}\mathrm{e}^{\mathrm{i}2k_{lx}x} \tag{6.4.10}$$

式中，$R_l(x)$ 是复平面上的一个旋转矢量，当 $R_l(x)$ 的相角 $\varphi=2k_{lx}x$ 随 x 增加时，R_l 在复平面内逆时针旋转。k_{lx} 为实数时，R_l 端点的轨迹是圆周，对应于介质无导电性，在层内传播振幅不变；k_{lx} 为复数时，$R_l(x)$ 随 x 的增大而减小，对应于导电媒质内由于损耗使波的振幅衰减的情况。

引入波阻抗的概念，以得到一种存在分层媒质时计算电磁场的方法。在 l 层内 x 处沿波前进方向 ($-\boldsymbol{e}_x$ 方向) 的波阻抗为

$$Z_{lx}(x)\equiv-\frac{E_{ly}}{H_{lx}}=\frac{\omega\mu_{lx}}{k_{lx}}\frac{1+R_l(x)}{1-R_l(x)} \tag{6.4.11}$$

由定义可知，Z 一般是复数。真空 (空气) 中平面波沿传播方向的波阻抗为

$$\eta=\frac{E_y}{H_x}=\sqrt{\frac{\mu_0}{\varepsilon_0}}\approx 377\Omega$$

用式 (6.4.9) 第二式左、右端分别除以式 (6.4.9) 第一式左、右端得到 Z_{lx} 和 $Z_{(l+1)x}$，故有

$$Z_{lx}\big|_{x=-d_l}=Z_{(l+1)x}\big|_{x=-d_l} \tag{6.4.12}$$

所以，波阻抗在任一界面连续。在波阻抗定义的基础上可以再定义相对阻抗：

$$z_l=\frac{Z_{lx}}{\omega\mu_{lx}/k_{lx}}=\frac{1+R_l}{1-R_l} \tag{6.4.13}$$

因为在界面 $x=-d_l$ 两侧电磁参数不同，所以 z_l 在界面不连续。

从下面的例子可以看出如何运用波阻抗的概念确定分层介质存在时的场。设在某材料上覆盖 $2N+1$ 层电介质，每层厚度为该电介质中的 1/4 波长。电介

质的介电常数高低交替变化，即第 $1,3,5,\cdots,2N+1$ 层为高介电常数 ε_{h}；第 $2,4,6,\cdots,2N$ 层为低介电常数 ε_{l}。各层磁导率均为 μ_0，电介质层上方称为第 0 层，介电常数为 ε；电介质下的材料为透射层，相对于各电介质层，可作为半空间处理，称为第 t 层，介电常数为 ε_t。共有 $2N+3$ 个层和 $2N+2$ 个界面。模型见图 6.4.2。

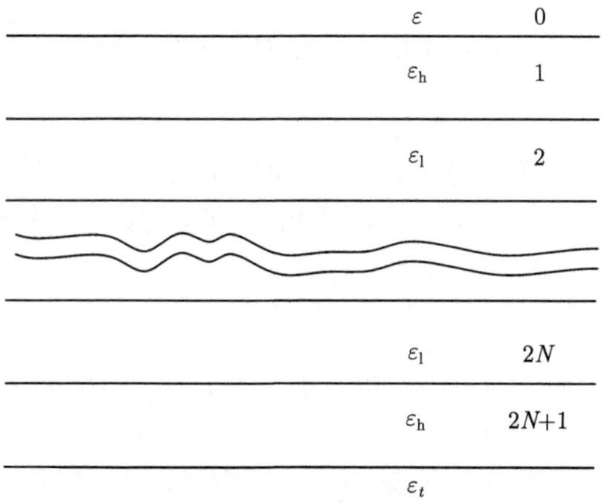

图 6.4.2 水平层状模型

由第 t 层开始逐次确定各层的 Z_l 和 z_l，最后求得第 0 层的场。在第 t 层，因为无反射，$R_t=0$，因此在 $2N+1$ 层和 t 层界面存在：

$$Z_{lx}=\frac{\omega\mu}{k_{lx}}=\frac{\omega\mu}{\omega\sqrt{\varepsilon_t\mu}}=\sqrt{\frac{\mu}{\varepsilon_t}}=Z_{2N+1}$$

$2N+1$ 层相对阻抗为

$$z_{2N+1}=\sqrt{\frac{\mu}{\varepsilon_t}}/\omega\mu/k_t=\sqrt{\frac{\mu}{\varepsilon_t}}\frac{\omega\sqrt{\varepsilon_{\mathrm{h}}\mu}}{\omega\mu}=\sqrt{\frac{\varepsilon_{\mathrm{h}}}{\varepsilon_t}}$$

向上 $\frac{1}{4}\lambda$ 到 $2N$ 层和 $2N+1$ 层的界面，根据 R_l 的定义，在此处与 $2N+1\to t$ 层界面相位恰好相差 π，因而 R_l 变号，在 $2N\to 2N+1$ 层界面处存在：

$$z_{2N+1}|_{2N,2N+1}=\frac{1}{[z_{2N+1}]_{2N+1,2N+2}}=\sqrt{\frac{\varepsilon_t}{\varepsilon_{\mathrm{h}}}}$$

因此，在 $2N\to 2N+1$ 层界面两侧的波阻抗：

$$Z_{2N}=\sqrt{\frac{\varepsilon_t}{\varepsilon_{\mathrm{h}}}}\frac{\omega\mu}{k_{2N+1}}=\sqrt{\frac{\varepsilon_t}{\varepsilon_{\mathrm{h}}}}\frac{\omega\mu}{\omega\sqrt{\varepsilon_{\mathrm{h}}\mu}}=\sqrt{\frac{\varepsilon_t}{\varepsilon_{\mathrm{h}}}}\sqrt{\frac{\mu}{\varepsilon_{\mathrm{h}}}}$$

在 $2N \to 2N+1$ 界面的 $2N$ 层一侧：

$$z_{2N}|_{2N,2N+1} = \frac{Z_{2N}}{\omega\mu/\omega\sqrt{\varepsilon_{\text{l}}\mu}} = Z_{2N}\sqrt{\frac{\varepsilon_{\text{l}}}{\mu}} = \sqrt{\frac{\varepsilon_t}{\varepsilon_{\text{h}}}}\sqrt{\frac{\mu}{\varepsilon_{\text{h}}}}\sqrt{\frac{\varepsilon_{\text{l}}}{\mu}} = \sqrt{\frac{\varepsilon_t}{\varepsilon_{\text{h}}}}\sqrt{\frac{\varepsilon_{\text{l}}}{\varepsilon_{\text{h}}}}$$

在 $2N-1 \to 2N$ 界面的 $2N$ 层一侧：

$$z_{2N}|_{2N-1,2N} = \frac{1}{[z_{2N}]_{2N,2N+1}} = \sqrt{\frac{\varepsilon_h}{\varepsilon_t}}\sqrt{\frac{\varepsilon_{\text{h}}}{\varepsilon_{\text{l}}}}$$

在 $2N-1 \to 2N$ 界面两侧均有

$$Z_{2N-1} = \sqrt{\frac{\varepsilon_{\text{h}}}{\varepsilon_t}}\sqrt{\frac{\varepsilon_{\text{h}}}{\varepsilon_{\text{l}}}}\frac{\omega\mu}{\omega\sqrt{\varepsilon_{\text{l}}\mu}} = \sqrt{\frac{\varepsilon_{\text{h}}}{\varepsilon_t}}\sqrt{\frac{\varepsilon_{\text{h}}}{\varepsilon_{\text{l}}}}\sqrt{\frac{\mu}{\varepsilon_{\text{l}}}}$$

在此界面的 $2N-1$ 一侧，相对阻抗：

$$z_{2N-1} = Z_{2N-1}/(\omega\mu/\omega\sqrt{\varepsilon_{\text{h}}\mu}) = Z_{2N-1}\sqrt{\frac{\varepsilon_{\text{h}}}{\mu}} = \sqrt{\frac{\varepsilon_{\text{h}}}{\varepsilon_t}}\sqrt{\frac{\varepsilon_{\text{h}}}{\varepsilon_{\text{l}}}}\sqrt{\frac{\varepsilon_{\text{h}}}{\varepsilon_{\text{l}}}}$$

如此继续反复计算，最后得到在 $x=0$ 界面的波阻抗为

$$Z_0 = (\varepsilon_t/\varepsilon_{\text{h}})^{1/2}(\varepsilon_{\text{l}}/\varepsilon_{\text{h}})^N(\mu/\varepsilon_{\text{h}})^{1/2}$$

$x=0$ 处的反射系数为

$$R_0 = \frac{Z_0/(\mu/\varepsilon)^{1/2}-1}{Z_0/(\mu/\varepsilon)^{1/2}+1} = \frac{(\varepsilon_t/\varepsilon_{\text{h}})^{1/2}(\varepsilon_{\text{l}}/\varepsilon_{\text{h}})^{1/2}(\varepsilon/\varepsilon_{\text{h}})^{1/2}-1}{(\varepsilon_t/\varepsilon_{\text{h}})^{1/2}(\varepsilon_{\text{l}}/\varepsilon_{\text{h}})^{1/2}(\varepsilon/\varepsilon_{\text{h}})^{1/2}+1}$$

式中，第 0 层中的场由原始的入射场和反射场组成，求出反射系数 R_0 就可以求出第 0 层的总场。

可以看出，当每层厚度不同，ε、μ 也各异时，方法仍然可用，只是每层上界面和下界面处的相对阻抗的关系更复杂。

6.4.3 连分式表示

用波阻抗和相对波阻抗逐层推算，可以求得分层介质存在时的电磁场，但是这种方法没有概括的公式表示，要根据各层介质的性质逐层推求 (6.4.2 小节得到的 Z_l 和 z_l 的表达式不是普遍成立的)。由式 (6.4.9) 出发，可以得出反射系数的一个闭合形式的公式。由式 (6.4.9) 求解 A_l、B_l，可得边界 d_l 处的 A_l、B_l 由式 (6.4.14) 决定：

$$A_l\text{e}^{-\text{i}k_{lx}d_l} = \frac{1}{2}\left[1+\frac{\mu_{lx}k_{(l+1)x}}{\mu_{(l+1)x}k_{lx}}\right]\left[A_{l+1}\text{e}^{-\text{i}k_{(l+1)x}d_l} + R_{l(l+1)}B_{l+1}\text{e}^{\text{i}k_{(l+1)x}d_l}\right] \quad (6.4.14)$$

$$B_l \mathrm{e}^{\mathrm{i}k_{lx}d_l} = \frac{1}{2}\left[1+\frac{\mu_{lx}k_{(l+1)x}}{\mu_{(l+1)x}k_{lx}}\right]\left[R_{l(l+1)}A_{l+1}\mathrm{e}^{-\mathrm{i}k_{(l+1)x}d_l}+B_{l+1}\mathrm{e}^{\mathrm{i}k_{(l+1)x}d_l}\right] \quad (6.4.15)$$

式中

$$R_{l(l+1)} = \frac{1-\mu_{lx}k_{(l+1)x}/[\mu_{(l+1)x}k_{lx}]}{1+\mu_{lx}k_{(l+1)x}/[\mu_{(l+1)x}k_{lx}]} \quad (6.4.16)$$

是在 l 层和 $l+1$ 层界面的反射系数，取式 (6.4.14) 和式 (6.4.15) 的比值：

$$\frac{A_l}{B_l}\mathrm{e}^{-\mathrm{i}2k_{lx}d_l} = \frac{1}{R_{l(l+1)}}+\frac{[1-1/R_{l(l+1)}^2]\mathrm{e}^{-2k_{(l+1)x}(d_{l+1}-d_l)}}{[1/R_{l(l+1)}]\mathrm{e}^{-\mathrm{i}2k_{(l+1)x}(d_{l+1}-d_l)}+(A_{l+1}/B_{l+1})\mathrm{e}^{-\mathrm{i}2k_{(l+1)x}d_{l+1}}} \quad (6.4.17)$$

可以看出，用第 $l+1$ 层的量表示 l 层的波场反射系数，如此一直递推至第 0 层。为了避免分母过于重叠，把式 (6.4.17) 写为

$$\frac{A_l}{B_l}\mathrm{e}^{-\mathrm{i}2k_{lx}d_l} = \frac{1}{R_{l(l+1)}}+\frac{[1-1/R_{l(l+1)}^2]\mathrm{e}^{-2k_{(l+1)x}(d_{l+1}-d_l)}/}{/[1/R_{l(l+1)}]\mathrm{e}^{-\mathrm{i}2k_{(l+1)x}(d_{l+1}-d_l)}}+\frac{A_{l+1}}{B_{l+1}}\mathrm{e}^{-\mathrm{i}2k_{(l+1)x}d_{l+1}} \quad (6.4.18)$$

式 (6.4.17) 和式 (6.4.18) 是完全等同的，前者只是对连分数一种形式上的表示，主要是为了避免分母重叠。仿照以上运算步骤，可用 $\frac{A_{l+2}}{B_{l+2}}\mathrm{e}^{-\mathrm{i}2k_{(l+2)x}d_{l+2}}$ 表示 $\frac{A_{l+1}}{B_{l+1}}$ $\mathrm{e}^{-\mathrm{i}2k_{(l+1)x}d_{l+1}}$，直到用透射区 t 层的量表示为止，可得到在 $x=0$ 时的反射系数 $R=A_0/B_0$。整个公式用连分数表示为

$$\begin{aligned}R = &\frac{1}{R_{01}}+\frac{(1-1/R_{01}^2)\mathrm{e}^{-2k_{2x}d_1}/}{/(1/R_{01})\mathrm{e}^{-\mathrm{i}2k_{1x}d_1}}+\frac{1}{R_{12}}+\frac{(1-1/R_{12}^2)\mathrm{e}^{-2k_{2x}(d_2-d_1)}/}{/(1/R_{12})\mathrm{e}^{-2k_{2x}(d_2-d_1)}}\\&+\cdots+\frac{1}{R_{(n-1)n}}+\frac{\{1-1/[R^2(n-1)n]\}\mathrm{e}^{-2k_{nx}(d_n-d_{n-1})}/}{/\{1/[R^2(n-1)n]\}\mathrm{e}^{-2k_{nx}(d_n-d_{n-1})}}+R_{nt}\end{aligned} \quad (6.4.19)$$

这就是用连分数表示的反射系数的闭合形式解，应用时从最后一项开始，逐项计算一直取到式中 $R_{l(l+1)}$ 的 $l=0$ 为止，最后可以求得 $x=0$ 界面上的反射系数 R。

例如，对于半空间的情况，只有 0、t 两层，$n=0$，式 (6.4.19) 简化为

$$R=R_{0t}=\frac{1-[\mu_x k_{tx}/(\mu_{tx}k_x)]}{1+[\mu_x k_{tx}/(\mu_{tx}k_x)]} \quad (6.4.20)$$

如果第 t 层是各向同性的，则进一步简化为

$$R=\frac{1-[\mu k_t/(\mu_t k)]}{1+[\mu k_t/(\mu_t k)]}$$

当 $n=1$，即 0 层和 t 层中夹一介质层时

$$R=\frac{1}{R_{01}}+\frac{(1-1/R_0^2)\mathrm{e}^{-\mathrm{i}2k_{1x}d_1}}{(1/R_{01})\mathrm{e}^{-\mathrm{i}2k_{1x}d_1}+R_{1t}}=\frac{R_{01}+R_{1t}\mathrm{e}^{\mathrm{i}2k_{1x}d_1}}{1+R_{01}R_{1t}\mathrm{e}^{\mathrm{i}2k_{1x}d_1}}$$

式中，d 是媒质夹层的厚度。

M 波的结果可以由对偶性代换得到，形式上不变。M 波的反射系数可在式 (6.4.16) 表示的 $R_{l(l+1)}$ 中作 $\mu\to\varepsilon$ 代换得到，也可以用 $R^{\mathrm{M}}_{l(l+1)}$ 表示，以便区分。

6.4.4 传播矩阵

在分层介质情况下求平面电磁波场时，还可以推导出另一种“程式化”的方法——传播矩阵法。式 (6.4.14) 和式 (6.4.15) 给出了用 $l+1$ 层中的量表示 l 层中的量的公式。可以写成矩阵形式：

$$\begin{bmatrix} A_l & \mathrm{e}^{-\mathrm{i}k_{lx}d_l} \\ B_l & \mathrm{e}^{\mathrm{i}k_{lx}d_l} \end{bmatrix} = \boldsymbol{U}_{l(l+1)} \begin{bmatrix} A_{(l+1)} & \mathrm{e}^{\mathrm{i}k_{(l+1)x}d_{(l+1)}} \\ B_{(l+1)} & \mathrm{e}^{-\mathrm{i}k_{(l+1)x}d_{(l+1)}} \end{bmatrix} \tag{6.4.21}$$

式中，$\boldsymbol{U}_{l(l+1)}$ 称为反向传播矩阵 (因为是沿与波传播相反的方向逐层推求的)，由式 (6.4.14) 和式 (6.4.15) 可知其表达式为

$$\boldsymbol{U}_{l(l+1)}=\frac{1}{2}\left(1+\frac{\mu_{lx}k_{(l+1)x}}{\mu_{(l+1)x}k_{lx}}\right)\cdot\begin{bmatrix} \mathrm{e}^{\mathrm{i}k_{(l+1)x}(d_{(l+1)}-d_l)} & R_{l(l+1)}\mathrm{e}^{-\mathrm{i}k_{(l+1)x}(d_{(l+1)}-d_l)} \\ R_{l(l+1)}\mathrm{e}^{\mathrm{i}k_{(l+1)x}(d_{(l+1)}-d_l)} & \mathrm{e}^{-\mathrm{i}k_{(l+1)x}(d_{(l+1)}-d_l)} \end{bmatrix} \tag{6.4.22}$$

另一方面，式 (6.4.14) 和式 (6.4.15) 也可以看作是用 l 层的量表示 $l+1$ 层的量的关系式，如果从中解出 A_{l+1} 和 B_{l+1}，可以写为

$$\begin{bmatrix} A_{(l+1)} & \mathrm{e}^{\mathrm{i}k_{(l+1)x}d_{(l+1)}} \\ B_{(l+1)} & \mathrm{e}^{-\mathrm{i}k_{(l+1)x}d_{(l+1)}} \end{bmatrix} = \boldsymbol{V}_{(l+1)l} \begin{bmatrix} A_l & \mathrm{e}^{-\mathrm{i}k_{lx}d_l} \\ B_l & \mathrm{e}^{\mathrm{i}k_{lx}d_l} \end{bmatrix} \tag{6.4.23}$$

式中，$\boldsymbol{V}_{(l+1)l}$ 称为正向传播矩阵，其表达式为

$$\boldsymbol{V}_{(l+1)l}=\frac{1}{2}\left(1+\frac{\mu_{(l+1)x}k_{lx}}{\mu_{lx}k_{(l+1)x}}\right)\begin{bmatrix} \mathrm{e}^{\mathrm{i}k_{(l+1)x}(d_{(l+1)}-d_l)} & R_{l(l+1)}\mathrm{e}^{-\mathrm{i}k_{(l+1)x}(d_{(l+1)}-d_l)} \\ R_{l(l+1)}\mathrm{e}^{\mathrm{i}k_{(l+1)x}(d_{(l+1)}-d_l)} & \mathrm{e}^{-\mathrm{i}k_{(l+1)x}(d_{(l+1)}-d_l)} \end{bmatrix} \tag{6.4.24}$$

式中，$R_{(l+1)l}=-R_{l(l+1)}$ 是 l 层和 $l+1$ 层界面 E 波的反射系数，可以证明

$$\boldsymbol{U}_{l(l+1)}\boldsymbol{V}_{(l+1)l}=\boldsymbol{V}_{(l+1)l}\boldsymbol{U}_{l(l+1)}=\boldsymbol{I}$$

式中，单位矩阵 $\boldsymbol{I}=\begin{bmatrix} 1 & 1 \\ 1 & 1 \end{bmatrix}$。这个关系的物理意义是如果波越过 l 层和 $l+1$ 层界面再返回将得到未越过界面时的原有振幅。以上推导出了 E 波的传播矩阵及有关关系，按对偶关系代换后即可得 M 波的相应结果。

利用传播矩阵可以由某一层的波振幅求出其他层的波振幅。例如，若 $l < m$，则

$$\begin{bmatrix} A_l & \mathrm{e}^{-\mathrm{i}k_{lx}d_l} \\ B_l & \mathrm{e}^{\mathrm{i}k_{lx}d_l} \end{bmatrix} = \boldsymbol{U}_{lm} \begin{bmatrix} A_m & \mathrm{e}^{-\mathrm{i}k_{mx}d_m} \\ B_m & \mathrm{e}^{\mathrm{i}k_{mx}d_m} \end{bmatrix}$$

式中，$\boldsymbol{U}_{lm} = \boldsymbol{U}_{l(l+1)}\boldsymbol{U}_{(l+1)(l+2)}\cdots\boldsymbol{U}_{(m-1)m}$ 是 $m-1$ 个反向传播矩阵的乘积。$l > m$ 时，可以用正向传播矩阵通过类似方法求解。

例如，计算单层介质 (半空间) 的透射系数，由于只有一个界面，可看作 $d_t = 0$，0 层有入射波和反射波，t 层只有透射波，故有

$$\begin{bmatrix} R \\ 1 \end{bmatrix} = \frac{1}{2}\left(1 + \frac{\mu_x k_{lx}}{\mu_{tx} k_x}\right) \cdot \begin{bmatrix} 1 & R_{0t} \\ R_{0t} & 1 \end{bmatrix} \begin{bmatrix} 0 \\ T \end{bmatrix}$$

可得

$$T = \frac{2}{1 + (\mu_x k_{tx}/\mu_{tx} k_x)}$$

与式 (6.3.11) 结果相同 (这里假设为各向异性介质，故出现下标 x, z)。

对于 n 层分层介质，用传播矩阵计算反射系数和透射系数的一般步骤可概括如下。

(1) 用正向传播矩阵时，入射区和透射区的平面波振幅关系为

$$\begin{bmatrix} 0 \\ T \end{bmatrix} = \boldsymbol{V}_{t0} \begin{bmatrix} R \\ 0 \end{bmatrix} \begin{bmatrix} V_{11} & V_{12} \\ V_{21} & V_{22} \end{bmatrix} \begin{bmatrix} R \\ 1 \end{bmatrix} \tag{6.4.25}$$

式中

$$\boldsymbol{V}_{t0} = \boldsymbol{V}_{tn}\boldsymbol{V}_{n(n-1)}\cdots\boldsymbol{V}_{10} \tag{6.4.26}$$

$V_{ij}(i, j = 1, 2)$ 是 V_{t0} 的矩阵元素，下标表示元素所在的行列。可以得到

$$R = -\frac{V_{12}}{V_{11}} \tag{6.4.27}$$

$$T = \frac{V_{22}V_{11} - V_{12}V_{21}}{V_{11}} \tag{6.4.28}$$

(2) 用反向传播矩阵时，满足

$$\begin{bmatrix} R \\ 1 \end{bmatrix} = \boldsymbol{U}_{0t} \begin{bmatrix} 0 \\ T \end{bmatrix} = \begin{bmatrix} U_{11} & U_{12} \\ U_{21} & U_{22} \end{bmatrix} \begin{bmatrix} 0 \\ T \end{bmatrix} \tag{6.4.29}$$

$$\boldsymbol{U}_{0t} = U_{01}U_{12}\cdots U_{nt} \tag{6.4.30}$$

$$R = \frac{U_{12}}{U_{22}} \tag{6.4.31}$$

$$T = \frac{1}{U_{22}} \tag{6.4.32}$$

当 R 或 T 已确定时，也可以用传播矩阵求任一层中的波振幅。

6.5 均匀全空间中的偶极子场

偶极子场源可分为电偶极子和磁偶极子。电偶极子指的是两端接地或不接地的通有电流 I 的短导线，其长度 l 远小于供电点和接收点之间的距离 (简称发收距) r，电偶极子的偶极矩 $P_E = Il$。磁偶极子是指小型多匝线圈，其直径与发射点和接收点之间的距离相比较小，磁矩为 $P_M = ISN$，S 为发射线圈面积，N 为其匝数。

6.5.1 均匀全空间中偶极子场源的矢量位

从电磁场理论可知，电偶极子在直角坐标系和球坐标系 (图 6.5.1) 中的矢量位表达式为

$$\begin{cases} A_z = \dfrac{P_E}{4\pi}\dfrac{\mathrm{e}^{-kR}}{R}, \quad A_x = A_y = 0 \\ A_R = \dfrac{P_E}{4\pi}\dfrac{\mathrm{e}^{-kR}}{R}\cos\theta \\ A_\theta = -\dfrac{P_E}{4\pi}\dfrac{\mathrm{e}^{-kR}}{R}\sin\theta, \quad A_\varphi = 0 \end{cases} \tag{6.5.1}$$

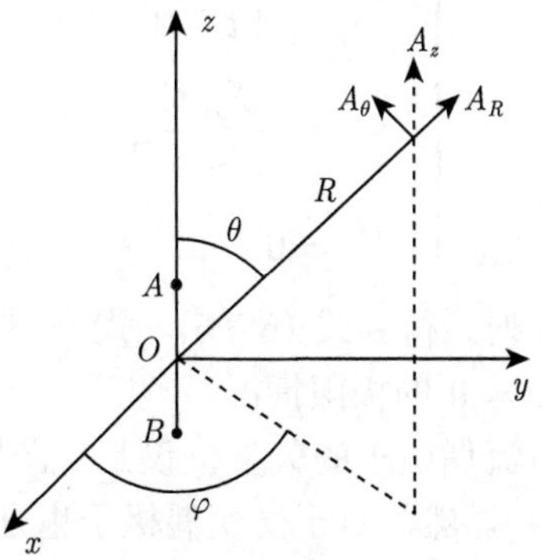

图 6.5.1 全空间中的电偶极子场

为了证明式 (6.5.1) 成立，可利用直流偶极子磁场的毕奥–萨伐尔定律：

$$H_\varphi = \frac{P_E}{4\pi}\frac{\sin\theta}{R} \tag{6.5.2}$$

因为 $\boldsymbol{H}=\nabla\times\boldsymbol{A}$，所以在球坐标系 R、θ、φ 中：

$$\begin{cases} H_\varphi=(\nabla\times\boldsymbol{A})_\varphi=\dfrac{1}{R}\left[A_\theta+R\dfrac{\partial A_\theta}{\partial R}-\dfrac{\partial A_R}{\partial\theta}\right]=\dfrac{P_E}{4\pi}\dfrac{\sin\theta}{R^2} \\ H_R=(\nabla\times\boldsymbol{A})_R=\dfrac{1}{R\sin\theta}\left[A_\varphi\cos\theta+\sin\theta\dfrac{\partial A_\varphi}{\partial\theta}-\dfrac{\partial A_\theta}{\partial\varphi}\right]=0 \\ H_\theta=(\nabla\times\boldsymbol{A})_\theta=\dfrac{1}{R\sin\theta}\left[\dfrac{\partial A_R}{\partial\varphi}-A_\varphi\sin\theta-R\sin\theta\dfrac{\partial A_\varphi}{\partial R}\right]=0 \end{cases} \tag{6.5.3}$$

从式 (6.5.3) 中可以解出未知量 A_θ、A_φ 和 A_R。由于问题的对称性，场分量与 φ 无关，即

$$\frac{\partial A_\theta}{\partial\varphi}=\frac{\partial A_R}{\partial\varphi}=\frac{\partial A_\varphi}{\partial\varphi}=0$$

故可将式 (6.5.3) 简化为

$$\begin{cases} A_\theta+R\dfrac{\partial A_\theta}{\partial R}-\dfrac{\partial A_\varphi}{\partial\varphi}=\dfrac{P_E}{4\pi}\dfrac{\sin\theta}{R} \\ A_\varphi\cos\theta+\dfrac{\partial A_\varphi}{\partial\theta}=0 \\ A_\varphi+R\dfrac{\partial A_\varphi}{\partial R}=0 \end{cases} \tag{6.5.4}$$

式 (6.5.4) 的解为

$$\begin{cases} A_R=\dfrac{P_E}{4\pi}\dfrac{\cos\theta}{R} \\ A_\theta=-\dfrac{P_E}{4\pi}\dfrac{\sin\theta}{R} \\ A_\varphi=0 \end{cases} \tag{6.5.5}$$

当在式 (6.5.1) 中令 $\omega=0$ 时，得到式 (6.5.5)。式 (6.5.5) 是直流偶极子的矢量位分量，对应式 (6.5.1) 在 $\omega=0$ 的极限情况。

从式 (6.5.5) 可见，直流偶极子的矢量位仅是从源中心到观测点的距离 R 的函数，并且只有垂直分量。显然，对于交变偶极子也是如此，即

$$A_z=A(R),\quad A_x=A_y=0$$

在这种情况下亥姆霍兹方程为

$$\frac{1}{R^2}\frac{\partial}{\partial R}\left(R^2\frac{\partial A}{\partial R}\right)=kA$$

或者

$$\frac{\partial^2}{\partial R^2}(AR) = kAR \tag{6.5.6}$$

方程的一般解为

$$A = C_1\frac{\mathrm{e}^{kR}}{R} + C_2\frac{\mathrm{e}^{-kR}}{R} \tag{6.5.7}$$

考虑到无穷远条件 (矢量位在无穷远处为零)，在式 (6.5.7) 中只能选择：

$$A_z = C_2\frac{\mathrm{e}^{-kR}}{R}, \quad A_x = A_y = 0 \tag{6.5.8}$$

比较式 (6.5.8) 与式 (6.5.5)，得到 $C_2 = \dfrac{P_E}{4\pi}$，故

$$\begin{cases} A_z = \dfrac{P_E}{4\pi}\dfrac{\mathrm{e}^{-kR}}{R} \\ A_x = A_y = 0 \end{cases} \tag{6.5.9}$$

矢量位具有球对称性，因此由它产生的电磁波称为球面波。

对于磁偶极子源的情况，可以考虑磁偶极子轴方向为 z 轴。这时，矢量位只有 z 分量，并表示为 A_z^*。它满足的方程为

$$\frac{1}{R}\frac{\partial}{\partial R}\left(R^2\frac{\partial A_z^*}{\partial R}\right) - k^2A_z^* = 0 \tag{6.5.10}$$

其解为

$$A_z = C\frac{\mathrm{e}^{-kR}}{R} \tag{6.5.11}$$

式中，C 为积分常数。取式 (6.5.11) 的散度，则

$$\nabla\cdot\boldsymbol{A}^* = \frac{\partial A_z^*}{\partial z} = -C\frac{\mathrm{e}^{-kR}}{R^2}(1+kR)\cos\theta$$

已知矢量位和标量位的关系为 $\nabla\cdot\boldsymbol{A}^* = \mathrm{i}\omega\mu\varPhi^*$，因此

$$\varPhi^* = \frac{C}{\mathrm{i}\omega\mu}\frac{\mathrm{e}^{-kR}}{R^2}(1+kR)\cos\theta \tag{6.5.12}$$

由磁偶极子引起的静磁场的表达式为

$$\varPhi_0^* = \frac{P_M}{4\pi R^2}\cos\theta \tag{6.5.13}$$

这一表达式是式 (6.5.12) 当 $\omega\to 0$ 的极限情况。于是可以得出

$$C = \mathrm{i}\omega\mu\frac{P_M}{4\pi} \tag{6.5.14}$$

所以，将式 (6.5.14) 代入式 (6.5.1)，得

$$\begin{cases} A_z^* = \mathrm{i}\omega\mu \dfrac{P_M}{4\pi}\dfrac{\mathrm{e}^{-kR}}{R} \\ A_x^* = A_y^* = 0 \end{cases} \tag{6.5.15}$$

6.5.2 均匀全空间中电偶极子场源的电磁场

将式 (6.5.1) 代入式 (6.5.3)，并考虑到

$$A_\varphi = \frac{\partial A_R}{\partial \varphi} = \frac{\partial A_\theta}{\partial \varphi} = 0$$

$$\frac{\partial}{\partial R}\left(\frac{\mathrm{e}^{-kR}}{R}\right) = \frac{-1-kR}{R^2}\mathrm{e}^{-kR}$$

得电偶极子场源的磁场分量表达式为

$$\begin{cases} H_\varphi = \dfrac{P_E}{4\pi}\dfrac{\mathrm{e}^{-kR}}{R^2}(1+kR)\sin\theta \\ H_R = H_\theta = 0 \end{cases} \tag{6.5.16}$$

在球坐标系中电磁场分量为

$$\begin{cases} E_R = \mathrm{i}\omega\mu\left(A_R - \dfrac{1}{k^2}\dfrac{\partial}{\partial R}\nabla\cdot\boldsymbol{A}\right) \\ E_\theta = \mathrm{i}\omega\mu\left(A_\theta - \dfrac{1}{k^2 R}\nabla\cdot\boldsymbol{A}\right) \\ E_\varphi = \mathrm{i}\omega\mu\left(A_\varphi - \dfrac{1}{k^2 R\sin\theta}\dfrac{\partial}{\partial\varphi}\nabla\cdot\boldsymbol{A}\right) \end{cases} \tag{6.5.17}$$

因为

$$\nabla\cdot\boldsymbol{A} = \frac{1}{R^2\sin\theta}\left[\frac{\partial}{\partial R}(R^2 A_R\sin\theta) + \frac{\partial}{\partial\theta}(RA_\theta\sin\theta) + \frac{\partial}{\partial\varphi}(RA_\varphi)\right]$$

而 $A_\varphi = 0$，根据式 (6.5.1)，得

$$\nabla\cdot\boldsymbol{A} = -\frac{P_E}{4\pi}\frac{\mathrm{e}^{-kR}}{R^2}(1+kR)\cos\theta$$

考虑到 $\dfrac{\partial}{\partial\varphi}(\nabla\cdot\boldsymbol{A}) = 0$，故由式 (6.5.12) 得

$$\begin{cases} E_R = -\mathrm{i}\omega\mu\dfrac{2P_E}{4\pi}\dfrac{\mathrm{e}^{-kR}}{kR^3}(1+kR)\cos\theta \\ E_\theta = -\mathrm{i}\omega\mu\dfrac{P_E}{4\pi}\dfrac{\mathrm{e}^{-kR}}{kR^3}(1-kR+k^2R^2)\sin\theta \\ E_\varphi = 0 \end{cases} \tag{6.5.18}$$

当忽略位移电流，即 $-\mathrm{i}\omega\mu/k^2=\rho$，利用 $k=b-\mathrm{i}a$ 和 $P_E=P_{E0}\mathrm{e}^{-\mathrm{i}\omega t}$，得无限均匀介质中似稳状态下电偶极子场源的如下电磁场分量：

$$\begin{cases}H_\varphi=\dfrac{P_{E0}}{4\pi}\dfrac{\mathrm{e}^{-bR}}{R^2}\sin\theta(1+kR)\mathrm{e}^{\mathrm{i}(bR-\omega t)}\\E_R=\dfrac{2\rho P_{E0}}{4\pi}\dfrac{\mathrm{e}^{-kR}}{R^3}\cos\theta(1+kR)\mathrm{e}^{\mathrm{i}(bR-\omega t)}\\E_\theta=\dfrac{\rho P_{E0}}{4\pi}\dfrac{\mathrm{e}^{-kR}}{R^3}\sin\theta(1+kR+k^2R^2)\mathrm{e}^{\mathrm{i}(bR-\omega t)}\\H_R=H_\theta=E_\varphi=0\end{cases}\tag{6.5.19}$$

分析式 (6.5.19) 可得到电偶极子场的如下结构特点：磁力线具有闭合的同心圆形态，且位于垂直偶极子轴的平面上；磁场强度极大值位于“赤道平面”上，零值在偶极子轴上；电力线位于偶极子的子午面上。

6.5.3 均匀全空间中磁偶极子场源的电磁场

从式 (6.5.10) 出发，利用矢量位 $\boldsymbol{A}$ 和 $\boldsymbol{A}^*$ 之间的类比关系，即可写出磁偶极子的电磁场表达式。为此式 (6.5.11) 和式 (6.5.13) 中必须以 P_M、H_R^*、H_θ^*、E_φ^* 及 $-\varepsilon'$ 分别代替 P_E、E_R、E_θ、H_φ 及 μ。这时得

$$\begin{cases}E_\varphi^*=\dfrac{P_M}{4\pi}\dfrac{\mathrm{e}^{-kR}}{R^2}(1+kR)\sin\theta\\H_R^*=\mathrm{i}\omega\varepsilon'\dfrac{2P_M}{4\pi}\dfrac{\mathrm{e}^{-kR}}{k^2R^3}(1+kR)\cos\theta\\H_\theta^*=\mathrm{i}\omega\varepsilon'\dfrac{P_M}{4\pi}\dfrac{\mathrm{e}^{-kR}}{k^2R^3}(1+kR+k^2R^2)\sin\theta\\H_\varphi^*=E_R^*=E_\theta^*=0\end{cases}\tag{6.5.20}$$

6.6 均匀半空间上方垂直磁偶极子的电磁场

设波数为 k_0、k_1 的两种均匀介质水平分界面上 h 处有垂直磁偶极子 (水平线圈)。柱坐标系 (r,φ,z) 的原点在偶极子中心处，z 轴向下为正，见图 6.6.1。矢量位应满足如下基本方程：

$$\nabla^2\boldsymbol{A}^*-k^2\boldsymbol{A}^*=0\tag{6.6.1}$$

$$\boldsymbol{E}=\nabla\times\boldsymbol{A}^*\tag{6.6.2}$$

$$\boldsymbol{H}=-\mathrm{i}\omega\varepsilon'(\boldsymbol{A}^*-\nabla\nabla\cdot\boldsymbol{A}^*/k^2)\tag{6.6.3}$$

式中，$k^2=-\mathrm{i}\omega\sigma\mu-\omega^2\varepsilon\mu$。

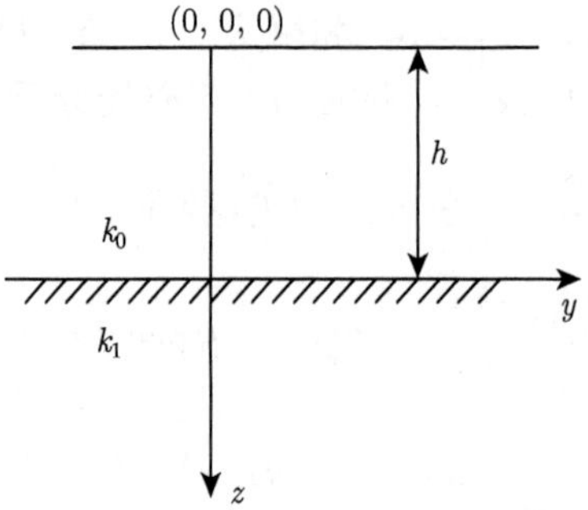

图 6.6.1　垂直磁偶极子位于地面 h 处

由于问题具有轴对称性，故矢量位只有偶极子轴方向的分量 A_z^*，且与 φ 角无关。因此在柱坐标系中的亥姆霍兹方程为

$$\frac{\partial^2 A_z^*}{\partial r^2}+\frac{1}{r}\frac{\partial A_z^*}{\partial r}+\frac{\partial^2 A_z^*}{\partial r^2}-k^2A_z^*=0 \tag{6.6.4}$$

利用分离变量法解式 (6.6.4)。当 $A_z^*(r,z)=R(r)Z(z)$ 时

$$\begin{cases} Z(z)=\alpha\mathrm{e}^{uz}+\beta\mathrm{e}^{-uz} \\ R(r)=\gamma J_0(\lambda r)+\delta Y_0(\lambda r) \end{cases} \tag{6.6.5}$$

由于当 $r\to 0$ 时 $Y_0(\lambda r)\to\infty$，应舍去，故其通解为

$$A_z^*=\int_0^\infty (F\mathrm{e}^{uz}+D\mathrm{e}^{-uz})J_0(\lambda r)\mathrm{d}\lambda \tag{6.6.6}$$

式中，$u=\sqrt{\lambda^2+k^2}$。考虑到全空间中的矢量位的解为式 (6.5.10)，在水平界面上、下介质中可分别写出：

$$A_{z0}^*=C\frac{\mathrm{e}^{-k_0R}}{R}+\int_0^\infty C_1\mathrm{e}^{u_0z}J_0(\lambda r)\mathrm{d}\lambda,\quad 0\leqslant z\leqslant h$$

$$A_{z1}^*=\int_0^\infty C_2\mathrm{e}^{-u_1z}J_0(\lambda r)\mathrm{d}\lambda,\quad z>h$$

式中，$C=\mathrm{i}\omega\mu P_M/4\pi$，$P_M=INS$。

利用索末菲积分将 A_{z0}^* 和 A_{z1}^* 重写为

$$\begin{cases} A_{z0}^*=C\displaystyle\int_0^\infty \frac{\lambda}{u_0}\mathrm{e}^{-u_0z}J_0(\lambda r)\mathrm{d}\lambda+\int_0^\infty C_1\mathrm{e}^{u_0z}J_0(\lambda r)\mathrm{d}\lambda,\quad 0\leqslant z\leqslant h \\ A_{z1}^*=\displaystyle\int_0^\infty C_2\mathrm{e}^{-u_1z}J_0(\lambda r)\mathrm{d}\lambda,\quad z>h \end{cases} \tag{6.6.7}$$

式 (6.6.7) 中第一式右端第一项的指数取负是很明显的，而第二项指数取正是考虑了在 $0 \leqslant z \leqslant h$ 域内随着 z 的增加接近异常源，故矢量位增加。

根据边界条件，当 $\mu_1 = \mu_2$，$z = h$ 时

$$\begin{cases} A_{z0}^* = A_{z1}^* \\ \dfrac{\partial A_{z0}^*}{\partial z} = \dfrac{\partial A_{z1}^*}{\partial z} \end{cases} \tag{6.6.8}$$

将式 (6.6.7) 代入式 (6.6.8) 解出积分常数

$$\begin{cases} C_1 = C\dfrac{\lambda}{u_0}\dfrac{u_0 - u_1}{u_0 + u_1}\mathrm{e}^{-2\mu_0 h} \\ C_2 = C\dfrac{2\lambda}{u_0 + u_1}\mathrm{e}^{(u_1 - u_0)h} \end{cases} \tag{6.6.9}$$

将式 (6.6.9) 代入式 (6.6.7)，得

$$\begin{cases} A_{z0}^* = C\dfrac{\mathrm{e}^{-k_0 R}}{R} + \displaystyle\int_0^\infty \dfrac{\lambda}{u_0}\dfrac{u_0 - u_1}{u_0 + u_1}\mathrm{e}^{-2u_0 h}\mathrm{e}^{u_0 z} J_0(\lambda r)\mathrm{d}\lambda \\ A_{z1}^* = C\displaystyle\int_0^\infty \dfrac{2\lambda}{u_0 + u_1}\mathrm{e}^{(u_1 - u_0)h}\mathrm{e}^{-u_1 z} J_0(\lambda r)\mathrm{d}\lambda \end{cases} \tag{6.6.10}$$

只研究地表以上的二次场。考虑到 $k_0 = 0$，其表达式为

$$A_{02}^* = C\int_0^\infty \frac{\lambda - u_1}{\lambda + u_1}\mathrm{e}^{-2h\lambda}\mathrm{e}^{\lambda z} J_0(\lambda r)\mathrm{d}\lambda$$

由式 (6.6.3)，二次磁场的水平分量为

$$H_{2r} = \frac{1}{\mathrm{i}\omega\mu}\frac{\partial^2 A_{02}^*}{\partial r\,\partial z} = -\frac{P_M}{4\pi}\int_0^\infty \lambda^2\frac{\lambda - u_1}{\lambda + u_1}\mathrm{e}^{(z-2h)\lambda} J_1(\lambda r)\mathrm{d}\lambda \tag{6.6.11}$$

垂直分量为

$$H_{2z} = \frac{1}{\mathrm{i}\omega\mu}\frac{\partial^2 A_{02}^*}{\partial z^2} = \frac{P_M}{4\pi}\int_0^\infty \lambda^2\frac{\lambda - u_1}{\lambda + u_1}\mathrm{e}^{(z-2h)\lambda} J_0(\lambda r)\mathrm{d}\lambda \tag{6.6.12}$$

由式 (6.6.2) 可得

$$E_\varphi^* = -\frac{\partial A^*}{\partial r} \tag{6.6.13}$$

$$E_{2\varphi}^* = \frac{P_M}{4\pi}\int_0^\infty \lambda\frac{\lambda - u_1}{\lambda + u_1}\mathrm{e}^{-2h\lambda}\mathrm{e}^{\lambda z} J_1(\lambda r)\mathrm{d}\lambda \tag{6.6.14}$$

6.7　均匀半空间上方水平磁偶极子的电磁场

6.7.1　谐变电磁场矢量位的解

水平磁偶极子 (直立小线圈) 在电法勘探中也是一种常用的发射装置。利用矢量位方程

$$\nabla^2 \boldsymbol{A}^* - k_i^2 \boldsymbol{A}^* = 0 \tag{6.7.1}$$

求解电场和磁场。式中，$i = 0,\ 1,\ 0$ 代表地面以上介质，1 代表地面以下介质。

$$\boldsymbol{E} = \nabla \times \boldsymbol{A}^* \tag{6.7.2}$$

$$\boldsymbol{H} = -\mathrm{i}\omega\varepsilon'(\boldsymbol{A}^* - \nabla\nabla\cdot\boldsymbol{A}^*/k_i) \tag{6.7.3}$$

坐标原点选在地面上，水平磁偶极子的方向处于 y 方向，且位于地面以上 h 高处，见图 6.7.1，除矢量位的 A_y^* 分量外，由于在 z 方向上介质不对称而出现 A_z^* 分量。矢量位对称于 $x = 0$ 的平面，故

$$A_x^* = 0 \tag{6.7.4}$$

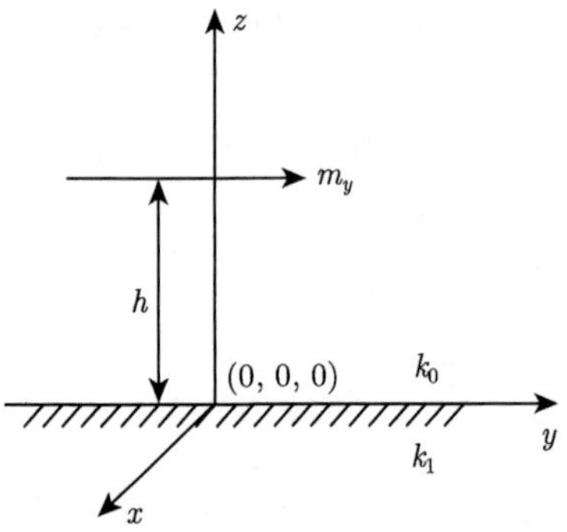

图 6.7.1　水平磁偶极子在距地面 h 处

在 6.6 节已经讨论过类似问题在柱坐标中的解的形式，其表达式为 $\mathrm{e}^{\pm uz}J_n(\lambda r)\cos n\varphi$，其中 $u = \sqrt{\lambda^2 + k^2}$，$r = \sqrt{x^2 + y^2}$，$\varphi = \mathrm{arctg}\dfrac{x}{y}$。当 $n = 0$ 和 1 时，可以分别求得矢量位的水平分量和垂直分量的一般解。当 $n = 0$ 时，水平分量表达式为

$$A_y^* = \int_0^\infty (A\mathrm{e}^{uz} + B\mathrm{e}^{-uz}) J_0(\lambda r)\mathrm{d}\lambda \tag{6.7.5}$$

当 $n = 1$ 时，垂直分量表达式为

$$A_z^* = \cos\varphi \int_0^\infty (C\mathrm{e}^{uz} + D\mathrm{e}^{-uz}) J_0(\lambda r)\mathrm{d}\lambda \tag{6.7.6}$$

仿照式 (6.6.7) 求解矢量位的特解，由式 (6.7.5) 得

$$A_{0y}^* = \int_0^\infty \left[C\frac{\lambda}{u_0}\mathrm{e}^{\pm(z-h)u_0} + \beta\mathrm{e}^{-u_0 z}\right]J_0(\lambda r)\mathrm{d}\lambda, \quad z>0 \tag{6.7.7}$$

$$A_{1y}^* = \int_0^\infty \alpha\mathrm{e}^{u_1 z}J_0(\lambda r)\mathrm{d}\lambda, \quad z<0 \tag{6.7.8}$$

式 (6.7.7) 和式 (6.7.8) 中 α、β 为积分常数；$C=\mathrm{i}\omega\mu\dfrac{P_M}{4\pi}$，$P_M = ISN$。由式 (6.7.5) 可得

$$A_{0z}^* = \cos\varphi\int_0^\infty \gamma\mathrm{e}^{-u_0 z}J_1(\lambda r)\mathrm{d}\lambda, \quad z>0 \tag{6.7.9}$$

$$A_{1z}^* = \cos\varphi\int_0^\infty \delta\mathrm{e}^{u_0 z}J_1(\lambda r)\mathrm{d}\lambda, \quad z<0 \tag{6.7.10}$$

由式 (6.7.2) 和式 (6.7.3) 可得如下关系：

$$E_x = \frac{\partial A_y^*}{\partial z} - \frac{\partial A_z^*}{\partial y} \tag{6.7.11}$$

$$E_y = \frac{\partial A_z^*}{\partial x} \tag{6.7.12}$$

$$E_z = -\frac{\partial A_y^*}{\partial x} \tag{6.7.13}$$

$$\mathrm{i}\omega\mu H_x = \frac{\partial}{\partial x}\left(\frac{\partial A_y^*}{\partial y} + \frac{\partial A_z^*}{\partial z}\right) \tag{6.7.14}$$

$$\mathrm{i}\omega\mu H_y^* = -k^2 A_y^* + \frac{\partial}{\partial y}\left(\frac{\partial A_y^*}{\partial y} + \frac{\partial A_z^*}{\partial z}\right) \tag{6.7.15}$$

$$\mathrm{i}\omega\mu H_z = -k^2 A_z^* + \frac{\partial}{\partial z}\left(\frac{\partial A_y^*}{\partial y} + \frac{\partial A_z^*}{\partial z}\right) \tag{6.7.16}$$

根据切线分量连续条件，由式 (6.7.11) 有

$$\frac{\partial A_{0y}^*}{\partial z} - \frac{\partial A_{1y}^*}{\partial z} = \frac{\partial A_{0z}^*}{\partial y} - \frac{\partial A_{1z}^*}{\partial y} \tag{6.7.17}$$

由式 (6.7.12) 有

$$\frac{\partial A_{0z}^*}{\partial x} = \frac{\partial A_{1z}^*}{\partial x} \tag{6.7.18}$$

对式 (6.7.18) 沿 x 方向积分，得

$$A_{0z}^* = A_{1z}^* \tag{6.7.19}$$

故由式 (6.7.17)，得

$$\frac{\partial A_{0y}^*}{\partial z}=\frac{\partial A_{1y}^*}{\partial z} \tag{6.7.20}$$

由式 (6.7.14) 和式 (6.7.15)，经类似推导可得

$$\frac{\partial A_{0y}^*}{\partial y}+\frac{\partial A_{0z}^*}{\partial z}=\frac{\partial A_{1y}^*}{\partial y}+\frac{\partial A_{1z}^*}{\partial z} \tag{6.7.21}$$

$$k_0^2A_{0y}^*=k_1^2A_{1y}^* \tag{6.7.22}$$

利用式 (6.7.19)，当 $z=0$ 时，由式 (6.7.9) 和式 (6.7.10) 得

$$\gamma=\delta \tag{6.7.23}$$

利用式 (6.7.21), 当 $z=0$ 时，由式 (6.7.7) 和式 (6.7.10) 得

$$C\lambda^2\frac{1}{u_0}\mathrm{e}^{-hu_0}-\beta\lambda-u_0\delta=\lambda\alpha+u_1\gamma \tag{6.7.24}$$

利用式 (6.7.22)，当 $z=0$ 时，由式 (6.7.7) 和式 (6.7.8) 得

$$k_0^2\left[C\frac{\lambda}{u_0}\mathrm{e}^{-hu_0}+\beta\right]=k_1^2\alpha$$

即

$$\alpha=\frac{k_0^2}{k_1^2}\left[C\frac{\lambda}{u_0}\mathrm{e}^{-hu_0}+\beta\right] \tag{6.7.25}$$

利用式 (6.7.20)，当 $z=0$ 时，由式 (6.7.7) 和式 (6.7.8) 得

$$C\lambda\mathrm{e}^{-hu_0}-u_0\beta=u_1\alpha \tag{6.7.26}$$

将式 (6.7.25) 代入式 (6.7.26)，经整理得

$$\beta=C\lambda\frac{u_0k_1^2-u_1k_0^2}{u_0(u_0k_1^2-u_1k_0^2)}\mathrm{e}^{-hu_0} \tag{6.7.27}$$

$$\alpha=C\lambda\frac{2k_0^2}{u_0k_1^2+u_1k_0^2}\mathrm{e}^{-hu_0} \tag{6.7.28}$$

将 α、β 的表达式代入到式 (6.7.24)，结合式 (6.7.23) 可得

$$\gamma=\delta=C\lambda^2\frac{2(k_0^2-k_1^2)}{(u_0+u_1)(u_0k_1^2+u_1k_0^2)}\mathrm{e}^{-hu_0} \tag{6.7.29}$$

将积分常数 β 和 δ 分别代入式 (6.7.7) 和式 (6.7.9)，当 $k_0=0$ 时，地面以上的矢量位表达式为

$$A_{0y}^*=C\int_0^\infty\left[\mathrm{e}^{(z-h)\lambda}+\mathrm{e}^{-(z+h)\lambda}\right]J_0(\lambda r)\mathrm{d}\lambda,\quad 0<z<h \tag{6.7.30}$$

$$A_{0z}^*=C\frac{\partial}{\partial y}\int_0^\infty\frac{2}{u_1+\lambda}\mathrm{e}^{-(z+h)\lambda}J_0(\lambda r)\mathrm{d}\lambda,\quad z<0 \tag{6.7.31}$$

6.7.2 谐变电磁场的表达式

在地表以上介质中，由 $\boldsymbol{A}_0^*$ 的散度确定标量磁位 Φ^*，即

$$\mathrm{i}\omega\mu\Phi^* = -\nabla\cdot\boldsymbol{A}_0^* = -\left(\frac{\partial A_{0y}^*}{\partial y} + \frac{\partial A_{0z}^*}{\partial z}\right)$$

结合式 (6.7.30) 和式 (6.7.31)，得

$$\Phi^* = -\frac{P_M}{4\pi}\frac{\partial}{\partial y}\left[\frac{1}{R} + \int_0^\infty \frac{u_1-\lambda}{u_1+\lambda}\mathrm{e}^{-(z+h)\lambda}J_0(\lambda r)\mathrm{d}\lambda\right] \tag{6.7.32}$$

对于缓慢变化的电磁场来说，在地面以上介质 $(\sigma_0 = 0)$ 中可近似认为

$$\nabla\times\boldsymbol{H}\approx 0$$

故 $\boldsymbol{H}$ 近似地由标量磁位计算，即

$$\boldsymbol{H} = -\nabla\Phi^*$$

因为式 (6.7.32) 为总场的标量位，所以可得

$$\boldsymbol{H}_1 = \boldsymbol{H}_2 = -\nabla\Phi^*$$

则 H_x 分量：

$$H_{1x} + H_{2x} = \frac{P_M}{4\pi}\frac{\partial^2}{\partial x\partial y}\left[\frac{1}{R} + \int_0^\infty \frac{u_1-\lambda}{u_1+\lambda}\mathrm{e}^{-(z+h)\lambda}J_0(\lambda r)\mathrm{d}\lambda\right]$$

故

$$H_{1x} = \frac{P_M}{4\pi}\frac{\partial^2}{\partial x\partial y}\frac{1}{R} = \frac{3P_M xy}{4\pi R^5} \tag{6.7.33}$$

$$H_{2x} = \frac{P_M}{4\pi}\frac{\partial^2}{\partial x\partial y}\int_0^\infty \frac{u_1-\lambda}{u_1+\lambda}\mathrm{e}^{-(h+z)\lambda}J_0(\lambda r)\mathrm{d}\lambda \tag{6.7.34}$$

H_y 分量：

$$H_{1y} + H_{2y} = \frac{P_M}{4\pi}\frac{\partial^2}{\partial y^2}\left[\frac{1}{R} + \int_0^\infty \frac{u_1-\lambda}{u_1+\lambda}\mathrm{e}^{-(z+h)\lambda}J_0(\lambda r)\mathrm{d}\lambda\right]$$

故

$$H_{1y} = \frac{P_M}{4\pi}\frac{\partial^2}{\partial y^2}\frac{1}{R} = \frac{3P_M y^2}{R^5} - \frac{P_M}{R^3} \tag{6.7.35}$$

$$H_{2y}=\frac{P_M}{4\pi}\frac{\partial^2}{\partial y^2}\int_0^\infty\frac{u_1-\lambda}{u_1+\lambda}\mathrm{e}^{-(z+h)\lambda}J_0(\lambda r)\mathrm{d}\lambda \tag{6.7.36}$$

H_z 分量：

$$H_{1z}+H_{2z}=\frac{P_M}{4\pi}\frac{\partial^2}{\partial y\partial z}\left[\frac{1}{R}+\int_0^\infty\frac{u_1-\lambda}{u_1+\lambda}\mathrm{e}^{-(z+h)\lambda}J_0(\lambda r)\mathrm{d}\lambda\right] \tag{6.7.37}$$

故

$$H_{1z}=\frac{P_M}{4\pi}\frac{\partial^2}{\partial y\partial z}\frac{1}{R}=\frac{3P_M yz}{4\pi R^5} \tag{6.7.38}$$

$$H_{2z}=\frac{P_M}{4\pi}\frac{\partial^2}{\partial y\partial z}\int_0^\infty\frac{u_1-\lambda}{u_1+\lambda}\mathrm{e}^{-(z+h)\lambda}J_0(\lambda r)\mathrm{d}\lambda \tag{6.7.39}$$

6.8　均匀半空间上方水平电偶极子的电磁场

研究均匀半空间上方交变电偶极子场源的正常电磁场是电法勘探的重要内容。当接地电极中心点与观测点之间的距离大于电极长度的 5 倍，在观测点处的场可近似认为偶极子场。长导线场源的电磁场问题可以偶极子场源电磁场的积分方式来求解，因为这种场源可看成偶极子场源的组合。

6.8.1　矢量位表达式

设在两种介质分界面上 h 高度处沿 x 方向有长度为 $\mathrm{d}x=L$ 的电偶极子。其中的电流为 $I=I_0\mathrm{e}^{-\mathrm{i}\omega t}$，坐标原点在偶极子中心处，$z$ 轴朝下，见图 6.8.1。需要解的方程如下：

$$\nabla^2\boldsymbol{A}-k^2\boldsymbol{A}=0$$

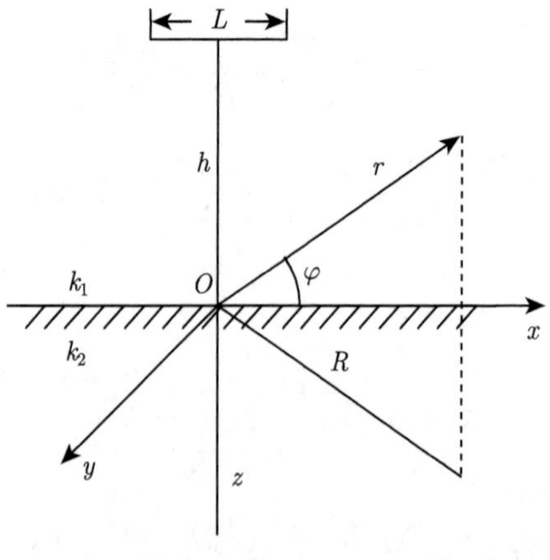

图 6.8.1　均匀半空间水平电偶极子

很显然，这样的偶极子场的分布，相对于通过偶极子的铅锤面来说是对称的。所以除 x 方向的矢量位分量之外，还出现 z 方向的分量。也就是说，分界面不仅改变 A_x 分量，而且破坏场在 z 方向的对称性，故出现矢量位的感应分量 A_z。

亥姆霍兹方程在柱坐标系中可写为

$$\frac{\partial^2 A}{\partial r^2}+\frac{1}{r}\frac{\partial A}{\partial r}+\frac{1}{r^2}\frac{\partial^2 A}{\partial \varphi^2}+\frac{\partial^2 A}{\partial z^2}-k^2A=0 \tag{6.8.1}$$

式中，A 为矢量位 $\boldsymbol{A}$ 的 x 或 z 分量；$k=\sqrt{-\mathrm{i}\omega\sigma\mu}$。

利用分离变量法解式 (6.8.1)，其通解为

$$A=\sum_{n=0}^{\infty}\cos n\varphi\int_0^{\infty}(C_1\mathrm{e}^{uz}+C_2\mathrm{e}^{-uz})J_n(\lambda r)\mathrm{d}\lambda \tag{6.8.2}$$

式中，$u=\sqrt{\lambda^2+k^2}$；$r=\sqrt{x^2+y^2}$。显然，由于 $\sin n\varphi$ 的奇函数性质，故在式 (6.8.2) 中未出现。

当频率趋于零 (即 $\omega\to 0$) 时，矢量位 $\boldsymbol{A}$ 的解应转变为直流电场的情形。可以写为

$$A_x=\frac{P_E}{4\pi}\int_0^{\infty}\mathrm{e}^{\pm\lambda z}J_0(\lambda r)\mathrm{d}\lambda \tag{6.8.3}$$

$$A_z=\frac{P_E}{4\pi}\cos\varphi\int_0^{\infty}\mathrm{e}^{\pm\lambda z}J_1(\lambda r)\mathrm{d}\lambda \tag{6.8.4}$$

式中，$P_E=IL$。可见，当 $n=0$ 时，由式 (6.8.2) 得式 (6.8.3)；而当 $n=1$ 时，由式 (6.8.2) 得式 (6.8.4)。

在上半空间 $(k=k_0)$：

$$A_{x0}=\frac{P_E}{4\pi}\frac{\mathrm{e}^{-k_0R}}{R}+\int_0^{\infty}C_1\mathrm{e}^{u_0z}J_0(\lambda r)\mathrm{d}\lambda \tag{6.8.5}$$

$$A_{z0}=\frac{P_E}{4\pi}\cos\varphi\int_0^{\infty}C_2\mathrm{e}^{u_0z}J_1(\lambda r)\mathrm{d}\lambda \tag{6.8.6}$$

在下半空间 $(k=k_1)$：

$$A_{z1}=\frac{P_E}{4\pi}\int_0^{\infty}C_3\mathrm{e}^{-u_1z}J_0(\lambda r)\mathrm{d}\lambda \tag{6.8.7}$$

$$A_{z1}=\frac{P_E}{4\pi}\cos\varphi\int_0^{\infty}C_4\mathrm{e}^{-u_1z}J_1(\lambda r)\mathrm{d}\lambda \tag{6.8.8}$$

式中，$R=\sqrt{r^2+z^2}$；$C_1\sim C_4$ 为积分常数，由边界条件式 (6.8.9) 来确定。当 $z=h$ 时

$$\begin{cases} A_{x0} = A_{x1} \\ \mu_0 A_{x0} = \mu_1 A_{x1} \\ \dfrac{1}{k_0^2}\nabla \cdot \boldsymbol{A}_0 = \dfrac{1}{k_1^2}\nabla \cdot \boldsymbol{A}_1 \\ \dfrac{\partial A_{z0}}{\partial z} = \dfrac{\partial A_{z1}}{\partial z} \end{cases} \tag{6.8.9}$$

在下面的讨论中设 $\mu_0 = \mu_1$。由索末菲积分：

$$S = \frac{\mathrm{e}^{-kR}}{R} = \int_0^\infty \frac{\lambda}{u}\mathrm{e}^{-uz} J_0(\lambda r)\mathrm{d}\lambda, \quad z > 0 \tag{6.8.10}$$

故由第一、第二及第四边界条件分别给出

$$C_2\mathrm{e}^{-u_0 h} = C_4\mathrm{e}^{-u_1 h}$$

$$\frac{P_E}{4\pi}\frac{\lambda}{u_0}\mathrm{e}^{-u_0 h} + C_1\mathrm{e}^{u_0 h} = C_3\mathrm{e}^{-u_1 h}$$

$$-\frac{P_E}{4\pi}\lambda\mathrm{e}^{-u_0 h} + C_1 u_0\mathrm{e}^{u_0 h} = -C_3 u_1\mathrm{e}^{-u_1 h}$$

为了利用第三边界条件，首先计算散度，然后求得

$$-\frac{P_E}{4\pi}\frac{\lambda^2}{u_0 k_0^2}\mathrm{e}^{-u_0 h} - C_1\frac{\lambda}{k_0^2}\mathrm{e}^{u_0 h} + C_2\frac{u_0}{k_0^2}\mathrm{e}^{u_0 h} = -C_3\frac{\lambda}{k_1^2}\mathrm{e}^{-u_1 h} - C_4\frac{u_1}{k_1^2}\mathrm{e}^{-u_1 h}$$

令 $h = 0$，即在地面上：

$$\begin{cases} C_2 = C_4 \\ C_1 - C_3 = -\dfrac{P_E}{4\pi}\dfrac{\lambda}{u_0} \\ C_1 u_0 + C_3 u_1 = \dfrac{P_E}{4\pi}\lambda \\ -C_1\dfrac{\lambda}{k_0^2} + C_2\dfrac{u_0}{k_0^2} + C_3\dfrac{\lambda}{k_1^2} + C_4\dfrac{u_1}{k_1^2} = \dfrac{P_E}{4\pi}\dfrac{\lambda^2}{k_0^2 u_0} \end{cases}$$

解上述方程组，得

$$\begin{cases} C_1 = \dfrac{P_E}{4\pi}\dfrac{\lambda}{u_0}\dfrac{u_0 - u_1}{u_0 + u_1} \\ C_3 = \dfrac{P_E}{4\pi}\dfrac{\lambda}{u_0 + u_1} \\ C_2 = C_4 = \dfrac{2P_E}{4\pi}\dfrac{\lambda^2(k_1^2 - k_0^2)}{(u_0 + u_1)(k_1^2 u_0 + k_0^2 u_1)} \end{cases}$$

当上半空间为空气介质时，即 $k_0=0$，在 $z<0$ 的介质中有

$$A_{x0}=\frac{2P_E}{4\pi}\int_0^{\infty}\frac{\lambda}{\lambda+u_1}\mathrm{e}^{\lambda z}J_0(\lambda r)\mathrm{d}\lambda \tag{6.8.11}$$

$$A_{z0}=\frac{2P_E}{4\pi}\cos\varphi\int_0^{\infty}\frac{\lambda}{\lambda+u_1}\mathrm{e}^{\lambda z}J_1(\lambda r)\mathrm{d}\lambda \tag{6.8.12}$$

在下半空间 $(z>0)$ 中有

$$A_{x1}=\frac{2P_E}{4\pi}\int_0^{\infty}\frac{\lambda}{\lambda+u_1}\mathrm{e}^{-u_1 z}J_0(\lambda r)\mathrm{d}\lambda \tag{6.8.13}$$

$$A_{z1}=\frac{2P_E}{4\pi}\cos\varphi\int_0^{\infty}\frac{\lambda}{\lambda+u_1}\mathrm{e}^{-u_1 z}J_1(\lambda r)\mathrm{d}\lambda \tag{6.8.14}$$

6.8.2 地面电磁场表达式

下面求电场和磁场在地面上的各个分量，由

$$E_x=\mathrm{i}\omega\mu\left(A_{x1}-\frac{1}{k_1^2}\frac{\partial}{\partial x}\nabla\cdot\boldsymbol{A}_1\right) \tag{6.8.15}$$

$$\nabla\cdot\boldsymbol{A}_1=-\frac{2P_E}{4\pi r^3}x \tag{6.8.16}$$

将式 (6.8.13) 和式 (6.8.14) 代入式 (6.8.16)，得

$$E_x=\mathrm{i}\omega\mu\frac{2P_E}{4\pi}\left[\int_0^{\infty}\frac{\lambda}{\lambda+u_1}\mathrm{e}^{-u_1 z}J_0(\lambda r)\mathrm{d}\lambda+\frac{1}{k_1^2}\frac{\partial}{\partial x}\frac{x}{r^3}\right] \tag{6.8.17}$$

由

$$E_y=-\mathrm{i}\omega\mu\frac{1}{k_1^2}\frac{\partial}{\partial y}\nabla\cdot\boldsymbol{A}_1 \tag{6.8.18}$$

将式 (6.8.16) 代入式 (6.8.18) 得

$$E_y=\frac{P_E\rho_1}{2\pi r^3}3\cos\varphi\sin\varphi \tag{6.8.19}$$

由 $\boldsymbol{H}=\nabla\times\boldsymbol{A}$ 可写出

$$H_x=\frac{\partial A_{z1}}{\partial y}=\frac{y}{r}\frac{\partial A_{z1}}{\partial r} \tag{6.8.20}$$

$$H_y=\frac{\partial A_{x1}}{\partial z}-\frac{\partial A_{z1}}{\partial x} \tag{6.8.21}$$

$$H_z=-\frac{\partial A_{x1}}{\partial y}=-\frac{y}{r}\frac{\partial A_{x1}}{\partial r} \tag{6.8.22}$$

在地面 ($z = 0$)，将式 (6.8.13) 和式 (6.8.14) 代入式 (6.8.20)、式 (6.8.21) 和式 (6.8.22) 中得

$$H_x = \frac{2P_E}{4\pi}\frac{y}{r}\frac{\partial}{\partial r}\left[\cos\varphi\int_0^\infty \frac{\lambda}{\lambda+u_1}J_1(\lambda r)\mathrm{d}\lambda\right] \tag{6.8.23}$$

$$H_y = \frac{2P_E}{4\pi}\left[\frac{\partial}{\partial z}\int_0^\infty \frac{\lambda}{\lambda+u_1}J_0(\lambda r)\mathrm{d}\lambda - \frac{\partial}{\partial x}\cos\varphi\int_0^\infty \frac{\lambda}{\lambda+u_1}J_1(\lambda r)\mathrm{d}\lambda\right] \tag{6.8.24}$$

$$H_z = \frac{2P_E}{4\pi}\frac{y}{r}\int_0^\infty \frac{\lambda^2}{\lambda+u_1}J_1(\lambda r)\mathrm{d}\lambda \tag{6.8.25}$$

6.9　各向同性水平层状介质上方水平电偶极子的电磁场

6.9.1　矢量位表达式

设在如图 6.9.1 所示的 n 层水平介质地表分界面上高 h_0 处沿 x 方向有长度为 $\mathrm{d}l$ 的电偶极子，其中电流为 $I = I_0\mathrm{e}^{-\mathrm{i}\omega t}$。坐标原点位于偶极子中心所对应正下方地表处，$z$ 轴朝下。为求解电磁场各分量场值，引入矢量位 $\boldsymbol{A}$，则需要求解的方程为

$$\nabla^2\boldsymbol{A} - k^2\boldsymbol{A} = 0 \tag{6.9.1}$$

对于均匀无线大地中的电偶极子场，有且只有 x 方向分量，即只有 A_x 分量不为零。对于如图 6.9.1 所示的模型，电偶极子场的分布，很明显相对于通过电偶极子的铅垂面来说是对称的，所以没有 y 方向的分量，即 $A_y = 0$，但由于分界面的影响破坏了场在 z 方向的对称性，出现了矢量位的感应分量 A_z。故矢量位 A 只有 A_x 和 A_z 分量，而 $A_y = 0$。

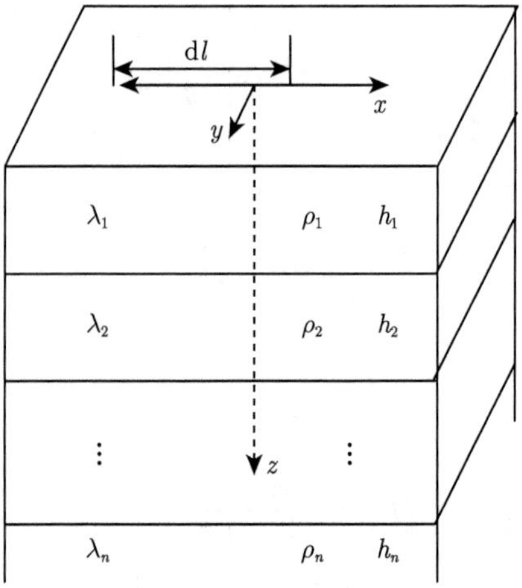

图 6.9.1　电偶极子位于层状地表以上 h_0 处

场分量由矢量位确定：

$$\boldsymbol{B} = \mu_0 \nabla \times \boldsymbol{A} \tag{6.9.2}$$

$$\boldsymbol{E} = \mathrm{i}\omega\mu_0 \boldsymbol{A} - \nabla \varPhi \tag{6.9.3}$$

式中

$$\varPhi = \frac{\mathrm{i}\omega\mu_0}{k^2} \nabla \cdot \boldsymbol{A} \tag{6.9.4}$$

在柱坐标中 A_x 和 A_z 分量均满足

$$\frac{\partial^2 \boldsymbol{A}}{\partial^2 r} + \frac{1}{r}\frac{\partial \boldsymbol{A}}{\partial r} + \frac{\partial^2 \boldsymbol{A}}{\partial z^2} - k^2 \boldsymbol{A} = 0 \tag{6.9.5}$$

引入新的函数 W，使

$$A_z = \frac{\partial W}{\partial x}$$

$$\varPhi = \frac{\mathrm{i}\omega\mu_0}{k^2}\left(\frac{\partial A_x}{\partial x} + \frac{\partial A_z}{\partial z}\right) = \frac{\mathrm{i}\omega\mu_0}{k^2}\frac{\partial}{\partial x}\left(A_x + \frac{\partial W}{\partial z}\right) \tag{6.9.6}$$

则

$$\frac{\partial^2 W}{\partial^2 r} + \frac{1}{r}\frac{\partial W}{\partial r} + \frac{\partial^2 W}{\partial z^2} - k^2 W = 0 \tag{6.9.7}$$

利用分离变量法求式 (6.9.5) 和式 (6.9.7)，其通解为

$$A_z = X\psi(r)$$
$$W = Z\psi(r)$$

代入式 (6.9.5) 有

$$X\psi'' + \frac{1}{r}X\psi' + \psi X'' - k^2 X\psi = 0$$

式中

$$X'' = \frac{\mathrm{d}^2 X}{\mathrm{d}z^2}$$

两边同除以 $X\psi$ 得

$$\frac{\psi''}{\psi} + \frac{1}{r}\frac{\psi'}{\psi} = k^2 - \frac{X''}{X} \tag{6.9.8}$$

同理得到

$$\frac{\psi''}{\psi} + \frac{1}{r}\frac{\psi'}{\psi} = k^2 - \frac{Z''}{Z} \tag{6.9.9}$$

式 (6.9.8) 和式 (6.9.9) 两端分别关于不同的变量，令其等于 $-\lambda^2$，则

$$\psi'' + \frac{1}{r}\psi' + \lambda^2\psi = 0 \tag{6.9.10}$$

$$X'' - u^2 X = 0 \tag{6.9.11}$$

$$Z'' - u^2 Z = 0 \tag{6.9.12}$$

式中，$u^2 = \lambda^2 + k^2$。式 (6.9.10) 的解为第一类贝塞尔函数 $J_0(\lambda r)$。类似于均匀半空间中的矢量位，可设任意层对应的矢量位具有如下形式：

$$A_x = \frac{P_E}{4\pi}\int_0^{\infty} X J_0(\lambda r)\mathrm{d}\lambda \tag{6.9.13}$$

$$A_z = \frac{P_E}{4\pi}\frac{\partial W}{\partial x} = \frac{P_E}{4\pi}\frac{2}{\partial x}\int_0^{\infty} Z J_0(\lambda r)\mathrm{d}\lambda \tag{6.9.14}$$

式中，$P_E = I\mathrm{d}x$，$\mathrm{d}x = AB$。

利用各层分界面上的电磁场的连续性可得以下边界条件：

$$\begin{cases} A_{xp} = A_{xp+1} \\ \dfrac{\partial A_{xp}}{\partial z} = \dfrac{\partial A_{xp+1}}{\partial z} \\ A_{zp} = A_{zp+1} \\ \dfrac{1}{k_p^2}\nabla\cdot\boldsymbol{A}_p = \dfrac{1}{k_{p+1}^2}\nabla\cdot\boldsymbol{A}_{p+1} \end{cases} \tag{6.9.15}$$

为了简化式 (6.9.15) 的第四式，在式 (6.9.12) 中引入以下通解：

$$Z = V - \frac{X'}{\lambda^2} \tag{6.9.16}$$

式中，V 满足

$$V'' - u^2 V = 0 \tag{6.9.17}$$

而 X 为式 (6.9.11) 的解。下面证明式 (6.9.16) 是式 (6.9.12) 的解。

由式 (6.9.16) 得

$$Z' = V' - \frac{X''}{\lambda^2}$$

$$Z'' = V'' - \frac{X'''}{\lambda^2}$$

故

$$Z'' - u^2 Z = V'' - \frac{X'''}{\lambda^2} - u^2\left(V - \frac{X'}{\lambda^2}\right) = (-X''' + u^2 X')\frac{1}{\lambda^2}$$

由式 (6.9.11) 得

$$X''' - u^2 X' = 0$$

故证明式 (6.9.16) 是式 (6.9.12) 的解。将式 (6.9.16) 代入式 (6.9.12) 得

$$V'' - \frac{X'''}{\lambda^2} - u^2\left(V - \frac{X'}{\lambda^2}\right) = 0$$

$$V'' - u^2 V = 0$$

则

$$(-X''' + u^2 X')\frac{1}{\lambda^2} = 0$$

由式 (6.9.15) 的第一式、第二式可知，函数 X 和 X' 在各边界条件上是连续的。由式 (6.9.15) 的第三式知道 Z 在边界条件上是连续的。为了得到统一的 V 的边界条件，再由式 (6.9.15) 的第四式得 $(X + Z')/k^2$ 是连续的，且由式 (6.9.11) 的关系得

$$\frac{1}{k^2}(X + Z') = \frac{1}{k^2}\left(X + V' - \frac{X''}{\lambda^2}\right) = \frac{1}{k^2}\left(V' - \frac{k^2}{\lambda^2}X\right) = \frac{1}{k^2}V' - \frac{X}{\lambda^2} \tag{6.9.18}$$

由此可见，由于 X 连续，V'/k^2 在各层面上也连续。

由式 (6.9.11)、式 (6.9.15)、式 (6.9.17) 和式 (6.9.18)，X、V 的通解可写为

$$\begin{cases} Y'' - a_p^2 Y = 0 \\ Y\text{、}b_p Y \text{ 在边界上连续} \end{cases} \tag{6.9.19}$$

式中，如果 $a = u$，$b = 1$，则 $Y = X$；如果 $a = u$，$b = 1/k^2$，则 $Y = V$。在第 p 层中式 (6.9.19) 的解为

$$Y_p = d_p \mathrm{e}^{-a_p z} + c_p \mathrm{e}^{a_p z} \tag{6.9.20}$$

对 Y_p 求导：

$$Y_p' = -a_p d_p \mathrm{e}^{-a_p z} + a_p c_p \mathrm{e}^{a_p z} \tag{6.9.21}$$

式 (6.9.20) 与式 (6.9.21) 相除得

$$\frac{Y_p}{Y_p'} = -\frac{R_p}{a_p} \tag{6.9.22}$$

式中

$$R_p = \frac{d_p \mathrm{e}^{-a_p z} + c_p \mathrm{e}^{a_p z}}{d_p \mathrm{e}^{-a_p z} - c_p \mathrm{e}^{a_p z}} \tag{6.9.23}$$

在第一层，$R_1 = \dfrac{d_1 \mathrm{e}^{-a_1 z} + c_1 \mathrm{e}^{a_1 z}}{d_1 \mathrm{e}^{-a_1 z} - c_1 \mathrm{e}^{a_1 z}}$，当 $z = 0$ 时

$$R_1(0) = \frac{d_1 + c_1}{d_1 - c_1} \tag{6.9.24}$$

当 $z=h_1$ 时

$$R_1(h_1)=\frac{d_1\mathrm{e}^{-a_1h_1}+c_1\mathrm{e}^{a_1h_1}}{d_1\mathrm{e}^{-a_1h_1}-c_1\mathrm{e}^{a_1h_1}}$$

在第二层，$R_2=\dfrac{d_2\mathrm{e}^{-a_2z}+c_2\mathrm{e}^{a_2z}}{d_2\mathrm{e}^{-a_2z}-c_2\mathrm{e}^{a_2z}}$，当 $z=h_1$ 时

$$R_2(h_1)=\frac{d_2\mathrm{e}^{-a_2h_1}+c_2\mathrm{e}^{a_2zh_1}}{d_2\mathrm{e}^{-a_2h_1}-c_2\mathrm{e}^{a_2h_1}}$$

为了引入双曲正余切，先推导一恒等式。对式 (6.9.24) 右端分子、分母各乘 2，并分别加减一些量：

$$\begin{aligned}\frac{d_1+c_1}{d_1-c_1}&=\frac{2d_1+2c_1-c_1\mathrm{e}^{2a_1h_1}+c_1\mathrm{e}^{2a_1h_1}-d_1\mathrm{e}^{-2a_1h_1}+d_1\mathrm{e}^{-2a_1h_1}}{2d_1-2c_1-c_1\mathrm{e}^{2a_1h_1}+c_1\mathrm{e}^{2a_1h_1}-d_1\mathrm{e}^{-2a_1h_1}+d_1\mathrm{e}^{-2a_1h_1}}\\&=\frac{1+\mathrm{cth}a_1h_1\dfrac{d_1\mathrm{e}^{-a_1h_1}+c_1\mathrm{e}^{a_1h_1}}{d_1\mathrm{e}^{-a_1h_1}-c_1\mathrm{e}^{a_1h_1}}}{\mathrm{cth}a_1h_1+\dfrac{d_1\mathrm{e}^{-a_1h_1}+c_1\mathrm{e}^{a_1h_1}}{d_1\mathrm{e}^{-a_1h_1}-c_1\mathrm{e}^{a_1h_1}}}\end{aligned}$$

故有

$$\frac{d_1+c_1}{d_1-c_1}=\mathrm{cth}\left(a_1h_1+\mathrm{arcth}\frac{d_1\mathrm{e}^{-a_1h_1}+c_1\mathrm{e}^{a_1h_1}}{d_1\mathrm{e}^{-a_1h_1}-c_1\mathrm{e}^{a_1h_1}}\right)\tag{6.9.25}$$

当 $z=h_1$ 时，由于 Y 和 Y'/k^2 是连续的，由式 (6.9.20) 和式 (6.9.21) 得

$$d_1\mathrm{e}^{-a_1h_1}+c_1\mathrm{e}^{a_1h_1}=d_2\mathrm{e}^{-a_2h_1}+c_2\mathrm{e}^{a_2h_1}$$

$$a_1b_1(d_1\mathrm{e}^{-a_1h_1}+c_1\mathrm{e}^{a_1h_1})=a_2b_2(d_2\mathrm{e}^{-a_2h_1}+c_2\mathrm{e}^{a_2h_1})$$

两式相除得

$$\frac{d_1\mathrm{e}^{-a_1h_1}+c_1\mathrm{e}^{a_1h_1}}{d_1\mathrm{e}^{-a_1h_1}-c_1\mathrm{e}^{a_1h_1}}=\frac{a_1b_1}{a_2b_2}\frac{d_2\mathrm{e}^{-a_2h_1}+c_2\mathrm{e}^{a_2h_1}}{d_2\mathrm{e}^{-a_2h_1}-c_2\mathrm{e}^{a_2h_1}}\tag{6.9.26}$$

利用恒等式 (6.9.25) 和等式 (6.9.26)，由第二层顶部的 $R_2(h_1)$ 求出地表函数 $R_1(0)$ 的值：

$$R_1(0)=\mathrm{cth}\left[a_1h_1+\mathrm{arcth}\frac{a_1b_1}{a_2b_2}R_1(h_1)\right]\tag{6.9.27}$$

借助于数学归纳法，将式 (6.9.27) 可推广到任意层情况，即

$$R_1(0)=\mathrm{cth}\left\{a_1h_1+\mathrm{arcth}\frac{a_1b_1}{a_2b_2}\mathrm{cth}\left[a_2h_2+\cdots+\mathrm{arcth}\frac{a_{N-1}b_{N-1}}{a_Nb_N}R_N(H_{N-1})\right]\right\}\tag{6.9.28}$$

式中，H_{N-1} 是 N 层断面基底以上各层的总厚度。

函数 Y_N 的衰减条件要求 $Y_N = d_N \mathrm{e}^{-a_N z}$，故 $R_N(H_{N-1}) = 1$，则

$$R_1(0) = \operatorname{cth}\left[a_1 h_1 + \operatorname{arcth}\frac{a_1 b_1}{a_2 b_2}\operatorname{cth}\left(a_2 h_2 + \cdots + \operatorname{arcth}\frac{a_{N-1} b_{N-1}}{a_N b_N}\right)\right] \tag{6.9.29}$$

假设式中 $a = u, b = 1$，则由式 (6.9.22) 得出 $z = 0$ 时的 X 值：

$$\frac{X_1}{X_1'} = -\frac{R_1(0)}{u_1} = \frac{-1}{u_1}\operatorname{cth}\left[u_1 h_1 + \operatorname{arcth}\frac{u_1}{u_2}\operatorname{cth}\left(u_2 h_2 + \cdots + \operatorname{arcth}\frac{u_{N-1}}{u_N}\right)\right] \tag{6.9.30}$$

同样，当 $a = u, b = 1/k^2$ 得 $z = 0$ 时的 V 值：

$$\frac{V_1}{V_1'} = -\frac{R_1^*(0)}{u_1} = \frac{-1}{u_1}\operatorname{cth}\left[u_1 h_1 + \operatorname{arcth}\frac{u_1 \rho_1}{u_2 \rho_2}\operatorname{cth}\left(u_2 h_2 + \cdots + \operatorname{arcth}\frac{u_{N-1}\rho_{N-1}}{u_N \rho_N}\right)\right] \tag{6.9.31}$$

只利用式 (6.9.30) 和式 (6.9.31) 不足以确定 X 和 V。因为地表上 h_0 处有场源，所以必须考虑地表边界的条件。上半空间的电磁场一般是随着接近场源而无限增大的，一次场和感应二次场的和为

$$A_{x0} = A_{x0}^{(0)} + A_{x0}^{(2)}$$

式中，$A_{x0}^{(0)}$ 是在均匀介质中的矢量位；$A_{x0}^{(2)}$ 是感应二次场矢量位。在均匀半空间中已经推导出其表达式分别为

$$A_{x0}^{(0)} = \frac{P_E}{4\pi}\int_0^{\infty} \frac{\lambda}{u_0}\mathrm{e}^{-u_0|z+h_0|} J_0(\lambda r)\mathrm{d}r$$
$$A_{x0}^{(2)} = \frac{P_E}{4\pi}\int_0^{\infty} c_0 \mathrm{e}^{u_0 z} J_0(\lambda r)\mathrm{d}\lambda$$

因此有

$$A_{x0} = \frac{P_E}{4\pi}\int_0^{\infty}\left(\frac{\lambda}{u_0}\mathrm{e}^{-u_0|z+h_0|} + c_0 \mathrm{e}^{u_0 z}\right) J_0(\lambda r)\mathrm{d}r \tag{6.9.32}$$

第一层中的矢量位表达式为

$$A_{x1} = \frac{P_E}{4\pi}\int_0^{\infty} (c_1 \mathrm{e}^{u_1 z_1} + d_1 \mathrm{e}^{-u_1 z}) J_0(\lambda r)\mathrm{d}r \tag{6.9.33}$$

在边界上 $(z = 0)$ 为使 A_x 和 $\dfrac{\partial A_x}{\partial z}$ 连续，必须满足

$$\frac{\lambda}{u_0}\mathrm{e}^{-u_0 h_0} + c_0 = c_1 + d_1 = X_1 \tag{6.9.34}$$

$$-\mathrm{e}^{-u_0 h_0} + c_0 u_0 = u_1(c_1 - d_1) = X_1' \tag{6.9.35}$$

将式 (6.9.35) 除以式 (6.9.34)，移项得

$$c_0 = \frac{\dfrac{\lambda}{u_0}\dfrac{X_1'}{X_1} + \lambda}{u_0 - \dfrac{X_1'}{X_1}} \mathrm{e}^{-u_0 h_0} \tag{6.9.36}$$

将式 (6.9.36) 代入式 (6.9.34)，得

$$X_1 = \frac{2\lambda \mathrm{e}^{-u_0 h_0}}{u_0 - X_1'/X_1} \tag{6.9.37}$$

由于地表的 X_1'/X_1 在式 (6.9.30) 中是用函数 R_1 表达的，故

$$X_1 = \frac{2\lambda \mathrm{e}^{-u_0 h_0}}{u_0 + u_1/R_1} \tag{6.9.38}$$

同样，考虑到式 (6.9.38)，由式 (6.9.22) 可得

$$X_1' = -X_1 \frac{u_1}{R_1} = -\frac{u_1}{R_1} \cdot \frac{2\lambda \mathrm{e}^{-u_0 h_0}}{u_0 + u_1/R_1} \tag{6.9.39}$$

接下来讨论函数 V 在地表处的边界条件。因为 $V = Z + X'/\lambda^2$，所以分别讨论 Z 和 X'。对于 X'，在上半空间：

$$X_0(z) = X_0(0)\mathrm{e}^{u_0 z} \tag{6.9.40}$$

$$X_0'(z) = u_0 X(0) \tag{6.9.41}$$

但是，在地表之上存在电偶极子场源时上述关系不正确。这时，从式 (6.9.32) 出发，当 $z = 0$ 时

$$X_1(0) = C_0 + \frac{\lambda}{u_0}\mathrm{e}^{-u_0 h_0}$$

$$X_1'(0) = u_0 C_0 - \lambda \mathrm{e}^{-u_0 h_0}$$

从 $X_1(0)$ 求 C_0 并代入 $X_1'(0)$ 得

$$X_1'(0) = u_0 X_1(0) - 2\lambda \mathrm{e}^{-u_0 h_0} \tag{6.9.42}$$

比较式 (6.9.41) 和式 (6.9.42) 可知，当存在偶极子场源时，在地表 X' 不连续，其值为 $-2\lambda \mathrm{e}^{-u_0 h_0}$。其物理原因是，地表以上场源可等效地看成集中于地表处的面电流。考虑到 Z 的连续性，$V = Z + X'/\lambda^2$ 的边界条件应为

$$V_0 - V_1 = \frac{2}{\lambda}\mathrm{e}^{-u_0 h_0} \tag{6.9.43}$$

前面已经知道 V'/k^2 的连续性，所以有

$$\frac{V_0'}{k_0^2}=\frac{V_1'}{k_1^2} \tag{6.9.44}$$

故

$$\frac{V_0'}{V_1'}=\frac{k_0^2}{k_1^2}$$

在上半空间，函数 V 应与 X 一样，即为

$$V_0(z)=V_0(0)\mathrm{e}^{u_0 z}$$

因此，当 $z=0$ 时

$$V_0'(z)=u_0V_0(0)$$

利用这个关系可找出联系 V_1 和 V_1' 的方程。将式 (6.9.44) 代入，得 $V_0(0)=\dfrac{k_0^2}{k_1^2}\dfrac{V_0'(z)}{u_0}$，再代入式 (6.9.43)，在 $z=0$ 处有

$$\frac{k_0^2}{k_1^2}\frac{V_1'}{u_0}-V_1=\frac{2}{\lambda}\mathrm{e}^{u_0h_0} \tag{6.9.45}$$

考虑到用岩层的地电参数和频率表达地表 V_1 的值，即式 (6.9.31)，从式 (6.9.45) 可求出 $z=0$ 时的 V_1 和 V_1'：

$$V_1=-\frac{R_1^*}{u_1}\frac{2\mathrm{e}^{-u_0h_0}}{\lambda\left(\dfrac{k_0^2}{k_1^2u_0+}+\dfrac{R_1^*}{u_1}\right)} \tag{6.9.46}$$

$$V_1'=\frac{2\mathrm{e}^{-u_0h_0}}{\lambda\left(\dfrac{k_0^2}{k_1^2u_0+}+\dfrac{R_1^*}{u_1}\right)} \tag{6.9.47}$$

如果电偶极源位于地面，即 $h_0=0$，则将式 (6.9.38) 代入式 (6.9.13)，得矢量位水平分量表达式为

$$A_x=\frac{P_E}{2\pi}\int_0^\infty\frac{\lambda}{\lambda+u_1/R_1}J_0(\lambda r)\mathrm{d}\lambda \tag{6.9.48}$$

将式 (6.9.39) 和式 (6.9.46) 代入式 (6.9.14)，得矢量位垂直分量表达式为

$$A_z=\frac{P_E}{2\pi}\cos\theta\int_0^\infty\frac{\lambda}{\lambda+u_1/R_1}J_1(\lambda r)\mathrm{d}\lambda \tag{6.9.49}$$

将式 (6.9.39) 代入式 (6.9.13)，得到 A_x 的垂直导数：

$$\frac{\partial A_x}{\partial z}=-\frac{P_E}{2\pi}\int_0^\infty\frac{u_1}{R_1}\frac{\lambda}{\lambda+u_1/R_1}J_0(\lambda r)\mathrm{d}\lambda \tag{6.9.50}$$

6.9.2　电磁场表达式

由式 (6.9.6) 可得标量位 $\varPhi$ 的表达式:

$$\begin{aligned}\varPhi &= \frac{\mathrm{i}\omega\mu_0 P_E}{4\pi k_1^2}\frac{\partial}{\partial x}\int_0^\infty (X_1 + Z_1')J_0(\lambda r)\mathrm{d}\lambda \\ &= \frac{\mathrm{i}\omega\mu_0 P_E}{4\pi k_1^2}\frac{\partial}{\partial x}\int_0^\infty \left(X_1 + V_1' - \frac{u_1^2}{\lambda^2}X_1\right)J_0(\lambda r)\mathrm{d}\lambda \\ &= \frac{\mathrm{i}\omega\mu_0 P_E}{4\pi k_1^2}\frac{\partial}{\partial x}\int_0^\infty \left(V_1' - \frac{k_1^2}{\lambda^2}X_1\right)J_0(\lambda r)\mathrm{d}\lambda \\ &= -\frac{\mathrm{i}\omega\mu_0 P_E}{4\pi k_1^2}\cos\theta\int_0^\infty \left(\frac{u_1}{R_1^*} - \frac{k_1^2}{\lambda + u_1/R_1}\right)J_1(\lambda r)\mathrm{d}\lambda \end{aligned} \tag{6.9.51}$$

由式 (6.9.3) 可得

$$E_x = \mathrm{i}\omega\mu_0 A_x - \frac{\partial \varPhi}{\partial x}$$

将式 (6.9.48) 和式 (6.9.51) 代入得

$$\begin{aligned}E_x =& \frac{\mathrm{i}\omega\mu_0 P_E}{2\pi}\int_0^\infty \frac{\lambda}{\lambda + u_1/R_1}J_0(\lambda r)\mathrm{d}\lambda \\ &+ \frac{\mathrm{i}\omega\mu_0 P_E}{2\pi}\frac{\partial}{\partial x}\frac{x}{r}\int_0^\infty \left(\frac{u_1}{R_1^*} - \frac{k_1^2}{\lambda + u_1/R_1}\right)J_1(\lambda r)\mathrm{d}\lambda\end{aligned} \tag{6.9.52}$$

由式 (6.9.2) 可得

$$H_z = -\frac{\partial A_x}{\partial y} = -\sin\theta\frac{\partial A_x}{\partial r}$$

将式 (6.9.48) 代入得

$$H_z = -\frac{P_E}{2\pi}\sin\theta\frac{\partial}{\partial r}\int_0^\infty \frac{\lambda}{\lambda + u_1/R_1}J_0(\lambda r)\mathrm{d}\lambda \tag{6.9.53}$$

由式 (6.9.2) 可得

$$H_y = \frac{\partial A_x}{\partial z} - \frac{\partial A_z}{\partial x}$$

将式 (6.9.50) 和式 (6.9.49) 代入得

$$H_y = -\frac{P_E}{2\pi}\int_0^\infty \frac{u_1}{R_1}\frac{\lambda}{\lambda + u_1/R_1}J_0(\lambda r)\mathrm{d}\lambda + \frac{P_E}{2\pi}\frac{\partial^2}{\partial x^2}\int_0^\infty \frac{u_1}{R_1}\frac{1}{\lambda + u_1/R_1}J_0(\lambda r)\mathrm{d}\lambda \tag{6.9.54}$$

6.10 各向同性水平层状介质上方垂直磁偶极子的电磁场

6.10.1 磁性源矢量位表达式

引入磁性源的矢量位 $\boldsymbol{A}^*$，则该矢量位同样满足亥姆霍兹方程：

$$\nabla^2\boldsymbol{A}^* - k^2\boldsymbol{A}^* = 0 \tag{6.10.1}$$

矢量位与电场强度和磁场强度之间建立如下关系：

$$\boldsymbol{E}^* = \nabla\times\boldsymbol{A}^* \tag{6.10.2}$$

$$\mathrm{i}\omega\mu_0\boldsymbol{H}^* = -k^2\boldsymbol{A}^* + \nabla\nabla\cdot\boldsymbol{A}^* \tag{6.10.3}$$

矢量位满足的边界条件仍然为

$$\begin{cases} A^*_{zp} = A^*_{zp+1} \\ \dfrac{\partial A^*_{zp}}{\partial z} = \dfrac{\partial A^*_{zp+1}}{\partial z} \end{cases} \tag{6.10.4}$$

比较式 (6.10.1) 和式 (6.9.1)，式 (6.10.4) 和式 (6.9.15) 第一、二式可知，A^*_z 和 A_x 的解相同。因此，将式 (6.9.48) 和式 (6.9.50) 中的 P_E 换成 $\mathrm{i}\omega\mu_0 P_M$，得

$$A^*_z = \frac{\mathrm{i}\omega\mu_0 P_M}{2\pi}\int_0^\infty \frac{\lambda}{\lambda + u_1/R_1}J_0(\lambda r)\mathrm{d}\lambda \tag{6.10.5}$$

$$\frac{\partial A^*_z}{\partial z} = -\frac{\mathrm{i}\omega\mu_0 P_M}{2\pi}\int_0^\infty \frac{u_1}{R_1}\frac{\lambda}{\lambda + u_1/R_1}J_0(\lambda r)\mathrm{d}\lambda \tag{6.10.6}$$

6.10.2 电磁场表达式

由式 (6.10.2) 得

$$E^*_\varphi = -\frac{\partial A^*_z}{\partial r}$$

故

$$E^*_\varphi = -\frac{\mathrm{i}\omega\mu_0 P_M}{2\pi}\frac{\partial}{\partial r}\int_0^\infty \frac{\lambda}{\lambda + u_1/R_1}J_0(\lambda r)\mathrm{d}\lambda \tag{6.10.7}$$

由式 (6.10.3) 得

$$\mathrm{i}\omega\mu_0 H^*_z = -k^2 A^*_z + \frac{\partial^2 A^*_z}{\partial z^2}$$

考虑式 (6.9.5)，得

$$\mathrm{i}\omega\mu_0 H_z^* = -\frac{1}{r}\frac{\partial}{\partial r}\left(r\frac{\partial A_z^*}{\partial r}\right)$$

将式 (6.10.5) 代入，得

$$H_z^* = \frac{P_M}{4\pi}\int_0^{\infty}\frac{2\lambda^3}{\lambda + u_1/R_1}J_0(\lambda r)\mathrm{d}\lambda \tag{6.10.8}$$

第 7 章　瞬变电磁场

瞬变电磁场是用阶跃波或其他形式的脉冲电流源激励大地产生的过渡过程场。作为场源可利用电偶极子、磁偶极子、接地的供电线或不接地回线。对这些发射装置通电或断电时，由于形成急剧变化的电磁场 (一次场)，会在导电介质中形成涡旋的变化电磁场 (二次场)，其结构和频谱在空间和时间上是连续变化的。

7.1　瞬变电磁场的结构特点

瞬变电磁场按过渡过程可分为早期和晚期两个阶段，在两个阶段中，被测场所提供的信息不同，因此用途也不同，应给以充分的注意 (李貅，2002)。

在瞬变过程的早期阶段，频谱中高频成分占优势，因此涡旋电流主要分布在地表附近。趋肤深度的高频效应，阻碍电磁场向地下深部传播，故在瞬变过程的早期阶段，电磁场主要反映地层的浅部地质信息。

在瞬变过程的晚期阶段，高频成分被电介质吸收，低频成分占主导地位。在该阶段，局部地质体中的涡流实际上全部消失，而各层产生的涡流磁场之间的连续相互作用使场平均化，此时瞬变场的大小主要依赖于地电断面总的纵向电导。

瞬变场不仅有早、晚期之分，还与频域场一样有近、远区之分。这一概念同样也很重要，对实际工作具有指导意义。在近区和高阻岩石区，瞬变场衰减都很快。地下赋存着良导地质体时这一过程变缓。在远区，瞬变场衰减很慢。

掌握早期、晚期、近区和远区场的概念后，下面从瞬变场的传播途径进一步揭示瞬变场的结构特点：在瞬变磁场中，一次场以两种途径传播到介质中。第一种途径是：电磁波首先在空气中以光速很快传播到地表的每个点，然后有一部分电磁能量由地表传入地下，这是根据惠更斯原理，即波前上每个点都视为一个新的球面波震源，故地表的每一个点都陆续成为波源，将部分电磁能量传入地中。第二种途径是：电磁能量直接从场源传播到地中，在导电介质中感应电流似“烟圈”那样，随时间推移逐步扩散到地下深部。

在瞬变场建立和传播的早期，第一种传播途径是瞬时建立的，而由于大地的电阻抗作用，第二种传播途径场的建立比较迟缓，两者在时间上是分开的。随着时间的推移，两种场相互叠加，随后达到极大值。在晚期，第一种传播途径的场在各处衰减殆尽，在地下，第二种传播途径场占据主导地位，电磁场以“烟圈”形式逐步扩散到深处，在每一地层中的涡流都有产生和增加的过程以及达到最大后逐渐衰减的过程，并随深度的增加出现极大值的时间逐渐推后。

很显然，在瞬变场远区的早期阶段，场具有波区性质，第一种传播途径起主导作用。这时，对于浅层部位，场具有很强的分层能力。在瞬变场远区的晚期阶段，对于发收距来说，层状介质的总厚度相对来说很小，与其中的涡流范围比较，层间距离小，使得出现层状介质之间感应效应很强，所以各层间的涡流效应平均化，即可把整个层状断面等效为具有总纵向电导 S 的一个层。由此可见，在远区的晚期阶段只能确定盖层总纵向电导和总厚度，不具有分层能力。由于场的这一特点，一般远区方法用的很少，另外，由于远区方法存在体积效应，也影响着分层能力。

在瞬变场近区的早期阶段，由于早期信号过大，更重要的是目前技术上难以解决早期信号的测量问题，一般不测量早期信号。在近区的晚期阶段，测量结果很好地给出地电断面的分层信息，其物理过程是：在上部导电层中晚期阶段刚刚出现，即开始出现涡流的衰减过程，并以其纵向电导 S_1 来表征该地层的存在时，在更深的电导层中，由于“烟圈”效应，涡流还处于产生和增加的早期阶段。但是，由于第一层中很强的衰减涡流的屏蔽作用，在地表测量中很难或很微弱地出现第二层的影响，随着时间的推移，在地表上可观测到第一层和第二层共同影响的瞬变结果，并以 S_1+S_2 来表征其综合影响。在更晚的时间上显现 $S_1+S_2+S_3$ 的综合影响，以此类推。这样随着时间的推移，可以得到整个断面上所能测到的全部信息。根据这一事实，目前国内外都在积极推广近区瞬变电磁场测深方法，这种方法最明显的特点是分层能力强，体积效应影响小，探测深度大。

7.2　频率域电磁场与时间域电磁场间的变换关系

求解瞬变电磁场有两种途径：第一种是直接在时间域求解具有一定初始条件和边界条件的定解问题；第二种是先在频率域求解给定场源的电磁场，然后借助于傅里叶变换将频率域的解变换为时间域的解。由于频率域情况下场方程较为简单，普遍采用后一种途径进行求解 (朴化荣，1990)。

时间域场 $f(t)$ 与频率域场频谱 $F(\omega)$ 通过傅里叶变换联系起来，$f(t)$ 的傅里叶变换为

$$F(\omega)=\int_{-\infty}^{\infty} f(t)\mathrm{e}^{-\mathrm{i}\omega t}\mathrm{d}t \tag{7.2.1}$$

函数 $f(t)$ 可以通过傅里叶变换用频谱 $F(\omega)$ 表示为

$$f(t)=\frac{1}{2\pi}\int_{-\infty}^{\infty} F(\omega)\mathrm{e}^{\mathrm{i}\omega t}\mathrm{d}\omega \tag{7.2.2}$$

式 (7.2.2) 表明，一个随时间变化的场可以用无穷多个频率连续变化的时谐函数之和表示。

在瞬变电磁场中，由于激发场的波形不同，产生的瞬变电磁响应有所不同。目前激发场的波形有多种具有周期性的脉冲序列，如矩形、梯形、半正弦和三角形等波形，而常用的激励场波形只有矩形波、半正弦波和梯形波，如图 7.2.1 所示。另外，几乎所有的仪器均采用断电后观测二次场纯异常的观测方式，那么在电磁场求解时只涉及激发波形的后沿。为了简化问题，令脉冲系列的 $T \to \infty$，并忽略单个脉冲前、后沿的相互影响。这样上述三种波形简化为单个矩形波、半正弦波和梯形波，这三种波形表达式分别如下。

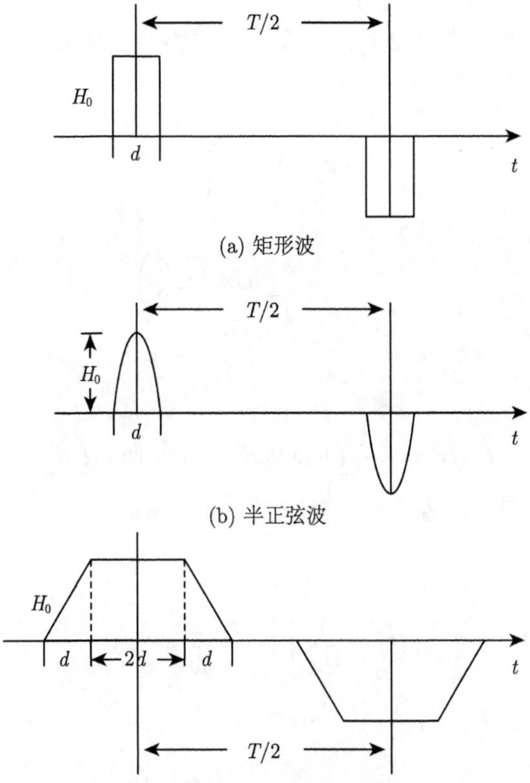

图 7.2.1　几种常用激励场波形

(1) 矩形波：

$$I_1(t) = \begin{cases} I_0, & t < 0 \\ 0, & t \geqslant 0 \end{cases} \tag{7.2.3}$$

(2) 半正弦波：

$$I_2(t)=\begin{cases} I_0, \quad t<0 \\ I_0\sin\left(\dfrac{\pi}{2}+\dfrac{\pi}{d}t\right), \quad 0\leqslant t\leqslant \dfrac{d}{2} \\ 0, \quad t>\dfrac{d}{2} \end{cases} \tag{7.2.4}$$

(3) 梯形波：

$$I_3(t)=\begin{cases} I_0, \quad t<0 \\ I_0\left(1-\dfrac{1}{d'}t\right), \quad 0\leqslant t\leqslant d' \\ 0, \quad t>d' \end{cases} \tag{7.2.5}$$

借助傅里叶变换公式 (7.2.1)，取 $I_0=1$ 可得到三种波形的多频谱表达式，具体如下。

(1) 矩形波：

$$F_1(\omega)=\frac{1}{-\mathrm{i}\omega} \tag{7.2.6}$$

(2) 半正弦波：

$$F_2(\omega)=2\frac{\pi}{d}\frac{\cos\left(\omega\dfrac{d}{2}\right)}{\left(\dfrac{\pi}{d}\right)^2-\omega^2} \tag{7.2.7}$$

(3) 梯形波：

$$F_3(\omega)=\frac{1}{d'\omega^2}\left[\cos(\omega d')-1-\mathrm{i}\sin(\omega d')\right] \tag{7.2.8}$$

根据频谱分析理论，各种波形激发下，谐变场量 $F(\omega)$ 与时间场量 $f(t)$ 的关系，具体如下。

(1) 矩形波：

$$f(t)=\frac{1}{2\pi}\int_{-\infty}^{\infty}\frac{F(\omega)}{-\mathrm{i}\omega}\mathrm{e}^{\mathrm{i}\omega t}\mathrm{d}\omega \tag{7.2.9}$$

(2) 半正弦波：

$$f(t)=\frac{1}{2\pi}\int_{-\infty}^{\infty}\frac{2\pi F(\omega)}{d}\frac{\cos\left(\omega\dfrac{d}{2}\right)}{\left(\dfrac{\pi}{d}\right)^2-\omega^2}\mathrm{e}^{\mathrm{i}\omega t}\mathrm{d}\omega \tag{7.2.10}$$

(3) 梯形波：

$$f(t)=\frac{1}{2\pi}\int_{-\infty}^{\infty}\frac{F(\omega)}{d'\omega^2}\left[\cos(\omega d')-1-\mathrm{i}\sin(\omega d')\right]\mathrm{e}^{\mathrm{i}\omega t}\mathrm{d}\omega \tag{7.2.11}$$

7.3 各向同性水平层状介质上方垂直磁偶源激励的瞬变电磁场

第 6 章 6.10 节详细推导了水平层状介质上方垂直磁偶极子产生的频率域电磁场。为了给出与之对应的瞬变电磁场表达式，可采用应用较为广泛的基于傅里叶反变换的谱方法求得地表瞬变电磁场的表达式。将式 (6.10.7)、式 (6.10.8) 代入式 (7.2.9) 中，可得在矩形波激发下瞬变电磁场的表达式：

$$E_\varphi^*(t)=\frac{1}{2\pi}\int_{-\infty}^{\infty}\frac{E_\varphi^*(\omega)}{-\mathrm{i}\omega}\mathrm{e}^{\mathrm{i}\omega t}\mathrm{d}\omega \tag{7.3.1}$$

式中，$E_\varphi^*(\omega)=-\frac{\mathrm{i}\omega\mu_0 P_M}{2\pi}\frac{\partial}{\partial r}\int_0^{\infty}\frac{\lambda}{\lambda+u_1/R_1}J_0(\lambda r)\mathrm{d}\lambda$。

$$H_z^*(t)=\frac{1}{2\pi}\int_{-\infty}^{\infty}\frac{H_z^*(\omega)}{-\mathrm{i}\omega}\mathrm{e}^{\mathrm{i}\omega t}\mathrm{d}\omega \tag{7.3.2}$$

式中，$H_z^*(\omega)=\frac{P_M}{4\pi}\int_0^{\infty}\frac{2\lambda^3}{\lambda+u_1/R_1}J_0(\lambda r)\mathrm{d}\lambda$。

将式 (7.3.1) 和式 (7.3.2) 用三角函数表示，则

$$E_\varphi^*(t)=\frac{1}{2\pi}\int_{-\infty}^{\infty}\frac{E_\varphi^*(\omega)}{-\mathrm{i}\omega}(\cos\omega t+\mathrm{i}\sin\omega t)\mathrm{d}\omega \tag{7.3.3}$$

$$H_z^*(t)=\frac{1}{2\pi}\int_{-\infty}^{\infty}\frac{H_z^*(\omega)}{-\mathrm{i}\omega}(\cos\omega t+\mathrm{i}\sin\omega t)\mathrm{d}\omega \tag{7.3.4}$$

式 (7.3.3) 和式 (7.3.4) 中 $E_\varphi^*(\omega)$ 和 $H_z^*(\omega)$ 为复振幅，可表示为

$$E_\varphi^*(\omega)=\mathrm{Re}E_\varphi^*(\omega)+\mathrm{i}\mathrm{Im}E_\varphi^*(\omega) \tag{7.3.5}$$

$$H_z^*(\omega)=\mathrm{Re}H_z^*(\omega)+\mathrm{i}\mathrm{Im}H_z^*(\omega) \tag{7.3.6}$$

将式 (7.3.5) 和式 (7.3.6) 分别代入式 (7.3.3) 和式 (7.3.4)，则

$$\begin{aligned}E_\varphi^*(t)=&\frac{1}{2\pi}\int_{-\infty}^{\infty}\frac{\mathrm{Im}E_\varphi^*(\omega)\cos\omega t-\mathrm{Re}E_\varphi^*(\omega)\sin\omega t}{\omega}\mathrm{d}\omega\\&-\frac{\mathrm{i}}{2\pi}\int_{-\infty}^{\infty}\frac{\mathrm{Im}E_\varphi^*(\omega)\sin\omega t+\mathrm{Re}E_\varphi^*(\omega)\cos\omega t}{\omega}\mathrm{d}\omega\end{aligned} \tag{7.3.7}$$

$$\begin{aligned}H_z^*(t)=&\frac{1}{2\pi}\int_{-\infty}^{\infty}\frac{\mathrm{Im}H_z^*(\omega)\cos\omega t-\mathrm{Re}H_z^*(\omega)\sin\omega t}{\omega}\mathrm{d}\omega\\&-\frac{\mathrm{i}}{2\pi}\int_{-\infty}^{\infty}\frac{\mathrm{Im}H_z^*(\omega)\sin\omega t+\mathrm{Re}H_z^*(\omega)\cos\omega t}{\omega}\mathrm{d}\omega\end{aligned} \tag{7.3.8}$$

由于

$$\mathrm{Re}E_{\varphi}^{*}(\omega)=\mathrm{Re}E_{\varphi}^{*}(-\omega),\ \mathrm{Im}E_{\varphi}^{*}(\omega)=-\mathrm{Im}E_{\varphi}^{*}(-\omega)$$

$$\mathrm{Re}H_{z}^{*}(\omega)=\mathrm{Re}H_{z}^{*}(-\omega),\ \mathrm{Im}H_{z}^{*}(\omega)=-\mathrm{Im}H_{z}^{*}(-\omega)$$

于是式 (7.3.7) 和式 (7.3.8) 中的第二个积分等于零。因此

$$E_{\varphi}^{*}(t)=\frac{1}{\pi}\int_{0}^{\infty}\frac{\mathrm{Im}E_{\varphi}^{*}(\omega)\cos\omega t-\mathrm{Re}E_{\varphi}^{*}(\omega)\sin\omega t}{\omega}\mathrm{d}\omega \tag{7.3.9}$$

$$H_{z}^{*}(t)=\frac{1}{\pi}\int_{0}^{\infty}\frac{\mathrm{Im}H_{z}^{*}(\omega)\cos\omega t-\mathrm{Re}H_{z}^{*}(\omega)\sin\omega t}{\omega}\mathrm{d}\omega \tag{7.3.10}$$

当 $t<0$ 时，二次场不存在，$E_{\varphi}^{*}(t)=0, H_{z}^{*}(t)=0$，则

$$0=\frac{1}{\pi}\int_{0}^{\infty}\frac{\mathrm{Im}E_{\varphi}^{*}(\omega)\cos\omega t-\mathrm{Re}E_{\varphi}^{*}(\omega)\sin\omega t}{\omega}\mathrm{d}\omega \tag{7.3.11}$$

$$0=\frac{1}{\pi}\int_{0}^{\infty}\frac{\mathrm{Im}H_{z}^{*}(\omega)\cos\omega t-\mathrm{Re}H_{z}^{*}(\omega)\sin\omega t}{\omega}\mathrm{d}\omega \tag{7.3.12}$$

将式 (7.3.9)、式 (7.3.11) 和式 (7.3.1)、式 (7.3.12) 相加得

$$E_{\varphi}^{*}(t)=\frac{2}{\pi}\int_{0}^{\infty}\frac{\mathrm{Im}E_{\varphi}^{*}(\omega)}{\omega}\cos\omega t\mathrm{d}\omega \tag{7.3.13}$$

$$H_{z}^{*}(t)=\frac{2}{\pi}\int_{0}^{\infty}\frac{\mathrm{Im}H_{z}^{*}(\omega)}{\omega}\cos\omega t\mathrm{d}\omega \tag{7.3.14}$$

将式 (7.3.9)、式 (7.3.11) 和式 (7.3.1)、式 (7.3.12) 相减得

$$E_{\varphi}^{*}(t)=-\frac{2}{\pi}\int_{0}^{\infty}\frac{\mathrm{Re}E_{\varphi}^{*}(\omega)}{\omega}\sin\omega t\mathrm{d}\omega \tag{7.3.15}$$

$$H_{z}^{*}(t)=-\frac{2}{\pi}\int_{0}^{\infty}\frac{\mathrm{Re}H_{z}^{*}(\omega)}{\omega}\sin\omega t\mathrm{d}\omega \tag{7.3.16}$$

7.4　各向同性水平层状介质上方水平电偶源激励的瞬变电磁场

与 7.3 节的推导类似，将式 (6.9.52)、式 (6.9.53) 和式 (6.9.54) 代入式 (7.2.9) 中，可得在阶跃波激发下瞬变电磁场表达式：

$$E_x(t)=\frac{1}{2\pi}\int_{-\infty}^{\infty}\frac{E_x(\omega)}{-\mathrm{i}\omega}\mathrm{e}^{\mathrm{i}\omega t}\mathrm{d}\omega \tag{7.4.1}$$

式中，$E_x(\omega)=\frac{\mathrm{i}\omega\mu_0 P_E}{2\pi}\int_0^{\infty}\frac{\lambda}{\lambda+u_1/R_1}J_0(\lambda r)\mathrm{d}\lambda+\frac{\mathrm{i}\omega\mu_0 P_E}{2\pi}\frac{\partial}{\partial x}\frac{x}{r}\int_0^{\infty}\left(\frac{u_1}{R_1^*}-\frac{k_1^2}{\lambda+u_1/R_1}\right)J_1(\lambda r)\mathrm{d}\lambda$。

$$H_z(t)=\frac{1}{2\pi}\int_{-\infty}^{\infty}\frac{H_z(\omega)}{-\mathrm{i}\omega}\mathrm{e}^{\mathrm{i}\omega t}\mathrm{d}\omega \tag{7.4.2}$$

式中，$H_z(\omega)=-\frac{P_E}{2\pi}\sin\theta\frac{\partial}{\partial r}\int_0^{\infty}\frac{\lambda}{\lambda+u_1/R_1}J_0(\lambda r)\mathrm{d}\lambda$。

$$H_y(t)=\frac{1}{2\pi}\int_{-\infty}^{\infty}\frac{H_y(\omega)}{-\mathrm{i}\omega}\mathrm{e}^{\mathrm{i}\omega t}\mathrm{d}\omega \tag{7.4.3}$$

式中，$H_y(\omega)=-\frac{P_E}{2\pi}\int_0^{\infty}\frac{u_1}{R_1}\frac{\lambda}{\lambda+u_1/R_1}J_0(\lambda r)\mathrm{d}\lambda+\frac{P_E}{2\pi}\frac{\partial^2}{\partial x^2}\int_0^{\infty}\frac{u_1}{R_1}\frac{1}{\lambda+u_1/R_1}J_0(\lambda r)\mathrm{d}\lambda$。

类似于 7.3 节，可以得到

$$E_x(t)=\frac{2}{\pi}\int_0^{\infty}\frac{\mathrm{Im}E_x(\omega)}{\omega}\cos\omega t\mathrm{d}\omega \tag{7.4.4}$$

$$E_x(t)=-\frac{2}{\pi}\int_0^{\infty}\frac{\mathrm{Re}E_x(\omega)}{\omega}\sin\omega t\mathrm{d}\omega \tag{7.4.5}$$

$$H_z(t)=\frac{2}{\pi}\int_0^{\infty}\frac{\mathrm{Im}H_z(\omega)}{\omega}\cos\omega t\mathrm{d}\omega \tag{7.4.6}$$

$$H_z(t)=-\frac{2}{\pi}\int_0^{\infty}\frac{\mathrm{Re}H_z(\omega)}{\omega}\sin\omega t\mathrm{d}\omega \tag{7.4.7}$$

$$H_y(t)=\frac{2}{\pi}\int_0^{\infty}\frac{\mathrm{Im}H_y(\omega)}{\omega}\cos\omega t\mathrm{d}\omega \tag{7.4.8}$$

$$H_y(t)=-\frac{2}{\pi}\int_0^{\infty}\frac{\mathrm{Re}H_y(\omega)}{\omega}\sin\omega t\mathrm{d}\omega \tag{7.4.9}$$

7.5 瞬变电磁场的数值计算方法

各向同性水平层状大地下偶极源激励的频率域电磁场与时间域电磁场可通过正弦变换和余弦变换建立关系，记正弦变换和余弦变换形式如下：

$$\begin{cases} f_{\mathrm{s}}(t) = \displaystyle\int_0^{\infty} K(\omega)\sin(\omega t)\mathrm{d}\omega \\ f_{\mathrm{c}}(t) = \displaystyle\int_0^{\infty} K(\omega)\cos(\omega t)\mathrm{d}\omega \end{cases} \tag{7.5.1}$$

式 (7.5.1) 可看成是傅里叶变换的特殊形式，很明显，由于正弦和余弦函数的存在，该积分属高振荡型积分，特别是当 t 很大时，对应的正余弦函数的周期较小，振荡情况越加严重，这显然不利于进行积分计算。对于这类积分，可以采用传统的数值积分方法，即采用线性数字滤波的方法计算时间域磁场响应。

根据汉克尔变换：

$$f_{\mathrm{h}}(b) = \int_0^{\infty} g(\lambda)\lambda J_v(\lambda b)\mathrm{d}\lambda, \quad b > 0 \tag{7.5.2}$$

式中，J_v 是 v 阶第一类贝塞尔函数，且 $v > -1$。令 $\lambda = \mathrm{e}^{-x}/r_0$，$b = r_0\mathrm{e}^{y}$，将其代入式 (7.5.2)，可得

$$f_{\mathrm{h}}(r_0\mathrm{e}^{y})r_0\mathrm{e}^{y} = \int_{-\infty}^{\infty} g\left(\frac{\mathrm{e}^{-x}}{r_0}\right)\frac{\mathrm{e}^{-x}}{r_0}J_v(\mathrm{e}^{y-x})\mathrm{e}^{y-x}\mathrm{d}x \tag{7.5.3}$$

记

$$\begin{cases} F(y) = f_{\mathrm{h}}(r_0\mathrm{e}^{y})r_0\mathrm{e}^{y} \\ G(x) = g\left(\dfrac{\mathrm{e}^{-x}}{r_0}\right)\dfrac{\mathrm{e}^{-x}}{r_0} \\ H_v(y) = J_v(\mathrm{e}^{y})\mathrm{e}^{y} \end{cases} \tag{7.5.4}$$

则式 (7.5.3) 可化为

$$F(y) = \int_{-\infty}^{\infty} G(x)H_v(y-x)\mathrm{d}x = G * H_v \tag{7.5.5}$$

在满足抽样定理的情况下，连续信号 $G(x)$ 可由离散信号 $G(N\Delta)$ 表示：

$$G(x) = \sum_{N=-\infty}^{\infty} P\left(\frac{x}{\Delta} - N\right)G(N\Delta) \tag{7.5.6}$$

式中，Δ 为采样间隔；$P(x)=\sin(\pi x)/(\pi x)$。将式 (7.5.6) 代入式 (7.5.5) 可得

$$F(y)=\sum_{N=-\infty}^{\infty}G(N\Delta)\int_{-\infty}^{\infty}P\left(\frac{x}{\Delta}-N\right)H_v(y-x)\mathrm{d}x \tag{7.5.7}$$

令 $z=x-N\Delta$，则

$$F(y)=\sum_{n=-\infty}^{\infty}G(n\Delta)\int_{-\infty}^{\infty}P\left(\frac{z}{\Delta}\right)H_v(y-N\Delta-z)\mathrm{d}z=\sum_{N=-\infty}^{\infty}G(N\Delta)H_v^*(y-N\Delta) \tag{7.5.8}$$

式中

$$H_v^*(y)=\int_{-\infty}^{\infty}P\left(\frac{z}{\Delta}\right)H_v(y-z)\mathrm{d}z \tag{7.5.9}$$

将式 (7.5.8) 中的 y 进行离散化可得

$$F(m\Delta)=\sum_{N=-\infty}^{\infty}G(N\Delta)H_v^*[(m-N)\Delta] \tag{7.5.10}$$

令 $n=m-N$，则式 (7.5.10) 可变化为

$$F(m\Delta)=\sum_{n=-\infty}^{\infty}G[(m-n)\Delta]H_v^*(n\Delta) \tag{7.5.11}$$

由于 $r_0=b/\mathrm{e}^{m\Delta}$，则

$$G[(m-n)\Delta]=g\left(\frac{\mathrm{e}^{-(m-n)\Delta}}{r_0}\right)\frac{\mathrm{e}^{-(m-n)\Delta}}{r_0}=g\left(\frac{\mathrm{e}^{n\Delta-m\Delta}}{r_0}\right)\frac{\mathrm{e}^{n\Delta-m\Delta}}{r_0}=g\left(\frac{\mathrm{e}^{n\Delta}}{b}\right)\frac{\mathrm{e}^{n\Delta}}{b} \tag{7.5.12}$$

将式 (7.5.12) 代入式 (7.5.11) 可得离散的汉克尔变换的表达式为

$$f_{\mathrm{h}}(b)=\frac{1}{b}\sum_{n=-\infty}^{\infty}\left[g\left(\frac{\mathrm{e}^{n\Delta}}{b}\right)\frac{\mathrm{e}^{n\Delta}}{b}\right]H_v^*(n\Delta) \tag{7.5.13}$$

式中，$H_v^*(n\Delta)$ 为汉克尔变换滤波系数。

根据贝塞尔函数与正弦和余弦函数之间的关系式：

$$\begin{cases}\sin z=\sqrt{\dfrac{\pi z}{2}}J_{1/2}(z)\\[2ex]\cos z=\sqrt{\dfrac{\pi z}{2}}J_{-1/2}(z)\end{cases} \tag{7.5.14}$$

则式 (7.5.1) 可转化为

$$\begin{cases} f_{\mathrm{s}}(t) = \sqrt{\dfrac{\pi t}{2}}\displaystyle\int_0^{\infty} g(\omega)\omega J_{1/2}(\omega t)\mathrm{d}\omega \\ f_{\mathrm{c}}(t) = \sqrt{\dfrac{\pi t}{2}}\displaystyle\int_0^{\infty} g(\omega)\omega J_{-1/2}(\omega t)\mathrm{d}\omega \end{cases} \tag{7.5.15}$$

式中，$g(\omega) = K(\omega)/\sqrt{\omega}$。结合式 (7.5.2)、式 (7.5.13) 和式 (7.5.15) 可得

$$\begin{cases} f_{\mathrm{s}}(t) = \sqrt{\dfrac{\pi}{2}} \cdot \dfrac{1}{t}\displaystyle\sum_{n=-\infty}^{\infty} K\left(\dfrac{\mathrm{e}^{n\varDelta}}{t}\right) \cdot c\sin(n\varDelta) \\ f_{\mathrm{c}}(t) = \sqrt{\dfrac{\pi}{2}} \cdot \dfrac{1}{t}\displaystyle\sum_{n=-\infty}^{\infty} K\left(\dfrac{\mathrm{e}^{n\varDelta}}{t}\right) \cdot c\cos(n\varDelta) \end{cases} \tag{7.5.16}$$

而

$$\begin{cases} c\sin(n\varDelta) = \sqrt{\mathrm{e}^{n\varDelta}} \cdot H_{1/2}^{*}(n\varDelta) \\ c\cos(n\varDelta) = \sqrt{\mathrm{e}^{n\varDelta}} \cdot H_{-1/2}^{*}(n\varDelta) \end{cases} \tag{7.5.17}$$

式中，$H_{1/2}^{*}$ 和 $H_{-1/2}^{*}$ 分别为正负 1/2 阶汉克尔变换滤波系数；$\varDelta = \ln 10/20$。

主要参考文献

常晋德, 2017. 几何背景下的数学物理方法 [M]. 北京：高等教育出版社.

戴振绎, 鲁述, 2005. 电磁理论中的并矢格林函数 [M]. 武汉：武汉大学出版社.

傅君眉, 冯恩信, 2000. 高等电磁理论 [M]. 西安：西安交通大学出版社.

符果行, 1993. 电磁场中的格林函数法 [M]. 北京：高等教育出版社.

纪英楠, 许炳如, 1993. 电磁场原理与计算 [M]. 西安：西北工业大学出版社.

李貅, 2002. 瞬变电磁测深的理论与应用 [M]. 西安：陕西科学技术出版社.

朴化荣, 1990. 电磁测深法原理 [M]. 北京：地质出版社.

施国良, 张国雄, 2008. 宏观场论 [M]. 北京：中国地质大学出版社.

王竹溪, 郭敦仁, 2000. 特殊函数概论 [M]. 北京：北京大学出版社.

薛琴访, 1978. 场论 [M]. 北京：地质出版社.

张钧, 1989. 电磁场边值问题的积分方程解法 [M]. 北京：高等教育出版社.

CHENG D K, 2007. 电磁场与电磁波 [M]. 2 版. 英文影印本. 北京：清华大学出版社.

NABIGHIAN M N, 1988. Electromagnetic Methods in Applied Geophysics (Volume 1, Theory)[M]. Oklahoma：Society of Exploration Geophysicists.

ZHDANOV M S, 2009. Geophysical Electromagnetic Theory and Methods[M]. Amsterdam: Elsevier.